国家出版基金项目
NATIONAL PUBLICATION FOUNDATION

三江源科学研究丛书

王光谦 总主编

南水北调西线工程调水方案研究

张金良 景来红 李福生 杨立彬——著

长江出版社
CHANGJIANG PRESS

总 序

三江源被誉为“中华水塔”，它地处世界屋脊——青藏高原的腹地，是世界高海拔地区生物多样性最集中的地区，湿地湖泊星罗云布，长江、黄河、澜沧江等大江大河在这里发源，孕育和滋养着中华大地的山林万物，哺育出灿烂的中华民族文明历史。

近几十年来，由于自然环境和人类活动的影响，三江源区雪山冰川退缩，湖泊和湿地发生显著变化，生物种类和数量锐减，沙化和水土流失面积扩大，水源涵养能力急剧减退，水量变化威胁到长江、黄河流域的水安全。正确认识和保护好三江源区的生态环境，对中国的可持续发展和生态安全具有十分重要的战略作用。

《三江源科学研究丛书》是由长江出版社组织三江源研究领域的专家和学者，基于他们的长期研究，对三江源区涉及的生态、环境、水资源等问题的一个全面总结。其中，针对日益严重的生态环境问题，《青藏高原陆地生态系统遥感监测与评估》《三江源区优势种植物矮嵩草繁殖策略与环境适应》《三江源区水资源与生态环境协同调控技术》《空中水资源的输移与转化》探讨了水资源以及生态环境保护和治理对策，为水资源与生态环境协同发展提供了科学支撑；《南水北调西线工程调水方案研究》《黄河上游梯级水库调度若干关键问题研究》《南水北调西线工程生态环境影响研究》《黄河上中游灌区生态节水理念、模式与潜力评估》等专著针对我国水资源南北分布不均衡的问题，详细探讨了南水北调的方案、运行调度、生态与环境影响、水资源高效利用等问题，是西线南水北调方面较为全面和权威的研究成果。这些专著基本上覆盖了三江源研究中水科学领域的方方面面，具有系统性、全面性的特点，同时反映了最新的研究成果。

我们相信，《三江源科学研究丛书》的出版，将有助于三江源相关研究的进一步发展。同时，丛书在重视学术性的同时，力求把专业知识用通俗的语言介绍给更为广大的读者群体，使得保护三江源成为每一个读者的自觉，保护好中华民族的生命之源。

中国工程院院士　青海大学校长

王光谦

SANJIANGYUAN
三江源科学研究丛书
KEXUE YANJIU CONGSHU

高原雪山

SANJIANGYUAN

三江源科学研究丛书

KEXUE YANJIU CONGSHU

三江源风光

藏羚羊

牦牛

高原苔藓

高原地质

冻土

草甸

前言

南水北调西线工程是我国巨型跨流域调水工程，是我国"四横三纵"水资源配置格局的重要组成部分。工程调水规模巨大，涉及西南、西北、华北的广大范围，调水对于修复缺水地区生态环境、保障国家生态安全，提速缺水地区经济社会发展和改善区域生存条件，促进我国东西部地区间均衡发展具有重要作用，工程经济效益、生态效益、社会效益巨大。本文收集调研了大量水文、地质、水资源、工程技术资料，从受水区水资源需求、调水河流可调水量、调入水量配置、工程方案优选等关键问题入手，深入研究了南水北调西线工程调水方案，为未来工程建设决策提供了重要技术依据。

本书对水资源管理领域中跨流域调水与调水配置这个难点与热点问题，重点从南水北调西线工程研究历程、受水区黄河流域新形势下缺水状况、调水河流径流情势、调水区可调水量、调水线路比选优化、调入水量配置等方面研究了南水北调西线工程调水与水资源配置这个科学问题。

本书共分 8 章，第一章南水北调西线工程研究历程，重点介绍了南水北调西线工程的研究过程，阐明了研究的重要性，确定了本书研究的主要内容。第 2 章新形势下黄河流域缺水状况分析，结合新形势下西北矿产土地资源开发利用布局及经济社会发展需求，论证其战略地位，结合流域节水深化研究成果，分析 2035 年水平国民经济发展各业用水需求，并对 2050 年用水需求进行展望，全面评估新形势下黄河流域水资源供需形势与缺水状况。第 3 章西线工程调水河流及坝址选择，系统评价了调水河流水文、水资源、生态、地质、气象情势，对引水河段及其坝址的选取进行了详细论述。第 4 章可调水量分析，分析了调水河流坝址径流特征，利用供需平衡模型探究了可调水量，并基于调水河流水文水资源特征解析了调水的水源方案。第 5 章调水线路方案研究，从不同调水组合方案入手，根据调水量及调水比例、工程规划、工程地质条件、工程布置、工程施工、水库建设征地影响、工程投资及成本、环境影响、发电影响等指标，确定了南水北调西线工程调水的优选方案，分析了方案的协调性与合理性。第 6 章近期开发方案比选，比对了近期开发的各种方案。第7章调入水量配置研究，构建了水资源配置模型，论述了模型求解思路与原则，实现了受水区水资源配置方案的优选，探究了受水区水资源优化配置模式下的配套工程格局。第8章结论和展望，总结了本书的研究成果，提出了南水北调西线工程调水管理未来主要研究内容与方向。

本书的主要编写人员有张金良、景来红、李福生、杨立彬、杨维九、崔萌、唐梅英、吴春华、刘振红、翟建、曹廷立、李治明、崔长勇、赵正伟、张权、武见、魏洪涛、张永永、李庆国、刘柏君、王建利、王林威等，全书由张金良统稿。对参加研究的所有人员，在此一并深表感谢！

本书出版得到国家重点研发计划课题“重点生态区与城市抗旱应急保障管理措施及技术”(2018YFC1508706)、国家科学基金资助项目“能源战略视角下区域广义水资源承载力研究”(51569025)的资助，在此深表感谢！

在中国水资源配置格局转型的当下，南水北调西线调水工程的相关研究进入了更深入的探索阶段，本书内容还需要不断充实完善。由于作者水平有限，书中难免存在疏漏之处，敬请专家读者批评指正。

作　者

CONTENTS

目录

CONTENTS

第 1 章　南水北调西线工程研究历程

南水北调西线工程前期工作开始于 1952 年，研究的调水范围涉及 115 万 km^2，考察研究了雅鲁藏布江、怒江、澜沧江、通大河、金沙江、雅砻江、大渡河、岷江、涪江、白龙江等河流，勘察了从海拔 2000m 到 4400m 的相关干支流河段，进行了多种调水工程方案的比选。

由于不同时期形势要求不同，方案研究的范围和侧重点也有所不同，基础资料和认识也有较大的差异。按照研究的时间和内容，西线调水工作大体可分为四个阶段：1952—1985 年初步研究阶段；1987—1996 年超前期规划研究阶段；1996—2001 年规划阶段；2001 年至今项目建议书阶段。

1.1　初步研究阶段（1952—1985 年）

1.1.1　1952—1961 年大范围选线阶段

1952 年黄委组织查勘队，考察从长江通天河调水到黄河源的线路，开创中国南水北调研究之先河。1958—1961 年间，结合调水线路布置开展了大规模的基本资料调查，黄委组建 7 支勘测设计工作队，共 2000 多人次到西部地区查勘。

时值全国"大跃进"时期，西北各省区提出缺水量达 3456 亿 m^3。为尽可能多调水，调研的调水河流有怒江、澜沧江、金沙江、通天河、雅砻江、大渡河、岷江、涪江、白龙江；供水范围除黄河外，东至内蒙古乌兰浩特、西抵新疆喀什。调水河段上至通天河楚玛尔河，下至怒江沙布（西藏察隅）—澜沧江箐头（云南维西）—金沙江虎跳峡—白龙江舟曲—渭河武山。受当时的工程技术条件限制，调水线路为自流调水以绕山明渠为主，在调水河段内研究了数 10 条调水线路，初选出 6 条代表性自流调水线路（图 1.1.1-1）。各调水线路主要指标见表 1.1.1-1。

此阶段方案研究的范围大，调水主要集中在长江、怒江、澜沧江的干流及主要支流河段，调水坝址高程一般在 3500m 以下，由于高程低，调水枢纽大坝高，输水线路长，调水量多，调水形式主要为自流，线路以明渠为主。这一时期的方案主要以大调水量来满足新疆等西北地区的缺水形势需求，所选方案的大坝、线路的工程规模和技术条件都远远超过了现实水平，无法回答方案的必要性和可能性。但从另一方面说明，即使从长江的主要支流调水，由于受地形和地势条件的限制，都需要在调水河流筑坝调节水量，调水方式和调水线路的工程形式是多样的，同时也为今后在大范围进行调水方案研究提供了有益的探索。

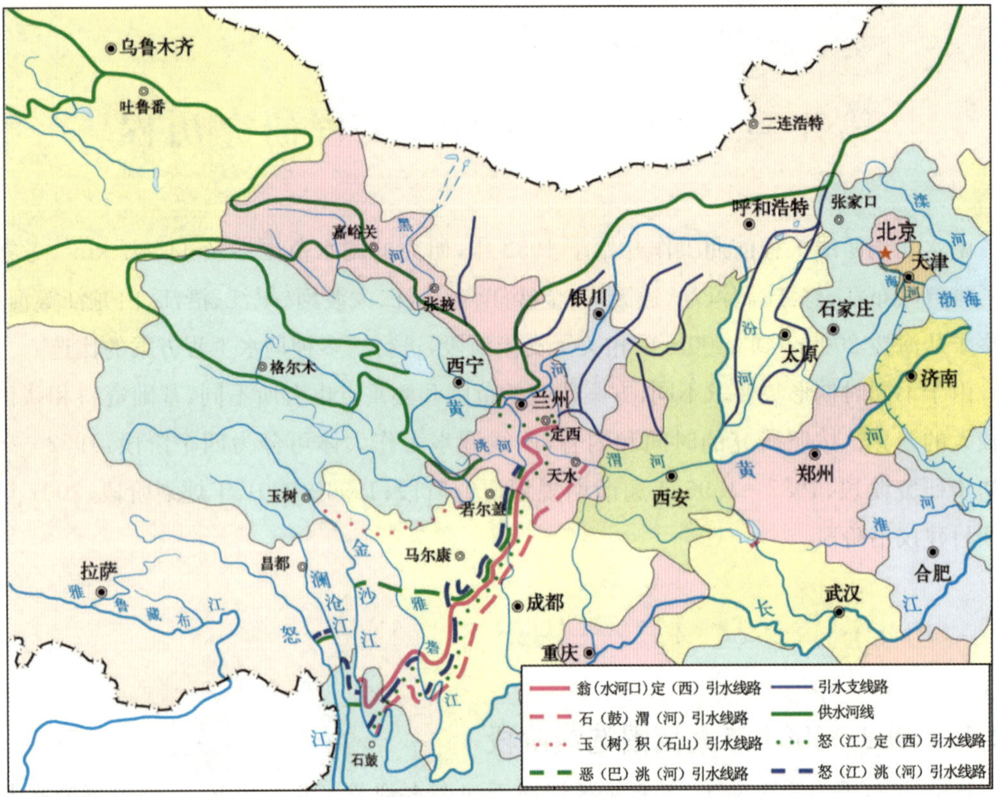

图 1.1.1-1 1958—1961 年西部调水线路示意图

表 1.1.1-1 南水北调西线工程 1952—1961 年研究代表性调水线路指标表

调水线路	玉—积	恶—洮	翁—定	石—渭	怒—定	怒—洮
调水河流	通天河 雅砻江 大渡河	金沙江 雅砻江 大渡河 岷江 涪江等	金沙江 雅砻江 大渡河等	金沙江 雅砻江 大渡河 岷江 涪江等	怒江 澜沧江 金沙江 雅砻江 大渡河	怒江 澜沧江 金沙江 雅砻江 大渡河
主要 调水坝址	河东八庄 桑珠寺 日思墩 白衣寺	恶巴等	翁定河口 卧龙河口 麦地龙 成都坝河	石鼓 玄洼 耳子 葛坝	沙布 箐头 虎跳峡	沙布 大燕子岩 虎跳峡
坝址高程(m)	3520 3430		2000 1900 1900 1850	1820 1700 1700 1550	2090 1620 1750	2090 1920 1750

续表

调水线路	玉—积	恶—洮	翁—定	石—渭	怒—定	怒—洮
年调水量(亿 m^3)	250	545	1420	1420	1216	1186
调水高程(m)	4160	3120	2150	1850	2250	2540
出口高程(m)	3688	2500	1850	1500	1950	2300
调水水库(座)	7	5	5	5	6	7
最大坝高(m)	640	200	190	80	710	790
线路全长(km)	497	6400	6710	6244	3808	3227
隧洞总长(km)	34	51	57	85	139	168

这一阶段研究调水方案具有 6 个特点：①研究范围大，约 115 万 km^2；②调水量多，一般上千亿立方米，最多的达 4696 亿 m^3；③海拔低，工程分布在 2000m 左右；④线路长，多在 3000km 以上，最长达 6800km；⑤规模大，坝高最高达 790m，总土石方量达数百亿立方米，甚至上千亿立方米；⑥线路以明渠自流为主。

1.1.2　1978—1985 年初步研究阶段

根据全国五届人大政府报告精神和水利部的部署，黄委开展了西线调水的研究工作，组织技术人员 4 次西线工程现场查勘，分析了高寒高海拔地区调水的特点，总结了以往工作的经验，加深了对技术经济可行性的认识。认为 1958—1961 年期间研究的方案规模大，工程技术难度大，经济上难以承受，在人们的想象中遥遥无期。认识到受水区对水资源的需求是逐步增长的，工程方案的实施可考虑分期开发，先研究比较现实的调水方案，尽量降低坝高、缩短线路长度、减少工程规模。雅鲁藏布江、怒江、澜沧江、金沙江距黄河远、河谷低深、工程规模大、地质复杂；岷江、涪江、白龙江虽距黄河近，但高程低、社会经济发达，调水影响大。基于技术经济和调水影响的考虑，缩小了研究范围，先研究距黄河较近、调水量适宜、工程规模较小、工程艰巨性及困难相对较低的通天河、雅砻江、大渡河调水，以解决 2030 年、2050 年水平黄河上中游六省(区)缺水和黄河治理开发用水问题。

对三条河研究了大量可能成立的工程方案，调水的方式研究了自流和抽水两种。由于江、黄分水岭的垭口高程较各调水河流枢纽坝址高出 600～800m，自流调水线路与提水调水线路都须开挖穿越江、黄分水岭的隧洞，洞线穿越江、黄分水岭的位置宜选择在山脊较薄处，即黄河有向南的较大支流与长江有向北的较大支流的相近处，力求隧洞长度较短。考虑工程位于海拔 4000m 左右，多年冻土地区，高寒缺氧，宜尽量少开挖明渠，采取沿线路逐级筑坝，抬高水位，利用水库取代渠道输水，简称“以库代渠”。

调水河段研究了通天河楚玛尔河口—巴塘曲口，雅砻江宜牛—甘孜、大渡河河源—双江口河段，共 30 多个调水坝址，100 多个调水方案。比较认为，抽水方案可有效控制坝高和隧洞长度，考虑到长江上游、黄河上游水力资源十分丰富，可自建抽水动力电源，故初选的代表性方案均为抽水方案(见图 1.1.2-1)。主要指标见表 1.1.2-1。

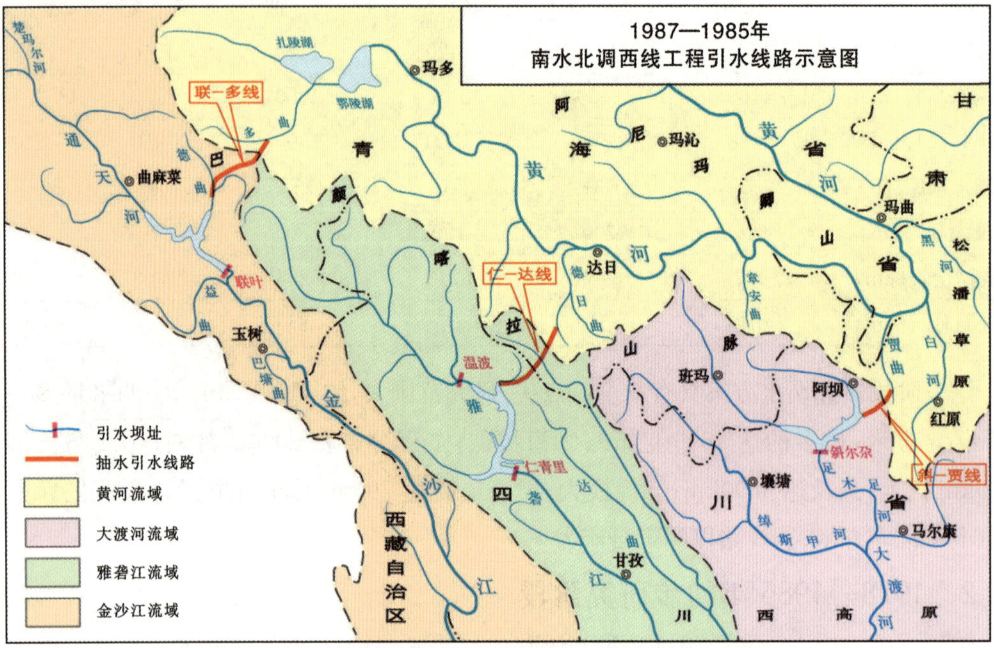

图 1.1.2-1　1978—1985 年南水北调西线工程代表性方案示意图

表 1.1.2-1　　1978—1985 年初选的代表性调水方案指标表

项目	调水线路		
名称	联—多线	仁—达线	斜—贾线
调水枢纽	联叶	仁青里	斜尔尕
调水高程(m)	3980	3800	3100
入黄高程(m)	4440	4150	3450
年调水量(亿 m^3)	100	50	50
枢纽坝高(m)	205	200	250
线路全长(km)	94	92	80
明渠长度(km)	10	50	56
隧洞长度(km)	29	30	24
最长段隧洞长(km)	29	19	24
抽水扬程(km)	495	485	358
泵站装机容量(万 kW)	288	140	105
年用电量(亿 kW·h)	168	82	61
抽水动力电源	黄河官仓、门堂	雅砻江两河口	大渡河独松、马奈

1978—1985 年初步研究阶段与 1952—1961 年研究成果相比,这一阶段研究的调水方案

具有四个特点：①范围缩小，调水河流由 9 条减少到 3 条；②调水量减少，考虑到缺水是逐步增长的，各河调水量 50 亿～100 亿 m^3；③海拔增高，为减少工程规模，线路布置在距黄河较近的河流上游，海拔 4000m 以上；④以抽水为主，控制坝高在 200m 左右，隧洞长度在 30km 以下。

1.2　超前期规划研究阶段（1987—1996 年）

在前述调水方案研究工作的基础上，1987 年 7 月国家计委正式下达《关于开展南水北调西线工程超前期工作的通知》，决定开展从通天河、雅砻江、大渡河调水方案的超前期工作，研究论证调水工程的可能性和合理性。

调水河段主要研究了通天河（包括金沙江）巴塘曲口以上河段、雅砻江甘孜以上河段、大渡河双江口以上河段。工作深度和研究内容进一步扩展，勘测取得 1/5000～1/5 万地形图、1/1 万～1/10 万地质图、1/50 万地震烈度图，设立了雅砻江温波专用水文站，完成各类成果报告 138 份。

分析认为，超前期工作阶段选择的抽水方式布置灵活，坝较低，隧洞短，但是需要自建 2～3 座抽水动力电站，总的工程规模大，高寒地区抽水泵站的管理运行比较困难；自流方案工程只有一坝一洞，管理运用方便，坝较高，虽然隧洞较长，但隧洞施工技术发展很快，具有良好的前景。此期间共研究了 40 个调水坝址，157 个调水线路方案。从水源点看，有不同调水河流、不同的坝址单独调水方案，两条以上调水河流和调水坝址联合调水的方案；从调水方式看，有抽水、自流、抽水加自流、集中抽水和分散抽水等方案；从工程形式看，有明渠、以库代渠、长隧洞、分段隧洞、高坝、低坝、高扬程、低扬程等方案。

自流方案：主要研究了 38 条自流线路，其中通天河 14 条，雅砻江和大渡河各 12 条。通天河与黄河的高差较大，为控制坝高，自流线路只有沿黄河向下延伸，或向东通过雅砻江后再自流入黄，比选出 3 条较好的自流线路；雅砻江与黄河高差较小，自流线路较短，比选出 2 条较好的自流线路；大渡河与黄河高差悬殊，研究的自流线路出口远达黄河的多尔根或洮河，比选认为大渡河没有较好的自流线路。

（1）通天河歇马—扎陵湖自流线路，简称歇—扎线。

（2）通天河联叶—建设自流线路，简称联—建线。

（3）通天河同加—雅砻江—黄河自流线路，简称同—雅—黄线。

（4）雅砻江温波—黄河自流线路，简称温—黄线。

（5）雅砻江长须—恰给弄自流线路，简称长—恰线。

抽水方案：共研究了 119 条抽水线路，其中通天河 45 条，雅砻江 43 条，大渡河 31 条。通天河治家坝址以上采用抽水可降低坝高，使库容不致过大，同加、联叶由于坝址高程太低，抽水方案扬程较高，所需抽水动力负荷太大，因此通天河选取治家—多曲抽水线路；雅砻江各抽水线路工程规模差别不大，地质条件相近，选取调水量较多，线路较短的有长须—达日河抽水线路；大渡河抽水线路以斜尔尕为水源工程，进行了不同规模方案的比选，选取斜尔尕—贾曲抽水线路方案。

(1)通天河治家—多曲抽水线路，简称治—多线。

(2)雅砻江长须—达日河抽水线路，简称长—达线。

(3)大渡河斜尔尕—贾曲抽水线路，简称斜—贾线。

研究的代表性方案见图 1.2-1，工程指标见表 1.2-1。

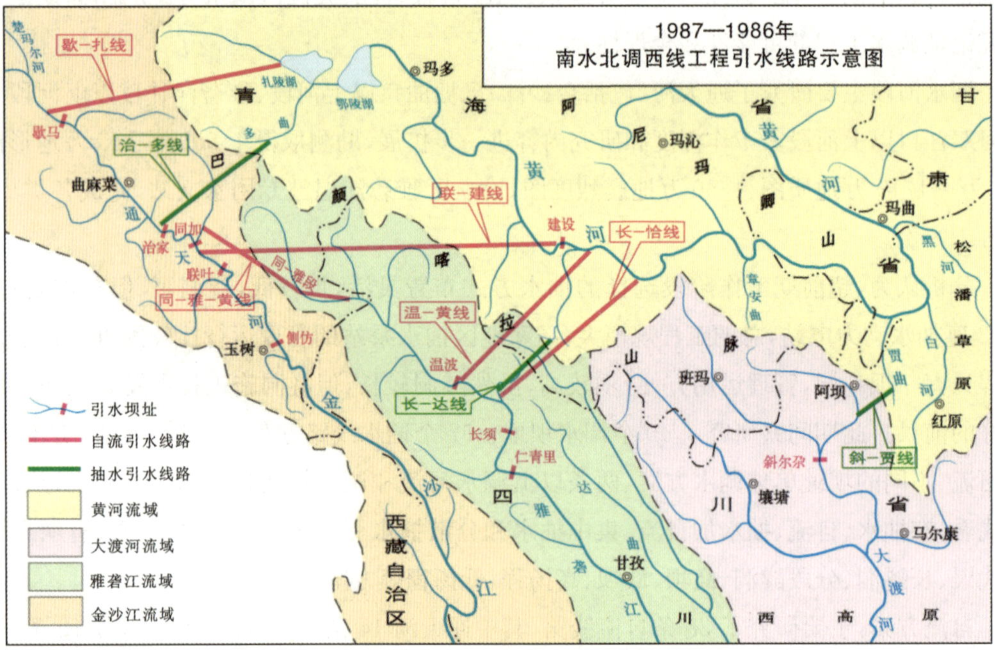

图 1.2-1　1987—1996 年初选调水方案示意图

表 1.2-1　　超前期研究阶段代表调水方案工程指标表

方案 项目	通天河		雅砻江		大渡河
	同—雅—黄自流	治—多抽水	长—恰自流	长—达抽水	斜—贾抽水
调水坝址	同加	治多	长须	长须	斜尔尕
坝址高程(m)	3860	3990	3795	3795	2915
年调水量(亿 m^3)	100	90	45	45	50
引水高程(m)	4116	4140	3933	3920	3160
出口高程(m)	3880	4440	3880	4280	3540
水库总库容(亿 m^3)	324.2	238.5	134	108	90
最大坝高(m)	302	190	175	167	296
线路全长(km)	288.9	108.2	131	62.6	29.8

续表

项目 \ 方案	通天河		雅砻江		大渡河
	同—雅—黄自流	治—多抽水	长—恰自流	长—达抽水	斜—贾抽水
隧洞总长(km)	288.7	104.2	131	60	28.5
抽水设计扬程(m)		447		416	458.2
装机容量(万 kW)		251.8		127	125.4
年用电量(亿 kW·h)		124.6		61.4	71.08
总土石方量(亿 m^3)	13506	3823.2	5454.8	4826.3	4657.4
总混凝土量(亿 m^3)	0.015	369.8	0.013	285	139.14

在众多方案综合比选的基础上，初选通天河同加坝址调水 100 亿 m^3 到雅砻江再到黄河的自流方案（简称同—雅—黄自流方案），雅砻江长须坝址调水 45 亿 m^3 到黄河支沟恰给弄的自流调水方案（简称长—恰自流方案），大渡河斜尔尕坝址调水 50 亿 m^3 到黄河贾曲的抽水方案（简称斜—贾抽水方案），三条河共调水 195 亿 m^3，详见图 1.2-1 和表 1.2-2。1996 年上半年黄委完成了《南水北调西线工程规划研究综合报告》，并报水利部。

表 1.2-2　　1987—1996 年初选调水方案工程指标表

调水线路	通天河 同—雅—黄自流	雅砻江 长—恰自流	大渡河 斜—贾抽水
调水坝址	同加	长须	斜尔尕
坝址高程(m)	3860	3795	2915
年调水量(亿 m^3)	100	45	50
引水高程(m)	4116	3933	3160
出口高程(m)	3880	3880	3540
水库总库容(亿 m^3)	324.2	134	90
最大坝高(m)	302	175	296
线路全长(km)	288.9	131	29.8
隧洞总长(km)	288.7	131	28.5
抽水设计扬程(m)			458.2
装机容量(万 kW)			125.4
年用电量(亿 kW·h)			71.08

超前期阶段，通过大量方案的比选，提出通天河调水 100 亿 m^3，雅砻江调水 45 亿 m^3，大渡河调水 50 亿 m^3，三条河共调水 195 亿 m^3 的方案。研究的方案坝高大为降低，在 175～300m；调水线路的长度大为缩短，从原来的上千千米，缩短到 300km 以下，从原来的明渠改为以隧洞为主，隧洞长 28～288km；工程量也大大减少。

与 1958—1961 年研究成果相比，这一阶段调水方案具有六个特点：①范围缩小。调水线路研究范围进一步缩小到 47 万 km^2。②调水形式多。研究了抽水、自流、抽水加自流三种调水形式，提出了抽水加自流的方案。在三条调水河流中，雅砻江和邻近的黄河河床高差最小，其次是通天河，大渡河最大；雅砻江选用了直接自流入黄河的方案，通天河选用了通过雅砻江自流入黄河的方案，大渡河采用了抽水方案。③首设了专用水文站（温波水文站）。加强专用站和参证水文站实测资料的分析，落实可调水量。④降低了海拔高度。线路海拔4000m左右。⑤工程规模减小，调水线路长度从原来的上千千米，缩短到300km以下。⑥调水线路以隧洞为主。

1.3 规划阶段（1996—2001年）

1995年6月，水利部以水规计〔1995〕236号文报国家计委，从1996年下半年开始进行南水北调西线工程规划阶段的工作。要求在超前期规划研究的基础上，进一步比选调水工程方案，选择第一期工程，为西部大开发提供水资源保障。

规划阶段调水河段通天河为治家—侧仿河段，雅砻江为长须—阿达河段，大渡河重点研究支流杜柯河、玛柯河和阿柯河。研究的调水枢纽坝址20多个，重点研究12个，比较分析30多条调水线路，重点比选12条，其中抽水3条，自流9条。通天河调水的代表方案有4个，分别为治—多抽水方案、同加—雅砻江—章安河联合自流方案、同加—雅砻江—岗龙联合自流方案、侧仿—雅砻江—贾曲联合自流方案。雅砻江调水代表方案有5个，其中自流4个，抽水1个，即：长须—恰给弄自流方案、仁青里—岗龙自流方案、仁青里—章安河自流方案、阿达—贾曲联合自流方案、达曲—贾曲及长须—达日河抽水方案。通过对大渡河干、支流河段调水条件分析和大量的方案比较，提出2个代表方案：上杜柯—贾曲自流方案、斜尔尕—贾曲抽水方案。见图1.3-1。

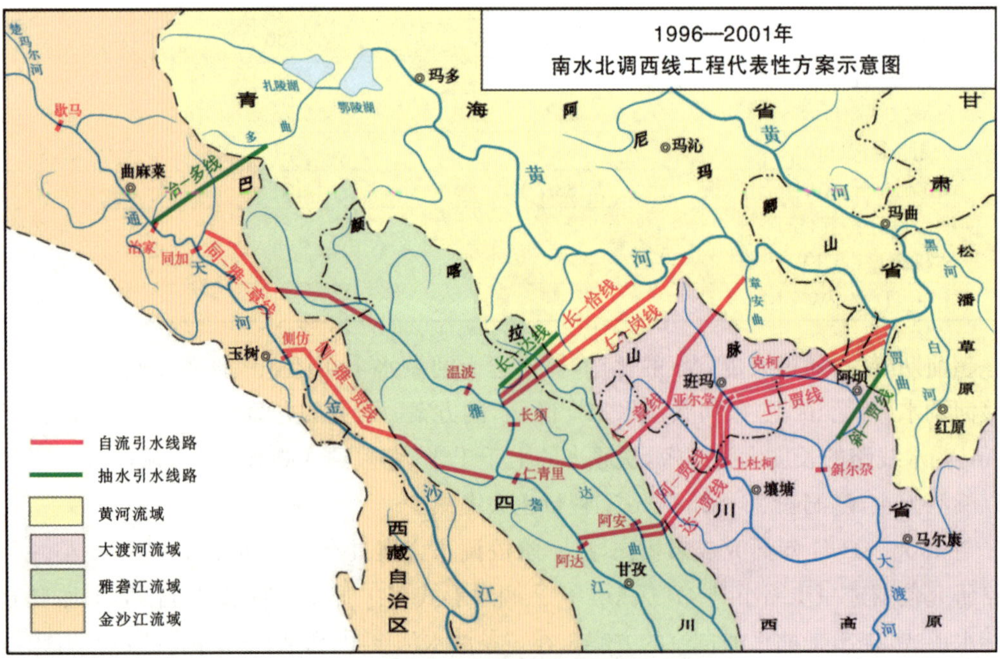

图1.3-1 规划阶段代表性方案示意图

5 个代表性方案可组成两种三条河调水的总体布局，一是达—贾联合自流，仁—章自流，同—雅—章自流方案组成的总体布局，总共调水 160 亿 m^3；二是达—贾联合自流，阿—贾自流，侧—雅—贾自流方案组成的总体布局，总共调水 170 亿 m^3。分析认为，布局二隧洞与构造、断裂大角度相交，对稳定有利；隧洞深埋地下，避开了地表的冻害，岩体的物理风化作用及滑坡、泥石流等不良地质现象的影响；抗震性能好；有利于冬季保温输水，可延长调水期；隧洞避开了地表大量的交叉建筑物问题，工程较为单一，工作环节少，故障率低，所需管理人员少，年运行费少，管理运行适应高寒地区恶劣的环境。受水区多为老少边穷地区，经济承受能力差，从减轻受水区经济负担考虑，组成总体布局的调水线路全部采用长隧洞自流方案。

综合考虑调水河流地区调水区和受水区水资源供需形势、可调水量及调水影响、工程地质及工程施工条件、技术经济可行性等因素，明确了由近及远、从小到大、先易后难、分期建设的规划思路。经过调水形式和调水线路比选论证，推荐 3 条河自流调水 170 亿 m^3 的总体工程布局。工程分三期实施：第一期工程从雅砻江、大渡河 5 条支流自流调水 40 亿 m^3，进入黄河支流贾曲，简称达—贾联合自流线路；第二期工程从雅砻江干流阿达坝址自流调水 50 亿 m^3，经过一期工程且与一期工程线路平行，简称阿—贾自流线路；第三期工程从通天河干流侧仿自流调水 80 亿 m^3，进入雅砻江，在雅砻江干流阿达坝址以后，经过二期且与二期工程线路平行，简称侧—雅—贾自流线路（见图 1.3-2），主要指标见表 1.3-1。

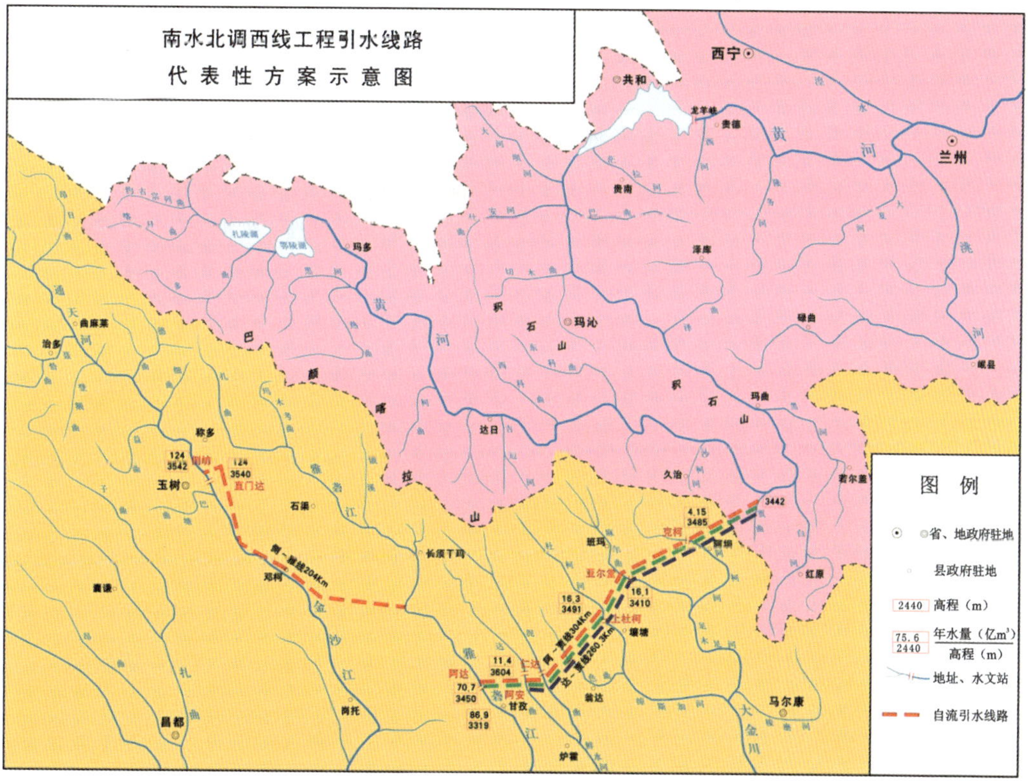

图 1.3-2　南水北调西线工程规划布局示意图

表 1.3-1　　南水北调西线工程规划阶段总体布局方案综合指标表

序号	项目	单位	第一期工程（达—贾线）	第二期工程（阿—贾线）	第三期工程（侧—雅—贾线）	合计
一	坝址		阿安等 5 座	阿达	侧仿	
1	调水河流		雅、大 5 条支流	雅砻江	金沙江	
2	坝址径流量	亿 m^3	60.6	70.7	124	
3	年调水量	亿 m^3	40	50	80	170
4	最大坝高	m	123	193	273	
5	正常蓄水位	m	3704	3628	3804.7	
6	死水位	m	3620	3584	3770	
7	总库容	亿 m^3	18.7	49.9	167.1	
8	调节库容	亿 m^3	13.8	25	53.8	
二	调水线路			阿达—贾曲	侧仿—贾曲	
1	线路全长	km	260.3	304	508.1	1072.4
2	隧洞长度	km	244.1	287.8	489.9	1021.8
3	最长段隧洞长	km	73	73	73	
4	明渠长度	km	16.1	16.1	18.1	50.3
三	工程投资					
1	总投资	亿元	468.9	641.45	1929.27	3039.62
2	总工期	年	7	10	15	
3	单方水投资	元/m^3	11.7	12.8	24.1	

2001 年完成了《南水北调西线工程规划纲要及第一期工程规划》，通过水利部审查。2002 年成果纳入国家《南水北调工程总体规划》，由国务院正式批复，与南水北调东线、中线共同构成了我国“四横三纵”的南水北调工程总体格局及南北调配、东西互济的水资源配置网络。

1996—2001 年规划阶段：与超前期规划研究阶段相比，研究范围进一步缩小到 30 万 km^2，明确了西线工程的供水范围和供水目标，增设了 4 个专用水文站，加强了可调水量和环境影响的分析论证，调水河段缩小，推荐的线路方案全为自流。规划阶段推荐的总体布局具有“下移”“自流”“集中”和“分期”四个特点。“下移”：调水线路整体下移到海拔 3500m 左右，含氧量多，分布有多个县城，对工程施工运行有利；调水枢纽移到下游，河道径流量增大，调水比例减少，调水影响较小。“自流”：考虑到高扬程抽水建成后的运行难度，推荐调水线路全部采用长隧洞自流方案，可利用支沟分成多个自然段，有利于长洞短打，降低工程运行费用。“集中”：第二期工程约 90％的线路和第三期工程约 60％的线路和第一期工程线路相距较近且平行，后期可利用前期的基础资料和施工设施，节省费用，缩短工期。“分期”：可以根据需要按河流分为分期工程或分段工程，建成一段可调一部分水量，发挥一段的作用。技术可行性增加，第一期工程的最大坝高降低为 65～123m，调水线路缩短到 406km

以下，隧洞最长段只有 73km，工程量也大大减少。

1.4 项目建议书阶段

2001 年下半年南水北调西线第一期工程开展项目建议书工作。围绕调水工程方案研究，开展了大量地质、测绘、勘探、物探和科学试验工作，为深化、完善调水工程方案提供了坚实的基础。

在先期开展的第一期工程方案研究中，考虑线路入黄出口不同平面位置及高程、输水线路入黄段隧洞与明渠、坝高与隧洞关系、输水隧洞与调水枢纽连接关系、色曲和阿柯河低坝调水、压力洞和明流洞的比较、单洞和双洞比较、第一期工程与第二期及第三期工程输水线路协调布置等方面因素，初选分析论证的方案。

本阶段共增选 9 座坝址，加之规划阶段的 5 座坝址共 14 座坝址作为比较坝址，组合成几十个工程布局方案。结合现场查勘和方案比选，初选了上、中、下三个总体布局的代表性方案。规划阶段的调水线路布局为中线；在中线上游增选调水坝址，由调水线路串联组成上线；在中线下游增选调水坝址，由调水线路串联组成下线。经比选论证，采用上线作为倾向性方案，即从雅砻江支流达曲阿安—泥曲仁达—杜柯河珠安达—玛柯河贡杰—阿柯河克柯的调水线路，调水量 40 亿 m^3。

2005 年 6 月，水利部办公厅下发《关于在南水北调西线工程项目建议书阶段开展一、二期水源结合方案论证工作的函》，要求在西线第一期工程项目建议书编制工作中，将西线工程规划的一期工程和二期工程水源合并补充论证。为此，将调水河流延伸至雅砻江干流。为减少移民和调水影响，经分析比选，将雅砻江调水坝址由阿达上移至热巴，玛柯河调水坝址贡杰上移至霍纳，增加色曲洛若坝址调水，形成雅砻江干流热巴—达曲阿安—泥曲仁达—杜柯河珠安达—玛柯河霍纳—阿柯河克柯的调水线路布局，线路长度 325.6km，总调水 80 亿 m^3。比原规划方案减少移民 1.2 万，避免班玛县城及 6 座重要寺院的淹没。项目建议书阶段推荐方案见图 1.4-1，主要指标见表 1.4-1。

综上所述，由于不同时期，形势要求不同，方案研究的范围和侧重点也有所不同，基础资料和认识也有较大的差异。概括起来讲，方案研究工作的思路经历了从西部调水向西线调水的逐步转变过程。1978 年以前，研究的调水和受水区域涵盖了中国西部大部分地区和河流，称之为西部调水；1978 年之后，主要集中在通天河、雅砻江、大渡河调水，称之为西线调水。在研究思路的转变过程中，调水方案从调水方式、工程结构形式和工程的技术条件等方面得到了丰富和发展。

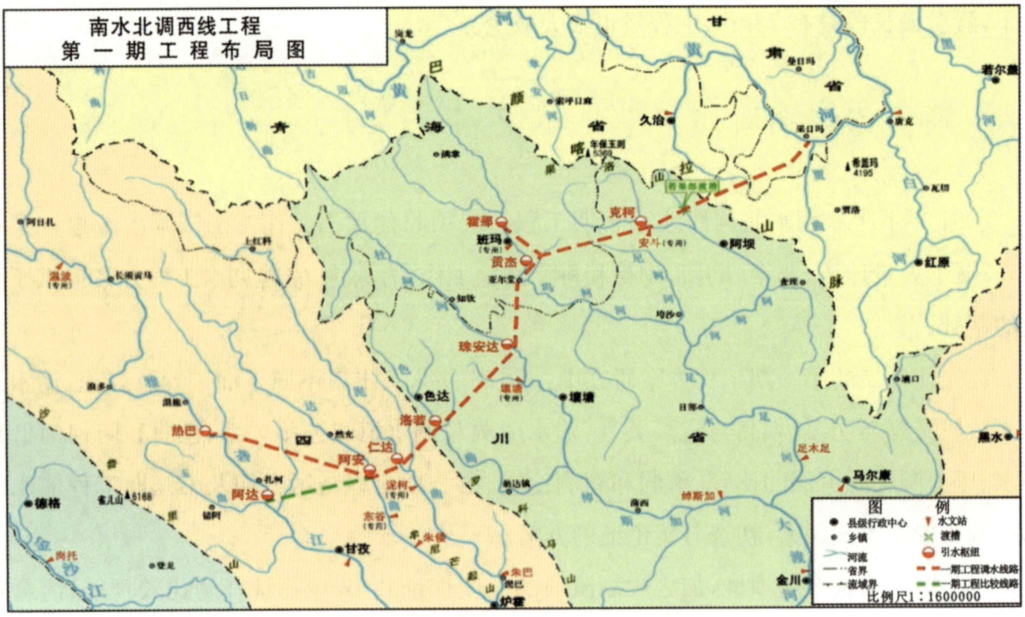

图 1.4-1　南水北调西线第一期工程总体布局

表 1.4-1　南水北调西线第一期工程综合指标表

—	水源水库	热巴	阿安	仁达	洛若	珠安达	霍那	克柯 2	合计
1	所在河流	雅砻江干流	达曲	泥曲	色曲	杜柯河	玛柯河	阿柯河	
2	坝址高程（m）	3527	3604	3598	3747	3539	3544	3474	
3	坝址径流量（亿 m^3）	60.69	9.99	11.71	4.21	14.81	10.89	6.93	119.23
4	年调水量（亿 m^3）	42	6.5	7.5	2.5	10	7	4.5	80
5	最大坝高（m）	192	135	119.6	30	110.9	105.9	98.8	
6	正常蓄水位（m）	3707	3718.9	3702.7	3758	3634.2	3632.5	3559.2	
7	死水位（m）	3660	3640	3635	3758	3575	3570	3510	
8	总库容（亿 m^3）	37.06	5.38	4.69		5.39	4.39	1.55	58.46
9	调节库容（亿 m^3）	22.5	4.9	4.15		4.59	3.98	1.39	41.51

续表

二	调水线路	雅砻江—达曲	达曲—泥曲	泥曲—色曲	色曲—杜柯河	杜柯河—玛柯河	玛柯河—阿柯河	阿柯河—贾曲	合计
1	线路全长(km)	68.9	13.7	25.6	47.1	30.8	67.6	72.0	325.7
2	其中：隧洞长度(km)	68.0	13.7	25.3	47.1	30.1	66.7	70.6	321.5
3	跨沟建筑物长度(km)	0.86	0.36	0.31		0.73	0.84	1.42	4.52
三	静态总投资(亿元)								1450

研究的范围：远至澜沧江、怒江，近至汉水、通天河、雅砻江、大渡河、白龙江、嘉陵江等。研究的调水规模：有调水上千亿立方米，也有十几亿立方米，多数方案是 100 亿 m^3 以下的调水量。研究的受水地点：有黄河上游，也有黄河中游，包括黄河干支流，还有黄河流域以外的。研究的调水方式：有抽水也有自流，有几条河联合调水，更多的是一条河单独调水。研究的方案布置：有在上游调水，也有在下游调水，利用地形、地质条件的各种布置，覆盖了研究的区域。研究的工程措施：有明渠，有隧洞，有长隧洞，也有自然分段的隧洞和有高坝扬程较低的方案，也有低坝高扬程的方案，还有另建坝以库区回水代替明渠的方案，等等。可以看出，60 多年来的研究方案，基本上包括了可能存在的各类典型方案。随着时间的推移，国家社会经济的发展战略布局调整，国家对生态环境保护要求的提高，以及工程技术的进步，不断采用新技术新手段，取得更多的基本资料，会提出新的调水方案。但总体来说，研究范围和调水方案与西线 60 多年来的研究成果是一致的。南水北调西线工程研究历程可见图 1.4-2。

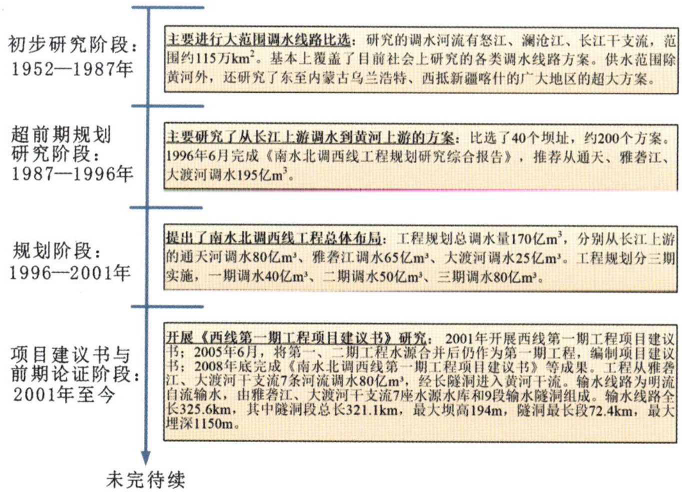

图 1.4-2　南水北调西线工程研究历程

第2章　新形势下黄河流域缺水状况分析

选择2016年为现状年，2035年和2050年为规划水平年，对黄河流域水资源需求、可供水量与缺水形势进行分析与研判。其中，基于2016年现状，对2035年和2050年黄河流域水资源需求进行预测。

2.1　黄河流域面临的新形势

2.1.1　近年来水沙关系发生变化

2.1.1.1　黄河天然径流量减少

《黄河流域水文设计成果修订》推荐的径流系列为1956—2010年，与《黄河"八七"分水方案》采用的1919年7月—1975年6月系列相比，利津断面由580亿m^3减少到482.4亿m^3，减少了97.6亿m^3，减幅高达16.8%。与《黄河流域水资源综合规划》采用的1956—2000年系列相比，利津断面由534.8亿m^3减少到482.4亿m^3，减少了52.4亿m^3，减幅为9.8%。

1956—2010年黄河流域平均降水量455.6mm，与1956—2000年平均降水量456.9mm基本一致，但是河川天然径流量（利津断面）却由534.8亿m^3减少为482.4亿m^3，减少了52.4亿m^3；其中河口镇以上天然径流量由331.7亿m^3减少为313.5亿m^3，减少了18.2亿m^3。

2.1.1.2　黄河水沙关系显著变化

（1）黄河实测水沙量显著减少

20世纪60年代以来，随着降雨变化和人类活动的影响逐步加强，在自然和人为因素双重作用下，黄河水沙总体呈减少的变化态势，80年代中后期以来偏少明显。1987—1999年，潼关水文站年均径流量260.6亿m^3、输沙量为8.07亿t，分别较1960年以前偏少38.8%、49.3%。2000年以来水沙量偏少更为显著，2000—2016年潼关水文站年平均径流量为227.4亿m^3、输沙量为2.42亿t，与1960年以前相比，水沙量减少幅度达46.6%、84.8%。

随着径流量、输沙量的减少，黄河水沙过程也发生了很大变化，主要表现为：汛期平枯水流量历时增加，有利于输沙的大流量历时和相应水量明显减少。与1960—1986年相比，

1987—2016 年潼关水文站日均流量大于 2000m^3/s 出现天数占汛期天数的比例由过去的 46.9%减少为 10.0%，2000—2016 年进一步减少为 8.2%。大于 2000m^3/s 水量占汛期水量的比例由 1960—1968 年的 70.9%减少为 1987—2016 年的 26.5%，2000—2016 年进一步减少为 23.1%。

(2)近期水沙变化原因

针对黄河近期水沙变化的原因，黄委及相关单位开展了大量的研究，主要研究项目有："十一五"国家科技支撑计划课题"黄河流域水沙变化情势评价研究"、"十二五"国家科技支撑计划课题"黄河水沙调控技术研究与应用"、"黄河水沙变化研究"（中国水利科学研究院、黄河水利委员会）、"黄河流域综合规划"、"人民治黄 70 年黄河治理开发与保护效益分析"、"古贤水利枢纽可行性研究"以及正在开展的十三五重大专项项目"黄河流域水沙变化机理与趋势预测"等。黄河水沙变化不仅与自然气候因素有关，还与水利工程、生态建设工程和经济社会发展等因素有关，由于影响水沙的各项因素极其复杂，上述研究成果提出的各影响因素减水减沙作用存在一定的差异，有些差别较大。

"十一五"国家科技支撑计划课题"黄河流域水沙变化情势评价研究"，主要研究时段为 1997—2006 年，研究范围为河口镇至龙门区间，泾河、渭河、北洛河、汾河，涉及面积 28.72 万 km^2。该课题研究认为，与基准期 1960—1969 年相比，1997—2006 年黄河中游地区沙量的减少，降雨因素占 50.3%，水利水保措施作用占 49.7%。水利水保措施中林草梯田（含封禁）年均减沙量 2.83 亿 t，淤地坝年均减沙量 1.17 亿 t，水库年均拦沙 0.71 亿 t。

"十二五"国家科技支撑计划项目"黄河水沙调控技术研究与应用"课题，主要研究时段为 2007—2014 年，研究范围为黄河干流青铜峡以上、河龙区间、北洛河、泾河张家山以上、渭河咸阳以上、汾河。该研究提出 2007—2014 年黄河主要产沙区的年均雨量和雨强与 1956—1975 年相当，但较 1966—2014 年均值偏丰，尤以河龙区间、泾河和汾河等地区更为突出。如果分别与 1956—2014 年和 1956—1975 年的平均降雨条件相比，2007—2014 年的降雨减沙量分别为－2.8 亿～－1.1 亿 t 和－1.1 亿～0.6 亿 t。中游五站（龙门、洑头、咸阳、张家山、河津）以上地区主要下垫面因素在 2007—2014 年的实际减沙量为 15.6 亿～17.3 亿 t，其中林草梯田等因素年均减沙 12.54 亿～14.11 亿 t，水库和淤地坝拦沙以及灌溉引沙增量实际拦（引）沙 3.2 亿 t。

"黄河水沙变化研究"（黄河水利委员会、中国水科院）主要研究时段为 2000—2012 年，研究范围为黄河潼关以上区域，面积 72.4 万 km^2。该研究提出，与基准期（1954—1969 年）相比，2000—2012 年降雨对泥沙减少的贡献率约占 20%，人类活动对泥沙减少的贡献率约占 80%。人类活动年均总减沙量为 11.06 亿 t，其中林草梯田（封禁）年均减沙 5.09 亿 t，淤地坝年均减沙 3.02 亿 t，水库年均拦沙 1.87 亿 t。该成果已经上报水利部部长办公会研究，认为目前不具备成果发布条件。

“黄河流域综合规划(2012—2030年)”(2013年3月国务院批复),提出现状水平年(2007年)水利水保措施多年平均减沙3.5亿~4.5亿t。

古贤水利枢纽可行性研究,采用“水文法”“水保法”研究了2000—2015年黄河沙量减少的原因,结果表明,与基准期(1956—1969年)相比,2000—2015年黄河五站(龙门、河津、洑头、张家山、咸阳)总减少量为15.55亿t,其中气象降雨因素减沙量为5.17亿t,占总减沙量的33.2%,非降雨因素减沙量为10.38亿t,占总减沙量的66.8%。非降雨因素中林草梯田措施年均减沙4.30亿t,淤地坝年均减沙量3.34亿t,水库工程年均拦沙1.89亿t。

(3)未来水沙变化趋势

黄河未来水沙变化既受气候、降水等自然因素的影响,又与流域及相关地区治理开发情况密切相关,由于目前对黄河流域近期水沙变化原因及各因素的影响程度的认识尚不一致,加之受技术水平、研究方法和手段等限制,对黄河未来可能水沙变化的预测差别也较大。

“十一五”国家科技支撑计划课题“黄河流域水沙变化情势评价研究”认为,未来2020—2050年黄河来水来沙具有较为明显的阶段性特点,其中2020年、2030年、2050年的年来水量和年输沙量分别为229亿~236亿m^3、9.96亿~10.88亿t,236亿~244亿m^3、8.61亿~9.56亿t和234亿~241亿m^3、7.94亿~8.66亿t。

“十二五”国家科技支撑计划课题“黄河水沙调控技术研究与应用”,根据黄河近期水沙变化原因的认识,提出在2007—2014年下垫面和1966—2014年平均降雨情况下,如果黄河李家峡和洮河九甸峡以下没有坝库拦沙,潼关来沙量应为5亿t,花园口天然径流量在460亿m^3左右。

黄委联合中国水科院开展的“黄河水沙变化研究”(阶段成果),预估在黄河古贤水库投入运用后,预测未来30~50年潼关水文站年均径流量为210亿~220亿m^3,年均输沙量为3亿~5亿t,未来50~100年潼关水文站年均径流量为200亿~210亿m^3,年均输沙量5亿~7亿t。若未来30~50年不考虑古贤水库投入运用,潼关来沙量为6亿~9亿t。

2013年国务院批复的《黄河流域综合规划(2012—2030年)》认为未来黄河流域降雨条件不会发生大的变化,规划期天然年沙量仍采用16亿t。现状(2007年)水利水保措施年平均减沙量4亿t左右,到2030年适宜治理的水土流失区将得到初步治理,流域生态环境明显改善,多沙粗沙区拦沙工程及其他水利水保措施年平均可减少入黄泥沙6.0亿~6.5亿t。在正常的降雨条件下,2030年水平年均入黄沙量为9.5亿~10亿t。考虑远景(2050年水平)黄土高原水土流失得到有效治理,进入黄河下游的泥沙量仍有8亿t左右,水沙关系仍然不协调。

古贤水利枢纽可行性研究,在分析近期水沙变化原因的基础上,考虑已有的研究成果、黄土高原侵蚀背景值以及黄河沙量变化的周期性及不确定性,提出古贤设计水平年(2030年)黄河来沙量为8亿t。

综合以上研究成果，各家提出的未来黄河沙量范围为 5 亿～11 亿 t。当前，黄河未来来沙量总体呈减少趋势已基本形成共识，但影响水沙变化因素复杂，未来黄河沙量减少程度尚难准确判断。

2.1.2 经济社会发展的新形势

党的十九大报告明确了中国未来发展的整体部署，从十九大到二十大，是“两个一百年”奋斗目标的历史交会期。既要全面建成小康社会、实现第一个百年奋斗目标，又要乘势而上开启全面建设社会主义现代化国家新征程，向第二个百年奋斗目标进军，即到中华人民共和国成立 100 年时，基本实现现代化，把我国建成富强、民主、文明、和谐的社会主义现代化国家。同时，随着西部大开发、“一带一路”、区域协调发展、生态文明建设等国家战略实施推动形成开放新格局，以及近年来国务院批复或印发《全国主体功能区规划》《能源发展战略行动计划（2014—2020 年）》《国家新型城镇化规划（2014—2020 年）》《全国矿产资源规划（2016—2020 年）》《国家人口发展规划（2016—2030 年）》等规划推进，对我国能源安全、粮食安全、城镇化建设、生态文明建设、区域协调发展等提出了一系列战略布局，国家发展蓝图与新常态下经济社会发展对土地矿产资源丰富、资源性缺水的黄河流域提出了新需求和新挑战。

2.1.2.1 全国主体功能区规划

根据全国主体功能区规划，全国 21 个重点城市化区域中，位于黄河流域重点城市化区域有 7 个，占 1/3；全国“五片一带”为主体的能源基地开发布局中，流域内山西和鄂尔多斯盆地片区位于前两位；全国 7 大农产品主产区中，涉及黄河流域有 3 个，占 43%；全国 25 个重要生态功能区中，涉及黄河流域有 5 个，占 20%。

（1）重点开发区域

黄河流域的主要城市化区域包括兰州—西宁地区、宁夏沿黄经济区、关中—天水地区、呼包鄂榆地区、太原城市群、中原经济区、环渤海地区等。这些区域具备较强的经济基础，具有一定的科技创新能力和较好的发展潜力；城镇体系初步形成，具备经济一体化的条件，中心城市有一定的辐射带动能力，有可能发展成为新的大城市群或区域性城市群；能够带动周边地区发展，且对促进全国区域协调发展意义重大。

（2）能源基地

在“五片一带”为主体的能源基地开发布局中，山西和鄂尔多斯盆地位于前两位。对于山西片区而言，要求合理开发煤炭资源，积极发展坑口电站，加快煤层气开发，继续发挥保障全国能源安全的功能。除满足本地区能源需要外，应主要保障京津冀、山东半岛、长江三角洲、珠江三角洲、东陇海、海峡西岸、中原、长江中游等城市化地区及其周边农产品主产区和重点生态功能区的能源需求。对于鄂尔多斯盆地片区而言，应以煤炭开采加工和火力发电建设为主，加大石油、天然气、煤层气和风能开发力度，建设高效清洁大型能源输出地。除满足本地区能源需求外，应主要保障京津冀、山东半岛、长江三角洲、珠江三角洲、东陇海、江淮、海峡西岸、中原、长江中游等城市化地区及其周边农产品主产区和重点生态功能区的能源需求。

(3)农产品主产区

黄河流域的主要农产品区域包括河套灌区主产区、汾渭平原主产区、黄淮海平原主产区等。其中河套灌区农产品主产区，要建设优质专用小麦产业带；汾渭平原农产品主产区，要建设优质专用小麦和专用玉米产业带；黄淮海平原农产品主产区，要建设优质专用小麦、优质棉花、专用玉米、大豆和畜产品产业带。农产品主产区应着力保护耕地，稳定粮食生产，发展现代农业，增强农业综合生产能力，增加农民收入，加快建设社会主义新农村，保障农产品供给，确保国家粮食安全和食物安全。

(4)重点生态功能区

黄河流域主要有三江源湿地、若尔盖湿地、甘南、祁连山冰川、黄土高原丘陵沟壑区等重点生态功能区，主要发展方向为控制开发强度，进行生态建设、水土保持，保障必需的生态水量，以保护黄河流域及相关地区的生态安全。

根据国家城市群建设与发展的相关要求，未来黄河流域内城镇化水平将进一步提高；由于流域内矿产、能源资源丰富的特点，在全国占有重要地位，开发潜力巨大，随着国家经济发展对能源需求的增加，能源(尤其是电力)、煤化工等行业在一定时期将进一步发展；由于黄河流域良好的水土条件，是保障我国粮食安全的重点发展区域，流域内农产品主产区的地位不会动摇；同时，重点生态功能区的建设，对河道外生态建设提出了新的要求。

2.1.2.2 西部大开发战略

西部大开发是支持西部地区开发建设，实现东西部地区协调发展的重大战略决策。自2000年党中央、国务院做出实施西部大开发战略重大决策部署以来，国务院已先后批复实施了3个西部大开发五年规(计)划，从宏观层面加强对西部大开发工作的统筹引导并发挥了重要指导作用，通过15年的奋斗，黄河流域青海、甘肃、宁夏、内蒙古、陕西等省区的发展取得了重要成就。2016年国务院批复了《西部大开发“十三五”规划》，对于巩固西部大开发良好态势，开创西部大开发新局面，确保与全国同步全面建成小康社会具有重要意义。

党的十八大以来，国家狠抓西部地区基础设施建设、生态环境保护和特色优势产业发展，着力调整经济结构和改善民生，推进实施了一大批重点项目和工程，巩固了西部地区经济社会平稳向好的发展势头。近期中央及部委频频发声：继续加大西部地区补短板力度，抓紧推进一批西部急需、符合国家规划的重大工程建设，确保西部地区经济社会发展的势头不减弱。

党的十九大报告提出加大力度支持革命老区、民族地区、边疆地区、贫困地区加快发展，强化举措推进西部大开发形成新格局，发挥优势推动中部地区崛起，建立更加有效的区域协调发展新机制。

国家深入推进西部大开发战略的重要举措，给黄河流域青海、甘肃、宁夏、内蒙古、陕西等省区的持续快速发展创造了新的局面。

2.1.2.3 “一带一路”倡议

2013 年 9 月和 10 月，先后提出共建“丝绸之路经济带”（一带）和“21 世纪海上丝绸之路”（一路）的重大倡议。国家发展改革委、外交部、商务部于 2015 年 3 月 28 日联合发布了《推动共建丝绸之路经济带和 21 世纪海上丝绸之路的愿景与行动》（以下简称《愿景与行动》）。

《愿景与行动》中对有关黄河流域内相关省区与城市对外开放态势提出以下要求：发挥陕西、甘肃综合经济文化和宁夏、青海民族人文优势，打造西安内陆型改革开放新高地，加快兰州、西宁开发开放，推进宁夏内陆开放型经济试验区建设，形成面向中亚、南亚、西亚国家的通道、商贸物流枢纽、重要产业和人文交流基地。发挥内蒙古联通俄蒙的区位优势，……建设向北开放的重要窗口。依托中原城市群、呼包鄂榆城市群等重点区域，推动区域互动合作和产业集聚发展，打造内陆开放型经济高地。支持西安等内陆城市建设航空港、国际陆港，加强内陆口岸与沿海、沿边口岸通关合作，开展跨境贸易电子商务服务试点。

党的十九大报告中指出：“要以‘一带一路’建设为重点，坚持引进来和走出去并重，遵循共商共建共享原则，加强创新能力开放合作，形成陆海内外联动、东西双向互济的开放格局。”这标志着“一带一路”建设将在新时代继续发挥开放引领作用，为实现“两个一百年”奋斗目标和中华民族伟大复兴的中国梦做出新贡献。

黄河流域各省（区）高度重视“一带一路”建设的支撑作用，以“一带一路”为促增长的新突破口与抓手，相继出台了涉及基础设施建设、经贸合作、能源资源合作、人文合作等方面的行动方案。黄河流域能源、矿产资源的开发、商贸文化的交流发展面临新机遇，人口聚居、能源开发及产业链延伸、水生态文明建设等必将带来用水需求新变化，供水安全将面临新要求与新挑战。

2.1.2.4 高质量发展

2018 年政府工作报告指出，按照高质量发展的要求，统筹推进“五位一体”总体布局和协调推进“四个全面”战略布局，坚持以供给侧结构性改革为主线，统筹推进稳增长、促改革、调结构、惠民生、防风险各项工作。党的十九大报告指出中国特色社会主义进入了新时代，我国经济发展也进入了新时代，我国经济已由高速增长阶段转向高质量发展阶段，正处在转变发展方式、优化经济结构、转换增长动力的攻关期。推动高质量发展，既是保持经济持续健康发展的必然要求，也是适应我国社会主要矛盾变化和全面建成小康社会、全面建设社会主义现代化国家的必然要求，更是遵循经济规律发展的必然要求。

第一，高质量发展是适应经济发展新常态的主动选择。我国经济发展进入了新常态。在这一大背景下，我们要立足大局、抓住根本，看清长期趋势、遵循经济规律，主动适应把握引领经济发展新常态。

第二，高质量发展是贯彻新发展理念的根本体现。党的十八大以来，以习近平同志为核心的党中央直面我国经济发展的深层次矛盾和问题，提出创新、协调、绿色、开放、共享的新发展理念。高质量发展，就是能够很好满足人民日益增长的美好生活需要的发展，是体现新发展理念的发展，是创新成为第一动力、协调成为内生特点、绿色成为普遍形态、开放成为必由之路、共享成为根本目的的发展。

第三，高质量发展是适应我国社会主要矛盾变化的必然要求。中国特色社会主义进入新时代，我国社会主要矛盾已经转化为人民日益增长的美好生活需要和不平衡不充分的发展之间的矛盾。不平衡不充分的发展就是发展质量不高的直接表现。更好满足人民日益增长的美好生活需要，必须推动高质量发展。

第四，高质量发展是建设现代化经济体系的必由之路。建设现代化经济体系是跨越关口的迫切要求和我国发展的战略目标。实现这一战略目标，必须坚持质量第一、效益优先，推动经济发展质量变革、效率变革、动力变革，提高全要素生产率，不断增强我国经济创新力和竞争力。归根结底，就是要推动高质量发展。推动高质量发展是当前和今后一个时期确定发展思路、制定经济政策、实施宏观调控的根本要求。

2.1.2.5　能源发展战略行动计划和全国矿产资源规划

2014 年 9 月国务院办公厅印发《能源发展战略行动计划（2014—2020 年）》（国办发〔2014〕31 号），明确了今后一段时期我国能源发展的总体方略和行动纲领，提出了坚持“节约、清洁、安全”的战略方针，加快构建清洁、高效、安全、可持续的现代能源体系。重点实施节约优先、立足国内、绿色低碳、创新驱动四大战略，开展增强能源自主保障能力、推进能源消费革命、优化能源结构、拓展能源国际合作、推进能源科技创新五项任务。

在节约优先战略中提出，要把节约优先贯穿于经济社会及能源发展的全过程，集约高效开发能源，科学合理使用能源，大力提高能源效率，加快调整和优化经济结构，推进重点领域和关键环节节能，合理控制能源消费总量，以较少的能源消费支撑经济社会较快发展。到 2020 年，一次能源消费总量控制在 48 亿吨标准煤左右，煤炭消费总量控制在 42 亿吨左右。与 2016 年相比，若考虑煤炭进口量不变（2016 年约 3 亿吨），则煤炭消费总量的增量控制在 3.5 亿吨左右。

在立足国内战略中指出，立足国内，加强能源供应能力建设，不断提高自主控制能源对外依存度的能力，到 2020 年，能源自给能力保持在 85%左右。重点推进煤炭清洁高效开发利用、稳步提高国内石油产量、大力发展天然气、积极发展能源替代、加强储备应急能力建设等任务。在推进煤炭清洁高效开发利用方面，要求清洁高效发展煤电，着力提高煤炭集中高效发电比例，新建燃煤发电机组污染物排放接近燃气机组排放水平。推进煤电大基地大通道建设，共提出建设 14 个亿吨级大型煤炭基地，其中涉及黄河流域的有 7 个，分别为晋北、晋中、晋东、神东、陕北、黄陇、宁东煤炭基地。并指出采用最先进节能节水环保发电技术，重点建设锡林郭勒、鄂尔多斯、晋北、晋中、晋东、陕北、哈密、准东、宁东等 9 个千万千瓦级大型煤电基地。发展远距离大容量输电技术，扩大西电东送规模，实施北电南送工程。在稳步提高国内石油产量方面，提出建设 9 个千万吨级大油田，其中涉及黄河流域的有长庆、延长等油田，在鄂尔多斯盆地等四大盆地加大油气资源勘探开发力度，实现西部增储上产。在大力发展天然气方面，加快常规天然气勘探开发区域涉及鄂尔多斯盆地，重点突破页岩气和煤层气开发区域涉及陕西延安国家级示范区及鄂尔多斯盆地东缘。在积极发展能源替代方面，提出以新疆、内蒙古、陕西、山西等地为重点，稳妥推进煤制油、煤制气技术研发和产业化升级示范工程，掌握核心技术，严格控制能耗、水耗和污染物排放，形成适度规模的煤基燃料替代能力。

《全国矿产资源规划(2016—2020 年)》提出到 2020 年，基本建立安全、稳定、经济的资源保障体系，基本形成节约高效、环境友好、矿地和谐的绿色矿业发展模式，基本建成统一开放、竞争有序、富有活力的现代矿业市场体系，显著提升矿业发展的质量和效益，塑造资源安全与矿业发展新格局。

综合考虑资源禀赋、开发利用条件、环境承载力和区域产业布局等因素，建设 103 个能源资源基地(包含 26 个能源矿产、15 个黑色金属矿产、43 个有色金属矿产、5 个非金属矿产、14 个战略性新兴产业矿产)，在全国建设的 26 个能源矿产基地(23 个油气、煤炭基地，3 个铀矿基地)中，黄河流域包括鄂尔多斯盆地、神东、晋北、晋中、晋东、黄陇、宁东、陕北等 8 个油气、煤炭基地，占全国 23 个油气、煤炭基地的 1/3 多。

《全国矿产资源规划(2016—2020 年)》要求把能源矿产基地建设作为保障国家资源安全供应的战略核心区域，纳入国民经济和社会发展规划以及相关行业发展规划中统筹安排和重点建设，在生产力布局、基础设施建设、资源配置、重大项目安排及相关产业政策方面给予重点支持和保障，大力推进资源规模开发和产业集聚发展。

2.1.2.6 国家新型城镇化规划和乡村振兴战略规划

2014 年 3 月，中共中央、国务院印发《国家新型城镇化规划(2014—2020 年)》，要求各地区各部门结合实际认真贯彻执行。通知指出，城镇化是现代化的必由之路，是解决农业农村农民问题的重要途径，是推动区域协调发展的有力支撑，是扩大内需和促进产业升级的重要抓手。制定实施《规划》，努力走出一条以人为本、四化同步、优化布局、生态文明、文化传承的中国特色新型城镇化道路，对全面建成小康社会、加快推进社会主义现代化具有重大现实意义和深远历史意义。新型城镇化的“新”是要由过去片面注重追求城市规模扩大、空间扩张，改变为以提升城市的文化、公共服务等内涵为中心，真正使城镇成为具有较高品质的宜居空间。

《国家新型城镇化规划(2014—2020 年)》指出，改革开放以来，我国东部沿海地区率先开放发展，形成了京津冀、长江三角洲、珠江三角洲等一批城市群，有力推动了东部地区快速发展，成为国民经济重要的增长极。但与此同时，中西部地区发展相对滞后，一个重要原因就是城镇化发展很不平衡，中西部城市发育明显不足。目前东部地区常住人口城镇化率达到 62.2%，而中部、西部地区分别只有 48.5%、44.8%。随着西部大开发和中部崛起战略的深入推进，东部沿海地区产业转移加快，在中西部资源环境承载能力较强地区，加快城镇化进程，培育形成新的增长极，有利于促进经济增长和市场空间由东向西、由南向北梯次拓展，推动人口经济布局更加合理、区域发展更加协调。在后文中提出要培育发展中西部地区城市群，要求在中西部城镇体系比较健全、城镇经济比较发达、中心城市辐射带动作用明显的重点开发区域，要在严格保护生态环境的基础上，引导有市场、有效益的劳动密集型产业优先向中西部转移，吸纳东部返乡和就近转移的农民工，加快产业集群发展和人口集聚，培育发展若干新的城市群。

新型城镇化规划制定的主要目标如下：城镇化水平和质量稳步提升，城镇化健康有序发展，常住人口城镇化率达到 60%左右，户籍人口城镇化率达到 45%左右，户籍人口城镇化率与常住人口城镇化率差距缩小 2 个百分点左右，努力实现 1 亿左右农业转移人口和其他常住人口在城镇落户。

党的十九大报告指出，农业农村农民问题是关系国计民生的根本性问题，必须始终把解决好“三农”问题作为全党工作的重中之重，实施乡村振兴战略，提出“产业兴旺、生态宜居、乡风文明、治理有效、生活富裕”的总要求。2018 年 1 月，国务院公布了中央一号文件《中共中央国务院关于实施乡村振兴战略的意见》。2018 年 9 月，中共中央、国务院印发了《乡村振兴战略规划(2018—2022 年)》，并发出通知，要求各地区各部门结合实际认真贯彻落实。在促进乡村产业兴旺方面，部署了一系列重要举措，构建现代农业产业体系、生产体系、经营体系，完善农业支持保护制度。同时，通过发展壮大乡村产业，激发农村创新创业活力。在促进乡村生态宜居方面，提出强化资源保护与节约利用，推进农业清洁生产，集中治理农业环境突出问题，实现农业绿色发展，并确定推进美丽宜居乡村建设，持续改善农村人居环境。在促进乡村乡风文明方面，提出传承发展乡村优秀传统文化，培育文明乡风、良好家风、淳朴民风，建设邻里守望、诚信重礼、勤俭节约的文明乡村，推动乡村文化振兴。在促进乡村治理有效方面，建立健全党委领导、政府负责、社会协同、公众参与、法治保障的现代乡村社会治理体制，推动乡村组织振兴，打造充满活力、和谐有序的善治乡村。在促进乡村生活富裕方面，提出加快补齐农村民生短板，如在改善农村交通物流设施条件、加强农村水利基础设施网络建设、拓宽转移就业渠道，以及加强农村社会保障体系建设等方面都出台了一系列措施。

黄河流域大部分地区属于我国的西部地区，根据新型城镇化规划的要求，中西部地区城市群成为推动区域协调发展的新的重要增长极，随着国家发展新常态下产业结构调整与部分行业由东部向西部转移，黄河流域及西北内陆河流域人口将进一步向城市聚集。结合实施乡村振兴战略规划的总要求，黄河流域各省（区）树立城乡融合、一体设计、多规合一理念，在产业发展、人口布局、公共服务、基础设施、土地利用、生态保护等方面，因地制宜编制乡村振兴地方规划和专项规划方案，积极推进城乡一体化发展，带动乡村产业发展，稳步推动黄河流域城乡经济融合发展，为实现国家全面建成小康社会奠定基础。

2.1.2.7　国家粮食安全中长期规划纲要和全国新增1000亿斤粮食生产能力规划

2008年11月，国家发改委颁布《国家粮食安全中长期规划纲要（2008—2020年）》，据预测，到2010年我国居民人均粮食消费量为389kg，粮食需求总量达到5250亿kg；到2020年人均粮食消费量为395kg，需求总量达到5725亿kg。

2009年7月，国务院办公厅印发了《全国新增1000亿斤粮食生产能力规划（2009—2020年）》，提出加快构建供给稳定、储备充足、调控有力、运转高效的粮食安全保障体系，确保国内粮食自给率保持在95%以上。坚持把发展粮食生产放在现代农业建设的首位，科学有序推进农业结构调整，协调好粮经争地矛盾，确保粮食播种面积的稳定。预测到2020年全国粮食生产能力达到5500亿kg以上，比现有产能增加500亿kg。为实现上述目标，需要耕地保有量保持在18亿亩以上，基本农田面积15.6亿亩，粮食播种面积稳定在15.8亿亩以上；粮食单产水平达到175kg，良种覆盖率稳定在95%以上，科技贡献率达到55%。

现状年黄河流域内粮食产量4532万t，人均粮食产量379kg。考虑到内蒙古为粮食主产区，除了保障本地区粮食安全外，还要外销粮食保障全国其他地区的粮食安全，外销粮食比例在30%左右，若考虑内蒙古自治区外销粮食30%，则现状年黄河流域内粮食产量将为4323万t，人均粮食产量为362kg。

灌溉是保证黄河流域内农业高产稳产的重要手段之一，灌溉地粮食亩产一般为旱作耕地的2～6倍，对于黄河流域而言，大部分地区位于西北干旱地区，尤其是上游地区没有灌溉就没有农业，规划期内一方面要提高农田灌溉保证率，同时要发展一定的农田灌溉面积。

2.1.2.8　生态文明建设

2015年4月25日，中共中央、国务院印发了关于加快推进生态文明建设的意见。党中央、国务院高度重视生态文明建设，目前生态文明建设虽取得了重大进展和积极成效，但总体上看我国生态文明建设水平仍滞后于经济社会发展，资源约束趋紧、环境污染严重、生态系统退化、发展与人口资源环境之间的矛盾日益突出已成为经济社会可持续发展的重大瓶颈制约。

党的十八大、十九大报告站在全局和战略的高度，把生态文明建设与经济建设、政治建设、文化建设、社会建设一道纳入中国特色社会主义事业总体布局，提出建设生态文明是中华民族永续发展的千年大计，强调必须树立和践行绿水青山就是金山银山的理念，坚持节约资源和保护环境的基本国策，统筹山水林田湖草系统治理，实行最严格的生态环境保护制度，形成绿色发展方式和生活方式，坚定走生产发展、生活富裕、生态良好的文明发展道路，建设美丽中国，为人民创造良好生产生活环境，为全球生态安全做出贡献。

习近平总书记 2016 年在青海考察时强调，青海生态地位重要而特殊，青海最大的价值在生态、最大的责任在生态、最大的潜力也在生态，必须担负起保护三江源、保护“中华水塔”的重大责任。要坚持保护优先，坚持自然恢复和人工恢复相结合，从实际出发，全面落实主体功能区规划要求，筑牢国家生态安全屏障，要统筹推进生态工程、节能减排、环境整治、美丽城乡建设，加强自然保护区建设，搞好三江源国家公园体制试点，加强环青海湖地区生态保护，加强沙漠化防治、高寒草原建设，加强退牧还草、退耕还林还草、三北防护林建设，加强节能减排和环境综合治理，确保“一江清水向东流”。

习近平总书记 2018 年在参加全国人大内蒙古代表团审议时强调，要加强生态环境保护建设，统筹山水林田湖草治理，精心组织实施京津风沙源治理、“三北”防护林建设、天然林保护、退耕还林、退牧还草、水土保持等重点工程，实施好草畜平衡、禁牧休牧等制度，加快呼伦湖、乌梁素海、岱海等水生态综合治理，加强荒漠化治理和湿地保护，加强大气、水、土壤污染防治，把内蒙古建设成为我国北方重要的生态安全屏障，在祖国北疆构筑起万里绿色长城。2019 年，再次参加全国人大内蒙古代表团审议时强调，要保持加强生态文明建设的战略定力，把内蒙古建成我国北方重要生态安全屏障，守护好祖国北疆这道亮丽风景线。

2.1.2.9 黄河流域生态保护和高质量发展

2019 年 9 月 18 日，习近平总书记提出了“黄河流域生态保护和高质量发展”战略。总书记强调:治理黄河，重在保护，要在治理。要坚持山水林田湖草综合治理、系统治理、源头治理，统筹推进各项工作，加强协同配合，推动黄河流域高质量发展。要坚持绿水青山就是金山银山的理念，坚持生态优先、绿色发展，以水而定、量水而行，因地制宜、分类施策，上下游、干支流、左右岸统筹谋划，共同抓好大保护，协同推进大治理，着力加强生态保护治理、保障黄河长治久安、促进全流域高质量发展、改善人民群众生活、保护传承弘扬黄河文化，让黄河成为造福人民的幸福河。

(1)加强生态环境保护

黄河生态系统是一个有机整体，要充分考虑上中下游的差异。上游要以三江源、祁连山、甘南黄河上游水源涵养区等为重点，推进实施一批重大生态保护修复和建设工程，提升水源涵养能力。中游要突出抓好水土保持和污染治理。水土保持不是简单挖几个坑种几棵树，黄土高原降雨量少，能不能种树，种什么树合适，要搞清楚再干。有条件的地方要大力建设旱作梯田、淤地坝等，有的地方则要以自然恢复为主，减少人为干扰，逐步改善局部小气候。对汾河等污染严重的支流，则要下大气力推进治理。下游的黄河三角洲是我国暖温带最完整的湿地生态系统，要做好保护工作，促进河流生态系统健康，提高生物多样性。

(2)保障黄河长治久安

黄河水少沙多、水沙关系不协调，是黄河复杂难治的症结所在。尽管黄河多年没出大的问题，但黄河水害隐患还像一把利剑悬在头上，丝毫不能放松警惕。要保障黄河长久安澜，必须紧紧抓住水沙关系调节这个“牛鼻子”。要完善水沙调控机制，解决九龙治水、分头管理问题，实施河道和滩区综合提升治理工程，减缓黄河下游淤积，确保黄河沿岸安全。

(3)推进水资源节约集约利用

黄河水资源量就这么多，搞生态建设要用水，发展经济、吃饭过日子也离不开水，不能把水当作无限供给的资源。“有多少汤泡多少馍”。要坚持以水定城、以水定地、以水定人、以水定产，把水资源作为最大的刚性约束，合理规划人口、城市和产业发展，坚决抑制不合理用水需求，大力发展节水产业和技术，大力推进农业节水，实施全社会节水行动，推动用水方式由粗放向节约集约转变。

(4)推动黄河流域高质量发展

8 月 26 日，我在中央财经委第 5 次会议上强调，要支持各地区发挥比较优势，构建高质量发展的动力系统。沿黄河各地区要从实际出发，宜水则水、宜山则山，宜粮则粮、宜农则农，宜工则工、宜商则商，积极探索富有地域特色的高质量发展新路子。三江源、祁连山等生态功能重要的地区，就不宜发展产业经济，主要是保护生态，涵养水源，创造更多生态产品。河套灌区、汾渭平原等粮食主产区要发展现代农业，把农产品质量提上去，为保障国家粮食安全做出贡献。区域中心城市等经济发展条件好的地区要集约发展，提高经济和人口承载能力。贫困地区要提高基础设施和公共服务水平，全力保障和改善民生。要积极参与共建“一带一路”，提高对外开放水平，以开放促改革、促发展。

(5)保护、传承、弘扬黄河文化

黄河文化是中华文明的重要组成部分，是中华民族的根和魂。要推进黄河文化遗产的系统保护，守好老祖宗留给我们的宝贵遗产。要深入挖掘黄河文化蕴含的时代价值，讲好“黄河故事”，延续历史文脉，坚定文化自信，为实现中华民族伟大复兴的中国梦凝聚精神力量。

2.1.2.10　相关省区发展总体格局

根据国家宏观经济社会发展战略布局，流域内各省(区)要在进一步巩固和发展工业、农业、畜牧业等产业的基础上，依据资源环境条件，形成各自的区域发展模式和布局。

(1)青海省

以湟水流域为重点发展区域，立足水电资源优势，促进电力工业和有色金属工业的联合，壮大铝、铅、锌、铜等有色金属生产与加工基地；做精做强钢铁产业，发展硅系列新材料产品，发展符合环保要求的高载能工业和新型建材工业；推进煤炭深加工和综合利用，积极发展煤焦化和煤化工产业，使煤炭工业逐步成为新的支柱产业。

(2)甘肃省

突出特色优势产业发展，做大做强石油化工、冶金有色、装备制造、农产品加工和制药五大产业，建设全国重要的石油化工、冶金有色、新材料基地和具有区域优势的特色农产品加工基地，进一步加快工业化进程。利用国家石油战略资源开发和建设西部管道、兰州大乙烯等重点工程的机遇，努力扩大兰州、庆阳的原油加工规模，提高乙烯及合成树脂、合成橡胶等生产能力，加快发展下游延伸产品。积极利用庆阳原油资源，加快陇东石化基地建设。积极发展无机化工，调整化肥、农药产品结构，提高高浓度复合肥产能和新品种农药产量。

(3)宁夏回族自治区

依托量大、质优、开发条件优越的煤炭等资源和良好建设条件，大规模开发建设宁东煤炭基地；依托现有的技术、人才优势和较好工业基础，进一步发展钽、铌、铂等稀有金属功能材料及其高技术加工产品系列，逐步形成石嘴山市—银川市—青铜峡市新材料产业密集带，成为全球重要的钽、铌、铂和碳基材料制品生产研发基地，国内重要的铝、镁合金及其加工产品基地。积极争取国家支持，建设宁夏太阳能多晶硅生产基地。

(4)内蒙古自治区

重点发展煤炭、电力、天然气和再生能源，加快开发呼、包、鄂"金三角"经济圈，建设鄂尔多斯、乌海、阿拉善盟等地区的国家级能源基地。煤炭工业加大结构调整力度，提高产业集中度，增强煤炭深加工和就地转化能力。电力工业加快电源点和电网建设，重点建设西电东送、煤电一体化和区内用电项目，鼓励和支持自备电厂建设，并大力开发利用风能、太阳能和生物质能源。化学工业重点发展煤化工、天然气化工和盐碱化工，提高加工深度，在资源产地和基础条件较好的地区规划建设若干大型化工基地。煤化工实施煤—电—化一体化战略，以洁净煤气化为龙头，大力发展新型煤化工产业链，提高煤制气、转炉气和煤层气的综合利用水平，加快特色煤化工经济区域的建设，形成横向成群、纵向成链的煤化工产业集群。盐碱化工在提高工艺技术水平的基础上继续扩张产业规模。

(5)陕西省

以陕汽、西电、西飞等大型企业集团为龙头，建成我国西部地区重要的装备制造基地；以陕北能源化工基地、渭北能源接续区为重点，加快煤炭、石油、天然气、岩盐等资源开发，推动煤电、煤化工与油炼化等一体化发展。依托神东、陕北和黄陇三个国家级大型煤炭基地，建设一批大型现代化矿井；加大资源勘探开发力度，努力扩大石油天然气生产能力；加快陕北、关中两大火电集群建设。用世界先进技术和工艺，发挥资源组合优势，建设大型煤、油、盐化工基地。加快榆神、榆横和彬长煤化工区建设，重点抓好神华煤液化、兖矿煤液化、榆神和榆横大型煤化工工程、榆米绥盐化工等项目建设。

(6)山西省

以太原、临汾、晋城等城市为依托的能源、冶金和机械工业。重点发展煤炭、电力为主的能源工业，以煤、煤焦油、焦炉煤气、煤层气为原料的加工业及其下游产业；大力培育煤化工业、装备制造业、材料工业。煤化工业，重点发展甲醇及衍生物、乙炔化工、粗笨加工、化肥、煤焦油深加工、煤制油以及煤层气和焦炉煤气多联产利用等项目。以特钢和铝镁为主的冶金工业；以运输专业设备、环保节能设备、挖掘起重设备等重型机械产业；积极发展生物制药等高新技术产业。

(7)河南省

结合中原城市群建设，进一步壮大以铝为主的有色工业，建设全国重要的有色工业基地；提高装备水平，加快产品升级，建设全国重要的新型纺织工业基地；加快洛阳石化发展，依托洛阳石化等骨干企业，建设石油化工基地。

(8)山东省

发挥资源优势，以大型化、集约化、精细化为方向，重点发展石油化工、海洋化工、煤化工；以国家软件基地、电子信息产业基地为依托，以骨干企业为龙头，重点发展电子信息及家电产业；围绕电子、机械、化工、冶金、造纸等应用领域，重点发展新材料产业。

2.1.3 水资源管理新要求

(1)最严格水资源管理制度

2012年1月12日，国务院以国发〔2012〕3号文件发布了《国务院关于实行最严格水资源管理制度的意见》(以下简称《意见》)，这是继2011年中央1号文件和中央水利工作会议明确要求实行最严格水资源管理制度以来，国务院对实行该制度做出的全面部署和具体安排，是指导当前和今后一个时期我国水资源工作十分重要的纲领性文件。

《意见》明确提出了实行最严格水资源管理制度的指导思想、基本原则、目标任务、管理措施和保障措施。主要内容包括确定“三条红线”，实施“四项制度”。“三条红线”：一是确立水资源开发利用控制红线，到2030年全国用水总量控制在7000亿m^3以内。二是确立用水效率控制红线，到2030年用水效率达到或接近世界先进水平，万元工业增加值用水量降低到40m^3以下，农田灌溉水有效利用系数提高到0.6以上。三是确立水功能区限制纳污红线，到2030年主要污染物入河湖总量控制在水功能区纳污能力范围之内，水功能区水质达标率提高到95%以上。为实现上述红线目标，进一步明确了2015年和2020年水资源管理的阶段性目标。“四项制度”：一是用水总量控制。加强水资源开发利用控制红线管理，严格实行用水总量控制，包括严格规划管理和水资源论证，严格控制流域和区域取用水总量，严格实施取水许可，严格水资源有偿使用，严格地下水管理和保护，强化水资源统一调度。二是用水效率控制制度。加强用水效率控制红线管理，全面推进节水型社会建设，包括全面加强节约用水管理，把节约用水贯穿于经济社会发展和群众生活生产全过程，强化用水定额管理，加快推进节水技术改造。三是水功能区限制纳污制度。加强水功能区限制纳污红线管理，严格控制入河湖排污总量，包括严格水功能区监督管理，加强饮用水水源地保护，推进水生态系统保护与修复。四是水资源管理责任和考核制度。将水资源开发利用、节约和保护的主要指标纳入地方经济社会发展综合评价体系，县级以上人民政府主要负责人对本行政区域水资源管理和保护工作负总责。

(2)新时期治水思路

2014年3月14日，习近平总书记发表重要讲话，强调水安全是涉及国家长治久安的大事，明确提出“节水优先、空间均衡、系统治理、两手发力”的治水方针，实现治水思路的转变，为保障国家水安全提供了根本遵循和行动指南。党的十九大、十八大提出了一系列生态文明建设和生态文明制度建设的新理念、新思路、新举措。

第一，牢牢把握节水优先的根本方针。要善用系统思维统筹水的全过程治理，分清主次、因果关系，当前的关键环节是节水，从观念、意识、措施等各方面都要把节水放在优先位置。我国人均水资源占有量为2100m^3，仅为世界平均水平的28%，正常年份缺水500多亿m^3。目前，我国用水方式还比较粗放，万元工业增加值用水量为世界先进水平的2～3倍；农田灌溉水有效利用系数为0.52，远低于0.7～0.8的世界先进水平。我们要充分认识节水的极端重要性，始终坚持并严格落实节水优先方针，像抓节能减排一样抓好节水工作。

第二，牢牢把握空间均衡的重大原则。面对水安全的严峻形势，必须树立人口经济与资源环境相均衡的原则，加强需求管理，把水资源、水生态、水环境承载能力作为刚性约束，贯彻落实到改革发展稳定各项工作中。长期以来，一些地方对水资源进行掠夺式开发，经济增长付出的资源环境代价过大。我们要深刻认识到，水资源、水生态、水环境承载能力是有限的，必须牢固树立生态文明理念，始终坚守空间均衡的重大原则，努力实现人与自然、人与水的和谐相处。

第三，牢牢把握系统治理的思想方法。山水林田湖是一个生命共同体，治水要统筹自然生态的各个要素，要用系统论的思想方法看问题，统筹治水和治山、治水和治林、治水和治田等。长期以来，许多地方重开发建设、轻生态保护，开山造田、毁林开荒、侵占河道、围垦湖面，造成生态系统严重损害，导致生态链条恶性循环。我们要坚持从山水林田湖是一个生命共同体出发，运用系统思维，统筹谋划治水兴水节水管水各项工作。

第四，牢牢把握两手发力的基本要求。保障水安全，无论是系统修复生态、扩大生态空间，还是节约用水、治理水污染等，都要充分发挥市场和政府的作用，分清政府该干什么，哪些事情可以依靠市场机制。水是公共产品，水治理是政府的主要职责，该管的不但要管，还要管严管好。同时要看到，政府主导不是政府包办，要充分利用水权水价水市场优化配置水资源，让政府和市场“两只手”相辅相成、相得益彰。

(3)河长制、湖长制

为贯彻新发展理念，以保护水资源、防治水污染、改善水环境、修复水生态为主要任务，构建责任明确、协调有序、监管严格、保护有力的河湖管理保护机制，为维护河湖健康生命、实现河湖功能永续利用提供制度保障，2016年12月，中共中央办公厅、国务院办公厅印发了《关于全面推行河长制的意见》，加强对河长的绩效考核和责任追究，对造成生态环境损害的，严格按照有关规定追究责任。同年，水利部、环境保护部印发了《贯彻落实〈关于全面推行河长制的意见〉实施方案》，要求扎实做好全面推行河长制工作，做到工作方案到位、组织体系和责任落实到位、相关制度和政策措施到位、监督检查和考核评估到位，确保到2018年底前，全面建立省、市、县、乡四级河长体系，为维护河湖健康生命、实现河湖功能永续利用提供制度保障。

2018年1月，中共中央办公厅、国务院办公厅印发了《关于全面推行湖长制的意见》，在湖泊实施湖长制是贯彻党的十九大精神、加强生态文明建设的具体举措，是关于全面推行河长制的意见提出的明确要求，是加强湖泊管理保护、改善湖泊生态环境、维护湖泊健康生命、实现湖泊功能永续利用的重要制度保障。

全面推行河长制、湖长制，是党中央、国务院为加强河湖管理保护做出的重大决策部署，是落实绿色发展理念、推进生态文明建设的内在要求，是解决我国复杂水问题、维护河湖健康生命的有效举措，是完善水治理体系、保障国家水安全的制度创新。

(4)“水利工程补短板，水利行业强监管”总基调

2019年1月全国水利工作会议指出，我国治水的主要矛盾已经发生深刻变化，从人民群众对除水害兴水利的需求与水利工程能力不足的矛盾，转变为人民群众对水资源水生态水环境的需求与水利行业监管能力不足的矛盾，要求加快转变治水思路和方式，将工作重心转到水利工程补短板、水利行业强监管上来。

推进新时代水利改革发展，必须把握一个前提，处理好三个关系。牢牢把握节约用水这一前提，深刻领会节水优先的重大意义和内涵要求，把节约用水作为解决我国三大问题的首要选项，把充分节水作为水资源开发、利用、保护、配置、调度的前提。处理好水与经济社会发展的关系，真正落实以水定需的要求；处理好水与生态系统中其他要素的关系，统筹考虑治水和治山、治林、治田、治湖以及治草；处理好政府与市场的关系，在治水问题上政府既不能缺位，更不能手软，同时要通过价格杠杆等经济手段来充分发挥市场的作用。

2.1.4 部分重大水资源配置工程积极推进

为缓解黄河缺水对经济社会发展与生态文明建设的制约，国家及相关省区正在积极推进相关供水工程的规划与建设，流域内局部区域供水条件与缺水形势得到一定程度的缓解。目

前南水北调东、中线一期工程陆续建成并投入运行。《陕西省引汉济渭工程可行性研究报告》2014 年 9 月得到国家发改委正式批复。青海引大济湟工程中的黑泉水库已建成蓄水，北干渠一期工程可研报告、总干渠可研报告分别于 2005 年 1 月和 2010 年 8 月获得国家发改委批复。同时，国家大中型灌区续建配套与节水改造工程持续建设，山西省大水网规划、甘肃省白龙江调水工程规划、青海省引黄济宁供水工程等正在积极推进，甘肃省兰州水源地工程正在建设。

2.1.4.1 跨流域调水工程

黄河流域已建和在建的跨流域调水工程有陕西省的引汉济渭工程、引乾济石工程、引红济石工程，拟建跨流域调水工程有甘肃省的白龙江引水工程。

(1)引汉济渭工程

引汉济渭工程是由汉江向渭河关中地区调水的省内南水北调骨干工程，工程主要由三河口水库和秦岭隧洞、黄金峡至三河口输水工程、黄金峡水源泵站、黄金峡水库枢纽等五部分组成。工程规划在汉江干流黄金峡和支流子午河分别修建水源工程黄金峡水利枢纽和三河口水利枢纽蓄水，经总长 98.3km 的秦岭隧洞送至关中。工程供水范围为西安、宝鸡、咸阳、渭南等沿渭大中城市，主要解决城市生活、工业生产用水问题。“引汉济渭”调水工程规划建成后，可从汉江向渭河调水 15 亿 m^3，其中从汉江支流子午河自流调水 5 亿 m^3，从汉江干流黄金峡水库提 117m 引水 10 亿 m^3，工程设计最大输水流量 $70m^3/s$，水库总库容 9.39 亿 m^3，电站总装机容量 18 万 kW。工程供水范围为西安、宝鸡、咸阳、渭南等沿渭大中城市，主要解决城市生活、工业生产用水问题，兼顾农业灌溉和生态环境用水。

引汉济渭调水工程 2020 年规划调水 10 亿 m^3，将有效缓解渭河流域水资源供需矛盾，满足关中地区渭河沿线西安市等 4 个设区市、13 个县城、8 个工业园区 2020 年的城市生活、工业和生态环境用水需求，还可以归还渭河河道被挤占的生态用水量，使渭河河道低限生态用水量达到 51.1 亿 m^3，极大地改善渭河河道生态环境。目前引汉济渭工程项目建议书已获国家发改委批准，工程已开工建设。

(2)引乾济石工程

引乾济石调水工程是利用西康公路秦岭隧洞施工的有利条件修建输水隧洞，将柞水县乾佑河的水调入五台乡石砭峪水库，经过石砭峪水库统一调度调节后向西安市城区供水，增加城市生活和工业供水水量，并补充城区和下游河道生态环境用水。该工程是在老林河、太峪河、龙潭河上分别修筑低坝(共 3 座)引水，由引水渠道引至隧洞前汇流池，经调节后入隧洞。

引水线路全长 21.85km，其中 18.05km 为穿山隧洞，采取自流输水，引水洞最大输水流量为 $8m^3/s$。为了保持下游河段的生活、生产和生态环境用水，流量小于 $0.2m^3$/秒时不引水，在汛期尽可能多引，设计年调水量 4697 万 m^3。

(3)引红济石工程

引红济石调水工程是国务院批准的《渭河流域近期重点治理规划》和陕西省的《陕西省水资源开发利用规划》确定的"十一五"重点水源项目。引红济石调水工程位于陕西省宝鸡市太白县，属陕西省内的跨流域调水工程，即从秦岭南麓汉江水系褒河支流红岩河调水入秦岭北麓渭河支流石头河，通过石头河水库调节后放水，入石头河—黑河的输水渠道，在马召镇输水渠道上设分水闸取水后，以压力管道向北跨过渭河进入咸阳、杨凌受水区。主体工程由水源工程(包括低坝引水枢纽和输水隧洞)、输水渠道、输水管道等三大部分组成，输水总长度约 140km，工程年均引水量 9200 万 m^3。

(4)白龙江引水工程

白龙江引水工程是从甘肃省嘉陵江支流白龙江上游引水，向陇东南调水，旨在重点解决泾渭河流域缺水的大型水资源配置工程。工程规划阶段拟定受水区为天水、平凉、庆阳 3 市 20 县区，工程任务是城乡生活供水兼顾工业用水，规划 2035 年调水 3.95 亿 m^3，其中天水市 1.12 亿 m^3，平凉市 1.22 亿 m^3，庆阳市 1.61 亿 m^3。

白龙江引水工程地跨黄河、长江两大流域，穿越秦岭、六盘山两大分水屏障，属跨流域长距离引水工程，输水方式为自流引水。该工程已纳入国家 172 项重大水利工程建设，水利部水规总院已组织对工程规划报告进行了审查。目前，正在开展项目建议书、可行性研究阶段工作。

2.1.4.2　流域内水资源配置工程

黄河流域内已建和在建的水资源配置工程有青海省的引大济湟工程，甘肃省的引硫济金工程、引大入秦工程和引洮供水工程，山西省的万家寨引黄入晋工程，拟建流域内水资源配置工程有青海省的引黄济宁工程。

(1)引大济湟工程

引大济湟工程是从水资源相对丰富的大通河引水，穿越大坂山引入湟水流域，以解决湟水流域水资源紧缺、供需矛盾日益突出的跨流域调水工程。2003 年水利部水总〔2003〕416 号文批复了《青海省引大济湟工程规划报告》，工程主要由"一总、两库、三干渠"组成，即：调水总干渠，石头峡水库、黑泉水库，北干渠一期、北干渠二期和西干渠，规划供水范围为湟水流域的西宁市、湟中县、大通县、互助县、平安区、乐都区和民和县，年调水 7.5 亿 m^3，控制面积 1.6 万 km^2。工程分三期实施：一期为黑泉水库和湟水北干渠一期工程；二期为调水总干渠、湟水北干渠二期和石头峡水库工程；三期为西干渠工程。目前黑泉水库、石头峡水利枢纽已建成蓄水，调水总干渠已经建成，北干渠一期渠道工程已经试通水，北干渠二期、西干渠工程正在建设。已批复引大济湟工程取水许可 2.56 亿 m^3，其中北干二期 0.84 亿 m^3，西干渠 1.414 亿 m^3。

(2)引硫济金工程

甘肃省引硫济金工程是通过修建硫磺沟引水枢纽和 8.79km 长穿越分水岭的隧洞引水

至金昌市，隧洞设计引水流量16.6m^3/s，工程年引水量0.4亿m^3。该工程于1995年开工建设，2003年5月竣工通水，工程总投资2.66亿元。金昌市是我国有色新材料工业基地，是我国唯一的镍金属生产基地，工业及城市生活用水十分紧张。引硫济金工程自通水后，对缓解金昌市的工业用水起到了十分重要的作用，2014年调水量为0.24亿m^3。

(3)引大入秦工程

甘肃省引大入秦工程是将大通河水跨流域调入兰州市秦王川地区的一项大型水利骨干工程，供水范围为秦王川地区乃至兰州、白银两市，设计引水流量32m^3/s，加大引水流量36m^3/s，年引水量4.43亿m^3。

引大入秦工程取水口位于天堂寺水文断面下游500m处，根据黄委2015年换发取水许可证，批准引大入秦工程取水量为3.3亿m^3[取水(国黄)字〔2015〕第211001号]。工程通水运行以来，灌区农业生产基本条件得到根本性改善，综合开发和新农村建设步伐加快，基础设施不断完善，项目建设取得突破性进展，人民生活水平逐步提高，为兰州、白银两市经济社会全面发展奠定了坚实基础。

(4)引洮供水工程

引洮供水工程由九甸峡水利枢纽及供水工程两部分组成，将洮河水引至渭河、宛川河、祖厉河等水系。主要解决以定西、会宁为重点的甘肃省中部干旱地区城乡生活供水、工业供水与生态环境用水，兼有农业灌溉、发电、防洪等综合利用功能的大型跨流域调水工程。黄委于1999年7月2日以"国黄1999第00001号"文批复引洮供水工程的取水许可。引洮供水建成后每年可向甘肃省中部地区调水5.32亿m^3，其中一期和二期引水量分别为2.19亿m^3和3.13亿m^3。

引洮一期工程总干渠自九甸峡水利枢纽大坝上游库区洮河右岸取水，总干渠设计引水流量32m^3/s，加大流量36m^3/s。引洮二期工程是引洮一期工程的续建工程，其总干渠首端接一期工程总干渠末端，为新建大型跨流域调水工程。

(5)万家寨引黄入晋工程

万家寨引黄入晋工程从黄河万家寨水库取水，分别向太原、大同和朔州供水。工程由总干线、南干线、连接段和北干线四部分组成，设计年引水量为12亿m^3。引水线路总长442.3km，其中，总干线44.4km，南干线101.8km，联结段139.4km(其中利用汾河河道输水81.2km)，北干线156.7km。工程分期实施：一期工程经总干线、南干线及联结段实现向太原年引水3.2亿m^3；二期工程经总干线、北干线向朔州、大同年引水5.6亿m^3和最终实现向太原年引水6.4亿m^3。

(6)引黄济宁工程

引黄济宁工程从黄河干流龙羊峡水库引水至湟水流域西宁海东地区。供水区范围为湟水河干流区域，供水对象为西宁海东城市群的生活工业、湟水南岸40万亩农田及55万亩生态林带灌溉和退还挤占的生态水量等。调水规模近远期分别为 5.11 亿 m^3、7.90 亿 m^3。目前，青海省引黄济宁工程可行性研究报告已通过水规总院审查。

2.2 黄河流域水资源需求分析

2.2.1 近30年黄河流域经济社会发展情况

黄河流域大部分位于我国中西部地区，由于历史、自然条件等原因，经济社会发展相对滞后，与东部地区相比存在着明显的差距。近年来，随着西部大开发、中部崛起、“一带一路”等战略的实施，国家经济政策向中西部倾斜，黄河流域经济社会得到快速发展。总人口由1980年的8177万增加到2016年的11957万，城镇化率由17%增加到54%。按2000年可比价分析，1980年国内生产总值916亿元，2016年达到41275亿元，年均增长率为11.2%。人均GDP由1980年的1121元增加到2016年的34518元，增长了30多倍。工业增加值从1980年的310亿元增加到2016年的16054亿元，年增长率为11.6%。农田有效灌溉面积从1980年的6493万亩，增加到2016年的8364万亩，新增农田有效灌溉面积1871万亩。详见表2.2.1-1。

表 2.2.1-1　　黄河流域经济社会发展主要指标(2000年可比价)

年份	总人口(万)	城镇人口(万)	GDP(亿元)	GDP年均增长率(%)	人均GDP(元)	工业增加值(亿元)	农田有效灌溉面积(万亩)
1980年	8177	1452	916		1121	310	6493
1985年	8771	1835	1516	10.6	1728	489	6404
1990年	9574	2215	2280	8.5	2381	740	6601
1995年	10186	2635	3843	11	3773	1475	7144
2000年	10971	3112	6565	11.3	5984	2559	756
2016年	11957	6421	41275	12.2	34518	16054	8364

2.2.2 国民经济发展指标预测

2.2.2.1 人口与城镇化

《国家人口发展规划(2016—2030年)》(国发〔2016〕87号)指出，当前实施全面两孩政策后，近期人口有所增加，但总体由于育龄妇女数量减少及人口老龄化带来死亡率上升影响，人口增长势能减弱，预计中国人口将在2030年前后达到峰值，此后持续下降。

中国社科院人口所与社会科学文献出版社共同发布的《人口与劳动绿皮书：中国人口与劳动问题报告No.19》(2019)指出，长期的低生育率导致高度老龄化和人口衰退，预计2027年左右中国人口出现负增长。据报告中引用的联合国方案预测，中国人口将在2029年达到峰值14.40亿，2030年开始进入持续的负增长，2050年减少到13.64亿，2065年减少到

12.48亿，即缩减到1996年的规模。

结合国家人口发展规划以及有关机构预测成果，由于国家人口政策、生活成本以及养育负担等影响，预计2035年，黄河流域人口仍将缓慢增长，总人口将达到13249万，比2016年增加了1293万，年均增长率为5.4%；2050年以后黄河流域人口逐步进入负增长时代，预计总人口为13001万，年均增长率为−1.3%。详见表2.2.2-1。

表2.2.2-1　　黄河流域人口及城镇化指标预测

二级区/省(区)	总人口(万)					城镇人口(万)			城镇化率(%)		
	现状年	2035年	增长率(%)	2050年	增长率(%)	现状年	2035年	2050年	现状年	2035年	2050年
龙羊峡以上	81	95	8.1	93	−1.2	27	64	72	33.4	66.9	77.6
龙羊峡至兰州	879	997	6.6	980	−1.2	445	660	735	50.6	66.2	75
兰州至河口镇	1804	2000	5.4	1968	−1.1	1144	1427	1615	63.4	71.3	82
河口镇至龙门	980	1072	4.7	1053	−1.2	473	788	895	48.2	73.5	85
龙门至三门峡	5336	5865	5	5758	−1.2	2870	4191	4774	53.8	71.5	82.9
三门峡至花园口	1446	1616	5.9	1581	−1.5	793	1122	1273	54.8	69.4	80.5
花园口以下	1357	1524	6.1	1489	−1.5	635	1084	1229	46.8	71.1	82.5
内流区	73	80	5	79	−1.1	34	59	67	46.8	74	85.2
青海	483	569	8.7	559	−1.2	273	395	449	56.6	69.4	80.5
四川	22	25	7.5	25	−1.1	8	16	18	34.3	61.4	71.3
甘肃	1820	1986	4.6	1952	−1.1	812	1268	1430	44.6	64.2	74.4
宁夏	674	793	8.5	778	−1.3	380	568	646	56.3	71.6	83.1
内蒙古	941	1005	3.5	992	−0.9	589	763	855	62.7	75.8	86.2
陕西	3016	3285	4.5	3230	−1.1	1697	2419	2760	56.3	73.7	85.4
山西	2426	2698	5.6	2642	−1.4	1350	1949	2214	55.6	72.3	83.8
河南	1770	1983	6	1939	−1.5	858	1357	1540	48.5	68.4	79.4
山东	804	905	6.2	884	−1.6	454	660	748	56.4	73	84.7
黄河流域	11956	13249	5.4	13001	−1.3	6421	9395	10660	53.7	70.9	82

国家人口发展规划(2016发展规划(年)(国发〔2016〕87号)，到2030年常住人口城镇化率达到70%。《城镇化蓝皮书:中国新型城镇化健康发展报告(2016)》(国家行政学院编著)，预测到2050年我国城镇化率将达到80%以上。

随着西部大开发、“一带一路”、区域协调发展等国家战略纵深推进，按照流域相关省(区)新型城镇化规划、城市总体规划、空间发展战略规划等要求，人口将进一步向城镇聚集，城镇化率将稳步提高。预测2035年城镇人口为9395万，比现状年增加了2974万，城镇化率提高了17.2个百分点，达到70.9%，城镇化水平提高显著。预测2050年城镇人口为

10660 万，比 2035 年增加了 1265 万，城镇化率提高到 82.0%。

2.2.2.2　国内生产总值发展预测

(1)我国经济发展趋势分析

我国在 2010 年进入上中等收入国家之后，经济增速开始出现放缓，经济增速已经从前 30 年年均 10%以上放缓至 2016 年的 6.7%，由于国际国内形势的变化，近期我国经济下行压力逐步增加。但党的十九大报告提出我国既要全面建成小康社会、实现第一个百年奋斗目标，又要乘势而上开启全面建设社会主义现代化国家新征程，向第二个百年奋斗目标进军，为此，要紧紧围绕党中央要求，推动我国经济高质量发展，促进形成经济增长的新动能，保持我国经济稳步增长至关重要。

据有关研究机构预测，2035 年我国将实现社会主义现代化，在经济发展层面将稳稳进入世界发达国家行业，我国人均发展水平相当于彼时美国人均发展水平的 60%；2050 年我国将建成社会主义强国，考虑到目前中国增长的潜力以及其他东亚国家和地区发展的路径，我国将进入世界大中型发达国家行列，我国人均发展水平达到彼时美国人均发展水平的 70%以上。为实现上述目标，预测将未来距离 2050 年的 33 年增速划分为三个阶段，第一阶段(前 13 年)保持 6%的增长速度，第二阶段(中间 10 年)保持 4%的增长速度，第三阶段(后 10 年)保持 3%的增长速度。

(2)国内生产总值预测

据统计，1980—2016 年黄河流域国内生产总值(GDP)年均增长率为 11.5%。2010 年以前，由于能源工业快速发展，GDP 年均增长率在 13%左右，2010 年以后，随着我国经济社会发展呈现增长速度换挡期、结构调整阵痛期、前期政策消化期的新常态，以及国际经济形势及煤炭价格低迷等影响，黄河流域 GDP 年均增长率下降至 2016 年的 7%左右。

根据党的十九大对我国未来发展的总体部署，结合国家经济发展趋势分析，黄河流域以能源矿产资源建立的工业体系，在未来经济发展中将逐步优化产业结构、淘汰落后产能，加快转变经济发展方式。随着国家区域协调发展战略实施，沿黄省(区)进一步融入西部大开发以及“一带一路”倡议，国家能源安全、粮食安全、生态安全对沿黄省区提出更高发展要求，具有能源资源、人文优势以及生态地位重要等战略资源的黄河流域，为进一步缩小东西部差距，考虑黄河流域各省(区)相关经济发展规划，预计未来黄河流域经济发展总体增速上基本与国家发展增速同步，经济社会将呈平稳运行、发展质量不断提高的态势。

高方案，预测到 2035 年国内生产总值为 155094 亿元，人均 GDP 为 11.7 万元，2016—2035 年年均增长率为 5.0%；到 2050 年国内生产总值达到 306430 亿元，人均 GDP 为 23.6 万元，2035—2050 年年均增长率为 4.6%。中方案，预测到 2035 年国内生产总值为 149129 亿元，人均 GDP 为 11.3 万元，2016—2035 年年均增长率为 4.8%；到 2050 年国内生产总值达到 287325 亿元，人均 GDP 为 22.1 万元，2035—2050 年年均增长率为 4.5%。低方案，预测 2035 年国内生产总值为 143892 亿元，人均 GDP 为 10.9 万元，2016—2035 年年均增长率为 4.6%；2050 年国内生产总值达到 269804 亿元，人均 GDP 为 20.8 万元，2035—2050 年年均增长率为 4.3%。黄河流域国内生产总值预测见表 2.2.2-2。

表 2.2.2-2　　黄河流域各省区国内生产总值预测

二级区	水平年	第一产业（亿元）	第二产业（亿元）			第三产业（亿元）	GDP（亿元）		
			高方案	中方案	低方案		高方案	中方案	低方案
青海	2016 年	181	787	787	787	931	1900	1900	1900
	2035 年	364	2855	2541	2244	3497	6716	6402	6105
	2050 年	666	7506	6116	4838	8853	17026	15636	14358
四川	2016 年	0	15	15	15	10	26	26	26
	2035 年	10	26	26	26	26	62	62	62
	2050 年	1	87	73	60	38	126	112	99
甘肃	2016 年	534	1923	1923	1923	2336	4793	4793	4793
	2035 年	1181	5934	5426	4942	7000	14115	13607	13124
	2050 年	1948	13988	11832	9829	15218	31154	28997	26994
宁夏	2016 年	172	1475	1475	1475	1505	3152	3152	3152
	2035 年	270	4441	4029	3632	4074	8785	8373	7975
	2050 年	394	10062	8490	6992	8165	18622	17049	15551
内蒙古	2016 年	961	5837	5837	5837	5590	12388	12388	12388
	2035 年	1549	14558	12523	11556	14299	30406	28371	27403
	2050 年	2398	27089	22019	18978	27780	57267	52197	49156
陕西	2016 年	630	10033	10033	10033	5724	16387	16387	16387
	2035 年	1939	22678	21213	19770	15525	40142	38678	37234
	2050 年	3363	41864	37093	32376	31447	76675	71903	67187
山西	2016 年	511	4084	4084	4084	3926	8520	8520	8520
	2035 年	1482	9261	8671	8086	10404	21147	20558	19972
	2050 年	2487	16807	14997	13183	20812	40106	38296	36482
河南	2016 年	443	5766	5766	5766	3218	9427	9427	9427
	2035 年	801	12266	11623	10976	7330	20397	19754	19107
	2050 年	1076	21055	19240	17384	13825	35956	34141	32284
山东	2016 年	328	2599	2599	2599	1774	4700	4700	4700
	2035 年	717	5671	5671	5258	6936	13324	13324	12910
	2050 年	1013	10528	10024	8723	17958	29498	28994	27693
黄河流域	2016 年	3760	32519	32519	32519	25014	61293	61293	61293
	2035 年	8313	77690	71723	66490	69091	155094	149129	143892
	2050 年	13346	148986	129884	112363	144096	306430	287325	269804

结合国家产业结构调整和西部大开发、“一带一路”等战略的实施，在经济持续增长的同时，经济结构进一步得到优化调整，现状年三次产业结构为 6.1∶53.1∶40.8。到 2035 年，三

次产业结构高方案调整为 5.4∶50.1∶44.5，中方案调整为 5.6∶48.1∶46.3，低方案调整为 5.8∶46.2∶48.0。其中，第一产业增加值占国内生产总值(GDP)的比重持续下降，高方案由现状年的 6.1%减小到 2035 年的 5.4%，中方案减少到 5.6%，低方案调整到 5.8%；黄河流域拥有全国能源化工基地，结合国家能源安全要求，积极发展先进制造业、战略性新兴产业，第二产业的比重基本稳定，高方案减少到 50.1%，中方案减少到 48.1%，低方案调整到 46.2%；高方案第三产业占的比重有所增长，由现状年的 40.8%提高到 2035 年的 40.8%，中方案提高到 46.3%，低方案调整到 48.0%。

到 2050 年，高方案三次产业结构调整为 4.4∶48.6∶47.0，中方案调整为 4.6∶45.2∶50.2，低方案调整为 4.9∶41.6∶53.4。其中，第一产业增加值占国内生产总值(GDP)的比重进一步下降，高方案减小到 4.4%，中方案减少到 4.6%，低方案减小到 4.9%。第二产业的比重进一步调整，高方案调整到 48.6%，中方案调整为 45.2%，低方案调整到 41.6%。第三产业占的比重提高，高方案提高到 47.0%，中方案提高到 50.2%，低方案提高到 53.4%。黄河流域不同水平年高、低方案三次产业结构比重见表 2.2.2-3。

表 2.2.2-3　　黄河流域不同水平年高、低方案三次产业结构比重

水平年		第一产业(%)	第二产业(%)	第三产业(%)
2016 年		6.1	53.1	40.8
2035 年	高方案	5.4	50.1	44.5
	中方案	5.6	48.1	46.3
	低方案	5.8	46.2	48.0
2050 年	高方案	4.4	48.6	47.0
	中方案	4.6	45.2	50.2
	低方案	4.9	41.6	53.4

2.2.2.3　工业增加值

近年来，随着国家西部大开发、国民经济转型升级和区域协调性发展以及“一带一路”建设的需要，国家对煤炭、石油、天然气等能源需求的增加，带动了区域经济的快速发展，黄河上中游地区的甘肃陇东、宁夏宁东、内蒙古西部、陕西陕北、山西晋北、晋中、晋西等能源基地建设速度加快，使得黄河流域能源、冶金等行业增加值比重上升。

据研究，当前黄河流域上中游地区工业化进程正在由工业化前期阶段的后段向工业化中期阶段的后段过渡，工业发展的主要特点是：钢铁、水泥、电力等能源原材料工业比重较大，但已经开始下降，先进制造、战略性新兴技术等低碳、高技术产业比重开始有所上升，同期工业发展仍暂居经济发展的主导地位。

《全国主体功能区规划》提出了我国未来“两横三纵”为主体的城市化战略格局，构建形成 21 个重点城市化区域。其中位于黄河流域重点城市化区域有 7 个，占全国重点城市化区域的 1/3，分别为兰州—西宁地区、宁夏沿黄经济区、关中—天水地区、呼包鄂榆地区、太原城市群、中原经济区、环渤海地区等，涉及的重要城市有兰州、西宁、银川、呼和浩特、太原、西安等，这些地区和城市已形成了产业相对完善的工业化体系。《国家新型城镇化规划（2014—2020年）》提出要培育发展中西部地区城市群，要求在中西部城镇体系比较健全、城镇经济比较发达、中心城市辐射带动作用明显的重点开发区域，在严格保护生态环境的基础上，引导有市场、有效益的劳动密集型产业优先向中西部转移，吸纳东部返乡和就近转移的农民工，加快产业集群发展。《全国国土规划纲要（2016—2030年）》提出，加速提升长江中游地区和成渝等重点开发区域集聚发展水平和辐射带动能力，加大承接产业转移力度，适度扩大城市容量，密切城市群之间的联系，充分发挥对中部地区崛起和西部大开发战略实施的引领带动作用。加大山西中部城市群、中原地区、呼包鄂榆地区、宁夏沿黄地区、关中—天水地区、兰州—西宁地区等区域的建设力度，加强基础设施建设和环境保护，积极推进新型工业化，提高人口和产业集聚能力，建成具有重要影响力的区域性经济中心，带动周边地区加快发展。

结合上中游地区能源产业发展预测以及国家相关发展规划对黄河流域经济社会发展的要求，参考省区及流域水资源综合规划，高方案2035年工业增加值将达到61170亿元，2016—2035年年均增长率为5.1%；到2050年工业增加值将达到123456亿元，2035—2050年年均增长率为4.8%。中方案2035年工业增加值将达到55201亿元，2016—2035年年均增长率为4.5%；到2050年工业增加值将达到104354亿元，2035—2050年年均增长率为4.3%。低方案2035年工业增加值将达到49962亿元，2016—2035年年均增长率为4.0%；到2050年工业增加值将达到86832亿元，2035—2050年年均增长率为3.8%。详见表2.2.2-4。

表2.2.2-4　　黄河流域工业增加值预测

二级区/省(区)	2016年(亿元)	2035年(亿元)			年增长率(%)			2050年(亿元)			年增长率(%)		
		高方案	中方案	低方案	高方案	中方案	低方案	高方案	中方案	低方案	高方案	中方案	低方案
龙羊峡以上	29	113	99	86	7.4	6.7	5.9	308	247	190	6.9	6.3	5.5
龙羊峡至兰州	934	3626	3179	2756	7.4	6.7	5.9	9844	7895	6096	6.9	6.3	5.4
兰州至河口镇	4815	13770	11834	10636	5.7	4.8	4.3	29047	23392	19224	5.1	4.6	4
河口镇至龙门	3402	8742	7722	7011	5.1	4.4	3.9	17057	14193	11918	4.6	4.1	3.6
龙门至三门峡	7624	19486	17768	16076	5.1	4.6	4	39234	33539	27937	4.8	4.3	3.8
三门峡至花园口	4053	8668	8044	7417	4.1	3.7	3.2	15184	13390	11562	3.8	3.5	3
花园口以下	2677	5872	5783	5280	4.2	4.1	3.6	11012	10257	8700	4.3	3.9	3.4
内流区	335	893	772	700	5.3	4.5	4	1770	1441	1205	4.7	4.2	3.7
青海	637	2519	2205	1908	7.5	6.8	5.9	6935	5546	4267	7	6.3	5.5

续表

二级区/省(区)	2016年(亿元)	2035年(亿元)			年增长率(%)			2050年(亿元)			年增长率(%)		
		高方案	中方案	低方案	高方案	中方案	低方案	高方案	中方案	低方案	高方案	中方案	低方案
四川	7	26	23	20	7.4	6.6	5.8	71	57	44	6.9	6.2	5.4
甘肃	1136	4239	3731	3247	7.2	6.5	5.7	11176	9019	7017	6.7	6.1	5.3
宁夏	1194	3837	3425	3027	6.3	5.7	5	9060	7487	5990	5.9	5.4	4.7
内蒙古	4883	12854	10819	9851	5.2	4.3	3.8	24588	19518	16477	4.4	4	3.5
陕西	6468	16615	15151	13707	5.1	4.6	4	33259	28488	23771	4.7	4.3	3.7
山西	3088	7295	6706	6120	4.6	4.2	3.7	13728	11918	10104	4.3	3.9	3.4
河南	4385	9183	8539	7893	4	3.6	3.1	15813	13999	12142	3.7	3.4	2.9
山东	2071	4602	4602	4189	4.3	4.3	3.8	8826	8322	7021	4.4	4	3.5
黄河流域	23869	61170	55201	49962	5.1	4.5	4	123456	104354	86832	4.8	4.3	3.8

高方案下，2035年水平工业增加值主要分布在兰州至河口镇区间、河口镇至龙门、龙门至三门峡区间和三门峡至花园口区间，分别占黄河流域总量的22.5%、14.3%、31.9%、14.2%。其中，三门峡以上工业增加值为45737亿元，占黄河流域总量的74.8%。工业增加值超过1万亿元的有内蒙古、陕西等两省(区)，占黄河流域总量的48.2%。2050年水平工业增加值主要分布在兰州至河口镇区间、河口镇至龙门、龙门至三门峡区间和三门峡至花园口区间，分别占黄河流域总量的23.5%、13.8%、31.8%、12.3%。其中，三门峡以上工业增加值为95490亿元，占黄河流域总量的77.3%。工业增加值超过1万亿元的有甘肃、内蒙古、陕西、山西、河南等5省(区)，占黄河流域总量的79.8%。

中方案下，2035年水平工业增加值主要分布在兰州至河口镇区间、河口镇至龙门、龙门至三门峡区间和三门峡至花园口区间，分别占黄河流域总量的21.4%、14.0%、32.2%、14.6%。其中，三门峡以上工业增加值为40602亿元，占黄河流域总量的73.6%。工业增加值超过1万亿元的有内蒙古、陕西等2省(区)，占黄河流域总量的47.0%。2050年水平工业增加值主要分布在兰州至河口镇区间、河口镇至龙门、龙门至三门峡区间和三门峡至花园口区间，分别占黄河流域总量的22.4%、13.6%、32.1%、12.8%。其中，三门峡以上工业增加值为79266亿元，占黄河流域总量的76.0%。工业增加值超过1万亿元的有内蒙古、陕西、山西、河南等五省(区)，占黄河流域总量的70.8%。

低方案下，2035年水平工业增加值主要分布在兰州至河口镇区间、河口镇至龙门、龙门至三门峡区间和三门峡至花园口区间，分别占全流域总量的21.3%、14%、32.2%、14.8%。其中，三门峡以上工业增加值为36564亿元，占全流域总量的73.2%。工业增加值超过1万亿元的仅有陕西省，占黄河流域总量的27.4%。2050年水平工业增加值主要分布在兰州至河口镇区间、河口镇至龙门、龙门至三门峡区间和三门峡至花园口区间，分别占全流域总量的 22.1%、13.7%、32.2%、13.3%。其中,三门峡以上工业增加值为 65366 亿元,占全流域总量的 75.3%。工业增加值超过 1 万亿元的有内蒙古、陕西、山西、河南等 4 省(区),占黄河流域总量的 71.9%。

2.2.2.4 建筑业及第三产业

随着城市化和工业化进程的加快,建筑业的发展速度提高较快,根据黄河流域内各省区"十三五"发展规划纲要及远景设想、各省区城市总体规划、《黄河流域水资源综合规划》等成果,预计到 2035 年建筑业增加值达到 16533 亿元,与现状年相比增加了 7884 亿元,增长了 0.9 倍左右,年均增长率为 3.5%。预计到 2050 年建筑业增加值将达到 25530 亿元,与现状年相比增加 16881 亿元,增长 2.0 倍左右,年均增长率为 2.9%。

随着城市化和工业化进程的加快,第三产业增加值增长较快,根据黄河流域各省区"十三五"发展规划纲要及远景设想、各省区城市总体规划、《黄河流域水资源综合规划》等成果,预计 2035 年第三产业增加值将达到 69087 亿元,比现状年增加 44072 亿元,增长 1.8 倍,年均增长率为 5.5%。预计 2050 年第三产业增加值将达到 144096 亿元,比现状年增加 119082 亿元,增长近 4.8 倍,年均增长率为 5.0%。详见表 2.2.2-5。

表 2.2.2-5　　黄河流域规划年建筑业及第三产业增加值预测

二级区/省(区)	建筑业增加值(亿元)					第三产业增加值(亿元)				
	2016 年	2035 年	年增长率(%)	2050 年	年增长率(%)	2016 年	2035 年	年增长率(%)	2050 年	年增长率(%)
龙羊峡以上	23	45	3.6	71	3.1	43	138	6.4	322	5.8
龙羊峡至兰州	211	465	4.3	784	3.5	1409	4911	6.8	11895	6.1
兰州至河口镇	1439	2764	3.5	4272	2.9	7133	19009	5.3	38037	4.7
河口镇至龙门	982	1702	2.9	2447	2.5	1938	5073	5.2	10030	4.6
龙门至三门峡	4036	7333	3.2	10928	2.7	9154	24697	5.4	49993	4.8
三门峡至花园口	1126	2486	4.3	4198	3.6	2727	6385	4.6	12184	4.4
花园口以下	801	1679	4	2739	3.3	2509	8609	6.7	21114	6.2
内流区	31	59	3.5	91	2.9	102	265	5.1	521	4.6
青海	150	336	4.3	571	3.6	931	3497	7.2	8853	6.4
四川	8	12	2.1	16	1.7	10	22	4.2	38	3.7
甘肃	788	1695	4.1	2812	3.4	2336	7000	5.9	15218	5.3
宁夏	281	604	4.1	1003	3.4	1505	4074	5.4	8165	4.7
内蒙古	953	1705	3.1	2501	2.6	5590	14299	5.1	27780	4.5
陕西	3564	6062	2.8	8605	2.4	5725	15525	5.4	31447	4.8
山西	996	1966	3.6	3078	3	3926	10404	5.3	20812	4.7
河南	1381	3084	4.3	5242	3.6	3218	7330	4.4	13825	4.3
山东	528	1069	3.8	1702	3.1	1774	6936	7.4	17958	6.5
黄河流域	8649	16533	3.5	25530	2.9	25015	69087	5.5	144096	5

2.2.2.5 农业灌溉与鱼塘补水面积

根据黄河流域的实际情况，今后农田灌溉发展的重点是搞好现有灌区的改建、续建、配套和节水改造，提高管理水平，充分发挥现有有效灌溉面积的经济效益，在巩固已有灌区的基础上，根据各地区的水土资源条件，结合可能兴建的水源工程，适当发展部分新灌区。

黄河流域灌区续建配套与节水改造发展灌溉面积主要考虑《全国现代灌溉发展规划》中的大中型灌区续建配套新增加灌溉面积，2016—2035年共新增灌溉面积392万亩(其中农田新增177万亩)。其中大型灌区续建配套灌区21处，新增灌溉面积计259万亩，主要包括内蒙古2处，增加灌溉面积9万亩；陕西5处，增加灌溉面积22万亩；山西7处，增加灌溉面积127万亩；河南3处，增加灌溉面积93万亩；山东4处，增加灌溉面积8万亩等。

黄河流域新建、续建灌区发展灌区47处，新增灌溉面积776万亩(其中农田新增558万亩)。其中青海主要为引黄济宁、公伯峡和李家峡等黄河谷地灌区改造工程；甘肃主要发展引洮一期、引洮二期等灌区；宁夏、内蒙古、陕西等将结合南水北调西线工程的实施和黑山峡河段工程的建设续建大柳树生态灌区；山西省主要发展北赵灌区、龙门灌区、小浪底引黄灌区等；河南省抓紧续建小浪底南岸灌区、故县水库灌区等工程。

据统计，2016年黄河流域农田有效灌溉面积为8364万亩，根据黄河流域大型灌区续建与节水改造以及新建灌溉工程等，预计2035年将达到9099万亩，新增农田有效灌溉面积735万亩，2050年农田灌溉面积保持2035年水平。

大力发展林果业和牧业，一方面可以逐步扭转农业内部各产业发展不协调、结构单一、农业产业化程度低的局面，另一方面也是改善农牧民生产生活条件、尽快脱贫致富的重要途径。2016年黄河流域林牧灌溉面积为978万亩，预计到2035年达到1460万亩，2035年与2016年相比新增林牧灌溉面积482万亩，2050年林牧灌溉面积达到1510万亩。详见表2.2.2-6。

表2.2.2-6　　黄河流域农林牧灌溉面积发展预测

二级区/省(区)	农田有效灌溉面积(万亩)			林牧灌溉面积(万亩)		
	2016年	2035年	2050年	2016年	2035年	2050年
龙羊峡以上	24	24	24	12	12	12
龙羊峡至兰州	382	564	564	60	167	217
兰州至河口镇	2889	3055	3055	380	466	466
河口镇至龙门	318	373	373	64	92	92
龙门至三门峡	2986	3127	3127	303	563	563
三门峡至花园口	557	719	719	29	30	30
花园口以下	1130	1159	1159	53	53	53
内流区	78	78	78	77	77	77
青海	211	373	373	46	153	203

续表

二级区/省(区)	农田有效灌溉面积(万亩)			林牧灌溉面积(万亩)		
	2016 年	2035 年	2050 年	2016 年	2035 年	2050 年
四川						
甘肃	720	800	800	58	58	58
宁夏	784	879	879	123	187	187
内蒙古	1952	1989	1989	344	367	367
陕西	1624	1748	1748	188	232	232
山西	1419	1454	1454	129	373	373
河南	1167	1359	1359	58	58	58
山东	487	497	497	32	32	32
黄河流域	8364	9099	9099	978	1460	1510

此外，2016 年黄河流域鱼塘补水面积为 74.20 万亩，2035 年和 2050 年维持现有鱼塘面积不变。

2.2.2.6 牲畜

黄河流域大牲畜由现状年的 1551 万头，发展到 2035 年的 1970 万头，比现状年增加了 419 万头；小牲畜由现状年的 12035 万头(只)发展到 2035 年的 13874 万头(只)，比现状年增加了 1839 万头(只)。到 2050 年，大牲畜发展到 2270 万头，比 2035 年增加了 300 万头；小牲畜发展到 15140 万头(只)，比 2035 年增加了 1266 万头(只)。详见表 2.2.2-7。

表 2.2.2-7　　黄河流域大小牲畜数量发展指标预测

二级区/省(区)	大牲畜(万头)					小牲畜[万头(只)]				
	2016 年	2035 年	增量	2050 年	增量	2016 年	2035 年	增量	2050 年	增量
龙羊峡以上	232	274	42	306	32	434	454	20	466	12
龙羊峡至兰州	253	293	40	319	26	1314	1344	30	1362	18
兰州至河口镇	328	382	54	418	36	2086	2545	459	2876	331
河口镇至龙门	82	108	26	128	20	1245	1473	228	1629	156
龙门至三门峡	484	666	182	796	130	3233	3738	505	4084	346
三门峡至花园口	78	120	42	153	33	1806	2081	275	2266	185
花园口以下	66	95	29	116	21	1671	1926	255	2096	170
内流区	28	32	4	34	2	246	313	67	361	48
青海	269	274	5	276	2	963	987	24	1002	15
四川	41	67	26	89	22	86	97	11	103	6
甘肃	452	580	128	666	86	1433	1462	29	1482	20
宁夏	113	148	35	172	24	627	861	234	1039	178
内蒙古	269	294	25	308	14	1606	1940	334	2171	231
陕西	202	300	98	375	75	2661	3239	578	3641	402
山西	61	92	31	117	25	1506	1635	129	1717	82

续表

二级区/	大牲畜(万头)					小牲畜[万头(只)]				
河南	99	153	54	193	41	1833	2134	301	2335	201
山东	45	62	17	74	12	1320	1519	199	1650	131
黄河流域	1551	1970	419	2270	300	12035	13874	1839	15140	1266

2.2.2.7　河道外生态环境

黄河流域河道外生态环境包括城镇生态环境和农村生态环境两部分，其中城镇生态环境指标包括城镇绿化、环境卫生以及河湖补水三个方面；农村生态环境指标主要包括生态防护林建设、湖泊与湿地补水、人工地下水回补等三部分。

(1)城镇生态环境

党的十九大报告提出建设生态文明是中华民族永续发展的千年大计，将生态文明建设提高到前所未有的高度。强调必须树立和践行绿水青山就是金山银山的理念，坚持节约资源和保护环境的基本国策，像对待生命一样对待生态环境，统筹山水林田湖草系统治理，实行最严格的生态环境保护制度，形成绿色发展方式和生活方式，坚定走生产发展、生活富裕、生态良好的文明发展道路，建设美丽中国，为人民创造良好生产生活环境，为全球生态安全做出贡献。

1)城镇绿化与环境卫生

依据《中国城市统计年鉴》和各省区统计年鉴对 2016 年城镇绿化和环境卫生面积进行统计，规划水平年城镇绿化和环境卫生面积按照人均面积维持现状的原则并结合规划年人口预测成果进行预测。

现状年黄河流域城镇绿化面积为 145.16 万亩，环境卫生面积为 144.04 万亩，人均绿化面积和环境卫生面积均为 15m^2。预计 2035 年水平黄河流域城镇生态环境绿化面积和环境卫生面积分别为 253.68 万亩和 251.14 万亩，人均绿化面积和环境卫生面积均达到 18m^2。预计 2050 年水平黄河流域城镇生态环境绿化面积和环境卫生面积分别为 316.7 万亩和 313.37 万亩，人均绿化面积和环境卫生面积均达到 20m^2。详见表 2.2.2-8。

表 2.2.2-8　　黄河流域城镇生态环境规划目标预测

二级区/省区	城镇绿化(万亩)			环境卫生(万亩)			河湖与湿地(万亩)		
	2016 年	2035 年	2050 年	2016 年	2035 年	2050 年	2016 年	2035 年	2050 年
龙羊峡以上	0.29	0.81	1.02	0.37	1.03	1.29	0.05	0.06	0.07
龙羊峡至兰州	7.15	12.71	15.58	7.92	14.07	17.24	0.01	0.02	0.02
兰州至河口镇	26.34	39.34	48.98	29.78	44.49	55.4	3.66	4.21	4.63
河口镇至龙门	7.25	14.48	18.08	10.68	21.34	26.66	1.63	1.88	2.07
龙门至三门峡	66.23	115.58	144.76	59.91	104.98	131.39	4.68	5.38	5.91
三门峡至花园口	19.36	32.81	40.96	20.44	34.64	43.24	7.65	8.79	9.67

续表

二级区/省区	城镇绿化(万亩)			环境卫生(万亩)			河湖与湿地(万亩)		
	2016 年	2035 年	2050 年	2016 年	2035 年	2050 年	2016 年	2035 年	2050 年
花园口以下	17.8	36.41	45.4	14.04	28.72	35.82	2.9	3.33	3.67
内流区	0.74	1.54	1.92	0.9	1.87	2.33	0	0	0
青海	5.29	9.15	11.47	7.21	12.49	15.65	0	0	0
四川	0.04	0.1	0.13	0.04	0.11	0.14	0.09	0.11	0.12
甘肃	14	26.21	32.51	11.63	21.77	27.01	0.03	0.03	0.03
宁夏	10.87	19.46	24.37	10.44	18.69	23.39	3.56	4.09	4.5
内蒙古	13.63	21.12	26.07	18.31	28.38	35.03	0.55	0.64	0.71
陕西	39.56	67.56	84.76	27.89	47.64	59.76	1.05	1.21	1.32
山西	28.52	49.33	61.64	37.05	64.06	80.06	4.52	5.2	5.72
河南	18.47	35	43.65	20.81	39.42	49.17	8.03	9.23	10.16
山东	14.78	25.75	32.1	10.66	18.58	23.16	2.75	3.16	3.48
黄河流域	145.16	253.68	316.7	144.04	251.14	313.37	20.58	23.67	26.04

2)城镇河湖

水利部分别于 2013 年 8 月和 2014 年 5 月下发了两批国家级水生态文明城市建设试点,其中涉及黄河流域的城镇共有 10 个(其中建制市 7 个及娄烦县、海北州及杨凌示范区)。依据各省区水资源公报数据及相关城市总体规划,结合水生态文明城市建设试点情况,对城镇河湖面积进行统计与预测。现状年黄河流域城镇河湖面积为 20.58 万亩,城镇人均河湖面积 2.1m^2。

预测 2035 年黄河流域城镇河湖面积为 23.67 万亩,城镇人均河湖面积 1.7m^2;预测 2050 年黄河流域城镇河湖面积为 26.04 万亩,城镇人均河湖面积 1.8m^2。

(2)农村生态环境

1)生态防护林

黄河三门峡以上的上中游地区是干旱、大风、沙尘暴频发的多灾地带,内部和周边分别是腾格里沙漠、乌兰布和沙漠、库布齐沙漠和毛乌素沙地,生态环境较为脆弱。人工生态防护林的建设可以有效阻止沙漠的推进,改善黄河上中游地区的生态环境。

2016 年人工生态防护林建设依据省区统计数据,规划年采用国家及省区生态防护林发展规划,并结合黄河流域水资源综合规划等预测成果进行预测。现状年黄河流域人工生态防护林面积为 39.78 万亩,预测 2035 年水平黄河流域人工生态防护林面积将增加到 95.09 万亩,2050 年水平黄河流域人工生态防护林面积将增加到 99.84 万亩。

2)农村河湖与湿地

黄河源区湖泊和沼泽众多,黄河上游河道外湖泊湿地多属人工和半人工湿地,依靠农灌退水或引黄河水补给水量,湿地对黄河依赖程度较高;中游湿地主要分布在小北干流、三门峡库区等河段;黄河下游受多沙特点的影响,河道淤积摆动变化大,形成了沿河呈带状分布的河漫滩湿地。

2016年农村河湖补水主要考虑内蒙古乌梁素海、宁夏沙湖生态补水，山西太原汾河生态补水，规划水平年新增哈素海修复治理工程生态补水。现状年黄河流域农村河湖与湿地面积为63.51万亩，2035年黄河流域农村河湖与湿地面积将增加到75.36万亩，2050年黄河流域农村河湖与湿地面积将增加到75.36万亩。详见表2.2.2-9。

表2.2.2-9 黄河流域农村生态环境规划目标预测

二级区/省区	生态防护林面积(万亩)			农村河湖与湿地面积(万亩)		
	2016年	2035年	2050年	2016年	2035年	2050年
龙羊峡以上	3.96	3.96	4.16	0	0	0
龙羊峡至兰州	25.31	37.08	38.93	0	0	0
兰州至河口镇	25.92	50.89	53.44	49.52	61.37	61.37
河口镇至龙门	0.53	0.77	0.81	0	0	0
龙门至三门峡	0.61	0.61	0.64	13.99	13.99	13.99
三门峡至花园口	0	0	0	0	0	0
花园口以下	0	0	0	0	0	0
内流区	1.3	1.78	1.87	0	0	0
二级区合计	57.63	95.09	99.85	63.51	75.36	75.36
青海	8.87	35.24	37	0	0	0
四川	0	0	0	0	0	0
甘肃	7.28	12.52	13.15	0	0	0
宁夏	10.61	33.35	35.02	5.12	5.12	5.12
内蒙古	13.02	13.97	14.67	44.4	56.25	56.25
陕西	0	0	0	0	0	0
山西	0	0	0	13.99	13.99	13.99
河南	0	0	0	0	0	0
山东	0	0	0	0	0	0
省区合计	39.78	95.08	99.84	63.51	75.36	75.36

3)人工地下水回补

根据黄河流域情况，对流域内地下水超采区，目前已采取限制开采措施，使地下水位逐步自行恢复，不规划专门的人工回补地下水措施。

2.2.3 河道外需水量预测

河道外水资源需求预测按各类用水户分为生活、生产和生态三部分。生活需水包括城镇生活需水和农村居民生活需水两部分；生产需水包括城镇生产需水和农村生产需水两部分，城镇生产包括工业，农村生产包括农田灌溉、林牧(林果、草场)灌溉、鱼塘和牲畜；生态需水包括河道外城镇和农村生态需水量。按照节水优先的要求，在黄河流域水资源综合规划推荐强化节水模式的节水指标基础上，结合《黄河上中游地区及下游引黄灌区节水潜力深化研究》中有关节水指标，开展需水预测。

2.2.3.1 生活需水量

(1)城镇综合生活需水

1)城镇居民生活需水

2016 年黄河流域城镇居民生活用水量为 23.75 亿 m^3,居民需水定额为 101L/人·日。随着经济社会的发展进步和生活水平的提高,城镇居民生活用水水平也将相应提高。由于水资源紧缺和城镇化水平滞后,目前黄河流域城镇居民生活用水定额相对偏低。根据黄河流域各省区人口发展规划,国家新的人口政策,同时考虑未来城镇居民生活质量不断提高,用水水平也会相应提高,用水定额逐步增大。预计到 2035 年水平城镇居民需水定额为 136L/人·日,需水量达到 46.58 亿 m^3。预计到 2050 年水平城镇居民需水定额为 138L/人·日,需水量达到 53.77 亿 m^3。见表 2.2.3-1。

表 2.2.3-1　　黄河流域城镇居民生活需水量预测

二级区/省(区)	城镇人口(万人)			需水定额(L/人·日)			需水量(亿 m^3)		
	2016 年	2035 年	2050 年	2016 年	2035 年	2050 年	2016 年	2035 年	2050 年
龙羊峡以上	27	64	72	82	124	127	0.08	0.29	0.34
龙羊峡至兰州	445	660	735	90	131	131	1.46	3.16	3.53
兰州至河口镇	1144	1426	1615	105	137	139	4.38	7.14	8.18
河口镇至龙门	473	788	895	98	133	137	1.69	3.83	4.48
龙门至三门峡	2870	4192	4774	105	137	139	11.02	20.97	24.3
三门峡至花园口	793	1122	1273	106	136	138	3.07	5.57	6.43
花园口以下	635	1084	1229	84	135	138	1.96	5.33	6.18
内流区	34	59	67	76	132	136	0.09	0.29	0.33
青海	273	395	449	92	125	125	0.91	1.8	2.05
四川	8	16	18	91	132	135	0.03	0.08	0.09
甘肃	812	1268	1430	81	137	139	2.4	6.33	7.26
宁夏	380	568	646	108	136	138	1.5	2.81	3.25
内蒙古	589	763	855	114	137	139	2.44	3.81	4.35
陕西	1697	2419	2761	111	138	139	6.88	12.21	14.02
山西	1350	1949	2214	99	135	139	4.86	9.58	11.23
河南	858	1357	1539	106	136	138	3.31	6.72	7.76
山东	454	660	748	85	135	138	1.42	3.24	3.76
黄河流域	6421	9395	10660	101	136	138	23.75	46.58	53.77

2)建筑业需水

2016 年黄河流域建筑业用水量为 3.03 亿 m^3,综合用水定额为 3.5m^3/万元。随着节水技术的提高,城镇管网漏失率的减少,预计到 2035 年建筑业需水量为 4.31 亿 m^3,需水定额下降为 2.6m^3/万元,与 2016 年相比需水量增加了 1.28 亿 m^3,综合定额下降了 26%。预计到 2050 年建筑业需水量为 5.11 亿 m^3，需水定额下降为 $2m^3$/万元，与 2035 年相比需水量增加了 0.8 亿 m^3，综合定额下降了 23%。见表 2.2.3-2。

表 2.2.3-2 黄河流域内建筑业需水量预测

二级区/省(区)	增加值(亿元)			需水定额(m^3/万元)			需水量(亿 m^3)		
	2016 年	2035 年	2050 年	2016 年	2035 年	2050 年	2016 年	2035 年	2050 年
龙羊峡以上	23	45	71	8	5.8	4.4	0.02	0.03	0.03
龙羊峡至兰州	211	465	784	7.7	5.6	4.3	0.16	0.26	0.33
兰州至河口镇	1439	2764	4272	3.3	2.4	1.9	0.47	0.68	0.81
河口镇至龙门	982	1701	2447	3.2	2.3	1.8	0.31	0.4	0.44
龙门至三门峡	4036	7334	10928	3.5	2.6	2	1.43	1.92	2.22
三门峡至花园口	1126	2486	4198	3.6	2.6	2	0.4	0.65	0.83
花园口以下	801	1679	2739	2.8	2.1	1.6	0.23	0.35	0.43
内流区	31	59	91	3.8	2.8	2.2	0.01	0.02	0.02
青海	150	336	571	7.7	5.6	4.3	0.12	0.19	0.24
四川	8	12	16	8.4	6.2	4.7	0.01	0.01	0.01
甘肃	788	1695	2812	5.6	4.1	3.1	0.44	0.69	0.87
宁夏	281	604	1003	4.5	3.3	2.5	0.13	0.2	0.25
内蒙古	953	1705	2501	2.7	2	1.5	0.26	0.34	0.37
陕西	3564	6062	8604	3.1	2.2	1.7	1.1	1.36	1.47
山西	996	1966	3079	3.9	2.8	2.1	0.38	0.55	0.66
河南	1381	3084	5242	3.4	2.5	1.9	0.46	0.76	0.98
山东	528	1069	1702	2.7	2	1.5	0.13	0.21	0.26
黄河流域	8649	16533	25530	3.5	2.6	2	3.03	4.31	5.11

3)第三产业需水

2016 年黄河流域第三产业用水量为 8.53 亿 m^3，综合用水定额为 $3.4m^3$/万元。随着节水技术的提高，城镇管网漏失率的减少，预计到 2035 年需水量达到 17.91 亿 m^3，需水定额下降为 $2.6m^3$/万元，与 2016 年相比需水量增加了 9.38 亿 m^3，综合定额下降了 24%。预计到 2050 年需水量达到 28.05 亿 m^3，需水定额下降为 $1.9m^3$/万元，与 2035 年相比需水量增加了 10.14 亿 m^3，综合定额下降了 27%。见表 2.2.3-3。

表 2.2.3-3 黄河流域内第三产业需水量预测

二级区/省(区)	增加值(亿元)			需水定额(m^3/万元)			需水量(亿 m^3)		
	2016 年	2035 年	2050 年	2016 年	2035 年	2050 年	2016 年	2035 年	2050 年
龙羊峡以上	43	138	322	9.7	7	5	0.04	0.1	0.16
龙羊峡至兰州	1409	4912	11895	7.6	5.6	4.1	1.07	2.73	4.85
兰州至河口镇	7133	19009	38037	3.3	2.5	1.9	2.34	4.75	7.15
河口镇至龙门	1938	5073	10030	2.7	2	1.5	0.52	1.02	1.49

续表

二级区/省(区)	增加值(亿元)			需水定额(m^3/万元)			需水量(亿 m^3)		
	2016 年	2035 年	2050 年	2016 年	2035 年	2050 年	2016 年	2035 年	2050 年
龙门至三门峡	9154	24697	49993	3.2	2.4	1.7	2.95	5.87	8.73
三门峡至花园口	2727	6384	12184	3.1	2.3	1.7	0.85	1.47	2.07
花园口以下	2509	8609	21114	3	2.3	1.7	0.74	1.94	3.55
内流区	102	265	521	1.8	1.3	1	0.02	0.03	0.05
青海	931	3497	8853	7.9	5.8	4.2	0.74	2.03	3.74
四川	10	22	38	12.7	9.3	6.8	0.01	0.02	0.03
甘肃	2336	7000	15218	7.4	5.4	3.9	1.72	3.76	5.98
宁夏	1505	4074	8165	5.3	3.8	2.8	0.79	1.56	2.29
内蒙古	5590	14299	27780	1.3	1	0.7	0.74	1.37	1.94
陕西	5724	15525	31447	2.8	2	1.5	1.58	3.13	4.63
山西	3927	10404	20812	4	2.9	2.1	1.56	3.03	4.42
河南	3218	7330	13825	2.4	1.8	1.3	0.79	1.31	1.8
山东	1774	6936	17958	3.4	2.5	1.8	0.6	1.7	3.22
黄河流域	25015	69087	144096	3.4	2.6	1.9	8.53	17.91	28.05

(2)农村居民生活需水

2016 年黄河流域农村生活用水量为 11.74 亿 m^3，农村居民生活用水定额为 58L/人·日。随着农村经济的发展和农民生活水平的提高，农村生活需水定额呈持续增长态势，但和城镇居民生活定额相比，增长相对缓慢。根据黄河流域各省(区)人口发展规划，并考虑未来农村居民生活质量不断提高，用水水平也会相应提高，用水定额将逐步增大。预计到 2035 年水平农村居民生活用水定额将达到 89L/人·日，需水量为 12.50 亿 m^3。预计到 2050 年水平农村居民生活用水定额将达到 93L/人·日，需水量为 7.95 亿 m^3。见表 2.2.3-4。

表 2.2.3-4　　黄河流域农村居民生活需水量预测

二级区/省(区)	农村人口(万)			需水定额(L/人·日)			需水量(亿 m^3)		
	2016 年	2035 年	2050 年	2016 年	2035 年	2050 年	2016 年	2035 年	2050 年
龙羊峡以上	54	31	21	54	74	79	0.11	0.09	0.06
龙羊峡至兰州	434	337	245	56	89	92	0.88	1.09	0.82
兰州至河口镇	660	573	354	52	92	97	1.26	1.93	1.25
河口镇至龙门	508	284	157	63	84	88	1.17	0.87	0.51
龙门至三门峡	2466	1673	984	61	91	95	5.48	5.55	3.41
三门峡至花园口	654	495	308	61	88	92	1.46	1.58	1.04
花园口以下	722	440	260	50	83	87	1.31	1.34	0.83
内流区	39	21	12	47	61	67	0.07	0.05	0.03

续表

二级区/省(区)	农村人口(万)			需水定额(L/人·日)			需水量(亿 m³)		
	2016年	2035年	2050年	2016年	2035年	2050年	2016年	2035年	2050年
青海	210	174	109	76	93	98	0.58	0.59	0.39
四川	14	10	7	66	88	93	0.04	0.03	0.02
甘肃	1009	718	523	36	83	87	1.32	2.18	1.67
宁夏	295	226	132	37	80	84	0.39	0.66	0.41
内蒙古	352	243	137	74	97	101	0.95	0.86	0.51
陕西	1319	865	470	73	93	98	3.50	2.94	1.68
山西	1076	748	427	59	88	93	2.31	2.41	1.44
河南	912	626	400	54	88	92	1.81	2.01	1.35
山东	350	244	136	66	92	97	0.84	0.82	0.48
黄河流域	5537	3854	2341	58	89	93	11.74	12.50	7.95

2.2.3.2 工业需水量

2016年黄河流域工业用水量为54.75亿 m³,万元工业增加值用水量为23m³(当年价)。随着节水技术的推广和深入,工业产业结构调整力度的加大,水的重复利用率将有所提高,同时,根据最严格水资源管理制度有关要求,黄河流域工业需水定额仍具有一定的下降空间。2035年与2016年相比需水定额降低了10m³/万元,定额下降了43.5%。2050年与2016年相比需水定额降低了15m³/万元,定额下降了65.2%。详见表2.2.3-5。

高方案,2035年工业需水量达81.60亿 m³,2035年比2016年需水量增长了26.85亿 m³,年均用水增长率为2.5%;2050年需水量比2035年增长了22.44亿 m³,年均用水增长率为1.7%。

中方案,2035年工业需水量达73.32亿 m³,2035年比2016年需水量增长了18.57亿 m³,年均用水增长率为1.7%;2050年需水量比2035年增长了14.06亿 m³,年均用水增长率为1.2%。

低方案,2035年工业需水量达66.22亿 m³,2035年比2016年需水量增长了11.47亿 m³,年均用水增长率为1.0%;2050年需水量比2035年增长了6.13亿 m³,年均用水增长率为0.6%。

表2.2.3-5 黄河流域工业需水量预测

二级区/省(区)	需水量(亿 m³)							定额(m³/万元)		
	2016年	2035年			2050年			2016年	2035年	2050年
		高方案	中方案	低方案	高方案	中方案	低方案			
龙羊峡以上	0.09	0.20	0.17	0.15	0.33	0.27	0.20	33	17	11
龙羊峡至兰州	4.53	8.11	7.12	6.19	13.52	10.86	8.41	48	22	14

续表

二级区/省(区)	需水量(亿 m³)							定额(m³/万元)		
	2016 年	2035 年			2050 年			2016 年	2035 年	2050 年
		高方案	中方案	低方案	高方案	中方案	低方案			
兰州至河口镇	12.99	19.29	16.69	14.93	26.20	21.17	17.23	27	14	9
河口镇至龙门	4.43	7.40	6.52	5.91	8.95	7.41	6.23	13	8	5
龙门至三门峡	17.03	27.19	24.57	22.28	33.34	28.30	23.68	22	14	8
三门峡至花园口	10.74	12.76	11.82	10.88	14.01	12.32	10.61	27	15	9
花园口以下	4.60	6.07	5.94	5.43	7.00	6.49	5.52	17	10	6
内流区	0.34	0.58	0.49	0.45	0.69	0.56	0.47	10	6	4
青海	1.41	3.63	3.18	2.75	6.20	4.96	3.82	22	14	9
四川	0.04	0.06	0.05	0.05	0.10	0.08	0.06	59	23	14
甘肃	6.35	9.25	8.14	7.08	15.12	12.20	9.49	56	22	14
宁夏	5.14	6.43	5.74	5.07	9.41	7.78	6.22	43	17	10
内蒙古	7.36	12.59	10.60	9.65	14.93	11.85	10.01	15	10	6
陕西	11.42	19.46	17.39	15.74	24.15	20.28	16.92	18	12	7
山西	9.07	13.93	12.80	11.69	16.26	14.11	11.96	29	19	12
河南	10.98	11.95	11.12	10.28	12.76	11.30	9.80	25	13	8
山东	2.98	4.30	4.30	3.91	5.11	4.82	4.07	14	9	6
黄河流域	54.75	81.60	73.32	66.22	104.04	87.38	72.35	23	13	8

2.2.3.3 农业灌溉需水量及鱼塘补水量

(1)农田灌溉需水量

2016 年黄河流域农田灌溉需水量(多年平均)为 333.14 亿 m³,农田灌溉需水定额为 398m³/亩。随着节水工程与非工程措施的加强,在灌溉面积适当发展的基础上,2035 年黄河流域农田灌溉多年平均需水定额为 343m³/亩,多年平均需水量为 312.35 亿 m³,2035 年水平与 2016 年相比需水量下降了 20.79 亿 m³,定额下降了 55m³/亩,农田灌溉水利用系数由 2016 年的 0.54 提高到 2035 年的 0.61。2050 年黄河流域农田灌溉多年平均需水定额为 327m³/亩,多年平均需水量为 297.24 亿 m³,农田灌溉水利用系数提高到 0.65。详见表 2.2.3-6。

(2)林牧灌溉需水量

黄河流域林牧灌溉定额,主要根据当地实际灌溉经验确定。2016 年黄河流域林牧需水量为 29.05 亿 m³,需水定额为 297m³/亩。预计到 2035 年水平需水定额为 255m³/亩,需水量为 35.93 亿 m³。预计到 2050 年水平需水定额为 238m³/亩,需水量为 34.83 亿 m³。详见表 2.2.3-6。

表 2.2.3-6 黄河流域农林牧多年平均灌溉需水量预测

二级区/省(区)	农田灌溉(多年平均)						林牧灌溉					
	需水量(亿 m^3)			定额(m^3/亩)			需水量(亿 m^3)			定额(m^3/亩)		
	2016 年	2035 年	2050 年	2016 年	2035 年	2050 年	2016 年	2035 年	2050 年	2016 年	2035 年	2050 年
龙羊峡以上	0.74	0.57	0.55	311	238	230	0.38	0.28	0.27	316	237	222
龙羊峡至兰州	16.00	18.75	17.81	419	332	316	1.77	2.89	3.86	296	247	231
兰州至河口镇	160.47	144.12	136.03	555	472	445	14.40	15.43	14.49	379	331	311
河口镇至龙门	9.62	9.26	9.11	303	249	245	1.94	2.26	2.12	301	245	230
龙门至三门峡	85.47	80.18	77.30	286	256	247	6.92	11.89	11.16	229	211	198
三门峡至花园口	13.95	16.21	15.54	250	225	216	0.50	0.48	0.45	173	160	150
花园口以下	44.35	41.16	38.79	392	355	335	0.84	0.78	0.69	159	147	131
内流区	2.54	2.11	2.10	324	269	268	2.30	1.92	1.81	296	248	233
青海	8.09	11.36	10.70	383	304	287	1.36	2.50	3.49	298	243	228
甘肃	28.68	27.25	26.67	398	341	334	1.90	1.66	1.55	326	284	267
宁夏	53.63	52.55	50.30	684	598	572	4.61	6.17	5.79	375	331	311
内蒙古	99.07	83.59	78.02	508	420	392	12.28	11.33	10.63	357	308	289
陕西	47.26	45.11	43.58	291	258	249	4.37	4.88	4.58	232	210	197
山西	38.46	34.90	33.41	271	240	230	3.05	8.02	7.52	237	215	202
河南	45.07	46.00	43.35	386	338	319	1.07	1.02	0.92	185	176	159
山东	12.90	11.60	11.21	265	233	226	0.41	0.36	0.34	129	112	105
黄河流域	333.14	312.35	297.24	398	343	327	29.05	35.93	34.83	297	255	238

(3)鱼塘补水量

黄河流域鱼塘补水定额,主要根据当地实际情况确定。2016 年黄河流域鱼塘补水量为 6.90 亿 m^3,补水定额为 930m^3/亩。预计到 2035 年水平鱼塘面积保持不变,鱼塘补水定额为 920m^3/亩,需水量降低到 6.83 亿 m^3,2035 年比 2016 年需水量减少了 0.07 亿 m^3。预计到 2050 年水平鱼塘面积保持不变,鱼塘补水定额为 900m^3/亩,需水量降低到 6.68 亿 m^3。

2.2.3.4 牲畜需水量

2016 年黄河流域内牲畜需水量为 7.44 亿 m^3,其中大牲畜需水量为 2.41 亿 m^3,定额为 43L/头·日;小牲畜需水量为 5.03 亿 m^3,定额为 11L/头(只)·日。预计到 2035 年牲畜需水量为 11.07 亿 m^3,其中大、小牲畜需水量为 3.54 亿 m^3、7.53 亿 m^3,需水定额分别为 49L/头·日、15L/头(只)·日,与 2016 年相比,需水量增加了 3.63 亿 m^3。预计到 2050 年牲畜需水量为 15.77 亿 m^3,其中大、小牲畜需水量分别为 4.68 亿 m^3、11.09 亿 m^3,需水定额分别为 57L/日·头、20L/头(只)·日。详见表 2.2.3-7。

表 2.2.3-7　　黄河流域牲畜需水量预测

二级区/省(区)	大牲畜定额(L/日·头)			小牲畜定额[L/日·头(只)]			牲畜需水量(亿 m³)		
	2016 年	2035 年	2050 年	2016 年	2035 年	2050 年	2016 年	2035 年	2050 年
龙羊峡以上	42	49	54	12	16	21	0.55	0.75	0.97
龙羊峡至兰州	46	52	58	12	16	21	1.01	1.32	1.73
兰州至河口镇	38	43	49	10	12	17	1.18	1.76	2.52
河口镇至龙门	41	48	55	12	16	22	0.69	1.05	1.54
龙门至三门峡	42	49	57	12	16	21	2.17	3.34	4.84
三门峡至花园口	58	67	77	12	15	20	0.93	1.44	2.12
花园口以下	41	47	54	11	15	20	0.79	1.20	1.75
内流区	46	53	61	10	13	18	0.14	0.21	0.31
青海	46	53	61	12	16	21	0.88	1.10	1.39
四川	74	74	74	10	13	18	0.14	0.23	0.31
甘肃	34	39	45	11	15	20	1.15	1.61	2.16
宁夏	34	39	45	10	13	17	0.36	0.61	0.93
内蒙古	40	46	53	10	13	18	0.98	1.42	2.00
陕西	53	61	70	12	16	22	1.59	2.57	3.84
山西	43	50	57	12	16	21	0.76	1.10	1.57
河南	54	62	72	12	16	21	1.01	1.58	2.33
山东	41	47	54	10	14	18	0.57	0.86	1.25
黄河流域	43	49	57	11	15	20	7.44	11.07	15.77

2.2.3.5　河道外生态环境需水量

黄河流域河道外生态环境需水量包括城镇生态环境需水量和农村生态需水量。城镇生态环境需水量包括城镇绿化、环境卫生和河湖补水等三个方面；农村生态需水包括生态防护林、湖泊沼泽湿地补水等两个方面。城镇绿化、环境卫生、生态防护林需水均采用定额法计算，农村河湖湿地补水采用水面面积的蒸发量与降雨量之差来计算，根据不同分区降雨及河湖蒸发情况，对河湖湿地补水定额进行预测。2035 年和 2050 年城镇绿化、环境卫生、生态防护林需水定额以及河湖湿地蒸发渗漏损失补水定额采用《黄河流域水资源综合规划》定额成果，其中城镇绿化、环境卫生、生态防护林需水定额分别为 360m³/亩、100m³/亩、370m³/亩，河湖湿地蒸发渗漏损失补水定额为 450m³/亩。

2016 年、2035 年、2050 年黄河流域河道外生态环境需水量分别为 14.57 亿 m³、26.19 亿 m³、29.81 亿 m³，其中城镇生态环境需水分别为 11.02 亿 m³、18.65 亿 m³、22.09 亿 m³，农村生态环境需水分别为 3.55 亿 m³、7.54 亿 m³、7.72 亿 m³。详见表 2.2.3-8 和表 2.2.3-9。

2.2.3.6 黄河流域河道外总需水量分析

2016 年黄河流域多年平均河道外总需水量为 492.89 亿 m^3，按工业发展高方案，2035 年水平总需水量将增加到 556.50 亿 m^3，净增 63.61 亿 m^3，年增长率为 0.6%。2050 年水平总需水量将增加到 584.36 亿 m^3，与 2035 年相比净增 27.86 亿 m^3，年增长率为 0.3%。黄河流域内河道外总需水量详见表 2.2-10。按照工业发展中方案，2035 年水平总需水量将增加到 548.22 亿 m^3，净增 55.33 亿 m^3，年增长率为 0.6%。2050 年水平总需水量将增加到 567.70 亿 m^3，与 2035 年相比净增 19.48 亿 m^3，年增长率为 0.2%。

表 2.2.3-8　　黄河流域城镇河道外生态环境需水量预测

二级区/省区	城镇生态环境需水(亿 m^3)											
	绿化			环境卫生			城镇河湖			小计		
	2016 年	2035 年	2050 年	2016 年	2035 年	2050 年	2016 年	2035 年	2050 年	2016 年	2035 年	2050 年
龙羊峡以上	0.01	0.03	0.03	0.00	0.01	0.01	0.02	0.02	0.02	0.02	0.05	0.06
龙羊峡至兰州	0.18	0.47	0.58	0.06	0.11	0.12	0.00	0.00	0.01	0.24	0.59	0.71
兰州至河口镇	0.77	1.75	2.18	0.30	0.44	0.53	1.21	1.40	1.54	2.28	3.60	4.24
河口镇至龙门	0.19	0.59	0.74	0.11	0.21	0.25	0.53	0.61	0.67	0.83	1.41	1.66
龙门至三门峡	1.51	4.01	5.02	0.60	1.05	1.25	1.41	1.60	1.76	3.51	6.66	8.03
三门峡至花园口	0.43	1.11	1.38	0.20	0.35	0.41	2.15	2.48	2.73	2.78	3.93	4.52
花园口以下	0.36	1.12	1.40	0.14	0.29	0.34	0.81	0.93	1.03	1.31	2.34	2.76
内流区	0.02	0.07	0.08	0.01	0.02	0.02	0.00	0.00	0.00	0.03	0.09	0.11
二级区合计	3.47	9.15	11.41	1.42	2.48	2.93	6.13	7.04	7.76	11.00	18.67	22.09
青海	0.11	0.28	0.35	0.05	0.08	0.10	0.00	0.00	0.00	0.15	0.36	0.45
四川	0.00	0.00	0.00	0.00	0.00	0.00	0.00	0.00	0.00	0.00	0.00	0.00
甘肃	0.42	1.19	1.47	0.12	0.22	0.26	0.01	0.01	0.01	0.54	1.41	1.74
宁夏	0.32	0.86	1.07	0.10	0.19	0.22	1.18	1.36	1.50	1.61	2.40	2.79
内蒙古	0.40	0.93	1.15	0.18	0.28	0.33	0.19	0.21	0.23	0.77	1.43	1.71
陕西	0.88	2.27	2.85	0.28	0.48	0.57	0.31	0.36	0.39	1.47	3.10	3.81
山西	0.64	1.68	2.09	0.37	0.64	0.76	1.40	1.61	1.78	2.42	3.93	4.63
河南	0.41	1.17	1.46	0.21	0.39	0.47	2.27	2.61	2.87	2.89	4.17	4.80
山东	0.30	0.78	0.97	0.11	0.19	0.22	0.77	0.89	0.97	1.17	1.85	2.16
省区合计	3.48	9.16	11.41	1.42	2.47	2.93	6.13	7.05	7.75	11.02	18.65	22.09

表 2.2.3-9　黄河流域城镇与农村河道外生态环境需水量预测

二级区/省区	农村生态环境需水(亿 m^3)									城镇与农村生态环境需水合计(亿 m^3)		
	生态防护林			农村河湖			小计					
	2016 年	2035 年	2050 年	2016 年	2035 年	2050 年	2016 年	2035 年	2050 年	2016 年	2035 年	2050 年
龙羊峡以上	0.05	0.12	0.13	0.00	0.00	0.00	0.05	0.12	0.13	0.07	0.17	0.19
龙羊峡至兰州	0.34	1.04	1.09	0.00	0.00	0.00	0.34	1.04	1.09	0.58	1.63	1.80
兰州至河口镇	1.16	2.23	2.34	0.98	3.12	3.12	2.15	5.35	5.46	4.43	8.95	9.71
河口镇至龙门	0.03	0.02	0.03	0.09	0.09	0.09	0.11	0.12	0.12	0.94	1.53	1.78
龙门至三门峡	0.02	0.02	0.02	0.75	0.75	0.75	0.78	0.77	0.78	4.29	7.43	8.80
三门峡至花园口	0.00	0.00	0.00	0.08	0.08	0.08	0.08	0.08	0.08	2.86	4.02	4.60
花园口以下	0.00	0.00	0.00	0.00	0.00	0.00	0.00	0.00	0.00	1.31	2.34	2.76
内流区	0.04	0.05	0.06	0.00	0.00	0.00	0.04	0.05	0.06	0.07	0.14	0.16
二级区合计	1.64	3.48	3.67	1.90	4.04	4.04	3.55	7.53	7.72	14.55	26.21	29.80
青海	0.30	1.01	1.06	0.00	0.00	0.00	0.30	1.01	1.06	0.46	1.37	1.51
四川	0.00	0.00	0.00	0.00	0.00	0.00	0.00	0.00	0.00	0.00	0.00	0.00
甘肃	0.24	0.39	0.41	0.00	0.00	0.00	0.24	0.39	0.41	0.78	1.81	2.15
宁夏	0.59	1.61	1.69	0.34	0.34	0.34	0.93	1.95	2.03	2.54	4.35	4.82
内蒙古	0.51	0.48	0.51	0.64	2.78	2.78	1.15	3.26	3.29	1.92	4.69	5.00
陕西	0.00	0.00	0.00	0.00	0.00	0.00	0.00	0.00	0.00	1.47	3.10	3.81
山西	0.00	0.00	0.00	0.93	0.93	0.93	0.93	0.93	0.93	3.34	4.86	5.56
河南	0.00	0.00	0.00	0.00	0.00	0.00	0.00	0.00	0.00	2.89	4.17	4.80
山东	0.00	0.00	0.00	0.00	0.00	0.00	0.00	0.00	0.00	1.17	1.85	2.16
省区合计	1.64	3.49	3.67	1.91	4.05	4.05	3.55	7.54	7.72	14.57	26.19	29.81

表 2.2.3-10　　黄河流域河道外总需水量预测

二级区/省(区)	2016年(亿 m^3)	2035年(亿 m^3)			2050年(亿 m^3)		
		高方案	中方案	低方案	高方案	中方案	低方案
龙羊峡以上	2.09	2.47	2.44	2.42	2.89	2.83	2.77
龙羊峡—兰州	27.56	41.26	40.27	39.33	49.48	46.83	44.37
兰州—河口镇	204.73	206.83	204.23	202.46	209.05	204.03	200.09
河口镇—龙门	21.67	28.00	27.10	26.51	30.79	29.24	28.06
龙门—三门峡	137.93	165.51	162.90	160.61	175.22	170.18	165.57
三门峡—花园口	35.27	44.67	43.73	42.79	47.56	45.87	44.15
花园口以下	58.01	62.37	62.24	61.73	63.82	63.31	62.33
内流区	5.63	5.39	5.31	5.26	5.55	5.41	5.32
青海	14.55	25.79	25.33	24.91	30.87	29.62	28.48
四川	0.27	0.43	0.43	0.42	0.57	0.55	0.53
甘肃	44.84	54.63	53.52	52.46	63.53	60.61	57.90
宁夏	70.51	76.75	76.06	75.40	78.83	77.19	75.64
内蒙古	127.42	121.41	119.41	118.46	119.12	116.05	114.19
陕西	80.37	95.96	93.90	92.24	102.92	99.05	95.69
山西	64.21	78.78	77.65	76.53	82.46	80.32	78.17
河南	68.20	76.33	75.50	74.66	76.83	75.38	73.88
山东	22.52	26.42	26.42	26.03	29.23	28.93	28.18
黄河流域	492.89	556.50	548.22	541.11	584.36	567.70	552.66

2.2.4 向流域外供水分析

目前，黄河向流域外供水工程主要包括：甘肃景泰扬水（石羊河流域的金昌市和武威市），内蒙古的柔井滩扬黄，引黄入晋至山西大同，黄河中下游的河南、山东引黄，以及向河北、天津引黄等。根据黄河流域水资源公报对2000—2016年黄河向流域外供水情况进行统计，黄河年均向流域外供水量96.51亿 m^3，其中向甘肃供水1.42亿 m^3，占流域外总供水量的1.5%；内蒙古0.33亿 m^3，占流域外总供水量的0.3%；山西0.50亿 m^3，占流域外总供水量的0.5%；河南23.03亿 m^3，占流域外总供水量的23.9%；山东65.42亿 m^3，占流域外总供水量的67.8%；河北、天津6.21亿 m^3，占流域外总供水量的6.4%。详见表2.2.4-1。

表 2.2.4-1　　2000—2016年黄河向流域外供水量分析

年份	甘肃(亿 m^3)	内蒙古(亿 m^3)	山西(亿 m^3)	河南(亿 m^3)	山东(亿 m^3)	河北、天津(亿 m^3)	合计(亿 m^3)
2000年		0.04		18.88	57.53	7.15	83.60
2001年	0.40	0.04		17.65	57.07	3.63	78.79
2002年	0.40	0.04		21.61	72.29	5.20	99.53
2003年	0.50	0.045		16.95	45.51	10.06	73.07
2004年	0.78	0.045		15.64	44.61	8.08	69.16

续表

年份	甘肃（亿 m^3）	内蒙古（亿 m^3）	山西（亿 m^3）	河南（亿 m^3）	山东（亿 m^3）	河北、天津（亿 m^3）	合计（亿 m^3）
2005 年	0.83	0.045		17.59	51.57	1.33	71.37
2006 年	0.86	0.045		22.66	72.41	3.00	98.98
2007 年	0.72	0.440		20.18	64.43	1.90	87.68
2008 年	0.86	0.500		23.66	62.69	7.30	95.01
2009 年	0.98	0.46		26.01	66.02	8.66	102.13
2010 年	1.61	0.50		26.48	67.03	10.15	105.77
2011 年	2.57	0.52	0.25	30.13	68.62	13.60	115.69
2012 年	2.23	0.59	0.66	31.23	71.02	6.80	112.53
2013 年	2.63	0.52	0.45	29.81	70.76	3.47	107.64
2014 年	2.42	0.69	0.58	26.20	80.44	6.38	116.71
2015 年	2.4	0.57	0.57	24.81	85.82	5.19	119.36
2016 年	2.5	0.52	0.51	22.04	74.34	3.71	103.62
多年平均	1.42	0.33	0.50	23.03	65.42	6.21	96.91

2.2.5 黄河典型河段生态功能性需水

（1）宁蒙河段生态功能性需水

综合河流廊道及湿地功能需水、输沙水量分析、鱼类栖息生境需水及生态基流成果，考虑黄河生态用水的季节性，对宁蒙河段生态需水进行耦合。按以下原则进行耦合：①全河段综合考虑。重要断面之间不仅要考虑水流连续性，也要考虑宁蒙河段是我国主要灌区，用水量大，断面上下游要有一定的匹配。②不考虑河段其他水量用水。本次研究仅考虑该河段的生态环境用水，对自净需水、景观需水、农灌用水以及蒸发、渗漏等水量损失不予考虑。③外包线取值。对于同一断面同一时期由不同方法计算出来的生态需水值，采用外包线确定最终取值。

根据上述耦合原则，综合确定黄河宁蒙河段的生态需水量为：河口镇断面汛期生态需水115 亿 m^3，并在汛期需要一定量级的洪水过程，中水河槽规模需求应不小于 2000m^3/s；在满足防凌要求和生态环境要求的情况下，河口镇断面非汛期 11 月至次年 6 月生态需水量仍维持77 亿 m^3。

（2）黄河下游河段生态功能性需水

综合河流生态廊道功能维持需水、湿地生态需水、水生生物需水、近海生态需水、输沙用水等成果，为维持黄河下游三角洲湿地，满足黄河河口近海水域生态保护需求，结合《黄河流域综合规划》确定的“维持下游中水河槽，基本控制游荡性河段河势，保障滩区群众生命财产安全”防洪减淤目标，考虑一定的淤积水平同时维持 4000m^3/s 的中水河槽要求，提出利津断面生态需水量为：汛期生态水量应不小于 150 亿 m^3；非汛期考虑维持河道不断流、保护河口三角洲湿地、保护水质等，非汛期河道内需水量为 50 亿 m^3。

2.3 黄河流域可供水量分析

2.3.1 地表水可供水量

考虑到黄河流域及临近地区国民经济发展和河道内生态环境改善对水资源的需求，经长系列(1956—2010 年)调算，2016 年多年平均地表水可供水量 362.17 亿 m^3，其中流域内地表水可供水量为 273.06 亿 m^3，流域外地表水可供水量为 89.11 亿 m^3。

随着经济社会的发展和人民生活水平的提高，用水需求还会有所增加，至 2035 年还要新增一批供水工程，包括古贤水利枢纽、引大济湟、引洮供水等。规划新增的供水工程可增加流域地表水供水能力，在一定程度上缓解流域水资源时空分布不均的问题，但由于受黄河地表水资源可利用量的制约，黄河流域地表可供水量小于工程供水能力。到 2035 年水平，考虑引汉济渭调水 10 亿 m^3，引乾济石等跨流域调水工程的实施生效，经长系列(1956—2010 年)调算，黄河流域地表水可供水量为 357.55 亿 m^3。到 2050 年，考虑引汉济渭调水 15 亿 m^3，黄河地表水可供水量达 363.02 亿 m^3，见表 2.3.1-1。

表 2.3.1-1 黄河流域各水平年地表水可供水量

水平年	多年平均(亿 m^3)		中等枯水年(亿 m^3)		特殊枯水年(亿 m^3)	
	流域内	流域外	流域内	流域外	流域内	流域外
2016 年	273.06	89.11	240.57	78.35	227.73	73.33
2035 年	274.30	83.25	252.09	76.74	236.39	72.11
2050 年	279.77	83.25	257.65	76.74	241.95	72.11

2.3.2 地下水可供水量

地下水开采量原则为：逐步退还深层地下水开采量和平原区浅层地下水超采量；在尚有地下水开采潜力的地区适当增加地下水开采量；山丘区地下水开采量基本维持现状开采量。

2016 年地下水开采仍维持现状开采水平，预测未来按黄河流域地下水开采控制方案，考虑退减深层地下水开采量及浅层地下水超采量，2035 年规划开采量为 119.85 亿 m^3；到 2050 年，规划开采量仍按 2035 年规划开采量 119.85 亿 m^3，见表 2.3.2-1。

表 2.3.2-1 黄河流域各水平年地下水可供水量

省(区)	地下水规划开采量(亿 m^3)		
	2016 年	2035 年	2050 年
青海	2.94	3.27	3.27
四川	0.02	0.02	0.02
甘肃	4.69	5.24	5.24

续表

省(区)	地下水规划开采量(亿 m^3)		
	2016 年	2035 年	2050 年
宁夏	5.31	7.68	7.68
内蒙古	27.01	25.08	25.08
陕西	29.92	29.51	29.51
山西	20.70	19.34	19.34
河南	23.81	18.27	18.27
山东	7.47	11.44	11.44
黄河流域	121.87	119.85	119.85

2.3.3 其他水源可供水量

黄河流域可供利用的其他水源包括污水处理再利用、雨水利用等非常规水源，非常规水源利用可在一定程度上缓解黄河流域某些地区水资源紧缺局面。据调查分析，现状非常规水源利用量为 11.5 亿 m^3，规划水平年结合黄河实际及规划情况，通过进一步提升非常规水源利用技术，根据国家对污水处理再利用、雨水利用的要求，对污水处理可供水量和集雨可供水量进行分析及预测。

2.3.3.1 污水处理可供水量

规划水平年根据环境保护要求，加大再生水利用力度。根据《黄河流域综合规划》，将加大流域各地市污水处理设施及配套管网、农村集镇污水处理厂、中水回用工程建设，因地制宜推进雨污分流制管网建设。同时，结合《重点流域水污染防治规划(2016—2020)》要求，在继续大力加强城镇污水处理厂提标的基础上，通过优化工业空间布局、完善工业园区污水集中处理设施、提升工业清洁生产水平、优化城镇建设空间布局等方式，提高污水收集、处理以及中水回用的效率。

考虑相关国家与流域规划、《中国中水回用行业发展趋势及前景规划分析报告 2019—2024》等，结合黄河流域污水再处理利用情况，规划污水集中处理率达 90%～100%，再生利用率达到 40%～50%，预测 2035 年污水回用量为 15.71 亿 m^3，2050 年污水回用量为 24.44 亿 m^3。详见表 2.3.3-1。

表 2.3.3-1　　黄河流域其他水源可供水量分析

二级区省(区)	污水回用(亿 m^3)			集雨工程(亿 m^3)			合计(亿 m^3)		
	2016 年	2035 年	2050 年	2016 年	2035 年	2050 年	2016 年	2035 年	2050 年
龙羊峡以上	0.00	0.03	0.05	0.00	0.00	0.00	0.00	0.03	0.05
龙羊峡至兰州	0.03	1.49	2.44	0.18	0.26	0.31	0.22	1.75	2.75
兰州至河口镇	2.21	4.29	6.02	0.52	0.75	0.94	2.71	5.04	6.96

续表

二级区省(区)	污水回用(亿 m^3)			集雨工程(亿 m^3)			合计(亿 m^3)		
	2016 年	2035 年	2050 年	2016 年	2035 年	2050 年	2016 年	2035 年	2050 年
河口镇至龙门	0.56	1.41	2.17	0.16	0.24	0.29	0.72	1.63	2.45
龙门至三门峡	3.10	4.56	8.18	2.05	2.98	3.72	5.16	7.54	11.91
三门峡至花园口	0.55	1.96	3.09	0.42	0.61	0.77	0.97	2.57	3.86
花园口以下	1.40	1.88	2.34	0.29	0.41	0.52	1.69	2.29	2.86
内流区	0.00	0.11	0.15	0.01	0.01	0.03	0.01	0.12	0.18
青海	0.03	0.40	0.74	0.00	0.00	0.00	0.03	0.40	0.74
四川	0.00	0.00	0.00	0.00	0.00	0.00	0.00	0.00	0.00
甘肃	0.17	0.79	1.50	1.57	2.27	2.84	1.74	3.06	4.34
宁夏	0.22	1.35	2.01	0.00	0.00	0.00	0.21	1.34	2.01
内蒙古	2.29	3.38	4.48	0.04	0.06	0.08	2.33	3.44	4.56
陕西	1.91	3.86	7.17	0.08	0.13	0.15	1.99	3.99	7.32
山西	1.45	1.82	2.78	1.52	2.20	2.75	2.97	4.02	5.53
河南	0.38	2.59	3.93	0.13	0.19	0.24	0.52	2.78	4.17
山东	1.40	1.54	1.83	0.29	0.41	0.52	1.69	1.95	2.35
黄河流域	7.85	15.71	24.44	3.63	5.26	6.58	11.48	20.97	31.02

2.3.3.2　集雨可供水量

雨水利用是指在一定范围内，有目的地采用各种措施对雨水资源进行收集、净化和利用。雨水利用工程包括农村雨水利用工程(指农村水窖、雨水调蓄池、湿地等)和城镇雨水利用工程(主要是指建立包括屋面雨水集蓄系统、雨水截污与渗透系统、生态小区雨水利用系统等)。在黄河流域，集雨利用可以通过大棚、林果地、路面以及小型饮用水收集等手段实现，能在一定程度上缓解当地的水资源供需矛盾，使降雨被直接作为灌溉用水或饮用水源加以利用，为上中游山区群众提供额外的用水保障。

据调查分析，现状黄河流域集雨工程有 225 万处，利用雨水资源 3.63 亿 m^3，主要集中在甘肃、宁夏、陕西和山西等缺水严重的地区，集雨工程作为一种非常规供水设施，在常规水源无法满足需水的情况下，可以作为额外水源加以利用。预测 2035 年集雨工程可供水量为 5.26 亿 m^3，2050 年集雨可供水量为 6.58 亿 m^3。详见表 2.3.3-1。

2.3.4　总供水量

综上所述，黄河流域 2016 年总供水量为 495.52 亿 m^3，考虑引汉济渭等调水工程生效后，2035 年水平总供水量可达到 498.37 亿 m^3，至 2050 年，黄河流域总供水量可达到 513.89 亿 m^3。详见表 2.3.4-1。

表 2.3.4-1　　黄河流域各规划水平年供水总量分析结果

水平年	地表供水量(亿 m³)			地下供水量(亿 m³)	其他水源供水量(亿 m³)	合计(亿 m³)
	流域内	流域外	小计			
2016 年	273.06	89.11	362.17	121.87	11.48	495.52
2035 年	274.30	83.25	357.55	119.85	20.97	498.37
2050 年	279.77	83.25	363.02	119.85	31.02	513.89

2.4　黄河流域缺水形势研判

2.4.1　计算方案与条件设置

2.4.1.1　计算方案设置

考虑黄河水资源量变化，结合黄河流域高中低河道外需水预测方案，按照 2016 年、2035 年、2050 年设置水资源供需计算方案，方案集见表 2.4.1-1。

表 2.4.1-1　　不同水平年下黄河可供耗水量指标

水平年		天然径流量(亿 m³)	河道外需水(亿 m³)	地表水耗水量控制(亿 m³)		
				流域内	流域外	合计
2016 年		482.42	492.89	218.64	89.11	307.75
2035 年	低方案	462.42	556.50	211.74	83.25	294.99
	中方案		548.22			
	高方案		541.11			
2050 年	低方案	462.42	584.36	211.74	83.25	294.99
	中方案		567.70			
	高方案		552.66			

2016 年，黄河天然径流量系列采用《黄河流域水文设计成果修订》推荐成果，1956—2010 年 55 年系列 482.42 亿 m³。规划 2035 年、2050 年水平考虑黄河天然径流量减少 20 亿 m³，即黄河天然径流量为 462.42 亿 m³。依据《黄河可供水量年度分配及干流水量调度方案》(计地区〔1998〕2520 号)，遇枯水年份，即河川径流量减少时，各省(区)分水指标要同比例削减。同时考虑南水北调东、中线一期调水工程已经生效，在“87 分水方案”的基础上拟定 2016 年、2035 年、2050 年黄河地表水耗水指标，详见表 2.4.1-1。

(1)黄河可供耗水量确定

“87 分水方案”黄河天然径流量 580.0 亿 m³，可供耗水量为 370.0 亿 m³，其中向天津、河北供水 20.0 亿 m^3。2016 年采用 1956—2010 年黄河多年平均天然年径流量为 482.42 亿 m^3，按照同比例削减原则，黄河可供耗水量为 307.75 亿 m^3；2035 年、2050 年黄河天然径流量为 462.42 亿 m^3，同比例削减后，黄河可供耗水量为 294.99 亿 m^3。

(2)流域外供水指标

考虑南水北调东、中线一期调水工程生效时间，2016 年向天津、河北供水量在 20.0 亿 m^3 基础上折减，其他省(区)按照黄河流域水资源综合规划 2020 年配置水量 87.14 亿 m^3 进行同比例折减，则流域外供水指标为 307.75/370 * (87.14 + 20) = 89.11 亿 m^3，即 2016 年向天津、河北供水量 16.64 亿 m^3，其他省(区)向流域外供水指标为 72.47 亿 m^3。

2035 年、2050 年向河北供水量维持黄河流域水资源综合规划配置水量 6.2 亿 m^3，其他省(区)按照黄河流域水资源综合规划配置水量 87.14 亿 m^3 进行折减，则流域外供水指标为 (294.99−6.2)/(332.79−6.2) * 87.14+6.2=83.25 亿 m^3，即 2035 年、2050 年向河北供水量 6.2 亿 m^3，其他省(区)向流域外供水指标为 77.05 亿 m^3。

2.4.1.2 计算条件设置

(1)根据黄河流域行政区划和水系分布，并考虑主要断面控制要求和工程情况，结合重点产业园区与重点城市分布，将全流域划分为 240 个计算单元，按流域水系连线，形成水资源供需平衡计算节点。

(2)规划的干流骨干工程，古贤水利枢纽按 2035 年生效考虑。

(3)调水工程按 2016 年和 2035 年、2050 年水平设置，其中 2016 年考虑引乾济石工程调水 0.47 亿 m^3(2007 年正式通水)；2035 年引汉济渭工程按调水 10 亿 m^3 考虑，引乾济石工程调水 0.47 亿 m^3，引红济石工程 0.9 亿 m^3(2018 年正式通水)；2050 年引汉济渭工程按调水 15 亿 m^3 考虑，引乾济石工程调水 0.47 亿 m^3，引红济石工程 0.9 亿 m^3。

(4)在供需平衡计算时，考虑支流优先，地表水、地下水统一调配，河口镇、利津等重要断面控制下泄水量要求等。

(5)供水顺序：生活用水优先，工业、农业灌溉用水、生态环境统筹兼顾。

2.4.2 多年平均供需分析

根据黄河流域需水分析结果，在考虑黄河流域地表供水工程和地下水开采量的情况下，进行了供需平衡计算，计算结果见表 2.4.2-1，河口镇以上供需计算结果见表 2.4.2-2。

2016 年，黄河流域内河道外需水量为 492.89 亿 m^3，供水量为 406.41 亿 m^3，其中，地表水供水量为 273.06 亿 m^3，地下水供水量为 121.87 亿 m^3，其他水源供水量为 11.48 亿 m^3，流域内缺水量为 86.48 亿 m^3，流域外供水量为 89.11 亿 m^3，入海水量为 175.60 亿 m^3。

2035 年，高、中、低方案黄河流域内河道外需水量分别为 556.50 亿 m^3、548.22 亿 m^3、541.11 亿 m^3。考虑引汉济渭等调水工程，流域内河道外供水量增加至 415.12 亿 m^3，其中，地表水供水量为 274.30 亿 m^3，地下水供水量为 119.85 亿 m^3，其他水源供水量为 20.97 亿 m^3。高、中、低方案缺水量分别为 141.37 亿 m^3、133.10 亿 m^3、125.99 亿 m^3。流域外供水量为83.25 亿 m^3，入海水量为 168.49 亿 m^3。

2050 年，高、中、低方案黄河流域内河道外需水量为 584.36 亿 m^3、567.70 亿 m^3、552.66 亿 m^3。流域内河道外供水量为 430.64 亿 m^3，其中，地表水供水量为 279.77 亿 m^3，地下水供水量为 119.85 亿 m^3，其他水源供水量为 31.02 亿 m^3。高、中、低方案缺水量为 153.72 亿 m^3、137.06 亿 m^3、122.02 亿 m^3。流域外供水量为 83.25 亿 m^3，入海水量为168.99 亿 m^3。

2016 年河口镇以上需水量为 234.37 亿 m^3，供水量为 176.76 亿 m^3，其中，地表水供水量为 142.61 亿 m^3，地下水供水量为 31.21 亿 m^3，其他水源供水量为 2.94 亿 m^3。河口镇以上缺水量为 57.61 亿 m^3，流域外供水量为 1.66 亿 m^3，河口镇断面下泄水量为 194.43 亿 m^3。

2035 年，河口镇以上高、中、低方案需水量分别为 250.55 亿 m^3、246.94 亿 m^3、244.21 亿 m^3。河口镇以上供水量为 173.04 亿 m^3，其中，地表水供水量为 133.55 亿 m^3，地下水供水量为 32.67 亿 m^3，其他水源供水量为 6.82 亿 m^3，河口镇以上流域内高、中、低方案缺水量为 77.52 亿 m^3、73.90 亿 m^3、71.18 亿 m^3。流域外供水量为 1.77 亿 m^3，河口镇断面下泄水量为199.30 亿 m^3。

2050 年，河口镇以上高、中、低方案需水量分别为 261.43 亿 m^3、253.68 亿 m^3、247.23 亿 m^3。河口镇以上供水量为 175.98 亿 m^3，其中，地表水供水量为 133.55 亿 m^3，地下水供水量为 32.67 亿 m^3，其他水源供水量为 9.76 亿 m^3。河口镇以上流域内高、中、低方案缺水量分别为 85.45 亿 m^3、77.71 亿 m^3、71.25 亿 m^3。流域外供水量为 1.77 亿 m^3，河口镇断面下泄水量为 108.11 亿 m^3。见表 2.4.2-2。

(1)2016 年水资源供需平衡分析

2016 年流域内多年平均需水量为 492.91 亿 m^3，多年平均供水量为 406.41 亿 m^3，其中，地表水供水量为 273.05 亿 m^3，地下水供水量为 121.87 亿 m^3，其他水源供水量为 11.49 亿 m^3，流域内缺水量为 86.48 亿 m^3，全流域河道外缺水率为 17.5%。从二级区来看，缺水主要集中在兰州至河口镇区间和三门峡至花园口区间，缺水率分别为 28.1%和 13.8%；从行政区来看，缺水主要集中在甘肃、宁夏、内蒙古，缺水率分别为 20.4%、28.1%、29.8%。多年平均向流域外供水量为 89.11 亿 m^3，地表水总消耗量为 307.29 亿 m^3，多年平均入海水量为 175.60 亿 m^3，见表 2.4.2-3。

表 2.4.2-1　　黄河流域各水平年供需分析

水平年	方案	流域内需水量（亿 m^3）	流域内供水量（亿 m^3）				流域内缺水量（亿 m^3）	流域内缺水率（%）	流域内地表耗水量（亿 m^3）	流域外供水量（亿 m^3）	地表耗水量合计（亿 m^3）	入海水量（亿 m^3）
			地表水	地下水	其他	合计						
2016 年		492.89	273.06	121.87	11.48	406.41	86.48	17.5	218.18	89.11	307.29	175.60
2035 年	高方案	556.50	274.30	119.85	20.97	415.12	141.37	25.4	222.04	83.25	305.30	168.49
	中方案	548.22	274.30	119.85	20.97	415.12	133.10	24.3	222.04	83.25	305.30	168.49
	低方案	541.11	274.30	119.85	20.97	415.12	125.99	23.3	222.04	83.25	305.30	168.49
2050 年	高方案	584.36	279.77	119.85	31.02	430.64	153.72	26.3	226.54	83.25	309.80	168.99
	中方案	567.70	279.77	119.85	31.02	430.64	137.06	24.1	226.54	83.25	309.80	168.99
	低方案	552.66	279.77	119.85	31.02	430.64	122.02	22.1	226.54	83.25	309.80	168.99

表 2.4.2-2　　河口镇以上水资源供需平衡分析

水平年	方案	流域内需水量（亿 m^3）	流域内供水量（亿 m^3）				流域内缺水量（亿 m^3）	流域内缺水率（%）	流域内地表耗水量（亿 m^3）	流域外供水量（亿 m^3）	地表耗水量合计（亿 m^3）	断面下泄（亿 m^3）
			地表水	地下水	其他	合计						
2016 年		234.37	142.61	31.21	2.94	176.76	57.61	24.6	111.32	1.66	112.98	194.43
2035 年	高方案	250.55	133.55	32.67	6.82	173.04	77.52	30.9	106.35	1.77	108.11	199.30
	中方案	246.94	133.55	32.67	6.82	173.04	73.90	29.9	106.35	1.77	108.11	199.30
	低方案	244.21	133.55	32.67	6.82	173.04	71.18	29.1	106.35	1.77	108.11	199.30
2050 年	高方案	261.43	133.55	32.67	9.76	175.98	85.45	32.7	106.35	1.77	108.11	199.30
	中方案	253.68	133.55	32.67	9.76	175.98	77.71	30.6	106.35	1.77	108.11	199.30
	低方案	247.23	133.55	32.67	9.76	175.98	71.25	28.8	106.35	1.77	108.11	199.30

表 2.4.2-3　黄河流域 2016 年供需平衡分析

二级区/省(区)	流域内需水量(亿 m^3)	流域内供水量(亿 m^3)				流域内缺水量(亿 m^3)	流域内缺水率(%)	流域内地表耗水量(亿 m^3)	流域外供水量(亿 m^3)	地表耗水量合计(亿 m^3)
		地表水	地下水	其他	合计					
龙羊峡以上	2.09	1.92	0.09	0.00	2.01	0.07	3.5	1.55	0.00	1.55
龙羊峡至兰州	27.56	23.70	3.58	0.22	27.5	0.07	0.2	19.19	0.33	19.52
兰州至河口镇	204.73	116.99	27.54	2.72	147.25	57.47	28.1	90.58	1.33	91.91
河口镇至龙门	21.69	13.15	7.5	0.72	21.37	0.32	1.5	10.37	4.66	15.03
龙门至三门峡	137.93	67.79	46.94	5.16	119.89	18.04	13.1	56.54	0.00	56.54
三门峡至花园口	35.27	13.49	15.95	0.97	30.41	4.85	13.8	10.78	6.84	17.62
花园口以下	58.01	34.16	16.79	1.69	52.64	5.37	9.3	27.83	75.96	103.79
内流区	5.63	1.85	3.48	0.01	5.34	0.29	5.1	1.33	0.00	1.33
青海	14.55	10.53	2.94	0.03	13.5	1.05	7.2	8.47	0.00	8.47
四川	0.27	0.25	0.02	0.00	0.27	0.00	0.5	0.21	0.00	0.21
甘肃	44.84	29.26	4.69	1.74	35.69	9.14	20.4	23.79	1.67	25.46
宁夏	70.51	45.16	5.31	0.22	50.69	19.82	28.1	33.50	0.00	33.50
内蒙古	127.42	60.08	27.01	2.33	89.42	37.99	29.8	49.08	0.00	49.08
陕西	80.39	39.44	29.92	1.99	71.35	9.04	11.2	31.83	0.00	31.83
山西	64.21	40.12	20.70	2.97	63.79	0.42	0.7	32.43	4.66	37.09
河南	68.20	36.15	23.81	0.52	60.48	7.72	11.3	29.17	17.23	46.40
山东	22.52	12.06	7.47	1.69	21.22	1.30	5.8	9.71	48.92	58.63
河北、天津									16.64	16.64
黄河流域	492.91	273.05	121.87	11.49	406.41	86.48	17.5	218.18	89.11	307.29

(2)2035 年水资源供需平衡分析

1)高方案

流域内多年平均需水量为 556.51 亿 m^3，考虑引汉济渭等调水工程，多年平均供水量为 415.12 亿 m^3，其中，地表水供水量为 274.30 亿 m^3，地下水供水量为 119.85 亿 m^3，其他水源供水量为 20.97 亿 m^3，缺水量为 141.37 亿 m^3，全流域河道外缺水率为 25.4%。从二级区来看，缺水主要集中在兰州至河口镇区间、龙羊峡至兰州、花园口以下，缺水率分别为 33.1%、21.3%、27.9%；从行政区来看，缺水主要集中在甘肃、宁夏、内蒙古等省(区)，缺水率为 29.4%～33.3%。多年平均向流域外供水量为 83.25 亿 m^3，地表水总消耗量为 305.29 亿 m^3，多年平均入海水量为 168.49 亿 m^3，见表 2.4.2-4。各省(区)行业缺水情况见表 2.4.2-5。

2)中方案

流域内多年平均需水量为 548.22 亿 m^3，考虑引汉济渭等调水工程，多年平均供水量为 415.12 亿 m^3，其中，地表水供水量为 274.30 亿 m^3，地下水供水量为 119.85 亿 m^3，其他水源供水量为 20.97 亿 m^3，缺水量为 133.10 亿 m^3，全流域河道外缺水率为 24.3%。从二级区来看，缺水主要集中在龙羊峡至兰州区间、兰州至河口镇区间、花园口以下，缺水率分别为 19.4%、32.2%、27.7%；从行政区来看，缺水主要集中在甘肃、宁夏、内蒙古、河南等省(区)，缺水率为 28.2%～31.9%。多年平均向流域外供水量为 83.25 亿 m^3，地表水总消耗量为 305.31 亿 m^3，多年平均入海水量为 168.49 亿 m^3，见表 2.4.2-6。各省(区)行业缺水情况见表 2.4.2-7。

3)低方案

流域内多年平均需水量为 541.11 亿 m^3，考虑引汉济渭等调水工程，多年平均供水量为 415.12 亿 m^3，其中，地表水供水量为 274.30 亿 m^3，地下水供水量为 119.85 亿 m^3，其他水源供水量为 20.97 亿 m^3，缺水量为 125.97 亿 m^3，全流域河道外缺水率为 23.3%。从二级区来看，缺水主要集中在兰州至河口镇区间、花园口以下，缺水率分别为 31.6%、27.1%；从行政区来看，缺水主要集中在甘肃、宁夏、内蒙古、河南等省(区)，缺水率为 26.4%～30.5%。多年平均向流域外供水量为 83.26 亿 m^3，地表水总消耗量为 305.31 亿 m^3，多年平均入海水量为168.49 亿 m^3，见表 2.4.2-8。各省(区)行业缺水情况见表 2.4.2-9。

(3)2050 年水资源供需平衡分析

1)高方案

流域内多年平均需水量为 543.37 亿 m^3，多年平均供水量为 430.64 亿 m^3，其中，地表水供水量为 279.77 亿 m^3，地下水供水量为 119.85 亿 m^3，其他水源供水量为 31.02 亿 m^3，缺水量为153.72 亿 m^3，全流域河道外缺水率 26.3%。从二级区来看，缺水主要集中在龙羊峡至兰州区间、兰州至河口镇区间、花园口以下，缺水率分别为 32.4%、32.9%、28.6%；从行政区来看，缺水主要集中在青海、甘肃、宁夏等省(区)，缺水率均高于 30%。多年平均向流域外供水量为83.26 亿 m^3，地表水总消耗量为 309.81 亿 m^3，多年平均入海水量为 168.99 亿 m^3，见表 2.4.2-10。各省(区)行业缺水情况见表 2.4.2-11。

表 2.4.2-4　　黄河流域 2035 年供需平衡分析（高方案）

二级区/省（区）	流域内需水量（亿 m^3）	流域内供水量（亿 m^3）				流域内缺水量（亿 m^3）	流域内缺水率（%）	流域内地表耗水量（亿 m^3）	流域外供水量（亿 m^3）	地表耗水量合计（亿 m^3）
		地表水	地下水	其他	合计					
龙羊峡以上	2.47	1.97	0.12	0.03	2.12	0.35	14.1	1.62	0.00	1.62
龙羊峡至兰州	41.26	26.07	4.64	1.75	32.46	8.79	21.3	21.38	0.35	21.73
兰州至河口镇	206.83	105.51	27.91	5.04	138.46	68.37	33.1	83.35	1.42	84.77
河口镇至龙门	28.00	13.71	8.99	1.63	24.33	3.66	13.1	11.04	4.96	16.00
龙门至三门峡	165.52	79.97	44.41	7.54	131.92	33.61	20.3	66.20	0.00	66.20
三门峡至花园口	44.67	19.62	13.57	2.57	35.76	8.91	19.9	16.00	7.27	23.26
花园口以下	62.37	25.79	16.92	2.29	45.00	17.37	27.9	21.24	69.27	90.51
内流区	5.39	1.67	3.29	0.12	5.08	0.31	5.8	1.23	0.00	1.23
青海	25.79	14.19	3.27	0.40	17.86	7.93	30.7	11.66	0.00	11.66
四川	0.43	0.39	0.02	0.00	0.41	0.02	5	0.33	0.00	0.33
甘肃	54.63	28.15	5.24	3.06	36.45	18.17	33.3	23.35	1.78	25.12
宁夏	76.75	43.67	7.68	1.34	52.69	24.06	31.3	33.06	0.00	33.06
内蒙古	121.41	57.22	25.08	3.44	85.74	35.67	29.4	46.01	0.00	46.01
陕西	95.96	47.35	29.51	3.98	80.84	15.11	15.7	39.00	0.00	39.00
山西	78.78	39.69	19.34	4.02	63.05	15.73	20.0	32.73	4.95	37.67
河南	76.34	33.90	18.27	2.78	54.95	21.39	28.0	27.91	18.32	46.23
山东	26.42	9.74	11.44	1.95	23.13	3.29	12.4	8.00	52.01	60.01
河北、天津								0.00	6.20	6.20
黄河流域	556.51	274.30	119.85	20.97	415.12	141.37	25.4	222.04	83.25	305.29

表 2.4.2-5　　黄河流域 2035 年水平缺水研判(高方案)

省区	生活（亿 m^3）	工业（亿 m^3）	农业（亿 m^3）	生态（亿 m^3）	合计（亿 m^3）
青海省	1.8	1.3	4.1	0.8	8.0
甘肃省	8.4	4.3	5.0	0.5	18.2
宁夏回族自治区	8.8	8.3	3.6	3.3	24.0
内蒙古自治区	12.6	11.0	8.3	3.8	35.7
陕西省	5.6	5.1	4.1	0.3	15.1
山西省	7.3	2.1	4.9	1.4	15.7
河南省	6.7	6.2	6.4	2.0	21.3
山东省	1.6	1.0	0.0	0.6	3.2
黄河流域	52.8	39.3	36.4	12.7	141.2
黄河上中游地区	44.4	32.1	30.0	10.3	116.8

表 2.4.2-6　　黄河流域 2035 年供需平衡分析(中方案)

二级区/省(区)	流域内需水量（亿 m^3）	流域内供水量(亿 m^3)				流域内缺水量（亿 m^3）	流域内缺水率（%）	流域内地表耗水量（亿 m^3）	流域外供水量（亿 m^3）	地表耗水量合计（亿 m^3）
		地表水	地下水	其他	合计					
龙羊峡以上	2.44	1.97	0.12	0.03	2.12	0.32	13.3	1.62	0.00	1.62
龙羊峡至兰州	40.27	26.07	4.64	1.75	32.46	7.80	19.4	21.38	0.35	21.73
兰州至河口镇	204.23	105.51	27.91	5.04	133.46	65.78	32.2	83.35	1.42	84.77
河口镇至龙门	27.10	13.71	8.99	1.63	24.33	2.77	10.2	11.04	4.96	15.99
龙门至三门峡	162.90	79.97	44.41	7.54	131.92	30.99	19.0	66.20	0.00	66.20
三门峡至花园口	43.73	19.62	13.57	2.57	35.76	7.96	18.2	16.00	7.27	23.26
花园口以下	62.24	25.79	16.92	2.29	45.00	17.25	27.7	21.24	69.27	90.51
内流区	5.31	1.67	3.29	0.12	5.08	0.22	4.2	1.23	0.00	1.23
青海	25.33	14.19	3.27	0.40	17.86	7.47	29.5	11.66	0.00	11.66
四川	0.43	0.39	0.02	0.00	0.41	0.0	3	0.33	0.00	0.33

续表

二级区、省(区)	流域内需水量(亿 m³)	流域内供水量(亿 m³)				流域内缺水量(亿 m³)	流域内缺水率(%)	流域内地表耗水量(亿 m³)	流域外供水量(亿 m³)	地表耗水量合计(亿 m³)
		地表水	地下水	其他	合计					
甘肃	53.52	28.15	5.24	3.06	36.45	17.07	31.9	23.35	1.78	25.13
宁夏	76.06	43.67	7.68	1.34	52.69	23.37	30.7	33.06	0.00	33.06
内蒙古	119.41	57.22	25.08	3.44	85.74	33.68	28.2	46.01	0.00	46.01
陕西	93.90	47.35	29.51	3.98	80.84	13.05	13.9	39.00	0.00	39.00
山西	77.65	39.69	19.34	4.02	63.05	14.61	18.8	32.73	4.95	37.68
河南	75.50	33.90	18.27	2.78	54.95	20.55	27.2	27.91	18.32	46.23
山东	26.42	9.74	11.44	1.95	23.13	3.29	12.4	8.00	52.01	60.01
河北、天津								0.00	6.20	6.20
黄河流域	548.22	274.30	119.85	20.97	415.12	133.10	24.3	222.05	83.26	305.31

表 2.4.2-7　黄河流域 2035 年水平缺水研判(中方案)

省区	生活(亿 m³)	工业(亿 m³)	农业(亿 m³)	生态(亿 m³)	合计(亿 m³)
青海省	1.8	0.8	4.1	0.8	7.5
甘肃省	8.8	2.8	5.0	0.5	17.1
宁夏回族自治区	8.8	7.6	3.6	3.3	23.3
内蒙古自治区	11.4	10.2	8.3	3.8	33.7
陕西省	5.6	3.1	4.1	0.3	13.1
山西省	5.5	2.7	4.9	1.4	14.5
河南省	7.0	5.1	6.4	2.0	20.5
山东省	2.1	0.6	0.0	0.6	3.3
黄河流域	51	32.9	36.4	12.7	133.0
黄河上中游地区	41.8	27.2	30.0	10.3	109.3

表 2.4.2-8　　黄河流域 2035 年供需平衡分析（低方案）

二级区/省（区）	流域内需水量（亿 m^3）	流域内供水量（亿 m^3）				流域内缺水量（亿 m^3）	流域内缺水率（%）	流域内地表耗水量（亿 m^3）	流域外供水量（亿 m^3）	地表耗水量合计（亿 m^3）
		地表水	地下水	其他	合计					
龙羊峡以上	2.42	1.97	0.12	0.03	2.12	0.30	12.5	1.62	0.00	1.62
龙羊峡至兰州	39.33	26.07	4.64	1.75	32.46	6.86	17.5	21.38	0.35	21.73
兰州至河口镇	202.46	105.51	27.91	5.04	138.46	64.01	31.6	83.35	1.42	84.77
河口镇至龙门	26.51	13.71	8.99	1.63	24.33	2.17	8.2	11.04	4.96	16.00
龙门至三门峡	160.61	79.97	44.41	7.54	131.92	28.70	17.9	66.20	0.00	66.20
三门峡至花园口	42.79	19.62	13.57	2.57	35.76	7.03	16.4	16.00	7.27	23.27
花园口以下	61.73	25.79	16.92	2.29	45.00	16.74	27.1	21.24	69.27	90.51
内流区	5.26	1.67	3.29	0.12	5.08	0.18	3.4	1.23	0.00	1.23
青海	24.91	14.19	3.27	0.40	17.86	7.04	28.3	11.66	0.00	11.66
四川	0.42	0.39	0.02	0.00	0.41	0.0	2	0.33	0.00	0.33
甘肃	52.46	28.15	5.24	3.06	36.45	16.01	30.5	23.35	1.78	25.13
宁夏	75.40	43.67	7.68	1.34	52.69	22.70	30.1	33.06	0.00	33.06
内蒙古	118.46	57.22	25.08	3.44	85.74	32.73	27.6	46.01	0.00	46.01
陕西	92.24	47.35	29.51	3.98	80.84	11.39	12.4	39.00	0.00	39.00
山西	76.53	39.69	19.34	4.02	63.05	13.49	17.6	32.73	4.95	37.68
河南	74.66	33.90	18.27	2.78	54.95	19.71	26.4	27.91	18.32	46.23
山东	26.03	9.74	11.44	1.95	23.13	2.90	11.1	8.00	52.01	60.01
河北、天津								0.00	6.20	6.20
黄河流域	541.11	274.30	119.85	20.97	415.12	125.97	23.3	222.05	83.26	305.31

表 2.4.2-9　　黄河流域 2035 年水平缺水研判(低方案)

省区	生活（亿 m^3）	工业（亿 m^3）	农业（亿 m^3）	生态（亿 m^3）	合计（亿 m^3）
青海省	1.8	0.4	4.1	0.8	7.1
甘肃省	7.9	2.6	5.0	0.5	16.0
宁夏回族自治区	8.8	6.9	3.6	3.3	22.6
内蒙古自治区	11.4	9.3	8.3	3.8	32.8
陕西省	4.1	2.9	4.1	0.3	11.4
山西省	4.3	2.8	4.9	1.4	13.4
河南省	7.0	4.3	6.4	2.0	19.7
山东省	2.1	0.2	0.0	0.6	2.9
黄河流域	47.4	29.4	36.4	12.7	125.9
黄河上中游地区	38.2	25.0	30.0	10.3	103.5

2)中方案

流域内多年平均需水量为 567.70 亿 m^3，多年平均供水量为 430.64 亿 m^3，其中，地表水供水量为 279.77 亿 m^3，地下水供水量为 119.85 亿 m^3，其他水源供水量为 31.02 亿 m^3，缺水量为137.06 亿 m^3，全流域河道外缺水率为 24.1%。从二级区来看，缺水主要集中在龙羊峡至兰州区间、兰州至河口镇区间、花园口以下，缺水率分别为 28.5%、31.2%、28.0%；从行政区来看，缺水主要集中在青海、甘肃、宁夏等省(区)，缺水率均在 30%以上。多年平均向流域外供水量为 83.25 亿 m^3，地表水总消耗量为 309.81 亿 m^3，多年平均入海水量为168.99 亿 m^3，见表 2.4.2-12。各省(区)行业缺水情况见表 2.4.2-13。

3)低方案

流域内多年平均需水量为 552.67 亿 m^3，多年平均供水量为 430.64 亿 m^3，其中，地表水供水量为 279.77 亿 m^3，地下水供水量为 119.85 亿 m^3，其他水源供水量为 31.02 亿 m^3，缺水量为122.02 亿 m^3，全流域河道外缺水率为 22.1%。从二级区来看，缺水主要集中在龙羊峡以上、龙羊峡至兰州区间、兰州至河口镇区间、花园口以下，缺水率分别为 22.8%、24.6%、29.8%、26.9%；从行政区来看，缺水主要集中在青海、甘肃、宁夏等省(区)，缺水率为29.4%～36.1%。多年平均向流域外供水量为 83.26 亿 m^3，地表水总消耗量为 309.81 亿 m^3，多年平均入海水量为168.99 亿 m^3，见表 2.4.2-14。各省(区)行业缺水情况见表 2.4.2-15。

表 2.4.2-10 黄河流域 2050 年水平缺水研判(高方案)

二级区/省(区)	流域内需水量(亿 m^3)	流域内供水量(亿 m^3)				流域内缺水量(亿 m^3)	流域内缺水率(%)	流域内地表耗水量(亿 m^3)	流域外供水量(亿 m^3)	地表耗水量合计(亿 m^3)
		地表水	地下水	其他	合计					
龙羊峡以上	2.89	1.97	0.12	0.05	2.14	0.76	26.1	1.62	0.00	1.62
龙羊峡至兰州	49.48	26.07	4.64	2.75	33.46	16.00	32.4	21.38	0.35	21.73
兰州至河口镇	209.05	105.51	27.91	6.96	140.38	68.68	32.9	83.35	1.42	84.77
河口镇至龙门	30.79	13.71	8.99	2.45	25.15	5.63	18.3	11.04	4.96	16.00
龙门至三门峡	175.22	85.43	44.41	11.91	141.75	33.47	19.1	70.70	0.00	70.70
三门峡至花园口	47.56	19.62	13.57	3.86	37.05	10.51	22.1	16.00	7.27	23.27
花园口以下	63.82	25.79	16.92	2.86	45.57	18.25	28.6	21.24	69.27	90.51
内流区	5.55	1.67	3.29	0.18	5.14	0.41	7.3	1.23	0.00	1.23
青海	30.87	14.19	3.27	0.74	18.20	12.66	41.0	11.66	0.00	11.66
四川	0.57	0.39	0.02	0.00	0.41	0.15	27.1	0.33	0.00	0.33
甘肃	63.53	28.15	5.24	4.34	37.73	25.80	40.6	23.35	1.78	25.13
宁夏	78.83	43.67	7.68	2.01	53.36	25.46	32.3	33.06	0.00	33.06
内蒙古	119.12	57.22	25.08	4.56	86.86	32.27	27.1	46.01	0.00	46.01
陕西	102.92	52.82	29.51	7.32	89.65	13.27	12.9	43.50	0.00	43.50
山西	82.46	39.69	19.34	5.53	64.56	17.90	21.7	32.73	4.95	37.68
河南	76.84	33.90	18.27	4.17	56.34	20.51	26.7	27.91	18.32	46.23
山东	29.23	9.74	11.44	2.35	23.53	5.70	19.5	8.00	52.01	60.01
河北、天津								0.00	6.20	6.20
黄河流域	584.37	279.77	119.85	31.02	430.64	153.72	26.3	226.55	83.26	309.81

表 2.4.2-11　　黄河流域 2050 年水平缺水研判(高方案)

省区	生活（亿 m^3）	工业（亿 m^3）	农业（亿 m^3）	生态（亿 m^3）	合计（亿 m^3）
青海省	5.0	3.5	3.2	1.0	12.7
甘肃省	11.2	8.8	4.4	1.4	25.8
宁夏回族自治区	10.8	10.0	3.1	1.6	25.5
内蒙古自治区	13.4	11.2	6.0	1.6	32.2
陕西省	6.0	3.8	2.5	1.0	13.3
山西省	9.2	3.2	3.9	1.6	17.9
河南省	8.8	4.6	4.9	2.1	20.4
山东省	3.1	1.7	0.0	0.9	5.7
黄河流域	67.5	46.8	28.0	11.2	153.5
黄河上中游地区	55.7	40.4	23.1	8.2	127.4

表 2.4.2-12　　黄河流域 2050 年水平缺水研判(中方案)

二级区/省(区)	流域内需水量（亿 m^3）	流域内供水量（亿 m^3）				流域内缺水量（亿 m^3）	流域内缺水率（%）	流域内地表耗水量（亿 m^3）	流域外供水量（亿 m^3）	地表耗水量合计（亿 m^3）
		地表水	地下水	其他	合计					
龙羊峡以上	2.83	1.97	0.12	0.05	2.14	0.69	24.4	1.62	0.00	1.62
龙羊峡至兰州	46.83	26.07	4.64	2.75	33.46	13.36	28.5	21.38	0.35	21.73
兰州至河口镇	204.03	105.51	27.91	6.96	140.38	63.65	31.2	83.35	1.42	84.77
河口镇至龙门	29.25	13.71	8.99	2.45	25.15	4.09	14.0	11.04	4.96	16.00
龙门至三门峡	170.18	85.43	44.41	11.91	141.75	28.43	16.7	70.70	0.00	70.70
三门峡至花园口	45.87	19.62	13.57	3.86	37.05	8.81	19.2	16.00	7.27	23.27
花园口以下	63.31	25.79	16.92	2.86	45.57	17.74	28.0	21.24	69.27	90.51
内流区	5.41	1.67	3.29	0.18	5.14	0.27	5.0	1.23	0.00	1.23
青海	29.62	14.19	3.27	0.74	18.20	11.42	38.6	11.66	0.00	11.66
四川	0.55	0.39	0.02	0.00	0.41	0.13	0.0	0.33	0.00	0.33

续表

二级区、省(区)	流域内需水量(亿 m^3)	流域内供水量(亿 m^3)				流域内缺水量(亿 m^3)	流域内缺水率(%)	流域内地表耗水量(亿 m^3)	流域外供水量(亿 m^3)	地表耗水量合计(亿 m^3)
		地表水	地下水	其他	合计					
甘肃	60.61	28.15	5.24	4.34	37.73	22.88	37.7	23.35	1.78	25.13
宁夏	77.19	43.67	7.63	2.01	53.36	23.83	30.9	33.06	0.00	33.06
内蒙古	116.05	57.22	25.08	4.56	86.86	29.19	25.2	46.01	0.00	46.01
陕西	99.05	52.82	29.51	7.32	89.65	9.40	9.5	43.50	0.00	43.50
山西	80.32	39.69	19.34	5.53	64.56	15.76	19.6	32.73	4.95	37.68
河南	75.38	33.90	18.27	4.17	56.34	19.04	25.3	27.91	18.32	46.23
山东	28.93	9.74	11.44	2.35	23.53	5.41	18.7	8.00	52.01	60.01
河北、天津								0.00	6.20	6.20
黄河流域	567.70	279.77	119.35	31.02	430.64	137.06	24.1	226.55	83.26	309.81

表 2.4.2-13　黄河流域 2050 年水平缺水研判(中方案)

省区	生活(亿 m^3)	工业(亿 m^3)	农业(亿 m^3)	生态(亿 m^3)	合计(亿 m^3)
青海省	4.3	3.0	3.2	1.0	11.5
甘肃省	10.2	6.8	4.4	1.4	22.8
宁夏回族自治区	9.6	9.5	3.1	1.6	23.8
内蒙古自治区	10.7	10.8	6.0	1.6	29.1
陕西省	4.0	1.9	2.5	1.0	9.4
山西省	6.4	3.8	3.9	1.6	15.7
河南省	8.8	3.2	4.9	2.1	19.0
山东省	3.3	1.1	0.0	0.9	5.3
黄河流域	57.3	40.1	28.0	11.2	136.6
黄河上中游地区	45.3	35.9	23.1	8.2	112.5

表 2.4.2-14 黄河流域 2050 年水平缺水研判(低方案)

二级区/省(区)	流域内需水量(亿 m^3)	流域内供水量(亿 m^3)				流域内缺水量(亿 m^3)	流域内缺水率(%)	流域内地表耗水量(亿 m^3)	流域外供水量(亿 m^3)	地表耗水量合计(亿 m^3)
		地表水	地下水	其他	合计					
龙羊峡以上	2.77	1.97	0.12	0.05	2.14	0.63	22.8	1.62	0.00	1.62
龙羊峡至兰州	44.37	26.07	4.64	2.75	33.46	10.91	24.6	21.38	0.35	21.73
兰州至河口镇	200.09	105.51	27.91	6.96	140.38	59.71	29.8	83.35	1.42	84.77
河口镇至龙门	28.06	13.71	8.99	2.45	25.15	2.91	10.4	11.04	4.96	16.00
龙门至三门峡	165.56	85.43	44.41	11.91	141.75	23.82	14.4	70.70	0.00	70.70
三门峡至花园口	44.15	19.62	13.57	3.86	37.05	7.10	16.1	16.00	7.27	23.27
花园口以下	62.33	25.79	16.92	2.86	45.57	16.76	26.9	21.24	69.27	90.51
内流区	5.32	1.67	3.29	0.18	5.14	0.18	3.4	1.23	0.00	1.23
青海	28.48	14.19	3.27	0.74	18.20	10.28	36.1	11.66	0.00	11.66
四川	0.53	0.39	0.02	0.00	0.41	0.12	21.8	0.33	0.00	0.33
甘肃	57.90	28.15	5.24	4.34	37.73	20.17	34.8	23.35	1.78	25.13
宁夏	75.64	43.67	7.68	2.01	53.36	22.27	29.4	33.06	0.00	33.06
内蒙古	114.20	57.22	25.08	4.56	86.86	27.34	23.9	46.01	0.00	46.01
陕西	95.69	52.82	29.51	7.32	89.65	6.04	6.3	43.50	0.00	43.50
山西	78.17	39.69	19.34	5.53	64.56	13.61	17.4	32.73	4.95	37.68
河南	73.88	33.90	18.27	4.17	56.34	17.54	23.7	27.91	18.32	46.23
山东	28.18	9.74	11.44	2.35	23.53	4.65	16.5	8.00	52.01	60.01
河北、天津								0.00	6.20	6.20
黄河流域	552.67	279.77	119.85	31.02	430.64	122.02	22.1	226.55	83.26	309.81

表 2.4.2-15 黄河流域 2050 年水平缺水研判(低方案)

省区	生活(亿 m^3)	工业(亿 m^3)	农业(亿 m^3)	生态(亿 m^3)	合计(亿 m^3)
青海省	3.9	2.2	3.2	1.0	10.3
甘肃省	10.3	4.1	4.4	1.4	20.2
宁夏回族自治区	9.6	8.0	3.1	1.6	22.3
内蒙古自治区	11.7	8.0	6.0	1.6	27.3
陕西省	1.5	1.1	2.5	1.0	6.1
山西省	4.8	3.2	3.9	1.6	13.5
河南省	8.6	1.9	4.9	2.1	17.5
山东省	3.3	0.4	0.0	0.9	4.6
黄河流域	53.7	28.9	28.0	11.2	121.8
黄河上中游地区	41.9	26.6	23.1	8.2	99.8

2.4.3 中等枯水年供需分析

当选取单独的某个年份作为中等枯水年时不能较好反映黄河流域水资源时空不均和水库调节的影响。因此,根据《黄河流域水资源综合规划》选取中等枯水年份的方法,经综合分析选取水资源量和缺水量排频接近中等枯水年的 1960 年、1972 年、1974 年、1987 年、1996 年 5 年进行平均。中等枯水年份地表水资源量是 403.93 亿 m^3,比 1956—2010 年系列多年平均的地表水资源量 482.42 亿 m^3 少 78.49 亿 m^3,相当于 76.8%频率年份的地表水资源量。

2016 年,中等枯水年需水比多年平均需水增加 21.45 亿 m^3,地表供水量比多年平均减少 32.49 亿 m^3,缺水量比多年平均增加 53.94 亿 m^3,流域外供水比多年平均减少 10.76 亿 m^3,入海水量比多年平均减少 42.23 亿 m^3,详见表 2.4.3-1。

表 2.4.3-1 黄河流域中等枯水年供需平衡

水平年	方案	流域内需水(亿 m^3)		流域内地表(亿 m^3)		流域内缺水(亿 m^3)		流域外供水(亿 m^3)		入海水量(亿 m^3)	
		多年平均	中等枯水年	多年平均	中等枯水年	多年平均	中等枯水年	多年平均	中等枯水年	多年平均	中等枯水年
2016 年		492.89	514.34	273.06	240.57	86.48	140.42	89.11	78.35	175.60	133.37
2035 年	高方案	556.50	576.65	274.30	252.09	141.37	183.73	83.25	76.74	168.49	134.52
	中方案	548.22	568.37	274.30	252.09	133.10	175.46	83.25	76.74	168.49	134.52
	低方案	541.11	561.26	274.30	252.09	125.99	168.35	83.25	76.74	168.49	134.52
2050 年	高方案	584.36	605.22	279.77	257.65	153.72	196.70	83.25	76.74	168.99	135.02
	中方案	567.70	588.56	279.77	257.65	137.06	180.04	83.25	76.74	168.99	135.02
	低方案	552.66	573.52	279.77	257.65	122.02	165.00	83.25	76.74	168.99	135.02

2035 年，中等枯水年高、中、低方案需水比多年平均需水增加 20.15m³。地表供水量比多年平均减少 22.21 亿 m³，缺水量比多年平均增加 42.36 亿 m³。流域外供水比多年平均减少 6.51 亿 m³，入海水量比多年平均减少 33.97 亿 m³。

2050 年，中等枯水年高、中、低方案需水比多年平均需水增加 20.86 亿 m³。地表供水量比多年平均减少 22.12 亿 m³，缺水量比多年平均增加 42.98 亿 m³。流域外供水比多年平均减少 6.51 亿 m³，入海水量比多年平均减少 33.97 亿 m³。

2.4.4 特枯水年供需分析

根据 1956—2010 年径流序列排序，选取 1997 年为特殊枯水年。特殊枯水年地表水资源量为 330.80 亿 m³，比 1956—2010 年系列多年平均地表水资源量 482.42 亿 m³ 少 151.62 亿 m³，相当于 96.4%频率年份的地表水资源量。

2016 年，特殊枯水年需水比多年平均需水增加 57.89 亿 m³，地表供水量比多年平均减少 45.33 亿 m³，缺水量比多年平均增加 103.22 亿 m³，流域外供水比多年平均减少 15.78 亿 m³，入海水量比多年平均减少 98.03 亿 m³。详见表 2.4.4-1。

2035 年，特殊枯水年高、中、低需水比多年平均需水增加 55.10 亿 m³，地表供水量比多年平均减少 37.91 亿 m³，缺水量比多年平均增加 93.01 亿 m³，流域外供水比多年平均减少 11.14 亿 m³，入海水量比多年平均减少 89.77 亿 m³。

2050 年，特殊枯水年高、中、低需水比多年平均需水增加 57.06 亿 m³，地表供水量比多年平均减少 37.82 亿 m³，缺水量比多年平均增加 94.88 亿 m³，流域外供水比多年平均减少 11.14 亿 m³，入海水量比多年平均减少 89.77 亿 m³。

表 2.4.4-1　　黄河流域特殊枯水年供需平衡

水平年	方案	流域内需水（亿 m³）		流域内地表（亿 m³）		流域内缺水（亿 m³）		流域外供水（亿 m³）		入海水量（亿 m³）	
		多年平均	特殊枯水年	多年平均	特殊枯水年	多年平均	特殊枯水年	多年平均	特殊枯水年	多年平均	特殊枯水年
2016 年		492.89	550.78	273.06	227.73	86.48	189.70	89.11	73.33	175.60	77.57
2035 年	高方案	556.50	611.61	274.30	236.39	141.37	234.38	83.25	72.11	168.49	78.72
	中方案	548.22	603.33	274.30	236.39	133.10	226.11	83.25	72.11	168.49	78.72
	低方案	541.11	596.22	274.30	236.39	125.99	219.00	83.25	72.11	168.49	78.72
2050 年	高方案	584.36	641.42	279.77	241.95	153.72	248.60	83.25	72.11	168.99	79.22
	中方案	567.70	624.76	279.77	241.95	137.06	231.94	83.25	72.11	168.99	79.22
	低方案	552.66	609.72	279.77	241.95	122.01	216.89	83.25	72.11	168.99	79.22

2.4.5 连续枯水段供需分析

连续枯水段年份选择 1994—2002 年为连续枯水段，平均地表水资源量是 385.23 亿 m³，比1956—2010年系列多年平均地表水资源量482.42亿m^3少97.19亿m^3，相当于87.5%频率年份的地表水资源量。

2016年，连续枯水段需水比多年平均需水增加20.15亿m^3，地表供水量比多年平均减少32.70亿m^3，缺水量比多年平均增加52.84亿m^3，流域外供水比多年平均减少10.83亿m^3，入海水量比多年平均减少60.70亿m^3。详见表2.4.5-1。

2035年，连续枯水段高、中、低方案需水比多年平均需水增加20.01亿m^3，地表供水量比多年平均减少22.43亿m^3，缺水量比多年平均增加42.44亿m^3，流域外供水比多年平均减少6.58亿m^3，入海水量比多年平均减少52.43亿m^3。

2050年，连续枯水段高、中、低方案需水比多年平均需水增加20.72亿m^3，地表供水量比多年平均减少22.42亿m^3，缺水量比多年平均增加43.14亿m^3，流域外供水比多年平均减少6.58亿m^3，入海水量比多年平均减少52.43亿m^3。

表2.4.5-1　黄河流域连续枯水段供需平衡

水平年	方案	流域内需水(亿m^3)		流域内地表(亿m^3)		流域内缺水(亿m^3)		流域外供水(亿m^3)		入海水量(亿m^3)	
		多年平均	连续枯水段	多年平均	连续枯水段	多年平均	连续枯水段	多年平均	连续枯水段	多年平均	连续枯水段
2016年		492.89	513.04	273.06	240.36	86.48	139.32	89.11	78.28	175.60	114.90
2035年	高方案	556.50	576.51	274.30	251.87	141.37	183.81	83.25	76.67	168.49	116.06
	中方案	548.22	568.23	274.30	251.87	133.10	175.54	83.25	76.67	168.49	116.06
	低方案	541.11	561.12	274.30	251.87	125.99	168.43	83.25	76.67	168.49	116.06
2050年	高方案	584.36	605.08	279.77	257.35	153.72	196.86	83.25	76.67	168.99	116.56
	中方案	567.70	588.42	279.77	257.35	137.06	180.20	83.25	76.67	168.99	116.56
	低方案	552.66	573.38	279.77	257.35	122.02	165.16	83.25	76.67	168.99	116.56

2.4.6 缺水形势判断

通过对不同水平年黄河流域水资源供需研究，对新形势下黄河流域缺水形势做出如下判断：

(1)尽管充分考虑节水措施，规划水平年仍然缺水严重

为高效利用现有水资源，在国民经济各部门需水预测中，充分考虑了产业结构的调整和节水措施的实施，2035年、2050年和现状年相比工业和农业用水定额都大幅降低，其中工业万元增加值用水量由2016年的22.9m^3减少到2035年的13.3m^3，2050年降至8.4m^3，农田灌溉水利用系数由2016年的0.54提高到2035年的0.61，2050年达到0.65；农田灌溉定额由2016年的398m^3/亩降低到2035年的343m^3/亩，2050年达到327m^3/亩。

即使在充分考虑了节水的情况下，采用《黄河流域水文成果修订》近期下垫面条件下1956—2010年系列天然径流量482.4亿m^3，考虑未来水资源减少20亿m^3，2035年水平流域高方案多年平均缺水总量仍达172.88亿m^3，其中河道外国民经济缺水141.37亿m^3；中方案多年平均缺水总量仍达164.60亿m^3，其中河道外国民经济缺水133.10亿m^3；低方案多年平均缺水总量仍达157.49亿m^3，其中河道外国民经济缺水125.99亿m^3。枯水年份缺口更大，缺水形势十分严峻。展望2050年，黄河流域高方案多年平均缺水总量高达184.69亿m^3，其中河道外国民经济缺水153.69亿m^3；中方案多年平均缺水总量高达168.03亿m^3，其中河道外国民经济缺水137.03亿m^3；低方案多年平均缺水总量高达153.06亿m^3，其中河道外国民经济缺水122.05亿m^3。

(2)河道外缺水主要集中在河口镇以上的地区

从缺水分布分析，2035年河道外缺水主要集中河口镇以上的地区，高方案缺水77.52亿m^3，占流域内河道外总缺水量的54.8%；中方案缺水73.90亿m^3，占流域内河道外总缺水量的55.5%；低方案缺水71.18亿m^3，占流域内河道外总缺水量的56.5%。展望2050年河口镇以上地区高方案缺水高达85.42亿m^3，占流域内河道外总缺水量的55.6%；中方案缺水高达77.68亿m^3，占流域内河道外总缺水量的56.7%；低方案缺水高达71.22亿m^3，占流域内河道外总缺水量的58.4%，为缺水最为集中的区域。黄河上中游地区矿产资源丰富、经济社会发展相对滞后，国家西部大开发、"一带一路"、新型城镇化等战略实施，为上中游地区提供了广阔的发展空间，但水资源的严重短缺必将制约区域经济社会的持续发展。

(3)需水增长主要体现为工业和生活用水量的增加

黄河流域未来需水增长主要体现在工业和生活用水的增加。2035年，工业发展高方案较2016年工业需水增加26.86亿m^3，中方案较2016年工业需水增加18.58亿m^3，低方案工业需水增加11.47亿m^3；生活需水较2016年增加34.24亿m^3。而农业灌溉方面由于控制灌溉面积的增加，并大力实施节水措施，2035年水平农村生产需水量较2016年减少9.14亿m^3。展望2050年，高方案工业需水量较2035年增加22.44亿m^3，中方案工业需水量较2035年增加14.05亿m^3，低方案工业需水增加6.13亿m^3；生活需水量增加13.56亿m^3，农村生产需水量减少11.75亿m^3。

(4)河道内生态环境水量不能满足要求

规划水平年供需平衡分析中，2035年、2050年，多年平均入海水量分别为168.49亿m^3、168.99亿m^3，较利津断面生态环境需水量200亿m^3，缺水量分别为31.51亿m^3、31.01亿m^3，仍不能满足河道内生态环境用水需求。

2.5 缺水措施研究

2.5.1 河道外缺水措施研究

(1)上游地区

2035 年水平黄河上游地区高方案缺水量达 77.52 亿 m^3，占流域河道外缺水量的 54.8%，其中兰州—河口镇区间缺水量达 68.37 亿 m^3，是缺水最为集中的地区；中方案缺水量达 73.90 亿 m^3，占流域河道外缺水量的 55.6%，其中兰州—河口镇区间缺水量达 65.78 亿 m^3。低方案缺水量达 71.18 亿 m^3，占流域河道外缺水量的 56.5%，其中兰州—河口镇区间缺水量达 59.71 亿 m^3。展望 2050 年，黄河上游地区仍是黄河流域缺水最为严重的地区，高方案缺水量高达 85.45 亿 m^3，中方案缺水量高达 77.71 亿 m^3，低方案缺水量 71.25 亿 m^3。严重的缺水使得该地区的土地、矿产、能源等资源优势难以充分发挥。目前上游省区用水已经达到或接近黄河可供水量分配指标，今后经济社会发展用水的增加，必须依靠增加上游水资源量来解决，南水北调西线工程调水入黄河源头地区，可以缓解上游地区的缺水问题。

(2)中游地区

2035 年水平黄河中游地区高方案缺水量 46.18 亿 m^3，中游地区缺水主要集中在龙门—三门峡区间，占中游地区缺水的 72.8%；中方案缺水量 41.72 亿 m^3，中游地区缺水主要集中在龙门—三门峡区间，占中游地区缺水的 74.3%；低方案缺水量 37.89 亿 m^3，中游地区缺水主要集中在龙门—三门峡区间，占中游地区缺水的 75.7%。展望 2050 年，黄河中游地区高方案缺水量 49.61 亿 m^3，龙门—三门峡区间缺水量占中游地区缺水的 67.5%；中方案缺水量 41.34 亿 m^3，龙门—三门峡区间缺水量占中游地区缺水的 68.8%；低方案缺水量 33.83 亿 m^3，龙门—三门峡区间缺水量占中游地区缺水的 70.4%。

解决渭河流域缺水问题，应在最大程度节约用水的基础上，实施跨流域调水工程，向渭河流域补充水源。目前，解决该地区缺水问题的主要措施是引汉济渭工程。除渭河流域外，陕北榆林、山西吕梁等地区由于能源基地建设，也是中游缺水相对集中的区域，主要采取黄河提水及南水北调西线等工程措施解决。

2.5.2 河道内缺水措施研究

(1)宁蒙河段

宁蒙河段两岸分布着大面积的引黄灌区，沿河宁蒙平原不同程度存在洪水和冰凌灾害，近年来河道淤积萎缩严重。根据多年的治黄实践和各方面的研究成果，解决宁蒙河段的淤积问题，需要多种措施相互配合，包括挖河疏浚、十大孔兑治理、修建黑山峡工程、适当优化龙刘水库运用方式和兴建南水北调西线工程等。根据综合分析，由南水北调西线第一期工程补水，龙羊峡、刘家峡和黑山峡水库联合调节，是解决内蒙古河道淤积最为有效的措施之一。

(2)下游河段

黄河下游缺水主要表现为河道内生态水量不足，将进一步加剧河床淤积抬高的趋势，使下游堤防和滩区安全受到更大威胁，水污染进一步加重，河流生态系统良性维持压力大。小浪底水库投入运用后，由于水库拦沙和调水调沙，进入下游河道水沙条件较为有利，下游河道发生持续冲刷，最小断面平滩流量已经恢复到 $4000m^3/s$ 以上。但是小浪底水库拦沙库容有限，当水库拦沙库容淤满后，进入下游沙量又将增加，仅靠 10 亿 m^3 槽库容调水调沙，下游河道将会淤积，水库拦沙期恢复的中水河槽又将逐步萎缩。南水北调东线、中线工程均从黄河下游经过，为向黄河补水提供了可能。但是，由于东线、中线工程规划中均没有向黄河供水的任务，可能补给黄河的水量有限，而且由于缺乏调蓄工程，补水作用十分有限。南水北调西线工程和小江调水方案可补充黄河下游水量，而西线工程调水入黄位置高，可以结合黄河水沙调控体系建设，充分利用干流水库联合调节，进行全河调水调沙，更利于协调水沙关系。

第 3 章 西线工程调水河流及坝址选择

3.1 调水河流情况

南水北调西线工程研究的调水河流主要包括通天河(金沙江)、雅砻江、大渡河及其支流,三条河水量丰沛,当地经济社会对水资源利用少,与黄河上游相距较近,可以调水的范围较大,为使调水量、工程规模控制在合理的范围内,在调水河流上选取适宜的调水河段。

根据调水河流径流量的分布、地形地质条件以及与黄河的平面距离关系,将三条河分为以下河段,从中选取调水河段。

3.1.1 通天河(金沙江)

长江源头发源于青海境内唐古拉山脉的格拉丹冬雪山北麓,源头水系汇成通天河后,到青海玉树市境进入横断山区,开始称为金沙江。流经云南高原西北部、川西南山地,于攀枝花市接纳雅砻江,至宜宾与左岸支流岷江汇合后始称长江。

通天河是长江上游中的一段,它上起囊极巴陇与长江正源当曲相接,下至玉树藏族自治州附近的巴塘曲口,横贯青海省玉树藏族自治州全境,河长 813km,天然落差约 700m。通天河左岸有然池曲、北麓河、楚玛尔河、色吾曲和德曲等支流,右岸有莫曲、牙哥曲、科欠曲、聂恰曲、登艾龙曲和叶曲等支流。通天河的河床海拔高 3000~4000m。按地貌类型以楚玛尔河口、登艾龙曲口(治家)附近分为高原丘陵区、高原丘陵区向高山峡谷区过渡、高山峡谷区。

巴塘曲口以下—宜宾称为金沙江,河道全长 2316km,流域面积 34 万 km^2,天然落差 3300m。河谷地貌特征以德格县白曲河口和巴塘县玛曲河口附近分为上、中、下三段。其中上段为峡宽相间河谷段,中段为深切峡谷段,下段为峡谷间窄谷段。

根据地形、地貌等特征,通天河干流可分为当曲口—楚玛尔河口(歇马)、楚玛尔河口—登艾龙曲口(治家)和登艾龙曲口—巴塘曲口(玉树、直门达)河段。金沙江研究巴塘曲口(玉树、直门达)—巴塘(玛曲河口)段。

当曲口—楚玛尔河口(歇马):河道长约 310km,平均比降 0.8‰,河道宽浅,叉流众多,水流缓慢。河床高程在 4200m 以上,本段属高原丘陵区。主要支流楚玛尔河与格尔木河为邻,流域面积为 2 万 km^2,河道长约 500km,平均比降 1.4‰,河口高程约 4200m。

楚玛尔河口(歇马)—登艾龙曲口(治家):河道长 207km,平均比降 0.97‰,区间面积

1.94 万 km^2，河床高程 4200～4000m，本段属高原丘陵区向高山峡谷区过渡地带。主要支流色吾曲发源于巴颜喀拉山西南麓，与黄河河源玛曲、卡日曲隔岭相望，流域面积0.61 万 km^2，河道长约 156km，平均比降 4‰，河口高程 4160m。

登艾龙曲口（治家）—巴塘曲口：河道长 305.4km，平均比降 1.54‰，区间流域面积 1.56 万 km^2。河床高程 4000～3530m，本段属高山峡谷区。主要支流德曲发源于巴颜额拉山西南麓，与黄河支流多曲相邻，流域面积 0.42 万 km^2，平均比降 5.4‰，汇口高程 3870m。

巴塘曲口—巴塘（玛曲河口）：河道长 510km，平均比降 2.03‰。河床高程 3515～2480m，本段属高山峡谷区。主要支流赠曲，河长 228km，流域面积 5470km^2，平均比降 7.28‰，汇口高程 2979m。各河段特性见表 3.1.1-1。

表 3.1.1-1　　当曲河口—巴塘（玛曲河口）分河段特性表

河段	地形地貌	河段长度（km）	河道高程（m）	河道比降	河段出口径流量（亿 m^3）	主要支流
当曲口—楚玛尔河口（歇马）	高原丘陵区	310	4200 以上	0.8‰	68.5	楚玛尔河
楚玛尔河口（歇马）—登艾龙曲口（治家）	高原丘陵区向高山峡谷区过渡	207	4200～4000	0.97‰	97.8	色吾曲
登艾龙曲口（治家）—巴塘曲口	高山峡谷区	305.4	4000～3530	1.54‰	124	德曲
巴塘曲口—巴塘（玛曲河口）	高山峡谷区	510	3515～2480	2.03‰	282（水文站）	色曲、白曲、丁曲、赠曲

（1）地质概况

1）地形地貌

通天河（金沙江上段）位于青藏高原东南部，平均海拔在 5000m 左右。河源区现代冰川发育，分水岭高程多在 6000m 左右，地势较为平坦，河道宽浅，流速缓慢，植被以沼泽草甸及草原为主。通天河下段（楚玛尔河汇口以下）至巴塘一线进入高原峡谷区，河道较顺直，河槽渐趋稳定，水流比降增大，两岸山势增高。金沙江上段自巴楚河口以下，流向转南，进入横断山纵谷区，区内两岸高山海拔高程一般为 4000～5000m，岭谷间相对高差大，河谷深切，水流湍急，河道多呈“V”形，本区海拔 3000～4000m 多为云杉及冷杉林带，3000m 以下植被稀少，多为灌丛、禾草，散见阔叶林带。

2）地层岩性

河段内出露地层有二叠系、三叠系、第四系及印支期、燕山期基—中酸性侵入岩。三叠系为本区主要地层单位，岩性主要为板岩夹砂岩、砂岩夹板岩及变质砂岩、板岩等。三叠系出露有上三叠统和下三叠统，其中上三叠统最发育，约占沉积岩分布面积的 90%，下三叠统分布较少。由于受构造运动的影响，多遭受不同程度的区域变质作用，形成大面积的区域变质岩，具有岩性单一、褶皱强烈、韵律发育、化石稀少、缺少标志层等特点。第四系主要为更新统—全新统的冲洪积物，分布于通天河及其支流河谷及河床漫滩、阶地上。更新统的冲洪积物（Q_3^{al+pl}）组成Ⅱ级或Ⅱ级以上阶地，全新统冲洪积物（Q_4^{al+pl}）组成河漫滩和Ⅰ级阶地。堆积物下部主要为砂、砾石、碎石，上部为砂壤土草甸层。岩浆岩主要为印支期、燕山期的基—中酸性侵入岩，呈岩株状零星产出，面积较小。

3）地质构造

调水河段处于松潘—甘孜褶皱系的义敦褶皱带内，区内褶皱构造比较发育，主要沿 NW—SE 向展布，一般形成背斜或向斜，褶皱构造与断裂构造相伴产出，部分褶皱的完整性被断层破坏，形成断层—褶皱的构造组合样式。

4）物理地质现象

物理地质现象较为发育，主要类型有滑坡、崩塌、泥石流、倾倒变形等。

5）水文地质

根据地下水的赋存条件、含水介质特征及水力性质，调水河段地下水可划分为松散岩类孔隙水、基岩裂隙水。其中基岩裂隙水又可分为构造裂隙水和风化带网状裂隙水。

松散岩类孔隙水主要分布于通天河及其支流河谷的Ⅰ、Ⅱ级阶地和河漫滩地带。含水层由冲积、冲洪积的砂砾卵石、砂壤土和壤土等组成。其补给源主要为沟谷地表水、大气降水、冰雪融水及周边基岩裂隙水。潜水径流、排泄受构造地貌岩性条件制约，在地势低洼处，以泉或向地表水暗补等方式排泄。

基岩裂隙水的构造裂隙水主要赋存于三叠系浅变质砂、板岩的断层破碎带和零星出露的岩浆岩构造裂隙中，其中断层破碎带、次级背斜倾伏端、向斜核部富水性较好，水量较为丰富。受大气降水、冰雪融水、地表沟水及局部风化带网状裂隙水补给，多以泉的形式排向地表低洼处或排向风化带裂隙中。构造裂隙水受气候因素影响，雨季及冰雪消融期泉的流量增大，枯水季节流量减少或断流。

基岩裂隙水的风化带网状裂隙水含水岩组主要为三叠系浅变质砂、板岩，地下水赋存、分布及富水性与风化带发育特征和发育程度有关。区内由于气候寒冷、昼夜温差大，岩石在长期强烈的寒冻风化作用下形成了透水性良好的厚层风化带。该类水主要受大气降水、冰雪融水入渗补给，多以浅层水平运移为主，以泉的形式排向地表。

（2）水文气象

1）气象

通天河（金沙江）调水地区由于地势高，又远离水汽源地，气候寒冷干燥，受地形高差及纬度影响显著，海拔 3800～4200m 以上为亚寒带气候，海拔 2500m 以下河谷具有亚热带气候特征。调水区的主要气候特点为：冬长严寒，低温持续时间长，夏短凉爽，气温不高；太阳辐射强、日照丰富(气温随海拔的升高呈明显的垂直分布);昼夜温差大,但气温年较差较小;四季不分明,无霜期短;湿度低,干、雨季分明,蒸发量较大;多大风、霜冻、雪灾、冰雹、雷暴等灾害性天气,还有气压低、含氧量少等高原特有气候特征。

通天河(金沙江)调水流域附近主要气象代表站(从上至下)有石渠、德格、白玉、巴塘等。根据有关气象站数据统计,调水流域内降水量北少南多,多年平均年降水量:岗托以北地区240~550mm,岗托以南至奔子栏350~750mm;多年平均年降水日数为100.3~169.8d。流域内降雨年内分布不均,雨季为5—10月,其降水量占全年90%以上;多年平均年蒸发量1154.5~1715.5mm(20cm蒸发器观测值,下同);调水流域内气温北低南高,多年平均气温:北部-4.9℃~7℃,南部12℃~15℃;多年平均相对湿度53%~67%。

2)水文

通天河(金沙江)调水区径流主要来自降雨,上游有部分融雪补给。一般11月至次年3月为枯水期,降水较少,且以降雪形式为主,径流来源主要由地下水补给。4—5月份为枯、丰过渡期,径流为融雪及春雨补给。6—10月份为丰水期(汛期),以降雨为主,径流量主要集中在本时段,占年径流量的80%左右。最大月径流量出现在7月份,占年径流量的22%左右;2月份最小,仅占年径流量的1.3%左右。径流的年际变化不大,巴塘以上干流各站年径流量C_v值在0.23~0.28,年际变化呈现从上到下沿程减小的趋势。流域内径流分布呈现为从上到下沿程增加的趋势,河源及通天河径流深在200mm以下,为流域内的最小值;从直门达顺干流而下,至巴塘附近,300mm的径流深等值线与干流平行,奔子栏—石鼓—屏山,干流附近的径流深为400~600mm,越往下游径流深越大。

通天河(金沙江)调水区河段洪水系由雨强小的持续降水过程形成。由于流域面积大、一般降雨历时长,汛期6—10月平均每月雨日达20d左右;加之调水流域形状呈狭长带状,使得洪水呈现出缓涨缓落、连续发生、起涨时底水流量较大的特点。洪水主要发生在6—10月的汛期内,主汛期为6—9月,各地区在主汛期的7、8、9三个月内发生年最大洪水的几率均在95%左右。调水河段洪水的年际变化总体不大。

通天河流域为高原寒冷地带,地表层较松散,植被覆盖以薄草为主,属微度侵蚀区,其多年平均输沙模数65t/(km^2·a),河段多年平均含沙量为0.730kg/m^3;金沙江直门达水文站至石鼓水文站区间地势高亢,河面狭窄,谷坡陡峻,具有峡谷型河流的特征,属轻度侵蚀区,其多年平均输沙模数205t/(km^2·a),河段多年平均含沙量为0.527kg/m^3。

(3)生态环境条件

金沙江是长江的上游河段,位于东经90°~105°、北纬24°~36°,北以巴颜喀拉山与黄河上游分界,东以大雪山与大渡河为邻,南以乌蒙山与珠江接壤,西以宁静山与澜沧江分水,流域呈西北向东南倾斜的狭长形。其上源沱沱河发源于青藏高原唐古拉山脉的格拉丹东雪山西南侧,沱沱河与当曲汇合后称通天河,自西南向东北流经楚玛尔河口后向东南偏南方向流去，流经玉树直门达后始称金沙江，沿途流经青、藏、川、滇四省(区)，至四川宜宾纳岷江后称长江。

金沙江自河源至宜宾属峡谷河段，全长3464km，总落差5142m，占长江总落差的95%；流域面积47.32万km^2，约占长江流域总面积的26%。根据《四川省生态功能区划》以及甘孜州生态州建设规划，金沙江河段位于川西高山高原亚热带—温带—寒温带生态区，大雪山—沙鲁里山云杉冷山林—高山灌丛—高山草甸生态亚区中的沙鲁里山牧业与生物多样性保护生态功能区和金沙江上游林牧业与水源涵养生态功能区，具有牧业发展、水源涵养、土壤保持、生物多样性保护等生态服务功能。该区存在的主要生态问题是草场超载过牧严重，呈退化趋势，初级生产力下降，导致区域生态系统失衡，湿地退化，存在荒漠化现象。

综合历史资料和现场调查结果，金沙江上游干支流共有鱼类27种，分别隶属2目3科10属。其中，鲤形目24种，占88.89%，由鳅科鱼类和鲤科鱼类组成，鲤科鱼类共6属10种；鲇形目3种，均为𫚭科鱼类。在干支流分布上，裂腹鱼类(短须裂腹鱼、长丝裂腹鱼、四川裂腹鱼、裸腹叶须鱼、厚唇裸重唇鱼、软刺裸裂尻鱼)在干支流都有分布；高原鳅类大部分种类以及戴氏山鳅，虽然在干流也可能有分布，但支流是其主要的栖息地所在；𫚭科三种鱼类(青石爬𫚭、黄石爬𫚭、中华𫚭)主要分布在干流和大的支流中。

1)生态保护红线

根据《四川省生态保护红线方案》统计，金沙江流域甘孜州范围内涉及雅砻江源水源涵养红线、沙鲁里山生物多样性维护生态保护红线共2个红线区块。其中南水北调西线工程涉及生态保护红线有雅砻江源水源涵养红线、沙鲁里山生物多样性维护生态保护红线共2个红线区块。

2)自然保护区

金沙江流域玉树境内共有敏感自然保护区2处，均为国家级自然保护区，分别为青海三江源国家级自然保护区和隆宝国家自然保护区。甘孜州境内共有敏感自然保护区7处，其中国家级自然保护区2处，省级自然保护区5处。

南水北调西线工程原规划三期侧仿坝址及输水线路穿越青海三江源自然保护区的核心区和缓冲区。规划方案深化研究提出的岗托抽水线路穿越四川新路海省级自然保护区核心区、缓冲区和实验区。

(4)社会经济状况及用水需求情况

1)社会经济

通天河(金沙江)流域巴塘断面以上河段主要涉及青海省玉树州的玉树市、称多县、治多县、杂多县、曲麻莱县，海西州格尔木市代管的唐古拉山镇，四川省甘孜藏族自治州德格县、白玉县、巴塘县等3州(市)8县。据统计，2015年通天河流域总人口38.76万(见表3.1.1-2)，其中城镇人口10.49万，城镇化率27.1%，人口分布总的趋势是从上游往下游逐渐递增，人口主要集中在流域中下游，区内民族以藏族为主，其他为汉族、回族等。

截至2015年，通天河（金沙江）流域巴塘断面以上河段国内生产总值为55.46亿元，三产比值为45∶34∶21；农田有效灌溉面积0.71万亩，大小牲畜506.51万头（只），区内经济社会以畜牧业为主，工业基础薄弱，无大型工业企业分布，农畜产品主要有青稞、小麦、蔬菜、油料、猪牛羊肉、奶类等，畜牧业是该地区的主导产业。流域经济社会发展主要集中在中下游地区。

表3.1.1-2　通天河（金沙江）流域巴塘断面以上河段2015年社会经济指标表

分区	人口（万）		GDP（亿元）					灌溉面积（万亩）		牲畜头数［万头（只）］
	总人口	城镇人口	一产增加值	二产增加值		三产增加值	合计	农田有效灌溉	林草灌溉	
				工业	建筑业					
河源—俄南	21.80	5.68	14.30	0.30	9.50	6.23	30.33	0.77	0.005	227.54
俄南—岗托	4.15	1.15	2.76	0.06	1.96	1.28	6.06	0.34	0.32	71.66
岗托—白玉	1.05	0.28	0.69	0.02	0.49	0.32	1.52	0.08	0.11	17.91
白玉—叶巴滩	6.31	1.92	3.92	0.11	3.26	2.14	9.43	0.48	0.53	101.68
叶巴滩—巴塘	5.45	1.46	3.38	0.09	2.81	1.84	8.12	1.83	0.44	87.72
合计	38.76	10.49	25.05	0.58	18.02	11.81	55.46	3.50	1.41	506.51

2）现状用水

截至2015年底，通天河（金沙江）流域巴塘断面以上河段现状总用水量3130万m^3，其中生活用水量648万m^3，占总用水量的20.7%；工业、建筑和三产用水量302万m^3，占9.6%；农林牧畜用水量2139万m^3，占68.3%，生态用水41万m^3，占1.4%。

3）规划水平年用水需求

根据各省及相关州（市）地国民经济和社会发展"十三五"规划、有关城镇规划及有关规划成果，预计到2030年，通天河流域巴塘断面以上河段总需水量为8612万m^3，2015—2030年需水增长率为7.0%。其中生活、生产、生态需水量分别为1134万m^3、7408万m^3、71万m^3，分别占流域总需水量的13.2%、86.0%、0.8%。

3.1.2　雅砻江及其支流

雅砻江是金沙江最大的一级支流，发源于青海省巴颜喀拉山南麓，河源段位于青海省玉树藏族自治州境内，在青海省境内称扎曲（又称清水河），自西北向东南流至呷依寺进入四川境内，大抵由北向南经甘孜、凉山两州，于攀枝花市汇入金沙江。干流全长1571km，总落差3870m，河道平均比降2.46‰；流域面积12.84万km^2，其中四川省境内面积12.0万km^2，占全流域面积的94%。

雅砻江流域地处青藏高原东南部，介于金沙江和大渡河之间，整个流域为南北长950km，东西平均宽135km的狭长地带。按地貌特征划分，雅砻江甘孜以上为上游，甘孜至大河湾为中游，大河湾以下为下游。雅砻江甘孜以上面积为 3.29km²，河长 621km，天然落差 1410m。

雅砻江流域北邻黄河，河源与黄河源头仅一岭之隔，河源至甘孜河段由西北流向东南，与江、黄分水岭和黄河久治以上干流河段平面上大体平行。其中，长须以上河段距离黄河最近，直线距离约 120km。根据两河口以上河段的径流、地形、地质和调水条件，将其划分为河源—宜牛、宜牛—仁青里、仁青里—甘孜、甘孜—两河口（雅江）河段。各河段特性见表 3.1.2-1。

表 3.1.2-1 雅砻江河源—两河口河段分河段特性表

河段	地形地貌	河段长度（km）	河道高程（m）	河道比降	河段末径流量（亿 m³）	主要支流
河源—宜牛河段	宽谷与盆地相间，河谷开阔	269	5100～3980	4.19‰	25	
宜牛—仁青里河段	川峡相间	204	3980～3635	1.69‰	61.2	坑得儿沟、俄木其曲
仁青里—甘孜河段	温拖和甘孜附近为宽河谷河段，其余为峡谷河段	155	3635～3319	2.04‰	85.8	
甘孜—两河口河段	川峡相间	265	3319～2615	2.65‰	217.7	

雅砻江流域水系发育，河流众多。干流两岸支流发育对称，流域面积 500km² 以上的一、二级支流 52 条，100～500km² 的支流近 200 条。其中鲜水河为左岸集水面积最大的一条支流，发源于青海省巴颜喀拉山南麓，于色达县进入四川境内，自北向南，于炉霍县城纳入达曲，于雅江县注入雅砻江；炉霍县城以上称泥曲，以下始称鲜水河。

鲜水河是雅砻江一级支流，流域面积为 18763km²，其中道孚水文站控制流域面积 14465km²，多年平均径流量 45.0 亿 m³。由道孚水文站沿鲜水河上行 57km 至炉霍县城分为东、西两条支曲，东支为泥曲，西支为达曲；下行 120km 汇入雅砻江干流。

西支达曲发源于巴颜喀拉山南麓的达维戈洛永，河源高程 4600m，流向西北而东南，至炉霍县城与泥曲汇合，河长 278km，平均比降 4.6‰。顺河源而下 197km 处为东谷专用水文站，集水面积 3824km²，多年平均径流量 11.39 亿 m³；再下行 20km 至朱倭水文站，集水面积 4280km²，由朱倭水文站下行 61km 与泥曲汇合。

东支泥曲发源于巴颜喀拉山南麓的掘龙敖协尔玛东坡桑次贡玛，河源高程 4780m，河流走向与达曲基本平行，河长 364km，河道平均比降 3.8‰。由河源下行 255km 有泥柯专用水文站，河道平均比降 3.53‰，集水面积 4664km²；再下行 106km 处为朱巴水文站，泥柯至朱巴区间河段平均比降 4.72‰，集水面积 2196km²；由朱巴水文站下行 3km 与达曲汇合。

(1)地质概况

1)地形地貌

雅砻江调水河段属于高原区丘陵地貌,宽谷与峡谷相间分布。山顶高程一般4000～4800m,河谷高程3450～3700m,最高点位于温拖区西南侧的擦火山峰,海拔5025m,最低点位于雅砻江河谷阿达坝址下游附近,海拔3443m,河谷相对高差约700～1300m,属中等切割—强切割高山区。区内岸坡陡峻,坡度一般在35°～40°。河漫滩和Ⅰ、Ⅱ级阶地较发育,Ⅲ级阶地发育较差,部分被后期流水作用所破坏,在大的支沟沟口还分布有洪积扇微地貌。

2)地层岩性

河段内出露地层有三叠系、第四系和岩浆岩。其中以三叠系分布面积最广,三叠系主要是砂板岩。第四系主要发育在河谷两岸,主要为冲积、洪积和残坡积物,在局部地段发育有冰水沉积物。厚度小于30m。岩浆岩的分布明显受区域构造控制,以岩株形式产出。出露的岩浆岩为印支期、燕山期的中酸性侵入岩,以酸性岩为主,其分布明显受区域构造控制,呈岩株形式产出,有的岩体由于多期岩浆活动,岩性比较复杂,形成复式岩体。区内所出露的岩体有阿达复式花岗岩体、热巴石英闪长岩—黑云母花岗岩体、塔马花岗闪长岩体和乌日斜长花岗岩体。

3)地质构造

调水河段处于松潘—甘孜褶皱系的雅江褶皱带内,区内褶皱构造比较发育,主要沿NW—SE向展布,一般形成复式背斜或向斜,褶皱构造与断裂构造相伴产出,部分褶皱的完整性被断层破坏,形成断层—褶皱的构造组合样式。主要出露断层有尼马沟—年古断层、浪多—尼龙沟断层、定柯断层等大的断层。玉树—甘孜断层位于调水河段的西南侧,对调水河段的地质条件有一定影响。

4)物理地质现象

物理地质现象较为发育,主要类型有滑坡、崩塌、泥石流、倾倒变形等。

5)水文地质

地下水可划分为第四系松散岩类孔隙水和基岩裂隙水两大类型,基岩裂隙水可分为风化带网状裂隙水和构造裂隙水。

第四系松散岩类孔隙水:区内第四系主要分布于河谷及支沟中,是松散岩类孔隙水主要分布区,其富水性与堆积物成因类型、地貌特征及后期地形切割程度等因素有关。

风化卸荷带网状裂隙水:分布广泛,其富水程度与基岩风化带发育程度有关,还受地形地貌、构造、岩性、植被等因素影响。构造裂隙水:主要沿断层及褶皱核部等构造裂隙发育区呈带状或片状分布,主要接收大气降水和风化带网状裂隙水渗入补给,径流途径较长。

在年古、热巴和扎科河谷中出露有3处温泉,热巴温泉和扎科温泉靠近岩浆岩体。下扎科温泉沿着雅砻江河漫滩长约120m,宽3～6m的条带内,分布有多处出水点,并有冒泡、翻砂现象,泉水最大流量为0.3L/s。其他两处流量为0.2～0.5L/s,3处温泉除热巴温泉温度为

38.8℃外，年古和下扎科温泉水温均为 30℃左右。从现场情况初步分析判断，温泉的出露与断层有直接关系，三眼温泉均分布在尼马沟—年古区域性断裂带的两侧。

(2)水文气象

1)气象

雅砻江流域地处青藏高原东侧边缘地带，属川西高原气候区，主要受高空西风环流和西南季风影响，干、湿季分明。

流域调水区的雅江以上流域，多年平均年降水量为 500～740mm，分布趋势是由东南向西北递减。甘孜以北，多年平均年降水量为 500～640mm；甘孜以南至雅江为 640～740mm，最大值在雅江(多年平均年降水量为 743.5mm)。流域内雨日多，连续降雨日较长。雅江以上由南向北雨日增加，雅江多年平均雨日为 129d，向北甘孜为 149d、石渠为 157d。

雅江以上流域内多年平均年蒸发量为 1270～1945mm，甘孜、道孚以北多年平均年蒸发量为 1270～1660mm，最大月蒸发量为 219.7mm，出现在甘孜，发生在 5 月份；以南至雅江为 1660～1945mm，最大月蒸发量为 260.2mm，出现在雅江，发生在 5 月份。

年平均气温在流域内总的分布趋势是由南向北递减，雅江以上流域年平均气温为 −4.9℃～10.9℃。流域内多年平均相对湿度为 53%～73%，雅江以上流域为 57%～67%。

2)水文

雅砻江流域径流主要来源于降水，其次是地下水和上游山源地带的融雪水。径流的年际、年内变化及地区分布，与降水的变化趋势基本一致。一般 11 月至次年 3 月为枯水期，降水较少，且以降雪形式为主，径流来源主要由地下水补给。4—5 月份为枯、丰过渡期，径流为融雪及春雨补给。6—10 月份为丰水期(汛期)，以降雨为主，径流量主要集中在本时段，占年径流量的 73%左右。最大月径流量出现在 7 月份，占年径流量的 20%左右；2 月份最小，仅占年径流量的 2.5%左右。径流年际变化较小，雅江以上流域各站年径流 C_v 值在 0.19～0.23。由于下垫面产流条件及降水量的差异，雅砻江调水区径流模数总体看自上游向下游呈递增趋势。

调水区各河段洪水系由雨强小的持续降水过程形成，加之各调水河段汇水区间多较狭长、坡度较缓，使得调水河流坝址洪水过程均呈涨落缓慢、历时较长、洪峰较低、过程多呈复式的特点。洪水主要发生在 6—9 月的汛期，据雅江水文站年最大洪水资料统计，7 月份出现年最大洪水机会最多，占 40.7%，8 月次之，占 22%，6 月、9 月各占 18.6%。

雅砻江调水区位于流域上游区，植被较好，一般雨强小，人类活动以放牧及农耕为主，河流输沙强度较弱，甘孜站以上流域多年平均输沙模数为 42.1t/(km^2·a)，河段多年平均含沙量为 0.155kg/m^3，雅江以上流域多年平均输沙模数为 88.8t/(km^2·a)，河段多年平均含沙量为0.275kg/m^3。

(3)生态环境条件

雅砻江流域物种资源丰富，生态环境复杂多样。流域内生态系统大致可以分为森林生态系统、湿地生态系统、农业生态系统、城镇生态系统和村落生态系统五类。雅砻江干支流两岸植物的生活型主要以草本为主，其次是灌木，乔木较少，还有少量藤本。据不完全调查，流域内有国家Ⅰ级保护植物4种，国家Ⅱ级保护植物16种，国家Ⅰ级重点保护野生动物8种，国家Ⅱ级重点保护野生动物52种，省级保护动物21种。

雅砻江上游共有鱼类13种，无国家重点保护鱼类，有四川省重点保护鱼类2种，属于长江上游特有的鱼类6种。雅砻江中下游共有鱼类35种，无"国家重点保护水生野生动物名录"鱼类，长薄鳅为《中国濒危动物红皮书》易危种（VU）。有四川省重点保护鱼类7种，长江上中游特有鱼类19种。

1）生态保护红线

根据《四川省生态保护红线方案》统计，雅砻江流域范围内涉及的四川省生态保护红线面积4.23万km^2，占雅砻江流域内四川省面积的36%，主要包括雅砻江源水源涵养红线、沙鲁里山生物多样性维护生态保护红线、大雪山生物多样性维护—水土保持生态保护红线、凉山—相岭生物多样性维护—水土保持生态红线区、锦屏山水源涵养—水土保持生态保护红线区、金沙江下游干热河谷水土流失敏感生态保护红线共6个红线区块。

其中南水北调西线工程涉及生态保护红线有雅砻江源水源涵养红线、沙鲁里山生物多样性维护生态保护红线、大雪山生物多样性维护—水土保持生态保护红线共3个红线区块。

2）自然保护区

雅砻江流域内共有敏感自然保护区8处、风景名胜区6处、森林公园5处、重要湿地5处、水产种质资源保护区2处。其中国家级自然保护区2处，省级自然保护区6处；国家级风景名胜区3处，省级风景名胜区3处；国家森林公园2处，省级森林公园3处。

（4）社会经济状况及用水需求情况

1）社会经济

2015年雅砻江流域总人口316.72万（见表3.1.2-2），其中城镇人口104.15万，城镇化率32.9%，流域人口密度24.7人/km^2，人口分布总的趋势是从上游往下游逐渐递增，上游地区居住着藏、汉、彝、回、羌、纳西等民族，地广人稀，以藏族为主，人口密度为6.1人/km^2；中游地区人口密度为11.5人/km^2；下游地区人口集中，人口占全流域的68.3%以上，以汉族为主，人口密度为81.9人/km^2；调水坝址以上人口密度为3.8～5.5人/km^2。由于上游地区为藏族等少数民族集居区，对藏传佛教的广泛信仰是该区的主要特征，雅砻江干流两岸分布有黑教、黄教、花教、白教、红教等五大教派的寺院。

截至2015年，雅砻江流域国内生产总值为1307.26亿元，三产比值为13.3∶56.0∶30.7。上游、中游和下游地区GDP占流域总GDP的比例分别为1.5%、14.3%和84.2%。国民经济分布主要集中在下游地区。流域总耕地面积389.49万亩，上中下游地区分别占6.8%、33.9%、59.3%；农林牧灌溉面积210.88万亩，主要集中在下游地区，占流域总灌溉面积的80%，上中游地区很少。流域内有大小牲畜961.34万头（只）。

表 3.1.2-2 雅砻江流域2015年社会经济指标表

分区		人口(万)		GDP(亿元)					灌溉面积(万亩)		牲畜头数[万头(只)]
		总人口	城镇人口	一产增加值	二产增加值		三产增加值	合计	农田有效灌溉	林草灌溉	
					工业	建筑业					
鲜水河	达曲	4.33	0.55	1.67	0.16	0.21	1.61	3.65	0.99	0.27	33.05
	泥曲	4.06	0.48	1.49	0.10	0.19	1.26	3.04	0.41	0.40	34.90
	鲜水河干流	6.19	1.59	2.83	0.48	0.56	4.70	8.57	3.96	0.28	34.16
干流	河源—甘孜	20.35	3.26	9.24	0.28	3.67	6.69	19.88	3.26	0.28	161.17
	甘孜—洼里	65.90	17.11	33.22	56.12	28.41	55.28	173.03	26.83	9.95	228.63
	洼里—河口	215.89	81.16	124.77	543.60	98.46	332.26	1099.09	145.60	18.65	469.43
流域合计		316.72	104.15	173.22	600.74	131.50	401.80	1307.26	181.05	29.83	961.34

2)现状用水

雅砻江流域现状总用水量17.93亿m^3,其中生活用水量1.07亿m^3,占总用水量的6.0%;工业、建筑和三产用水量4.24亿m^3,占23.6%;农林牧畜用水量12.57亿m^3,占70.1%,生态用水0.05亿m^3,占0.3%。流域上中下游地区用水量分别占流域总用水量的2.0%、15.8%、82.2%。雅砻江流域的用水主要分布在下游地区。

3)规划水平年用水需求

根据各省及相关州(市)地国民经济和社会发展“十三五”规划、有关城镇规划及有关规划成果,预计到2030年,雅砻江流域总需水量为23.92亿m^3,2015—2030年需水增长率为1.9%。其中生活、生产、生态需水量分别为1.51亿m^3、22.31亿m^3、0.10亿m^3,分别占流域总需水量的6.3%、93.3%、0.4%。流域上中下游地区需水分别占流域总需水量的3.6%、20.2%、76.2%,流域需水主要位于中下游地区。

3.1.3 大渡河及其支流

大渡河在双江口以上分为东西两源,东源为足木足河,西源为绰斯甲河,以东源为主流,两源在双江口汇合。大渡河干流全长1062km,天然落差4175m,平均比降3.61‰;流域面积7.71万km^2(不包括青衣江),其中四川省所辖面积为7.08万km^2,占全流域面积的91.8%。以地貌特征划分,大渡河泸定以上为上游,其中双江口以上为河源区,泸定到铜街子为中游,铜街子以下为下游。

足木足河在足木足以上干流全长367km,控制流域面积1.99万km^2,在斜尔尕以上分为两支,西支为玛柯河,东支为阿柯河。玛柯河发源于查七沟顶东山,流经班玛县城以及亚尔堂、班前等乡镇,于斜尔尕和阿柯河汇合后为足木足河,流域面积10688km^2,河道总长261km,天然落差1600m。阿柯河发源于错拿玛湖,由西向东流经克柯、安斗等乡镇和阿坝县城,在直尕与玛柯河交汇入足木足河,而后汇入大渡河;河道总长228km,天然落差2020m,流域面积5078km^2。

绰斯甲河为大渡河西源,是大渡河的一级支流,发源于青海省果洛山东南麓,由东南方向在色达县果曲河口进入四川，向南经上杜柯、壤塘县城纳色曲，流经石里、蒲西等乡镇，至双江口与大渡河主源足木足河汇合，流域面积 17765km^2，河道总长 505.5km，天然落差 2558m。绰斯甲河雄拉以上分色曲、杜柯河两条支流，以杜柯河为主。色曲发源于卡勒日霍东坡的卡依公娘，河源高程 4600m 左右，流经色达县城、洛若、河西、旭日、歌乐沱等乡镇，于雄拉与杜柯河汇合；流域面积 3226km^2，河道总长 197km，天然落差 1465m；色曲河道平直，两岸相对平缓。杜柯河发源于多依尕玛，河源高程 4500m 左右，流经上杜柯、壤塘县城等，于雄拉与色曲汇合；流域面积 6724km^2，河道总长约 300km，天然落差 1350m 左右。各河段特性见表 3.1.3-1。

表 3.1.3-1　大渡河双江口以上河段分段特性表

河流	河段	地形地貌	河段长度（km）	河道高程（m）	河道比降	河段末径流量（亿 m^3）
足木足河	阿珂河克柯—斜尔尕	峡谷型河道	115	3474～2925	4.77‰	49.5
	麻尔曲亚尔堂—斜尔尕	班玛以上川峡相间，班玛以下为峡谷河段	105	3410～2925	4.62‰	49.5
	斜尔尕—双江口	高山峡谷	140	2920～2255	4.75‰	158.4
绰斯甲河	色曲洛若—雄拉	高山峡谷段	90	3747～2985	8.47‰	37.9
	杜柯河珠安达—雄拉	高山峡谷	88	3539～2985	6.30‰	37.9
	雄拉—双江口	高山峡谷	110	2985～2255	6.63‰	158.4

（1）地质概况

大渡河及其支流调水河段为高山峡谷与宽谷相间地貌。大渡河是长江一级支流岷江的最大支流。大渡河河源至河口，海拔从 4530m 降至 350m，天然落差 4180m，河道全长 1062km，平均比降约 3.94‰，习惯上称泸定以上为上游，泸定至铜街子为中游，铜街子以下为下游。同南水北调西线工程规划有关的双江口以上河段可细分为：①河源至哇尔依河段，全长 60 多 km，河床高程 3720～4530m，平均比降约 13.5‰，两岸山头高出河床 400～600m，属宽浅型河谷。②哇尔依至双江口河段，全长 344km，河床高程 2260～3720m，平均比降 4.2‰，除且柯至阿给纳哇约 18.5km 河段属宽谷段外，其余河道为峡谷型河道，河谷呈“V”形，其间右岸有杜柯河，左岸有尼柯河、阿柯河、梭磨河等汇入。

（2）地层岩性

河段内出露地层有三叠系、第四系和岩浆岩。其中以三叠系分布面积最广，三叠系主要是砂板岩、变质砂岩等。第四系主要发育在河谷两岸，主要为冲积、洪积和残坡积物。岩浆岩的分布明显受区域构造控制，以岩株形式产出。出露的岩浆岩为印支期、燕山期的中酸性侵入岩，以酸性岩为主，其分布明显受区域构造控制，呈岩株形式产出，有的岩体由于多期岩浆活动，岩性比较复杂，形成复式岩体。

（3）地质构造

调水河段处于松潘—甘孜褶皱系的巴颜喀拉褶皱带内，区内褶皱构造比较发育，主要沿

NW—SE 向展布，一般形成复式背斜或向斜，褶皱构造与断裂构造相伴产出，部分褶皱的完整性被断层破坏，形成断层—褶皱的构造组合样式。

(4)物理地质现象

物理地质现象较为发育，主要类型有滑坡、崩塌、泥石流、倾倒变形等。

(5)水文地质

地下水可划分为第四系松散岩类孔隙水和基岩裂隙水两大类型，基岩裂隙水可分为风化带网状裂隙水和构造裂隙水。

第四系松散岩类孔隙水：区内第四系主要分布于河谷及支沟中，是松散岩类孔隙水主要分布区，其富水性与堆积物成因类型、地貌特征及后期地形切割程度等因素有关。

风化卸荷带网状裂隙水：分布广泛，其富水程度与基岩风化带发育程度有关，还受地形地貌、构造、岩性、植被等因素影响。构造裂隙水：主要沿断层及褶皱核部等构造裂隙发育区呈带状或片状分布，主要接收大气降水和风化带网状裂隙水渗入补给，径流途径较长。

(6)水文气象

1)气象

大渡河大金以上流域属川西高原气候区，具有明显的大陆性高原季风气候特征。日照长、晴天多、干湿季分明、气温日变化大。上游的河源地区，海拔高程 3000m 以上属亚寒带及寒温带气候，长冬无夏，春季多大风，天气寒冷干燥，年平均气温一般 6℃以下，极端最低气温可达－36℃，年平均相对湿度一般为 60%左右，最小相对湿度为 0，年蒸发量 1200～1300mm。每年 9 月上旬开始降雪至翌年 6 月上旬，降雪期长达 9 个多月，降雪是降水的主要形式之一。出现大于等于八级以上的大风日，平均每年有 20～40d，发生在 2—5 月，阿坝、色达、壤塘、班玛一带地区气温日较差可达 30℃左右，月平均气温的年较差在 16℃～20℃。上游的高山峡谷地区，海拔高程多在 2800m 以下，两岸山区年平均气温在 6℃～12℃，冬季时间长，极端最低气温在－10℃以下。干流河谷地带年平均气温 12℃～15℃，极端最高气温在 36℃～39℃，极端最低气温可达－5℃～－12℃。该地区一般 11 月下旬—次年 3 月中、下旬可降雪，具有干湿季分明、气温日变化大的特点。

大渡河调水区域地处大渡河上游流域，因地势高，又远离水汽源地，降水量较少，多年平均年降水量一般在 600～700mm，只有少数测点在 800mm 以上(如康定、刷金寺等)，降水呈现从上游向下游递增的大致趋势。

2)水文

大渡河调水流域径流主要来源于降水，其次是上游山源地带的融雪水和流域地下水补给。一般 11 月至次年 3 月为枯水期，降水较少，且以降雪形式为主，径流来源主要由地下水补给。4—5 月份为枯、丰过渡期，径流为融雪及春雨补给。6—10 月份为丰水期(汛期)，以降雨为主，径流量主要集中在本时段，占年径流量的 74%左右；最大月径流量出现在 7 月份，占年径流量的 19.4%左右；2 月份最小，仅占年径流量的 1.9%左右。径流年际变化较小，雅江以上流域各站年径流 C_v 值在 0.17～0.19。由于下垫面产流条件及降水量的差异，大渡河调水区径流模数总体看自上游向下游呈递增趋势。

大渡河调水流域内洪水主要由降雨形成。因受高程、地形及地理位置的影响，双江口以上地区基本未出现过暴雨，因此形成的洪水过程量大而峰不高，峰形较为肥胖。洪水主要发生在主汛期 6—9 月，年最大流量多出现在 6 月、7 月，以 7 月份出现的机会最多，约占 50%，8 月因降雨偏少，出现年最大流量的机会较少，约占 10%，6 月、9 月又相对较多，约占 20%。

大渡河调水区位于流域上游区，植被较好，一般雨强小，人烟稀疏，水土流失不太严重，河流输沙强度较弱，大金站以上流域多年平均输沙模数 109t/(km^2 · a)，河段多年平均含沙量为 0.272kg/m^3。

(7)生态环境条件

大渡河流域的主要景观类型为森林、草甸、灌丛等，草甸景观的分布面积最大，是流域内的主要景观体系，主要分布在流域的北部，大渡河源头区域；流域内灌丛和森林主要分布在流域的中部和西部区域；农业植被景观主要分布在流域的东南部，中下游区域。流域范围共有维管束植物共有 234 科 929 属 4252 种，流域源头区主要为高寒灌丛和高寒草甸，流域中、上游植被以云、冷杉林和其混交林为主，其次为高山、马尾松林，川滇高山栎林等；下游为亚热带常绿阔叶林。流域范围内有国家一级保护植物 6 种，国家二级保护植物 23 种，国家一级重点保护野生动物 13 种，国家二级重点保护野生动物 61 种，省级保护动物 23 种。

1)生态保护红线

大渡河是岷江主要支流，流域涉及四川和青海两省，流域面积 77400km^2(不含青衣江)，占岷江流域面积的 57.2%。大渡河流域范围内涉及的四川省生态红线面积 3.84 万 km^2，包括凉山—相岭生物多样性维护—水土保持生态保护红线、大雪山生物多样性维护—水土保持生态保护红线、大渡河源水源涵养生态保护红线。

2)自然保护区

大渡河流域范围内共有自然保护区 17 处，其中国家级自然保护区 3 处，省级自然保护区 14 处；世界文化与自然遗产地 1 处；风景名胜区 6 处，其中国家级风景名胜区 3 处，省级风景名胜区 3 处；森林公园 9 处，其中国家森林公园 6 处，省级森林公园 3 处；地质公园 3 处。

(8)社会经济状况及用水需求情况

1)社会经济

2015 年大渡河流域内人口 243.65 万(见表 3.1.3-2)，其中城镇人口 82.70 万，城镇化率 33.9%，流域平均人口密度为 31.8 人/km^2，汉族人口占多数，其次为藏族、彝族、羌族、回族等，人口在地区分布上极不均匀，受气候、土地等自然条件的影响，从上游到下游人口渐增，经济活动逐渐活跃。上游人口稀少，人口密度为 8.5 人/km^2，其中河源区为 6.9 人/km^2；中游地区人口渐多，为 76.3 人/km^2；下游地区人口密度约为 571.6 人/km^2；调水坝址以上地区人口密度为2.2～7.5人/km²。同样，由于上游地区为藏族等少数民族集居区，对藏传佛教的广泛信仰是该区的主要特征，流域内分布有较多的寺院。

截至2015年，流域国内生产总值为734.30亿元，三产比值为11.8∶60.3∶27.9。上游、中游和下游地区占流域GDP的比例分别为13.2%(其中河源区占7.3%)、42.0%和44.8%。国民经济分布也主要集中在中下游地区。流域总耕地面积250.07万亩，上游(河源区)、中游和下游地区分别占21.8%(11.1%)、58.0%、20.2%；流域内农业生产以粮食为主，粮食作物主要有玉米、小麦、水稻、青稞、土豆等。全流域农林牧灌溉面积113.02万亩，上游(河源区)、中游和下游地区分别占17.0%(6.1%)、50.7%和32.3%；流域内有大小牲畜571.21万头(只)。

2)现状用水

大渡河流域现状总用水量9.03亿m^3(见表4.2.1-2)，其中生活用水量0.85亿m^3，占总用水量的9.5%；工业、建筑和三产用水量1.98亿m^3，占21.9%；农林牧畜用水量6.14亿m^3，占68.0%，生态用水0.05亿m^3，占0.6%。流域上(河源区)、中、下游地区用水量分别占流域总用水量的14.2%(7.7%)、50.6%、35.2%。大渡河流域的用水主要分布在中下游地区。

3)规划水平年用水需求

根据各省及相关州(市)地国民经济和社会发展“十三五”规划、有关城镇规划及有关规划成果，预计到2030年，大渡河流域总需水量为14.78亿m^3，2015—2030年需水增长率为3.2%。其中生活、生产、生态需水量分别为1.14亿m^3、13.55亿m^3、0.09亿m^3，分别占流域总需水量的7.7%、91.7%、0.6%。流域上、中、下游地区需水分别占流域总需水量的19.7%、52.7%、27.6%，流域需水主要位于中下游地区。

表3.1.3-2　　大渡河流域2015年社会经济指标表

分区		人口(万)		GDP(亿元)					灌溉面积(万亩)		牲畜头数[万头(只)]
		总人口	城镇人口	一产增加值	二产增加值		三产增加值	合计	农田有效灌溉	林草灌溉	
					工业	建筑业					
绰斯甲河	色曲	2.88	0.57	2.58	0.09	0.41	2.10	5.19	0.11	1.04	20.90
	杜柯河	2.90	0.94	2.24	0.12	1.12	3.16	6.64	0.19	0.41	27.82
	绰斯甲河干流	5.33	1.42	1.77	0.45	1.64	3.85	7.72	2.20	1.72	26.47
足木足河	玛柯河	5.11	0.87	1.42	0.09	1.06	1.80	4.37	0.22	0.25	49.09
	阿柯河	6.81	1.30	3.42	0.45	1.30	4.41	9.59	0.13	0.45	52.54
	足木足河干流	5.74	3.57	2.53	1.46	1.89	15.28	21.16	1.33	0.26	22.58
干流	双江口—泸定	21.76	6.53	7.92	11.25	6.72	18.87	44.76	9.95	3.80	68.47
	泸定—铜街子	134.79	30.92	43.17	166.19	26.05	74.39	309.81	49.20	9.14	254.60
	铜街子—河口	58.33	36.58	21.55	209.10	13.00	81.39	325.04	29.78	2.84	48.74
流域合计		243.65	82.70	86.60	389.20	53.19	205.25	734.28	93.11	19.91	571.21

3.2 引水河段及坝址选择

3.2.1 调水河段径流特性

3.2.1.1 径流组成及地区分布

调水区各调水河流的径流组成特点基本一致，其组成主要来源于降水，并有季节性融雪补给。一般 11 月至次年 3 月为枯水期，降水稀少，且以降雪形成为主，径流来源主要由地下水补给；4—5 月为丰、枯水过渡期，径流为融雪及春季降雨补给；6—10 月为丰水期，该期间径流以降雨补给为主，是全年径流的主要形成期。

从地区分布看，各调水河流的径流模数、径流系数从河源向下游一般呈递增变化，这是调水区径流地区分布的一个基本规律。通过前述分析可知，调水区各河流河源区为高原丘陵地貌，地势开阔、平缓，河道宽浅，多沼泽，植被稀疏，产汇流条件相对较差；由河源向下游发展，逐步过渡到山原地貌，岭、谷高差加大，河道及坡地平均比降加大，河谷变窄，滩地、阶地发育，植被增加，产汇流条件明显改善，加上降雨量的沿程增加，径流模数、径流系数也沿程增大。另一方面，各调水河流的多年平均降雨具有从西北向东南逐渐增加的趋势，因而总体上调水区的径流模数、径流系数自西北向东南逐渐增大。

表 3.2.1-1 是调水地区各水文站及区间多年平均年径流模数、年径流系数。

表 3.2.1-1　　调水地区水文站及区间多年平均年径流模数、年径流系数

<table>
<tr><th colspan="3">河流名称</th><th>测站或区间</th><th>集水面积（km^2）</th><th>年径流量（亿 m^3）</th><th>年径流深（mm）</th><th>径流模数 L/（s·km^2）</th><th>流域年量（mm）</th><th>径流系数</th></tr>
<tr><td rowspan="2">金沙江</td><td colspan="2">通天河</td><td>直门达</td><td>137704</td><td>132.0</td><td>95.9</td><td>3.04</td><td>352</td><td>0.272</td></tr>
<tr><td colspan="2">金沙江</td><td>岗托</td><td>147451</td><td>163.2</td><td>110.7</td><td>3.51</td><td>365</td><td>0.303</td></tr>
<tr><td rowspan="6">雅砻江</td><td rowspan="2">干流</td><td>甘孜以上</td><td>甘孜</td><td>32925</td><td>85.8</td><td>260.6</td><td>8.26</td><td>606</td><td>0.430</td></tr>
<tr><td>雅江以上</td><td>雅江</td><td>65729</td><td>218.3</td><td>332.1</td><td>10.53</td><td>655</td><td>0.507</td></tr>
<tr><td rowspan="3">鲜水河</td><td>泥曲</td><td>朱巴</td><td>6860</td><td>19.9</td><td>290.1</td><td>9.20</td><td>628</td><td>0.462</td></tr>
<tr><td>干流</td><td>道孚</td><td>14465</td><td>45.0</td><td>311.1</td><td>9.86</td><td>637</td><td>0.488</td></tr>
<tr><td>区间</td><td>道—朱</td><td>7605</td><td>25.1</td><td>330.0</td><td>10.47</td><td>625</td><td>0.528</td></tr>
<tr><td colspan="2">区间</td><td>雅—甘—道</td><td>18339</td><td>87.5</td><td>477.1</td><td>15.13</td><td>670</td><td>0.712</td></tr>
<tr><td rowspan="3">大渡河</td><td colspan="2">绰斯甲河</td><td>绰斯甲</td><td>14794</td><td>58.6</td><td>396.1</td><td>12.56</td><td>714</td><td>0.555</td></tr>
<tr><td colspan="2">足木足河</td><td>足木足</td><td>19896</td><td>73.1</td><td>367.4</td><td>11.65</td><td>681</td><td>0.539</td></tr>
<tr><td colspan="2">干流</td><td>大金</td><td>40484</td><td>164</td><td>404.4</td><td>12.81</td><td>700</td><td>0.578</td></tr>
</table>

注：资料系列为 1960—2015 年。

由表可见，从调水流域来看，调水区最西侧的通天河至金沙江调水流域的径流模数、径流系数最小，雅砻江调水流域相对较大，大渡河调水流域则为最大，径流模数、径流系数总体上呈现自西向东逐渐增加的趋势。从各调水河流所在单个流域来看，各调水河流流域上游的径流模数、径流系数最小，向下游则呈现逐渐增加的趋势。总体来讲，调水区的径流模数、径流系数呈现出自西北向东南逐渐增大的规律。

为进一步说明调水河流上游区坝址上、下河段径流模数的变化规律，又分析了规划阶段设立的温波、泥柯、东谷、壤塘、班玛、安斗等专用水文站，及下游区间 2001—2015 年实测的平均年径流模数，见表 3.2.1-2。由表可见，虽然近 15 年各调水河流径流丰枯程度不尽相同，但能够反映出各区间径流模数的地区变化特点：

表 3.2.1-2　　调水地区水文站或区间 2001—2015 年平均径流模数

河流名称		测站或区间	集水面积(km^2)	年径流量(亿 m^3)		径流模数 $L/(s \cdot km^2)$
				数值	丰枯程度(%)	
雅砻江干流		温波	19800	33.5		5.37
		甘孜	32925	83.6	−2.56	8.05
		甘—温	13125	50.1		12.10
鲜水河	达曲	东谷	3824	11.2		9.29
	泥曲	泥柯	4664	11.7		7.95
		朱巴	6860	19.8	−0.50	9.15
		朱—泥	2196	8.10		11.70
	干流及区间	道孚	14465	45.2	0.44	9.91
		道—朱	7605	25.4	1.20	10.59
		道—东—朱	3781	14.2		11.91
绰斯甲河	杜柯河	壤塘	4910	15.2		9.82
	色曲	河西	1707	5.28		9.82
	干流及区间	绰斯甲	14794	57.5	−1.88	12.32
		绰—壤—河	8177	37.0		14.35
足木足河	玛柯河	班玛	4337	10.3		7.56
	阿柯河	安斗	1764	7.22		12.98
	干流及区间	足木足	19896	66.4	−9.21	10.58
		足—安—班	13795	48.8		11.2

注：河西借用壤塘径流模数推求，安斗站 2001—2002 年为插补值。

第一，各河流上游区调水坝址以上区间径流模数小于相应下游区间径流模数。如雅砻江干流温波站径流模数为 5.37$L/(s \cdot km^2)$，同期甘孜—温波区间的径流模数为 12.10$L/(s \cdot km^2)$；绰斯甲河壤塘站径流模数为 9.82$L/(s \cdot km^2)$，同期绰斯甲—壤塘—河西区间的径流模数为14.35$L/(s \cdot km^2)$，均反映各调水河流径流模数自上游向下游沿程加大的规律。

第二，调水河流坝址以上河段的径流模数，以西侧的雅砻江干流温波以上最小，平均径流模数为 5.37$L/(s \cdot km^2)$；东侧的阿柯河安斗以上最大，平均径流模数为12.98$L/(s \cdot km^2)$。

第三，调水坝址以下区间的径流模数，以绰斯甲河的绰斯甲—壤塘—河西区间最大，平均径流模数为 14.35$L/(s \cdot km^2)$。其他区间较为接近，在 11.20～12.10$L/(s \cdot km^2)$。

因此，无论是国家水文站实测长系列资料，还是坝址专用水文站较短径流资料，均可反映出调水地区的产汇流空间变化特点，总的趋势是自上游向下游、自西侧向东侧产汇流条件逐渐变好。

3.2.1.2 径流的年内分配

调水地区径流的年内分配受降水年内分配的影响较大，主要集中在6—10月。各调水河流参证站的降水与径流年内分配见表3.2.1-3。由表可见，调水河流的汛期(6—10月)是全年降水集中发生期，该期降水量占全年的77%～85%，而同期径流量占年径流量的比例也高达72%～82%。枯水期(11月至次年3月)的降水最少，降水量不足全年的6%，而径流量的比例也仅为10%～16%，但径流量占全年的比例高于同期降水量的比例，这主要是下垫面调蓄影响的结果。过渡期(4—5月)降水量占全年降水量的比例在15%左右，径流量占全年的比例在10%左右。

另外，调水河流的降水、径流的年内各期集中程度虽然具有较好的一致性，但仍存在一定区别。如鲜水河朱巴、道孚两站以上区间汛期平均降水量集中程度均在80%左右，但两站的汛期径流量占年径流量的比例均小于其他各站的同期比例，这反映鲜水河的径流受下垫面调蓄影响较大。从专用水文站的实测径流资料看，其径流年内分配与下游参证站的径流年内分配基本一致，但上游断面非汛期的径流比例更大一些。

表3.2.1-3　调水河流参证站的径流和降水年内不同时期分配表

河流		测站	径流比重(%)			降水比重(%)			说明
			6—10月	11月—次年3月	4—5月	6—10月	11月—次年3月	4—5月	
金沙江	通天河	直门达	81.7	9.4	8.9	85.0	2.0	13.0	降水量系伍、沱、曲、治、玉5站平均
	金沙江	岗托	80.9	10.2	8.9	85.2	2.0	12.8	降水量系伍、沱、曲、治、玉、德6站平均
雅砻江	干流	甘孜	73.8	14.3	11.8	78.4	6.3	15.3	降水量系石、甘2站平均
		雅江	73.8	16.5	9.8	79.6	5.1	15.4	降水量系道、炉、东、朱、石、甘、雅7站平均
	鲜水河	朱巴	72.4	16.1	11.6	79.8	4.3	15.9	降水量系朱、东2站平均
		道孚	72.7	16.4	11.0	80.4	4.0	15.6	降水量系道、炉、东、朱4站平均
大渡河	绰斯甲河	绰斯甲	75.2	14.7	10.1	78.7	5.3	16.0	降水量系壤、色、绰3站平均
	足木足河	足木足	74.6	13.3	12.1	77.5	5.3	17.2	降水量系班、阿、足3站平均
	干流	大金	73.8	14.7	11.5	78.1	5.3	16.6	降水量系壤、色、绰、班、阿、足、马7站平均

3.2.1.3 径流的年际变化

(1)调水河流径流量的年际间变化相对不大,且随着集水面积的增加年际间变化的减小趋势明显。

调水地区有关参证站的径流系列特征值见表 3.2.1-4。由表中可以看出,调水区各河流年径流量系列的变差系数在 0.2 左右,整体上变幅较小,同时,调水区自河源向下游随着集水面积的增大,最大与最小年径流的比值及变差系数 C_v 值向下游沿程减小,说明随集水面积增加年径流量年际间变化在减小。如鲜水河上下游的朱巴站、道孚站最大与最小年径流的比值分别为 3.01、2.41,变差系数分别为 0.23、0.22,均沿程减小;大渡河上游支流足木足站和干流大金站最大与最小年径流的比值分别为 2.89、2.46,变差系数分别为 0.19、0.17,也呈现为沿程减小趋势;金沙江干流直门达站和岗托站最大与最小年径流的比值分别为 3.51、2.75,变差系数分别为 0.27、0.25,同样沿程减小。

表 3.2.1-4　　各站及区间年径流量特征值比较

河流名称		测站名称	集水面积(km^2)	多年平均径流量(亿 m^3)	最大年径流量(亿 m^3)	最小年径流量(亿 m^3)	最大与最小比值	变差系数
金沙江	通天河	直门达	137704	132.0	245.9(2009)	70.1(1979)	3.51	0.27
	干流	岗托	147451	163.2	264.6(1989)	96.2(1956)	2.75	0.25
雅砻江	干流	甘 孜	32925	85.7	122.8(2012)	49.1(2002)	2.50	0.19
		雅 江	65729	218.3	412.3(2014)	140.5(1973)	2.93	0.19
	鲜水河	朱 巴	6860	19.9	31.7(2005)	10.53(2002)	3.01	0.23
		道 孚	14465	45.0	66.2(1965)	27.5(2002)	2.41	0.22
大渡河	绰斯甲河	绰斯甲	14794	58.6	84.5(2005)	32.9(2002)	2.57	0.19
	足木足河	足木足	19896	73.1	100.7(1989)	34.9(2002)	2.89	0.19
	干流	大 金	40484	163.2	221.1(1993)	89.7(2002)	2.46	0.17

(2)各站年径流量系列均存在 2～3 年或更长的持续丰水、枯水段,具有一定的丰、枯周期变化规律,存在准 3 年的显著性周期。

图 3.2.1-1 是调水区有关参证站的年径流量系列模比系数相对差积曲线。从图中可以

看出，各站年径流量大致经历了多个变化阶段：即 20 世纪 60 年代中期以前的相对偏丰期，60 年代末期到 70 年代初期的相对偏枯期，70 年代中期到 80 年代初期的相对偏丰期，80 年代中期到 80 年代末期的相对偏枯期，90 年代初期的相对偏丰期和 90 年代末期的相对偏枯期，2010 年以后的相对偏丰期。也就是说，年径流量呈现丰—枯—丰—枯—丰—枯式的变化。另外，80 年代初期以前丰、枯周期变化相对较长，在 5～7 年；80 年代中期以后丰、枯周期变化相对较短，在 2～4 年，而金沙江的丰枯变化较其支流的丰、枯周期变化相对长一些。

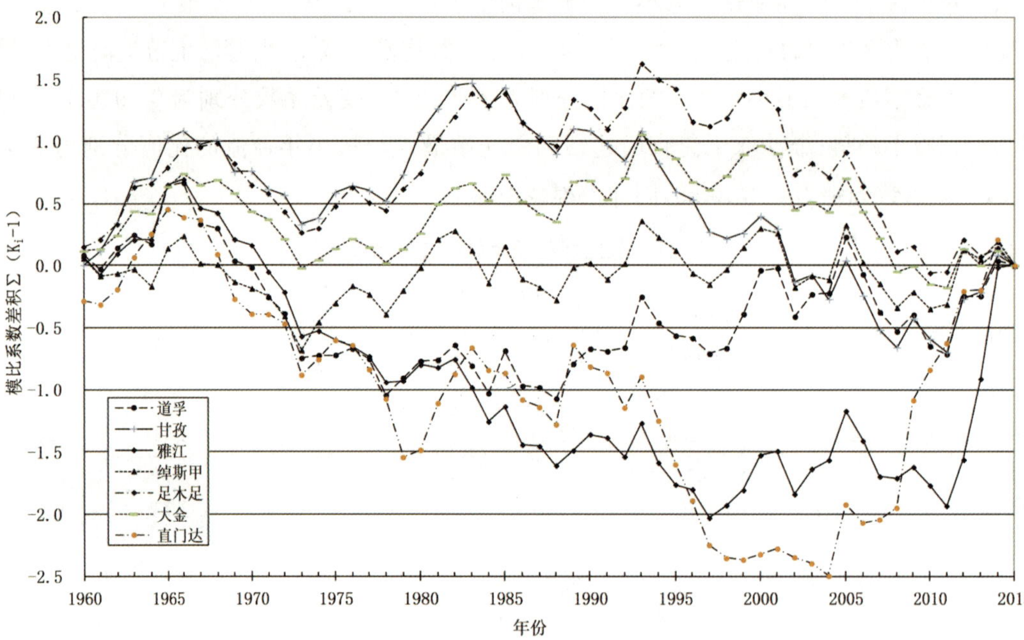

图 3.2.1-1 调水区参证站年径流量系列模比系数相对差积曲线

3.2.2 调水河段洪水特性

3.2.2.1 洪水成因概述

调水区洪水主要有两种类型：一是非汛期（主要发生在 4—5 月）融雪（降水）洪水；二是汛期（6—10 月）的强连阴雨洪水。

调水区地处高寒地带，冬季及前后的降雪，在春季 4、5 月份气温回升到 0℃以上时，冰雪消融，有时伴随着降雨，产生融雪（降雨）洪水。融雪洪水的特性决定于产流区积雪的规模和热力条件（高空气温的升幅、积温和持续时间）。据分析，调水区融雪洪水受热量条件的影响特别明显，河川水量与高空气温的变化绝大多数一致，最大流量与河源高山积雪的规模关系密切。这种初期洪水，由于受气温、下垫面等因素的影响，一般情况下流量较小、区间加水少，洪水量级不大，一次洪水历时为 15 天左右，洪峰多呈单峰型。

6—10 月是汛期洪水期，受西南季风的影响，当西风环流和副热带高压北移，影响到高原东南部地区，易产生高原辐合区、高原低涡、流场的气旋性曲率等天气系统并相继出现，可形成大范围、长历时的强连阴雨降雨过程，即产生持续多峰的大洪水，洪水历时可长达 1 个月。其洪水量级比第一类型的洪水大得多，是调水区的主要洪水。

3.2.2.2　洪水基本特性

(1)洪水发生时间集中

根据调水区下游各参证站实测洪水资料分析，三大调水流域调水区年最大洪水发生在 6—10 月。其中，约 50%集中出现在 7 月份；雅砻江和大渡河流域发生年最大洪水的次多月份是 9 月份，8 月份为低谷，6 月份洪水发生的频次虽然也不少，但量级较小；金沙江流域发生年最大洪水的次多月份是 8 月份，依次再是 9 月份、6 月份。年最大洪水多发生在 7—9 月份的这一特征，与调水区强降雨多出现在 6 月下旬至 9 月中旬是一致的。调水区各参证站年最大洪水各月发生频次见表 3.2.2-1。

表 3.2.2-1　各站年最大洪水各月发生频次(次/年)统计表

测站	月份	6	7	8	9	10	6—9
直门达	次数	4	22	15	7		48
	频率%	8.33	45.83	31.25	14.58		100
岗拖	发生次数	5	22	14	7		48
	占总数(%)	10.42	45.83	29.17	14.58		100
甘孜站	发生次数	10	25	3	10		48
	占总数(%)	20.8	52.1	6.3	20.8		100
道孚站	发生次数	9	20	6	11		46
	占总数(%)	19.6	43.5	13	23.9		100
朱巴站	发生次数	9	22	3	8		42
	占总数(%)	21.4	52.4	7.1	19		100
雅江站	发生次数	11	24	13	11		59
	占总数(%)	18.6	40.7	22.1	18.6		100
绰斯甲站	发生次数	8	20	3	11		42
	占总数(%)	19	47.6	7.1	26.2		100
足木足站	发生次数	10	21	5	6	1	42
	占总数(%)	23.3	48.8	11.6	14		97.7
大金	发生次数	12	25	6	11		54
	占总数(%)	22.2	46.3	11.1	20.3		100

(2)洪水过程低、胖,峰型多呈复式型

调水区洪水的峰型及历时主要受降雨过程的影响。根据对调水区参证站较大量级年最大洪水的统计,调水区洪水过程多呈复式型,这与调水区一带强降雨过程往往是间隔数日而接连出现两次以上连阴雨的特性相一致;另外,由于调水区强降雨的天气系统稳定、移动缓慢,常出现较长历时的连阴雨降雨过程,使得洪水过程低胖、历时长,一次洪水历时平均在30天左右,同时,由于调水区降雨强度小,其最大瞬时流量与最大日平均流量相差较小。

(3)洪水峰、量的年际变化较小

由于调水区降雨受高程和地理位置的制约,洪水主要由降水强度不大的强连阴雨过程所致,而形成这种强降雨的天气成因条件变化也比较稳定,因此,各站历年洪峰、洪量的变化相对较小。根据各参证站的洪水过程特征值统计,各站年最大洪峰流量的 C_v 值均小于0.4(见表3.2.2-2),相对较小,说明调水区洪水年际变化比较稳定,洪水变幅比较小。

表3.2.2-2　各参证站年最大洪峰流量设计特征值

河流		测站	流域面积(km^2)	年最大洪峰流量统计特征值		多年平均洪峰模数($m^3/s·km^2$)
				均值(m^3/s)	C_v	
金沙江	通天河	直门达	137732	2090	0.32	0.015
	金沙江	岗拖	149072	2330	0.31	0.016
雅砻江	干流	甘孜站	32925	1200	0.38	0.036
		雅江站	65857	2980	0.29	0.045
	鲜水河	朱巴站	6860	285	0.33	0.042
		道孚站	14465	635	0.36	0.044
大渡河	绰斯甲河	绰斯甲站	14794	918	0.34	0.062
	足木足河	足木足站	19896	1320	0.34	0.066
	干流	大金	40484	2610	0.31	0.064

(4)洪水模数从西向东递增

从表3.2.2-2中可以看出,调水区参证站的洪峰模数从西向东存在递增趋势。最西侧的金沙江调水河段洪峰模数为0.015～0.016($m^3/s·km^2$),金沙江东侧的雅砻江流域调水河段的洪峰模数在0.036～0.045($m^3/s·km^2$),最东侧的大渡河流域调水河段的洪峰模数在0.062～0.066($m^3/s·km^2$)。

3.2.2.3　调水坝址设计洪水

通过研究可知,设计各调水坝址设计洪水成果主要是为表现各坝址年最大洪水特征,各调水坝址设计洪水成果来自黄河勘测规划设计研究院有限公司完成的《南水北调西线第一期工程项目建议书》及成都院完成的双江口、两河口、岗托和叶巴滩等水电站的可研或预可研报告,有关调水坝址的设计洪水特征值见表3.2.2-3。

表 3.2.2-3　　有关调水坝址年最大洪峰流量设计值

河流名称		坝址名称	集水面积（km^2）	项目	频率为 p（%）的设计洪水模数			成果来源
					0.01	0.1	1	
通天河—金沙江	金沙江干流	岗托	147451	Q_m	7990	6590	5140	金沙江上游岗托水电站可行性研究报告（成都院）
				W_3	19.0	15.7	12.3	
				W_7	41.2	34.0	26.5	
				W_{15}	79.3	65.4	51.0	
		叶巴滩	173484	Q_m	10600	8870	7040	金沙江上游叶巴滩水电站可行性研究报告（成都院）
				W_3	26.0	21.7	17.2	
				W_7	56.5	47.2	37.4	
				W_{15}	110.0	91.5	72.6	
雅砻江	雅砻江干流	热巴	26535	Q_m	2754	2272	1773	南水北调西线第一期工程项目建议书（黄河设计院）
				W_3	6.22	5.15	4.05	
				W_7	13.24	10.97	8.62	
				W_{15}	25.29	20.95	16.45	
		两河口	65727	Q_m	8440	7090	5680	四川省雅砻江两河口水电站可行性研究报告（成都院）
				W_3	19.4	16.4	13.2	
				W_7	41.2	34.7	28	
				W_{15}	80.7	67.8	54.3	
	支流达曲	阿安	3487	Q_m	708	517	409	南水北调西线第一期工程项目建议书（黄河设计院）
				W_3	1.56	1.15	0.93	
				W_7	3.35	2.48	2	
				W_{15}	6.53	4.79	3.84	
	支流泥曲	仁达	4650	Q_m	788	542	423	南水北调西线第一期工程项目建议书（黄河设计院）
				W_3	1.56	1.1	0.89	
				W_7	3.29	2.33	1.9	
				W_{15}	6.39	4.52	3.66	
大渡河	大渡河干流	双江口	39330	Q_m	8440	6900	5330	四川省大渡河双江口水电站可行性研究报告（成都院）
				W_3	18.9	15.5	12.1	
				W_7	38.5	31.6	24.6	
				W_{15}	65.8	54.6	43.1	
	支流杜柯河	珠安达	4618	Q_m	1160	784	628	南水北调西线第一期工程项目建议书（黄河设计院）
				W_3	2.25	1.61	1.32	
				W_7	5.12	3.62	2.93	
				W_{15}	8.71	6.23	5.13	
	支流玛柯河	霍那	4035	Q_m	1008	685	529	南水北调西线第一期工程项目建议书（黄河设计院）
				W_3	1.96	1.36	1.07	
				W_7	3.8	2.66	2.12	
				W_{15}	6.72	4.72	3.78	
	支流阿柯河	克柯	1534	Q_m	469	383	296	南水北调西线第一期工程项目建议书（黄河设计院）
				W_3	0.87	0.72	0.57	
				W_7	1.68	1.41	1.13	
				W_{15}	2.98	2.51	2.01	

3.2.3 调水河段与黄河的关系

调水河流与黄河的关系主要反映在与调水距离和相对高差上，巴颜喀拉山为黄河与通天河(金沙江)、雅砻江、大渡河的分水岭。

通天河的直门达、雅砻江的甘孜、大渡河的斜尔尕以上河段，流向与黄河河源到贾曲河段的流向大致平行，为北西南东向，相距较近，最近距离分别为160km、120km、70km；黄河贾曲以下河段流向转为由南向北，通天河直门达、雅砻江甘孜及大渡河斜尔尕以下的河段流向渐转为由北至南，与黄河相距越来越远，下段距离分别为337km、400km、170km。由于黄河冲刷切割的作用小于长江水系，因此，三条河的河床高程普遍低于相邻的黄河河床高程，而且越往下游高差越大。通天河、雅砻江、大渡河上河段与黄河的高差分别为140m、110m、370m，下河段达1640m、770m、1040m。金沙江的直门达—巴塘(玛曲河口)、雅砻江的甘孜—两河口、大渡河的斜尔尕—双江口河段，下段距黄河贾曲口的距离分别为475km、362km、170km。

(1)通天河(金沙江)与雅砻江、黄河的关系

通天河楚玛尔河口以上，与黄河源头高差小，但距离黄河源头较远，河流水量少。楚玛尔河至玉树巴塘曲口段，与黄河相近且两河走向大体平行，最近距离约140km。相邻河段的河床黄河高出通天河自上而下为150～640m。

通天河德曲口以上，展布在巴颜喀拉山南侧的色吾曲、德曲与北侧黄河支流卡日曲，多曲、勒纳曲隔岭相望。通天河德曲口以下至巴塘曲口，与雅砻江河源区相邻。巴塘曲口高程3515m，雅砻江竹节寺、麻木考曲高程分别为4160m、4060m，相邻河段河床高出通天河300～500m。

巴塘曲口—巴塘(玛曲河口)河段，巴塘曲口高程3515m，比相邻的雅砻江高程低300～500m。由于该河段长510km，河道比降为2.03‰，与其相邻雅砻江温波寺—两河口河段河道长535km，比降为2.38‰，两河河长及比降基本相当，因此两河高差也基本维持在100～400m。与黄河的河床高差大于900m(切木曲)，距离黄河更远(与切木曲距离近500km)。

(2)雅砻江与黄河的关系

雅砻江宜牛以上河段与黄河干流的距离较远，分水岭山体浑厚，宜牛—仁青里河段与黄河干流的距离为120～200km，温波、长须、仁青里、阿达的河床高程分别为3890m、3795m、3635m、3450m，黄河干流达日、恰给弄、官仓、贾曲的河床高程分别为3960m、3880m、3740m、3442m，相应高差为70m、85m、105m、－8m(雅砻江河床高程高出黄河河床高程8m)。仁青里—甘孜河段及甘孜—两河口河段虽与黄河官仓—贾曲距离较远，但河道水量大，与相应黄河河段高差也较小，中间分布有雅砻江与大渡河支流，具有串联调水的条件。

(3)大渡河与黄河关系

足木足河斜尔尕以上，阿柯河、麻尔曲河道与黄河干流近似平行，但两者地形条件迥然不同，巴颜喀拉山南麓地势陡峻，斜尔尕坝段以下至双江口河道流向正南，虽然径流量逐渐增加，但河道高程由2925m降至2268m，比黄河贾曲河口高程3442m低517～1174m，与黄

河相距 100km 以上，斜尔尕坝址以上与黄河的高差和距离相对较小。

绰斯甲河两河口以上河段与麻尔曲河段相距较近，相邻河段高程比麻尔曲高，可以与麻尔曲、阿柯河联合向黄河调水。两河口以下河段高程低于 2600m，距黄河最近距离超过 170km。

如下为调水及受水河段平面示意图（图 3.2.3-1）、调水河段相对关系剖面图（图 3.2.3-2）、各调水河段特征表（表 3.2.3-1）。

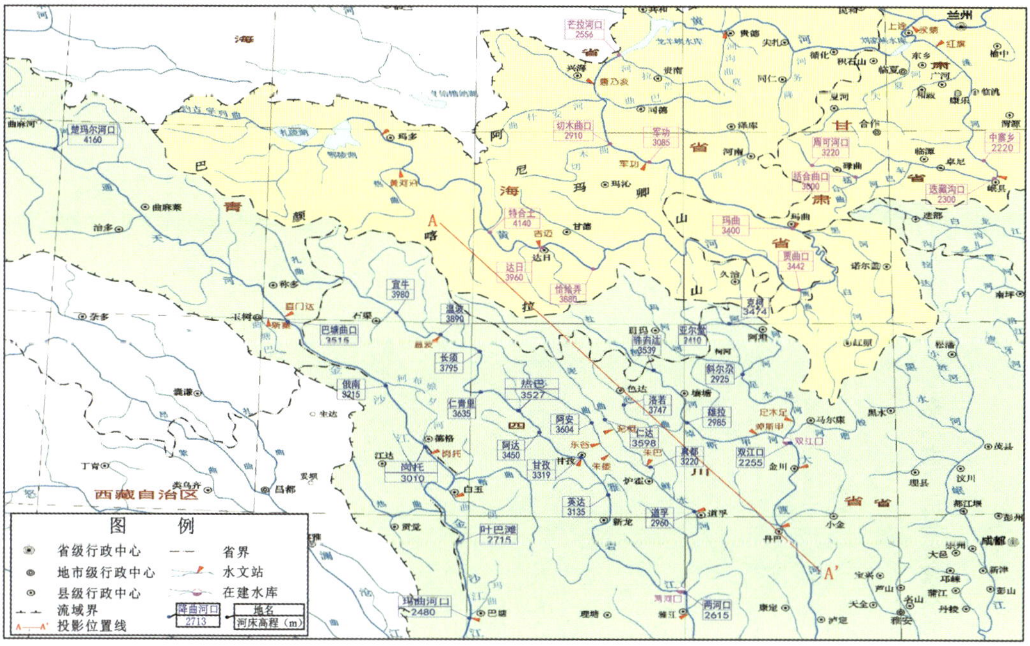

图 3.2.3-1　调水及受水河段平面示意图

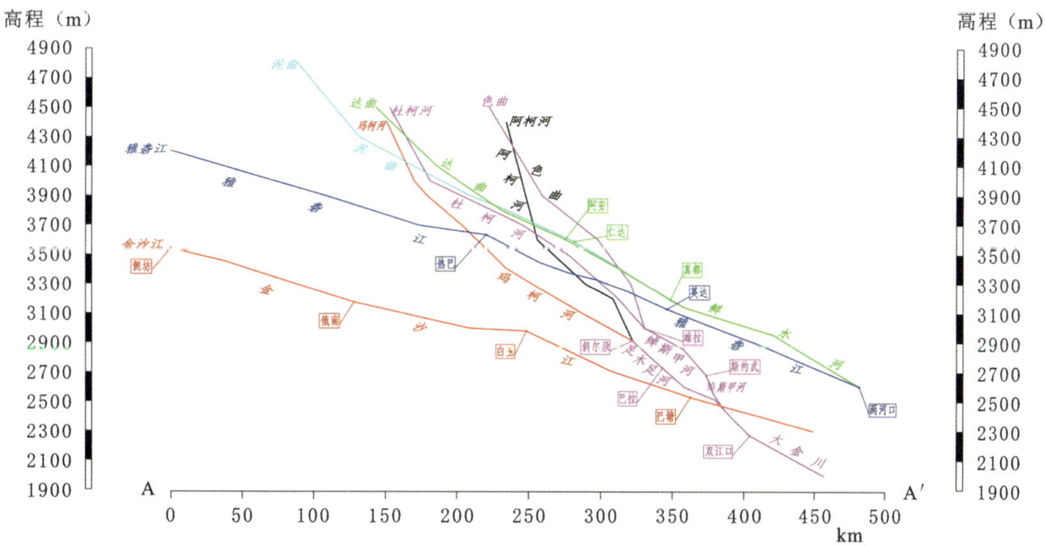

图 3.2.3-2　调水河段相对关系剖面图

表 3.2.3-1 **西线南水北调调水河段特征表**

调水河流		调水河段	径流特征		与黄河关系（玛曲以上）（贾曲 3442m）		与黄河关系（玛曲以下）[军功（3085m）—芒拉河口（2556m）]		与洮河关系[括合曲口（3000m）—中寨乡（2230m）]	
			河床高程（m）	河流径流量（亿 m^3）	平面最近距离（km）	低于黄河高度（m）	平面最近距离（km）	低于黄河高度（m）	平面最近距离（km）	低于洮河高度（m）
通天河（金沙江）		楚玛尔河口—巴塘曲口（直门达）	4160～3530	68.5～124	635～454	718～88	365～484	1604～445	529～788	1930～530
通天河（金沙江）		巴塘曲口—巴塘（玛曲河口）	3530～2480	124.0～282	454～475	88～−962	365～658	974～−605	529～695	1300～−520
雅砻江		宜牛—仁青里	3980～3635	25～61.2	356～300	538～193	282～402	1424～550	410～553	1750～635
雅砻江		仁青里—甘孜	3635～3319	61.2～86.9	300～277	193～−123	300～461	1079～234	407～518	1405～319
雅砻江		甘孜—两河口	3319～2615	86.9～210.7	277～363	−123～−840	346～619	763～−483	407～564	1089～−398
鲜水河	达曲	阿安—道孚	3604～2960	11.4～44.2	240～277	162～−482	303～533	1048～−125	367～485	1374～−40
鲜水河	泥曲	仁达—道孚	3589～2960	12.7～44.2	228～277	147～−482	299～533	1033～−125	357～485	1359～−40
鲜水河	鲜水河	道孚—两河口	2960～2615	44.2～210.7	277～363	−482～−769	413～619	404～−412	416～564	730～−327
大渡河	足木足河	阿柯河克柯—斜尔尕	3485～2925	4.15～58.1	77～108	43～−517	201～378	929～−160	205～328	1255～−75
大渡河	足木足河	麻尔曲亚尔堂—斜尔尕	3410～2925	16.1～58.1	138～108	−32～−517	213～378	854～−160	247～360	1180～−75
大渡河	足木足河	斜尔尕—双江口	2925～2255	58.1～124.0	108～174	−517～−1174	259～463	369～−817	247～369	695～−732
大渡河	绰斯甲河	珠安达—雄拉	3539～2985	16.3～27.0	159～184	97～−457	242～424	983～−100	286～404	1309～−15
大渡河	绰斯甲河	雄拉—双江口	2985～2255	27.0～124.0	184～174	−457～−1174	303～463	429～−817	309～404	755～−732

从图和表中可以看出，平面距离上：①金沙江至雅砻江最远，约130km；②绰斯甲河至足木足河75km左右；③泥曲至绰斯甲河60km左右；④雅砻江到泥曲不到50km；⑤达曲到泥曲10km左右。

高程上：①泥曲、达曲水量高程相近，在几条调水河流中高程较高，相邻河段相比，比右(西)雅砻江高85m，比左(东)绰斯甲河高235m；②雅砻江第二，与相邻河段相比，比左(西)邻金沙江高近165m，比右(东)邻泥曲约低85m；③绰斯甲河第三，与相邻河段相比，比左邻泥曲低235m，比右邻足木足高60m。

3.2.4 调水河段的选取

(1)通天河(金沙江)

楚玛尔河口以上海拔高，河道宽浅，水量少，地势开阔，不适宜筑坝调水。

楚玛尔河口—玉树附近的巴塘曲口河段，多年平均径流量50亿～124亿m^3，具有调节性能好的水库坝址条件。若坝高控制在200～400m时，抽水方案需250～580m的扬程，160～200km长的输水线路；自流方案需要的输水线路长180～290km，由于与雅砻江河源区相邻，可以考虑与雅砻江联合自流入黄河。西线项目建议书及以前的调水方案研究大多集中在此河段。

巴塘曲口以下称金沙江，巴塘曲口—巴塘(玛曲河口)断面，俄南以上河段与黄河大体平行，俄南以下折向南，该河段水量丰富，河段多年平均径流量在124亿～282亿m^3，且有筑坝调水条件，为本次方案的研究重点。

综合分析，通天河(金沙江)可供调水的范围，初步选定为巴塘曲口—巴塘(玛曲河口)断面河段。

(2)雅砻江

雅砻江的宜牛以上河段，属河源区，虽然距离黄河近，与相邻黄河河段高差小，但河谷开阔，筑坝条件差，河川径流有限，多年平均径流量25亿m^3，调水量少，研究价值不大。

宜牛—热巴河段与黄河达日到恰给弄沟口干流河段相距较近，高差不大，多年平均径流量25亿～61亿m^3，在宽谷、峡谷相间的河段调水，具有较好的蓄水条件，并且可以利用雅砻江左岸的坑得儿沟和俄木其曲等支流，有比较适宜的可供选择的输水线路，输水线路呈北东向，同区域构造线走向呈大角度相交，有利于调水隧洞的围岩稳定。西线项目建议书及以前的调水方案研究大多集中在此河段。

热巴—两河口河段，河流由北向南流，距离黄河越来越远，其中两河口距贾曲河口约360km，河床高程较低，低于黄河贾曲河口约840m，与黄河龙羊峡水库末端河床高程相当，但河床高程高于洮河岷县约300m。该河段支流达曲、泥曲由北向南流，流向与雅砻江干流以及大渡河支流色曲、杜柯河等大致平行，河流之间距离不超过70km，且高差相差不大，可以考虑联合调水方案输水。该河段地震烈度为7～8度，属稳定范围。河川径流量较大，两河口断面多面平均径流量达 217.7 亿 m^3，可调水量较多。

综合分析比较，选择雅砻江热巴—两河口河段为本次方案调水河段的研究范围。

(3)大渡河

足木足河斜尔尕以上，阿珂河、麻尔曲河道与黄河干流近似平行，但两者地形条件迥然不同，巴颜喀拉山南麓地势陡峻，斜尔尕坝段以下至双江口，比黄河贾曲河口高程 3442m 低 520～1190m，与黄河相距 100km 以上，斜尔尕坝址以上与黄河的高差和距离相对较小。绰斯甲河两河口以上河段与麻尔曲河段相距较近，相邻河段高程比麻尔曲高，同时河川径流量较大，双江口断面多年平均径流量为 158.4 亿 m^3，可以与麻尔曲、阿珂河联合向黄河调水。

西线第一期工程项目建议书及以前的研究大多集中在斜尔尕及雄拉河段以上，本次方案选取霍那—双江口河段及朱安达—双江口河段为研究河段。

3.2.5 坝址选择

调水坝址的选择需结合输水线路总体布置，考虑坝址断面径流量、坝址地形地质条件、对生态环境及社会环境的影响、与相应河段规划梯级的符合性等。西线工程调水线路方案研究坝址包括西线工程项建阶段研究的坝址和近几年来西线下移方案研究的坝址。本次在调水河流调水河段内，共研究了 18 座调水水源水库，分别为通天河干流的侧仿；金沙江干流的俄南、岗托、白玉、叶巴滩；雅砻江干流的热巴、英达、两河口，支流达曲上的阿安，支流泥曲上的仁达、真都；大渡河干流的双江口，支流色曲上的洛若，支流杜柯河的珠安达，支流玛柯河上的霍那，支流阿柯河上的克柯，支流足木足河的斜尔尕，支流绰斯甲河的雄拉。其中重点研究的调水枢纽(水源点)有 10 个，分别为岗托、叶巴滩、热巴、两河口、阿安、仁达、双江口、珠安达、霍那、克柯。具体见表 3.2.5-1 南水北调西线调水线路方案坝址基本情况表、图 3.2.5-1南水北调西线调水线路方案研究坝址位置示意图。

表 3.2.5-1　　南水北调西线调水线路方案坝址基本情况表

序号	坝址名称	所处河流(干、支流)	坝址高程(m)	流域面积(km^2)	坝址年径流量(亿 m^3)	坝址地形(U/V)	备注(梯级规划/在建/已建)
1	侧仿	通天河干流	3542	137597	124	V	
2	俄南	金沙江干流	3215	146695	156.8		
3	岗托	金沙江干流	3010	147451	163.2	U	规划梯级
4	白玉	金沙江干流	2970	158975	198.6	V	
5	叶巴滩	金沙江干流	2715	173484	259.8	V	在建
6	热巴	雅砻江干流	3527	26535	61.13	V	
7	英达	雅砻江干流	3135	35696	97.5	V	
8	两河口	雅砻江干流	2615	65727	217.7	U	在建
9	阿安	雅砻江支流达曲	3604	3487	10.36	V	

续表

序号	坝址名称	所处河流（干、支流）	坝址高程（m）	流域面积（km^2）	坝址年径流量（亿 m^3）	坝址地形（U/V）	备注（梯级规划/在建/已建）
10	仁达	雅砻江支流泥曲	3598	4650	11.8	V	
11	真都	雅砻江支流泥曲	3220	6129	17.8	V	
12	双江口	大渡河干流	2255	39330	158.4	V	在建
13	霍那	大渡河支流玛柯河	3538	4035	10.88	V	
14	克柯	大渡河支流阿柯河	3474	1534	6.73	V	
15	斜尔尕	大渡河支流足木足河	2925	14081	49.5	V	规划梯级
16	洛若	大渡河支流色曲	3747	1470	4.21	U	
17	珠安达	大渡河支流杜柯河	3539	4618	14.72	V	
18	雄拉	大渡河支流绰斯甲河	2985	10049	37.9	V	

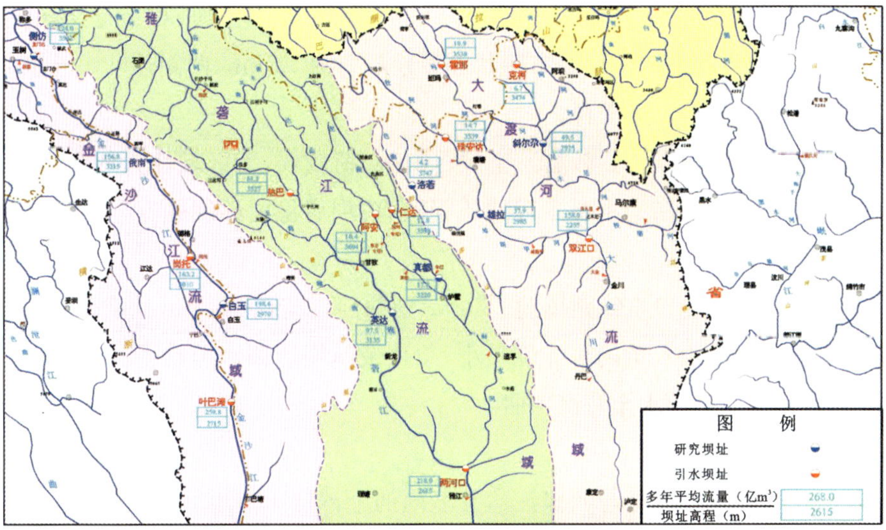

图 3.2.5-1 南水北调西线调水线路方案研究坝址位置示意图

3.2.5.1 通天河（金沙江）调水坝址

南水北调西线工程规划阶段研究的坝址主要集中在通天河楚玛尔河口—巴塘曲口调水河段内，研究的坝址自上而下有歇马、扎秀、治家、同加、联叶、桑藏、侧仿等，推荐侧仿作为第三期调水坝址；本次南水北调西线工程下移方案研究，金沙江河段研究坝址为侧仿、俄南、岗托、白玉、叶巴滩共五个坝址。

（1）侧仿坝址侧仿坝址位于青海省称多、玉树市境内，通天河直门达水文站以上 10km 处，坝址位于中—强切割高山峡谷区，河谷底宽 100～200m，两岸坡度 25°～42°。坝址处河床高程为3542m，坝址以上径流面积137597km²，多年平均径流量124亿m³，水库正常蓄水位3804m，总库容167.09亿m³，调节库容53.8亿m³，坝高273m。坝址基岩为砂、板岩，抗压强度为40～100MPa，属中等坚硬—坚硬岩类，可满足建坝的一般技术要求，坝区岩层一般褶皱强烈，断层不甚发育。侧仿坝址距黄河贾曲河口直线距离约455km，贾曲河口高程3442m，由于坝高所限，侧仿布置单独自流入黄河的可能性较小，只能采用联合调水的方式。通过该坝址可调水入雅砻江，与雅砻江阿安—贾曲的调水线路相结合，联合调水入黄河。根据调查，侧坊坝址位于三江源国家级自然保护区通天河沿河保护分区的缓冲区和核心区，库区将淹没核心区，已不具备建库调水条件。

(2)俄南坝址

俄南坝址在巴塘河口下游约188km处，位于金沙江左岸支流娘布柯河口下游，坝区河谷狭窄，岸坡高陡，地形完整，坝址高程3215m，控制流域面积146695km²，多年平均流量478m³/s，多年平均径流量156.8亿m³。左岸坡度65°～70°，右岸坡度40°～45°。坝区河道顺直，河流流向S20°—25°W，枯水期水面宽50～60m。坝址区两岸基岩裸露，出露的地层岩性为砂岩夹板岩，坝区河床覆盖层厚度不大，为20～30m。坝区地质构造复杂，处于赛布柯断层与热叶—巴东断层之间，东距赛布柯断层最近距离约1.5km，西距热叶—巴东断层最近距离约1.8km。坝区节里裂隙发育。

坝址区地形较完整，基岩裸露，岩石坚硬，风化卸荷较弱，无区域性大的断裂通过，具备建坝的地形地质条件。存在的主要工程地质问题有：坝肩稳定性问题、坝基稳定问题、坝基渗漏及绕坝渗漏问题等。

俄南坝址距黄河贾曲口直线距离约380km，贾曲河口高程3442m，比俄南坝址高227m，故俄南坝址调水单独自流入黄的可能性较小，须从俄南坝址调水至雅砻江支流三岔河入热巴水库，与西线一期联合调水至黄河贾曲。

(3)岗托坝址

岗托坝址位于四川德格县与西藏江达县境内的金沙江干流上，位于德格色曲河汇口上游约4.8km，为规划中的金沙江上游川藏段13个梯级电站中的第4级，上游为果通水电站，下游与岩比水电站衔接。岗托坝址高程3010m，控制流域面积147451km²，多年平均径流量163.2亿m³。坝址两岸总体较对称，河谷呈“U”形谷、横向谷，岸坡地形完整，两岸基岩裸露，两岸岸坡总体45°～60°，局部70°～80°。坝址岩性复杂，均匀性差，各向异性明显，属中硬—坚硬岩，抗压强度较高，总体岩体质量较好，坝址处构造总体上较为简单，断层规模小，小断层较发育，破碎带宽度一般为5～40cm，具备修建高面板坝和高心墙坝的地形地质条件。

岗托坝址库区沿岸以藏民为主，宗教文化底蕴浓厚，几乎全民信教，宗教教派以萨迦派和苯波派为主，宗教多元化特征突出，不同教派在这一地区形成了特色鲜明、形式各异的民族文化体系。岗托水库的建设直接淹没康多寺、汪堆寺、银南寺、燃灯寺、根沙寺、达西寺等 6 座寺庙，是岗托水电站开发重要影响因素之一。

根据《金沙江上游水电规划报告》国家发改委的审查意见，其中岗托水电站为近期工程。

(4)白玉坝址

白玉坝址区位于赠曲河口下游约 2km 河段，为典型的高山峡谷地貌，河谷呈“V”形谷，坝址高程 2970m，控制流域面积 158975km^2，多年平均流量 650m^3/s，多年平均径流量 198.6 亿 m^3。两岸基本对称，地形较为完整，边坡高陡，左岸 3050m 高程以下坡度为 70°～75°，以上为 50°～55°；右岸坡度 50°～55°。坝区河道呈弧形，河流流向 S57°—28°W，河面宽度 60～80m。

坝址区两岸基岩裸露，岩性灰岩夹板岩，岩石坚硬，抗风化能力较强，岩体较完整。河床覆盖层厚 12～17m，覆盖层物质组成为含漂砂卵砾石层。崩坡积堆积主要分布于初拟坝轴线上游两岸，左岸分布范围大于右岸，主要由块碎石土组成，推测厚度 10～20m，结构松散，块碎石成分主要为灰岩、砂岩。坝址区内无区域性断裂通过。革学—白弄普断裂从坝区左岸山体通过，最近距离约 2.5km，白垭乡断层于坝区下游约 3.2km 处横穿金沙江，二者均为 NW 向断裂带。坝址附近Ⅱ类场地条件下地震动峰值加速度为 0.30g，地震基本烈度为Ⅷ度。白玉坝址见图 3.2.5-2。

图 3.2.5-2　白玉坝址

(5)叶巴滩坝址

叶巴滩坝址位于金沙江上游河段，系金沙江上游 13 个梯级水电站的第 7 级，坝址位于四川省白玉县盖玉区降曲河口以下约 4.5km 河段上，坝址高程 2715m，坝址控制流域面积 173484km^2，占金沙江流域面积的 37%左右，多年平均径流量 259.8 亿 m^3，叶巴滩水库正常蓄水位 2889m，水库总库容 10.8 亿 m^3，调节库容 5.37 亿 m^3，具有不完全年调节性能，与上游“龙头”梯级水库岗托水电站联合运行时，可进行日周调节。

坝址区河谷深切，地形狭窄，谷坡高陡，两岸多基岩裸露。河床覆盖层较浅，基岩为石英闪长岩，微新岩石坚硬，岩体完整性较好，岸坡岩体风化较弱、卸荷较强，具备布置当地材料坝和混凝土坝的地形地质条件。

叶巴滩水电站不存在建设征地和重大环境制约性因素，在落实各项移民建设征地补偿措施及环保措施的前提下，工程建设可行。

目前，工程已开工建设。工程总工期 115 个月。2016 年 11 月，国家发改委核准建设。2017 年 6 月，工程开工建设。2019 年 3 月，大江截流。

叶巴滩坝址见图 3.2.5-3。

图 3.2.5-3 叶巴滩坝址

3.2.5.2 雅砻江及其支流调水坝址

南水北调西线工程规划阶段，雅砻江宜牛—甘孜调水河段干流研究的坝址有 7 座，自上而下为宜牛、温波、长须、仁青里、热巴、阿达、格尼，在规划及《项建》阶段干流推荐了热巴坝址，支流达曲推荐了阿安坝址，支流泥曲推荐了仁达坝址；本次南水北调西线工程下移方案研究，雅砻江调水河段研究坝址为热巴、英达、两河口、阿安、仁达、真都共 6 个坝址。

(1)热巴坝址

热巴水库位于四川省甘孜藏族自治州德格县境内的雅砻江干流上，距下游的甘孜县城 96km，坝址高程 3527m，控制流域面积 26535km^2，坝址处多年平均径流量 61.13 亿 m^3。坝址区属深切割高山区，坝址区两岸坡度一般在 27°～40°，坝线附近岸坡较陡，左坝肩岸坡坡度约为 38°，右坝肩岸坡坡度约为 37°，热巴坝址为“V”形峡谷，基岩岩性为花岗岩—闪长岩，岩体完整坚硬。坝址区地震动峰值加速度为 0.20*g*，相应地震烈度为Ⅷ度。覆盖层与基岩强风化带较薄。基岩性均一，岩石强度较高，坝基稳定性较好。坝址区节理裂隙发育相对较差，沿节理裂隙带的集中渗漏可能性较小。坝段内不存在较大规模的滑坡、崩塌、泥石流等不良地质现象。物理地质作用主要表现为岩体风化卸荷。

雅砻江干流为藏传佛教的发祥地之一，热巴坝址上游两岸分布有苯波派、格鲁派、萨迦派、嘎举派、宁玛派等五大教派的寺院。热巴库区上游的阿须草原传说是藏民族英雄格萨尔王的故乡，建有格萨尔王庙。

(2)英达坝址

英达坝址位于四川省新龙县北部雅砻江上，上距甘孜县 56km，下距新龙县约 35km。坝址高程 3135m，控制流域面 35696km^2，年径流量 97.5 亿 m^3。坝址区为典型的高山峡谷地貌，河谷呈“V”形谷。两岸基本对称，地形较为完整，边坡高陡，两岸地形坡度为 35°～50°，河面宽度 60～100m。坝址区两岸基岩裸露，出露岩性砂岩夹板岩及砂板岩互层。冲积堆积主要分布在河床部位，物质组成为含漂砂卵砾石层。崩坡积堆积主要分布于两岸岸坡，结构松散，块碎石成分主要为板岩、砂岩等。坝址区未见大的断裂通过，坝址附近地震动峰值加速度为 0.20*g*，地震基本烈度为Ⅷ度。

英达坝址区河谷狭窄，两岸山体雄厚，地形完整，坝区岩石坚硬，无区域性断裂通过，两岸自然边坡稳定，具备修建高坝的地形地质条件。存在的主要工程地质问题有：坝肩工程边坡稳定性问题、坝基渗漏问题及绕坝渗漏问题等。英达坝址见图 3.2.5-4。

图 3.2.5-4　英达坝址

(3)两河口坝址

根据四川省人民政府批复的《雅砻江中游(两河口至卡拉河段)水电规划报告》，两河口水库是雅砻江中游两河口至卡拉河段规划的“龙头”水库电站，也是整个流域的控制性工程。

两河口坝址位于雅砻江干流和支流鲜水河汇口（即两河口）下游约 2km 处，坝址高程 2615m，坝址控制流域面积 65727km^2，占雅砻江流域面积的 48%左右，坝址多年平均径流量为 217.7 亿 m^3，水库正常蓄水位 2865m，死水位 2785m，坝高 295m，正常蓄水位相应库容 107.67 亿 m^3，调节库容 65.6 亿 m^3，死库容 35.94 亿 m^3，具有多年调节能力。

两河口坝址为横向谷，两岸山体雄厚，谷坡陡峻，临河坡高 500～1000m。左岸呈弧形凸向右岸，地形平均坡度 55°，局部沟梁相间，发育数条小冲沟；右岸为凹岸，平均坡度 45°。两岸基岩以变质砂岩夹粉砂质板岩为主，工程区基岩岩性主要为三叠系砂板岩，饱和抗压强度为 40～90MPa，为中硬—坚硬岩。坝址区无区域断裂出露，构造破碎带主要以北西西向即区域主构造线方向为主。坝址区处于瓦多复背斜（1 级褶皱）南翼次级的两河口背斜（2 级褶皱）的南翼，与区域主构造线方向一致。库区两岸山体浑厚，砂板岩透水性微弱，不存在低邻谷渗漏问题。地下水以基岩裂隙水为主。工程区位于鲜水河断裂、龙门山断裂和安宁河断裂组成的川滇“Y”字形构造左边中间稳定地块，区域构造稳定性较差，相应的地震基本烈度为Ⅶ度，设防烈度Ⅷ度。

两河口水库已开工建设。施工总工期为 125 个月。2014 年 9 月，发改委核准建设。2014 年 10 月，工程开工建设；2015 年 11 月，大江截流；预计于 2020 年 11 月，初期下闸蓄水，预计 2023 年 5 月工程完建。

两河口坝址见图 3.2.5-5。

图 3.2.5-5　两河口水电站施工现状

(4)阿安坝址

阿安位于达曲上，达曲是雅砻江水系一级支流鲜水河的两条源流河之一。

阿安坝址位于甘孜县境内夺多乡上游色达县与甘孜县交界附近达曲上，坝址高程3604m，控制径流面积3487km^2，多年平均径流量10.4亿m^3，坝址区河道弯曲，河谷呈不对称的"V"形，谷底宽度38～90m，两岸山体陡峻，坡度一般在25°～40°，局部50°～60°，甚至近似直立，地形条件很好。坝址岩性为青灰色、深灰色中厚层—厚层状砂岩夹板岩。

坝址位于南巴颜喀拉褶皱带的温拖断褶带内，构造线方向为NW或NWW向，褶皱及断裂构造发育，受构造影响，区内破碎带、层间挤压带、软弱夹层较发育。坝址区天然岸坡稳定性较好，未见大的滑坡、崩塌、泥石流。

(5)仁达坝址

阿安位于泥曲上，泥曲是雅砻江水系一级支流鲜水河的两条源流河之一。

仁达坝址位于泥曲上甘孜县境内仁达村，坝址高程3598m，控制径流面积4650km^2，多年平均径流量11.8亿m^3，坝址河谷底宽约60m，坝址坝线处河谷呈"V"字形，库区地势北高南低，两岸岸坡基本对称，发育有Ⅰ～Ⅱ级阶地。库区河谷开阔，河谷大部分属纵向谷，局部地段为斜向谷或横向谷，两岸多为逆向坡，岸坡坡度相对较缓，岸坡整体稳定性较好。外动力地质现象较为发育，主要有基岩倾倒变形体、滑坡、崩塌、危岩体等；倾倒变形分布较普遍，滑坡体较为发育，滑坡规模大小不等。坝基岩体为砂板岩，未发现缓倾角的软弱结构面；但坝基上部的强风化和弱风化岩体均存在渗漏条件，均须进行必要的防渗处理。坝址区无区域性大断裂通过，无强震震中分布，地震动峰值加速度均为0.15g。

(6)真都坝址

真都坝址位于四川省炉霍县以北的泥曲泥巴乡附近，距炉霍县约16km，坝址高程3220m，控制流域面6129km^2，年径流量17.80亿m^3。坝址区为典型的高山峡谷地貌，河谷呈基本对称的"V"形谷。两岸基本对称，地形较为完整，边坡高陡，两岸地形坡度为45°～60°，河面宽度40～60m。坝址区两岸基岩裸露，出露岩性砂岩夹板岩及砂板岩互层。冲积堆积土要分布在河床部位，物质组成为含漂砂卵砾石层。崩坡积堆积主要分布丁两岸岸坡，结构松散，块碎石成分主要为板岩、砂岩。坝址区未见大的断裂通过，坝址附近Ⅱ类场地条件下基本地震动峰值加速度为0.20g，地震基本烈度为Ⅷ度。

坝址区河谷狭窄，两岸山体雄厚，地形完整，坝区岩性坚硬，无区域性断裂通过，两岸自然边坡稳定，具备修建高坝的地形地质条件。存在的主要工程地质问题有：坝肩工程边坡稳定性问题、坝基渗漏问题及绕坝渗漏问题等。真都坝址见图3.2.5-6。

图 3.2.5-6 真都坝址

3.2.5.3 大渡河及其支流调水坝址

在大渡河调水河段内，不同阶段都做了大量的方案研究。研究过的调水坝址有：阿柯河上的克柯、维尔德坝址，麻尔曲（玛柯河）上的唐加、霍那、亚尔堂、扎洛、班前、灯塔、沙湾坝址，足木足河干流上的斜尔尕坝址，杜柯河上的年弄、珠安达、上杜柯、加塔坝址，色曲上的河西坝址。其中洛若、珠安达、霍那、克柯为《项建》推荐的大渡河调水研究的重点坝址。本次南水北调西线工程下移方案研究，大渡河调水河段研究坝址为霍那、克柯、斜尔尕、双江口、洛若、珠安达、雄拉共 7 个坝址。

(1)霍那坝址

霍那水库位于大渡河二级支流玛柯河上，青海省班玛县境内，控制流域面积 4035km^2，坝址处多年平均径流量 10.9 亿 m^3。霍那水库工程规模为大(2)型，正常蓄水位 3603m，死水位 3570m；水库总库容 1.73 亿 m^3，调节库容 0.78 亿 m^3，死库容 0.21 亿 m^3，最大坝高 76m。

霍那坝址上游及下游河谷宽阔平坦，最宽达 700m；坝址处相对较窄，谷底宽 128m，霍那坝址河谷呈“V”形，为纵向谷，左岸多为逆向坡，岸坡整体稳定性较好。坝址覆盖层及基岩强风化带较厚。坝基抗滑稳定问题不大，坝基岩性为砂岩夹少量板岩。坝线处河谷为纵向谷，坝基风化岩体透水性较强，存在渗漏条件；左坝肩岩石破碎，透水性很强，可能存在集中渗漏问题，右坝肩山体较为单薄，可能存在绕坝渗漏问题。

(2)克柯坝址

克柯水库位于大渡河二级支流阿柯河上，四川省阿坝县境内，控制流域面积 1534km^2，坝址处多年平均径流量 6.7 亿 m^3。克柯水库工程规模为大(2)型，正常蓄水位 3545m，死水位 3510m；水库总库容 0.97 亿 m^3，调节库容 0.78 亿 m^3，死库容 0.1 亿 m^3。大坝最大坝高 86m。

坝址河谷为“V”形，坝段河谷从谷底到谷坡，台坎状地形明显，沿河断续出现，以右岸较发育，为河流的残留阶地。坝址库区河谷较宽阔，库容条件较好，属高原山峦区。坝址区总体构造方向呈 NW—SE，褶皱构造较发育，主要沿北西向展布。出露的岩性为砂岩和板岩互层，岩层大多较陡，岩层倾角一般为 40°～70°。坝址左坝肩部分岩性为板岩夹砂岩，坝肩岩体完整性较好，未发现有较破碎或软弱的岩层，左坝肩山坡岩体基本裸露，山体稳定总体较好。两坝址节理裂隙以北东走向高倾角为主，延伸长度较小。

(3)斜尔尕坝址

斜尔尕坝址位于四川省阿坝县南部足木足河上，上距阿柯河与麻尔曲汇口约 2km，下距斜尔尕村 8km，距阿坝县 100km，坝段因斜尔尕村而得名。坝址高程 2925m，控制流域面 $14081km^2$，坝址年径流量 49.50 亿 m^3。坝址河段较顺直，两岸山体雄厚，谷坡陡峻，临河坡高 400m 以上，自然坡度左岸 45°～60°、右岸稍陡为 50°～60°，河谷形态呈基本对称的“V”形谷。两岸岸坡呈沟脊相间的地形地貌，沟谷宽缓，堆积有崩坡积块碎石土，山脊陡峻，多为基岩裸露，坝址区发育的规模较大、切割较深的冲沟仅有上游的左岸肖尔扎沟。坝址区阶地不发育。坝段地层岩性主要为砂岩夹板岩，厚度大于 800m。第四系堆积物主要为河床冲积堆积和岸坡崩坡积堆积。勘探揭示，坝区河床冲积层厚度一般为 5～13m，岸坡崩坡积厚度一般为4～10m，最大达 23.4m。

坝址在地质构造上位于职呷倒转背斜南西翼，总体为横向谷。地质构造以次级褶皱及小断层、挤压破碎带为主。坝址附近Ⅱ类场地条件下基本地震动峰值加速度为 0.10g，地震基本烈度为Ⅶ度。

坝址区地形较完整，岩体较坚硬，虽有断层分布，但其规模较小，影响较小。河床覆盖层厚度不大，且以粗颗粒为主，总体具备建坝的地形地质条件。存在的主要工程地质问题有：坝肩边坡稳定性问题、坝基及绕坝渗漏问题等。斜尔尕坝址见图 3.2.5-7。

图 3.2.5-7　斜尔尕坝址

(4)双江口坝址

根据四川省政府批复的《四川省大渡河干流水电规划调整报告》,双江口水电站是大渡河干流水电梯级规划调整开发方案的第 5 个梯级电站,也是干流上游的控制性水库电站工程。

双江口水库位于大渡河上源足木足河与绰斯甲河汇口以下约 2km,坝址控制流域面积 39330km^2,占大渡河流域面积的 51%左右,开发任务主要为发电,兼顾防洪。坝址高程 2255m,多年平均径流量为 158.4 亿 m^3,水库正常蓄水位 2500m,死水位 2420m,坝高 314m,总库容为 28.97 亿 m^3,正常蓄水位相应库容 27.32 亿 m^3,调节库容 19.17 亿 m^3,死库容 8.15 亿 m^3,具有年调节能力。电站装机容量 200MW,多年平均年发电量约 80 亿 kW·h。工程总投资 369 亿元。2015 年 4 月,国家发改委核准该工程;2015 年 7 月,工程开工建设;计划于 2022 年底开始发电。

坝址区河谷属高山深切曲流河谷,两岸山体雄厚,河谷深切,谷坡陡峻,临河坡高 1000m 以上,自然坡度左岸 35°~50°、右岸 45°~60°。高程 2800m 以下呈略不对称的峡谷"V"形谷。双江口坝址区的地层岩性主要为可尔因花岗岩杂岩体。库坝区及其外围构造较简单,主要由一系列大致平行、规模不一的线状紧密弧形复式褶曲组成。坝区岩体中的节理裂隙的成因类别主要为剪切节理,坝区花岗岩岩体完整、岩石强度高,岩块饱和抗压强度120~150MPa,抗风化能力较强。2015 年 4 月,国家发改委核准该工程。2015 年 7 月,工程开工建设。工程总工期为 120 个月。2019 年 3 月,开始浇筑主体混凝土。计划于 2022 年底开始发电。双江口坝址见图 3.2.5-8。

图 3.2.5-8 双江口水电站施工现状

(5)洛若坝址

洛若坝址位于洛若乡色曲干流，四川省色达县境内，控制流域面积 1470km^2，坝址多年平均径流量 4.2 亿 m^3。洛若水库工程规模为小(1)型，正常蓄水位 3758m，死水位 3758m；水库总库容 0.065 亿 m^3。坝址上游没有规模型寺院(庙)。库区左岸有一较大型天葬台，在坝址下游 2km 左岸支沟内有五明佛学院，均为坝址区主要影响对象。

坝址两岸临河岸坡 12°～35°，河谷横剖面呈不对称“U”形。坝址区两岸山体平缓，天然岸坡稳定性较好。坝址内外动力物理地质现象不太发育，右坝肩存在多层层间挤压破碎带，对边坡的局部稳定性有一定影响；左坝肩倾倒变形体规模及影响均较小。另外由于两坝肩特别是右坝肩覆盖层、强风化带、破碎带较厚，可能会发生浅层的滑塌、倾倒变形破坏。

(6)珠安达坝址

珠安达水库位于大渡河二级支流杜柯河上，四川省壤塘县境内，控制流域面积 4618km^2，坝址多年平均径流量 14.7 亿 m^3。珠安达水库工程规模为大(2)型，正常蓄水位 3612m，死水位 3575m；水库总库容 2.83 亿 m^3，调节库容 2.21 亿 m^3，死库容 0.54 亿 m^3。最大坝高 89m。

珠安达坝址河谷呈“V”形，珠安达坝址为纵向谷，河谷较为宽阔。坝基岩性为砂岩夹板岩。坝址覆盖层及基岩风化带总厚度较大。库区内崩塌、滑坡、泥石流和蠕变现象等外动力地质现象较为发育，但规模一般较小。珠安达坝址左坝肩岸坡稳定性差；坝基处于背斜核部，裂隙发育，应注意坝基防渗问题；左岸发育上杜柯断层带，左坝肩可能存在沿断层破碎带、影响带集中渗漏问题及绕坝渗漏问题。

(7)雄拉坝址

雄拉坝址位于四川省壤塘县南部绰斯甲河上，在色曲与杜柯河交汇口处。坝址距壤塘县城约 40km，坝址高程 2985m，控制流域面 10049km^2，年径流量 37.90 亿 m^3。坝址区河道为典型的峡谷型河道，为“V”形谷，岸坡高陡，平均坡度 35°～50°，局部地段近于直立，两岸植被发育。河床宽一般 60～100m，河床纵比降 0.6%左右。基岩主要为砂岩夹板岩或千枚岩。库区分布的第四系松散沉积物，其成因类型复杂多样，厚度变化较大，残坡积的壤土、砂壤土夹碎石多零星分布于山坡上；崩坡积的块石、碎石呈裙带状分布于山脚下；冲洪积的砂卵石、土及土夹石主要沿规划河段的干支流两岸呈带状分布。

坝址区河道走向与构造线方向基本一致，岩层陡倾，构造作用强烈。断层、褶皱及层间揉皱发育，背向斜相间分布，共发现 10 条断层，除上寨断层外，其他断层规模不大，且断层走向多以大角度与库岸斜交。上寨断层，是规划河段较大的断层，该断层带上至今仍有微弱的地震活动。坝址附近Ⅱ类场地条件下基本地震动峰值加速度为 0.10g，地震基本烈度为Ⅶ度。

坝址区地形较完整，岩体较坚硬，虽有断层分布，但其规模较小，且与边坡大角度相交，边坡整体稳定。河床覆盖层厚度不大，且以粗颗粒为主，总体具备建坝的地形地质条件。存在的主要工程地质问题有：绕坝肩渗漏问题，坝基渗漏及渗透变形和不均匀变形问题，在地震作用下可能发生砂土液化问题，坝肩边坡稳定问题。雄拉坝址见图 3.2.5-9。

图 3.2.5-9 雄拉坝址

第 4 章 可调水量分析

4.1 坝址径流分析

4.1.1 主要站网情况

4.1.1.1 站网分布及测站情况

(1)站网分布

本工程水文气象分析计算中，主要涉及四川省、青海省和长江、黄河水利委员会水文局所属雅砻江干流的甘孜、雅江水文站，雅砻江支流鲜水河的道孚、朱巴水文站，大渡河的绰斯甲、足木足、大金、丹巴水文站，通天河—金沙江直门达、岗托、巴塘等水文站的实测水文资料。这些测站大部分为 20 世纪 50 年代中、后期设置，至今已连续观测 60 年左右，均为国家基本水文站。测验项目包括水位、流量、降水、泥沙、蒸发、水温及冰情等，其中少数测站流量缺测年份由同期水位推算或者由上、下游相邻站资料相关插补。此外，20 世纪 50—60 年代，在鲜水河上游还设有朱倭水文站，有短暂几年水文资料，研究也进行了收集并加以分析利用。

另外，黄河设计院先后委托四川省水文水资源勘测局、青海省水文水资源勘测局及黄河水利委员会上游水文水资源勘测局在雅砻江干流、鲜水河、绰斯甲河及足木足河上游一些调水坝址附近设置了 6 个专用水文站。这些测站主要服务于南水北调西线一期工程确定的上游坝址的水文分析计算工作，其中，设站最早的为雅砻江温波站，截至 2015 年 12 月，已有 24 年实测资料，测验项目主要为水位、流量、降水及冰情等。

相关测站有关情况详见表 4.1.1-1。

(2)测站情况

与本次水文分析计算有关的水文测站包括通天河(金沙江)的直门达、岗托、巴塘水文站，雅砻江干流的温波、甘孜、雅江水文站，雅砻江支流鲜水河的朱巴、朱倭、道孚水文站，大渡河的绰斯甲、足木足、大金等水文站。各水文站基本情况如下：

①直门达站：直门达水文站是金沙江上段通天河基本控制站，该站位于东经 97°13′，北纬 33°02′，控制面积 137704km²。1956 年 7 月由长江水利委员会设立，为国家基本站，现由青海省水文局管理。该站测验河段顺直，长约 300m，河床由卵石及漂石组成，无水草生长，

高水无漫滩分流情况。历年基本水尺断面固定，水位流量资料完整。

②岗托站：岗托水文站设立于1953年6月，是国家基本水文站，位于四川省甘孜藏族自治州德格县龚垭乡康公村，东经98°35′，北纬31°38′，流域集水面积149072km²。该站隶属于长江上游水文水资源勘测局攀枝花分局，为中央自动报汛站。岗托水文站的主要水文测报测验项目有水位、水温、岸温、流量、降水、蒸发等。

岗托水文站于1957年1月上迁40m；1982年1月上迁200m，命名为岗托(二)站；2004年1月下迁100m，命名为岗托(三)站。

③巴塘站：巴塘水文站设立于1952年，是国家基本水文站，位于四川省巴塘县竹巴笼乡水磨沟村，东经99°05′，北纬29°51′，流域集水面积187507km²。隶属于长江上游水文水资源勘测局攀枝花分局，该站主要水文测报测验项目有水位、流量、含沙量、降水、水温等。

巴塘水文站于1956年3月停测，1959年4月恢复；1966年4月下迁13km至四川省巴塘县竹巴笼乡洞村，为巴塘(二)站；1972年1月下迁123.4m，为巴塘(三)站；2005年1月下迁3km至四川省巴塘县竹巴笼乡竹巴笼村，为巴塘(四)站。

④甘孜站：该站位于四川省甘孜县城南乡雅砻桥村，位置在东经99°58′，北纬31°37′，集水面积32925km²。1952年4月8日开始观测水位，1956年1月1日改为流量站，1956年8月1日上迁243m，更名为甘孜(二)站。1968年3—10月、1971年6月25日—1980年5月6日降为水位站停测流量9年7个月，经分析报批后1987年1月—1990年实行流量间测，1990年后改为水位站，2008年8月恢复流量测验。

⑤雅江站：雅江水文站为鲜水河入汇后雅砻江上游干流控制站。该站于1944年12月由前中央水利实验处西康总站设立，观测水位、流量等。其观测资料残缺不全，且伪造情况严重，无法整理刊布。1952年4月，原西康水利局在原测站上游15km处的噶拉村重新设站观测，控制集水面积为65857km²。1999年12月又下迁约15km至雅江县城后称雅江(二)站，控制集水面积为66871km²。2010年该站下移约300m，称为雅江(三)站。由于雅江(一)站和雅江(二)站集水面积相差仅1014km²，占雅江(一)站的1.54%，故将两站合并为一站使用，并统称雅江水文站。雅江水文站站实测有1952年5月至今的水位资料及1952年5月—1968年12月、1970年1月至今的流量资料。

⑥道孚站：该站位于鲜水河下游的道孚县麻孜乡尼姑沱村，位置在东经101°04′，北纬31°02′，集水面积14465km²。1948年2月设立为水文站至今，实测流量资料有1956—1968年、1970—2015年共59年。

⑦朱巴站：该站位于鲜水河支流泥曲下游的炉霍县泥渠乡朱巴村，位置在东经100°41′，北纬31°26′，集水面积6860km²。1960年4月设立为水文站，1963年1月改为水位站，1972年1月又改为水文站至今。实测流量资料有1960—1962年、1972—2015年共47年。

⑧朱倭站：该站位于鲜水河支流达曲下游的炉霍县朱倭乡朱倭村，位置在东经100°19′，

北纬 31°38′，集水面积 4280km²。1958 年 9 月设立水文站，1962 年 1 月改为水位站，1968 年 1 月撤销。实测流量资料有 1958 年 9 月—1961 年 12 月共 3 年 4 个月，实测水位资料共 9 年 4 个月。

⑨绰斯甲站：该站位于绰斯甲河下游的金川县观音乡，位置在东经 101°41′，北纬31°49′，集水面积 14794km²。1959 年 7 月 15 日设立为水文站，1962 年 1 月改为水位站，1967 年 1 月恢复测流，1968 年又改为水位站，到 1983 年又改为水文站至今。实测流量资料有 1960 年、1961 年、1967 年及 1983—2015 年共 36 年。

⑩足木足站：该站位于足木足河下游的马尔康市足木足乡江嘴村，位置在东经102°01′，北纬 32°00′，集水面积 19896km²。1958 年 11 月设立为水文站至今，实测流量资料有 1959—2015 年共 57 年。

⑪大金站：大金站为大渡河上游控制站，于 1956 年 10 月由四川水利厅设立，1957 年 1 月开始观测水位流量至今。1959 年因修公路将基线和水尺由右岸迁至左岸，仍在原断面观测，现由四川水文水资源局领导。

⑫温波专用水文站：温波站为专用水文站，该站位于雅砻江干流上游的石渠县温波乡，位置在东经 98°40′，北纬 32°53′，集水面积 19800km²。观测项目有水位、流量、降水、冰情等，由黄河设计院委托四川省水文水资源勘测局于 1992 年 1 月设立，至 2015 年共有 24 年实测流量资料。

⑬东谷专用水文站：该站位于鲜水河支流达曲下游的甘孜县四通达乡四通达村，位置在东经 100°12′，北纬 31°45′，集水面积 3824km²。观测项目有水位、流量、降水、冰情等，由黄河设计院委托四川省水文水资源勘测局于 2001 年 6 月设立，至 2015 年共有 14 年 7 个月实测流量资料。

⑭泥柯专用水文站：该站位于鲜水河支流泥曲下游的甘孜县泥柯乡泥柯村，位置在东经 100°16′，北纬 31°57′，集水面积 4664km²。观测项目与东谷站相同，由黄河设计院委托黄委会上游水文水资源勘测局于 2001 年 6 月设立，至 2015 年共有 14 年 7 个月实测流量资料。

⑮壤塘专用水文站：该站位于绰斯甲河支流杜柯河下游的壤塘县林业局二林场处，下距壤塘县城 33km，位置在东经 100°48′，北纬 32°20′，集水面积 4910km²。观测项目有水位、流量、降水、蒸发、冰情等，由黄河设计院委托黄委会上游水文水资源勘测局于 1999 年 5 月设立，至 2015 年共有 16 年 8 个月实测流量资料。

⑯班玛专用水文站：该站位于足木足河支流玛柯河下游的班玛县城附近，位置在东经 100°45′，北纬 32°56′，集水面积 4337km²。观测项目有水位、流量、冰情等，由黄河设计院委托青海省水文水资源勘测局于 1999 年 5 月设立，至 2015 年共有 16 年 8 个月实测流量资料。

⑰安斗(克柯)专用水文站：该站位于足木足河支流阿柯河上游的阿坝县安斗乡，位置在

东经 101°34′，北纬 32°59′，集水面积 1764km²。观测项目有水位、流量、降水、冰情等，由黄河设计院委托四川省水文水资源勘测局于 2003 年 6 月设立，至 2015 年共有 12 年 7 个月的实测流量资料。

表 4.1.1-1　　　　调水区及邻近地区水文测站特征值一览表

<table>
<tr><th colspan="3">河流名称</th><th>站名</th><th>集水面积（km²）</th><th>测站类别</th><th>资料起止年月</th></tr>
<tr><td rowspan="3">金沙江</td><td colspan="2">通天河</td><td>直门达</td><td>137704</td><td>国家站</td><td>1956.7—2015.12</td></tr>
<tr><td colspan="2" rowspan="2">金沙江干流</td><td>岗托</td><td>149072</td><td>国家站</td><td>1953.6—2015.12</td></tr>
<tr><td>巴塘</td><td>187507</td><td>国家站</td><td>1953.1—2015.12</td></tr>
<tr><td rowspan="8">雅砻江</td><td colspan="2" rowspan="3">雅砻江干流</td><td>温波</td><td>19800</td><td>专用站</td><td>1992.1—2015.12</td></tr>
<tr><td>甘孜(二)</td><td>32925</td><td>国家站</td><td>1956.1—2015.12</td></tr>
<tr><td>雅江(二)</td><td>65729</td><td>国家站</td><td>1952.5—2015.12</td></tr>
<tr><td rowspan="5">鲜水河</td><td rowspan="2">达　曲</td><td>东谷</td><td>3824</td><td>专用站</td><td>2001.6—2015.12</td></tr>
<tr><td>朱倭</td><td>4280</td><td>国家站</td><td>1959.1—1967.12</td></tr>
<tr><td rowspan="2">泥　曲</td><td>泥柯</td><td>4664</td><td>专用站</td><td>2001.6—2015.12</td></tr>
<tr><td>朱巴</td><td>6860</td><td>国家站</td><td>1960.1—2015.12</td></tr>
<tr><td>鲜水河</td><td>道孚</td><td>14465</td><td>国家站</td><td>1956.1—2015.12</td></tr>
<tr><td rowspan="8">大渡河</td><td rowspan="2">绰斯甲河</td><td>杜柯河</td><td>壤塘</td><td>4910</td><td>专用站</td><td>1999.5—2015.12</td></tr>
<tr><td>干　流</td><td>绰斯甲</td><td>14794</td><td>国家站</td><td>1960.6—2015.12</td></tr>
<tr><td rowspan="4">足木足河</td><td>玛柯河</td><td>班玛</td><td>4337</td><td>专用站</td><td>1999.5—2015.12</td></tr>
<tr><td rowspan="2">阿柯河</td><td>安斗(克柯)</td><td>1764</td><td>专用站</td><td>2003.6—2015.12</td></tr>
<tr><td>阿坝</td><td>2469</td><td>国家站</td><td>1960.1—1961.12</td></tr>
<tr><td>干　流</td><td>足木足</td><td>19896</td><td>国家站</td><td>1959.1—2015.12</td></tr>
<tr><td colspan="2" rowspan="2">大渡河干流</td><td>大金</td><td>40484</td><td>国家站</td><td>1957.1—2015.12</td></tr>
<tr><td>丹巴</td><td>52738</td><td>国家站</td><td>1956.1—2015.12</td></tr>
</table>

4.1.1.2　主要参证站水文资料整编、复核与插补情况

(1)情况简介

南水北调西线各调水坝址缺少长系列水文资料，主要依据上、下游邻近参证站水文资料来推算坝址设计径流成果。黄河设计院先后 3 次组织对下列主要参证站实测水位、流量资料进行了复核与插补。

1991 年 6 月，黄河设计院委托四川省水文水资源勘测局和青海省水文总站，分别对大渡河足木足站、雅砻江甘孜站与通天河直门达站自建站到 1990 年 12 月的水位、流量等基本资料进行全面复核。1992 年 3 月，四川省水文水资源勘测局提出了《足木足水文站基本资料复核报告》和《甘孜水文站基本资料复核报告》；1992 年 6 月，青海省水利厅水文总站提交了《直门达站水位流量资料复核报告》。1992 年 5 月、7 月黄河设计院先后在成都、西宁召开了审

查会，邀请了长江委水文局和两省区有关部门的专家组成验收组，对复核与插补成果进行了审查、验收。水规总院和黄委会水文局的专家对复核报告提出了书面意见。

2001年9月，黄河设计院委托四川省水文水资源勘测局，对泥曲的朱巴水文站和绰斯甲河的绰斯甲水文站自建站到2000年12月的流域特征资料、水位和流量观测资料及整编成果进行全面复核，并对流量缺测年份进行了插补。2002年4月，四川省水文水资源勘测局提出了《朱巴水文站水文资料复核报告》和《绰斯甲水文站水文资料复核报告》。2002年5月，黄河设计院在成都主持召开了专家审查会，参加会议的有水规总院、长江委上游水文局、黄委会水文局、黄委会上游水文局、四川大学、国电公司成都勘测设计院、四川省水利厅等单位的专家组成审查组，对复核与插补成果进行了审查、验收。

2003年3月，黄河设计院委托四川省水文水资源勘测局，对达曲朱倭水文站的水位、流量资料进行全面复核，并对缺测流量的年份进行插补。2003年10月，四川省水文水资源勘测局提出了《朱倭水文站基本资料复核报告》，并对1962年1月—1967年12月日流量进行了插补。复核报告也经我院组织专家进行了审查、验收。

(2)主要参证站基本资料复核与插补情况

1)朱巴水文站

朱巴站测验河段顺直，两岸是陡坎，右岸高约5m，左岸高约3m，断面呈"U"形，高水水面宽45m，低水河面宽约29m，河床为砂卵石组成。1988年以前，断面基本稳定，冲淤变化小。1988年12月在基下237m处建有低坝调水电站，回水至坝轴线上游1000m，整个测验河段处于回水区，低水时断面水位流量关系受闸门启闭的回水顶托影响，但低坝对本站中高水起控制作用。

水位观测：1960年4月—1977年7月为人工观测水位，1978年7月—1979年6月、1981年1月—1983年3月使用过自计水位测井，1983年4月至今为人工观测水位。枯季每日两次观测，汛期四段制和八段制观测，并视水情形势增加观测次数。

流量测验：1960—1962年为测船流速仪测流，1972年恢复流量测验，采用手摇缆道流速仪测流(其中1982年停测)。1988年以前在基本断面测流，断面比较稳定，冲淤变化一般小于3%；1989年以后，考虑电站影响，在基本断面下游397～412m处(电站大坝下游)设立临时测流断面，用于低水测流。1994年前流速仪测流时，多采用两点法和三点法，1994年后基本上采用一点法施测。测流水位高度占年水位变幅一般在90%以上，1960年、1983年采用过几次浮标测流，浮标系数为0.85。

通过对该站水位、流量资料的复核，经审查认为该站水位、流量观测计算和整编符合规范要求，成果基本合理。基本断面自设站以来位置固定，高程系统一直无变化，水准点引测和校测符合规范要求；高、中、低水控制良好，水位流量关系基本呈单一线；1963—1971年借用1961年7月—1962年以及1972—1974年的综合水位流量关系进行流量插补，成果基本合理,可以作为连续资料使用。

2)朱倭水文站

朱倭站测验河段比较顺直,断面呈"√"形,河床左岸为沙土夹卵块石,右岸河底为卵石组成,河床较为稳定。高水位时发生漫滩现象,漫滩部分水流不稳定,且产生部分回流和淤积。高水水面宽80m左右,低水水面宽30m左右。在基本水尺断面下游约190m处有弯道卡口和急滩,形成良好的天然控制,水位流量关系为单一线型。

水位观测:水位自1958年9月到1967年12月全部采用人工观测,枯季每日两次观测,汛期四段制和八段制观测,并视水情形势增加观测次数。冰期冰情对水位观测有一定影响。

流量测验:1959年7月31日以前,全部用水面浮标法测流,浮标系数采用0.85;1959年8月—1961年12月,全部采用简易缆道流速仪测流,一般采用一点法、两点法和三点法施测。

通过对该站水位、流量资料的复核,经审查认为该站水位、流量观测计算和整编符合规范要求,成果基本合理。对于1962—1967年缺测流量的年份,考虑测验断面冲淤变化小,水位流量关系线稳定,采用1959—1961年实测水位流量关系综合曲线,由同期水位资料进行插补,且综合关系线实测最高点水位为3399.67m,而停测流量年份最高水位为3399.68m,基本上属于水位流量关系内插推流,因此,推算的1962—1967年流量成果是可靠的,满足工程规划设计的需要。

3)道孚水文站

道孚水文站测验河段顺直整齐,无死水、回流、漫滩、串沟及水生物等现象,两站生长杂草灌木,在特大洪水时有影响。河床系卵石组成,较为稳定,各级水位主流稍偏左。水流在2960.70m以下时,基本水尺断面上游140m处出现宽约25m的卵石滩。基本水尺下游150m处有急滩,再往下游400m河道蜿蜒弯曲,起控制作用,但在冬季,每年均有不同程度的冰凌堆积,可壅高水位。20世纪90年代前洪水期大量流放木材,对测验工作有较大影响。

水位观测:道孚水文站基面为吴淞基面。基本水尺早期为直立木桩水尺,水位观测平时为每日8时、20时两次,水位变化较大时随时增加测次,建站后不久又增加了岸式仿瓦尔达自记水位计,其观测资料基本能反映水位变化过程。

流量测验:道孚水文站流量测次较多,平均每年测流75次,其中1963年测流达154次,1969年测次较少,仅19次。测流方法以流速仪法为主,兼以浮标测流,流速仪法测流测速垂线一般为10~12条,多用常规测法施测;浮标法测流,浮标型式一般为圆形木柱,一次投放约15个,浮标系数选用经验值0.85,1960年以后绝大多数采用流速仪法测流。

道孚水文站历年水位、流量资料由四川水文水资源勘测局统一整编。整编均按规范要求进行。历年水位—流量关系曲线均经过点群重心定为单一线。该站资料整编成果能够满足南水北调西线工程规划设计的需要。

4)甘孜水文站

甘孜站测验河段微弯,长约500m,浮标段长200m,基本断面兼测流断面和浮标中断面,比降断面与浮标断面重合。测验河段左岸为沙壤土陡坎,河心由砾石和卵石组成,断面基本稳定;右岸为斜坡,当水位达3323m时,有宽约100m的漫滩。该站水位流量关系单一,中高水控制良好。

水位观测:该站使用吴淞基面,基本水准点经多次校准,其高程无变动。枯水季节(11月至翌年4月,下同)每日两次观测,汛期四段制,洪水时增加为八段制观测,涨落急剧时,增加观测次数,以能完整反映洪水过程为原则。

流量测验:1958年以前以浮标法为主,1958年至今以流速仪法为主。1983年以前为多点多线精测法,通过对精测法资料分析,从1983年7月起,开始使用简测法。

通过对该站水位、流量资料的复核,认为该站水位、流量资料基本可靠。从水位观测来看,基本水准点经多次校准,其高程无变动,观测符合规范要求。从流量测验来看,该站1956—1958年、1965年、1980年共采用浮标测流198次,系数取用0.85,通过对期间19次比测资料的复核分析,相对误差小于5%的测次达94.7%,由此可见原采用的浮标系数0.85是适宜的。同时,该站35年中采用水面一点法施测共31次,所占比例较小,选用1964年、1965年共16份精测法资料检查,认为采用的水面系数0.85是合适的。从测验断面来看,该站断面稳定,年际间变化缓慢,且能冲淤互补,1963年、1970年两年特大洪水,造成断面有较大变化,但过后又逐渐复原。

历年来该站水位流量关系为单一线,1972—1979年停测流量期间,采用1970年、1971年、1980年、1981年、1982年共5年水位流量综合线推流,推流基本合理;1987—1990年甘孜(二)站间测流量期间,采用1981—1985年综合线推流,经用1982—1986年水位流量关系线与综合线进行比较,其最大误差不超过4%,中水误差不超过3%,高水误差不超过1%;2008年至今的流量成果,采用2008年8月恢复流量测验稳定后综合定线推流,各年测流成果可靠。该站与邻近上下游站比较,年、月水量基本平衡。

综上所述,认为甘孜站资料可靠,置信度较高,能够满足南水北调西线工程规划设计的需要。

5)雅江水文站

雅江水文站测验河段顺直长度约300m,中断面以下靠右岸高水有回流,中泓偏于左岸。断面呈梯形,左岸较陡,无崩塌;右岸平缓呈阶梯状,高水有约20m的漫滩。基本水尺上游1km处右岸有磨子沟注入,汛期山洪暴发时,常有卵石淤积在汇合处。下游约380m处为急滩,约680m处为河道急弯,形成各级水位良好的控制条件。河床断面多为岩石,略有少量块石或卵石组成。

水位观测:雅江水文站基面为假定基面。基本水尺为钢质直立式及木质直立式两种,位于观测站房下游约 280m 处的雅砻江右岸，水准点设在基本水尺断面上游约 3m 的石桩上。历年均用假定冻结基面。水尺零高、水准基点校测及时，水尺换读高程一致。水位观测枯期每日定时两次，汛期根据水情变化情况酌情增加测次，基本能掌握水位变化过程。

流量测验：雅江站流量测次较多，平均每年测流约 69 次。1962 年前以浮标法测流为主，低水用流速仪法施测。1963—1974 年两法兼用，中、高水仍以浮标施测为主，1975—1979 年以流速仪施测为主，中、高水两法均有测点。1980 年后基本上用流速仪法施测。流速仪法测流在 1973 年前用测船进行，其后在缆道上测流，测速垂线一般为 8～12 条，多用常规测法施测，其中 2 点法测次较多。浮标法测流，1955 年前用人力投放，以后改用高架浮标投放器投放。浮标型式一般为木质圆板或圆柱。浮标系数 1963 年前采用假定值 0.85，1964—1974 年按公式确定，一般为 0.86～0.88，1975 年后经分析采用 0.87。

雅江水文站历年水位、流量资料由四川水文水资源勘测局统一整编。整编均按规范要求进行。历年水位—流量关系曲线均经过点群重心定为单一线。其中 1952—1954 年因人力投放浮标，测验精度较差，故参照 1955 年实测点据定为综合线。历年水位流量关系曲线线簇趋势基本一致，呈较窄的带状。雅江站具有 1952 年 6 月—1968 年、1970—2015 年实测流量系列及 1969 年实测水位资料。因雅江站断面稳定、测站控制良好，故采用 1968 年、1970 年综合水位流量关系曲线推求 1969 年流量。

综上所述，雅江站资料整编成果能够满足南水北调西线工程规划设计的需要。

6)足木足水文站

足木足站测验河段顺直，河床由砂砾石组成，逐年有轻微冲淤，汛期漂木对测流造成一定影响。各年水位流量关系基本上呈单一关系，个别年份有 2～3 条线，1981—1983 年大洪水期，河道冲淤变化较大，水位流量关系比较散乱，1986 年以后关系线稳定。

水位观测：枯季每日两次观测，汛期四段制，涨落急剧时，增加测次，以控制水位变化过程。

流量测验：1967 年以前中、低水用流速仪，高水用浮标法测流；1967 年以后采用流速仪，以一点法测流为主；1987 年以后，枯季流量实行巡测。

通过对该站水位、流量资料的复核，经审查认为该站水位、流量资料基本可靠。除 1981—1983 年间断面发生较大的冲淤变化，借用断面可能产生较大误差外，其他年份借用断面基本合理。该站中、低水定线合理，但由于受河段特性和测验方法的影响，高水水位流量关系复杂，对个别年份成果有一定影响(如 1982 年、1983 年洪峰流量可能偏大 10%左右，洪水总量可能偏大 30%左右)。鉴于目前对某些问题难以确认，故仍维持原整编成果。总体认为，足木足站资料可靠，现整编成果能够满足南水北调西线工程规划设计的需要。

7)绰斯甲水文站

绰斯甲站测验河段顺直，河床组成左边是卵石夹沙，右边是大块石、卵石和沙砾，两岸皆为高山。测流断面极不稳定，河床糙率在0.020～0.035变化，河槽比降在1‰左右。测流断面上游200m处有一弯道，1984年、1985年洪水后，弯道变化很大，大部分被冲刷，对基本水尺水位有一定影响。该河道为放漂河流，中高水时漂木较多，时常在河心滩堆积，影响到测流。

水位观测：1978年以前为人工观测，1978年以后设立自计水位测井，采用自计水位计记录，并用人工观测校核。枯季每日两次观测，汛期四段制，洪水时增加为八段制观测，涨落急剧时，增加观测次数。

流量测验：1960—1961年采用浮标测流，浮标系数取0.85；1967年、1983年以后恢复测流时，架设手摇缆道采用流速仪并辅以浮标测流，流速仪测流时以一点法为主，测流水位高度占年水位变幅一般在80%以上，在河中漂木较多、流速仪施测困难时辅以浮标法测流。

通过对该站水位、流量资料的复核，经审查认为该站水位、流量资料基本可靠；水位观测、水准点引测、校测以及资料整编符合有关规范要求，成果基本合理；各年水位流量关系定线合理，1962—1966年、1968—1982年缺测流量借用1961年、1967年和1983年实测流量点综合定线，推流基本合理；该站与邻近上下游站比较，年、月水量基本平衡；该成果能够满足南水北调西线工程规划设计的需要。

8)大金水文站

大金站测验河段位于两弯道的过渡段，顺直河段长达400m，无分流串沟，各级水位不漫滩。断面形状似梯形，较为稳定。左岸为乱石夹沙，右岸由块石、卵石、砂砾石组成。高水时河段呈上小下大的喇叭形，基上50m处左岸稍突出，高水有向右挑作用；下游400m处有黄毛急滩，滩尾山势束狭，起中、低水控制；中、高水时河槽控制。

水位观测：本站高程系统为假定基面，枯季(11月—翌年4月)每日定时观测2次，汛期观测4次，洪水时视水位变化增加测次，能控制水位涨落过程。

流量测验：本站测流采用流速仪和浮标相结合。建站初期的1957—1962年，浮标测流占有相当比重，特别是1957年、1958年以浮标法为主，大多为草把式，浮标系数根据比测分析取用0.82，测流总次数为78～148。

1963年起流速仪测流次数逐年增加，80年代末期浮标测流全年仅数次(其中1986年完全采用流速仪测流)，测流总次数大多在100次上下，1964年、1965年均超过170次，流速仪测流次数也已超过100次。浮标系数经过比测，根据风向顺、逆在0.81～0.83中取用。流速仪测流多采用0.6一点法，个别测次采用多点法，全断面布置12～18根垂线，各年测点密集，各级水位均有测点，能满足确定水位流量关系的定线要求。

大金站历年水位流量关系多为单一曲线，且年际变化不大。

经复核，由于大金站测验河段控制条件良好，水位及流量测验均符合《水文测验规范》要求，断面历年稳定，水位流量关系定线合理，水位观测资料连续，过程完整，年头年尾衔接，无突出现象，整编符合规范要求。因此，水位、流量资料可靠，精度较好，其整编流量资料已在大渡河历次规划设计中应用，因此，该站成果能够满足南水北调西线工程规划设计的需要。

9）直门达水文站

直门达水文站测验河段顺直长度约300m。河床为卵石组成，高水有局部冲淤。两岸山坡遍生杂草，夹有小块冲积台地，夏秋季种植青稞。80年代中期，基本水尺断面至上浮标断面间靠左岸逐渐形成一沙梁，低枯水时发生岔流，致使部分垂线流向偏角较大，故于1985年改为右岸设尺观测，并在下游350m设置测流断面。上游400m处为束窄口，下游180m处左岸为大块石堆积的石梁，高水时岸边回流可抵基本水尺断面。下游800m处为通天河大桥，有束水作用。

水位观测：该站水尺为木制直立式，一般在汛前、汛后及较大洪水后及时校测零高。水位观测枯季每日两段制(8时、20时)，汛期每日四段制、八段制或逐时观测，水位变化较大时酌情增加测次，除受结冰影响，封冻、解冻前后测次略有不足外，基本能控制水位的变化过程。

流量测验：1960年以前以浮标法测验为主，流速仪法测验为辅，1960—1971年两法兼用，高水多用浮标法。浮标系数根据当年相邻水位级流速仪实测点据对比分析采用经验值：1956—1964年为0.81，1965—1971年为0.80～0.86，1971年以后基本全为流速仪法测流。

直门达站控制条件好，断面稳定，测验方法正确，测次较多，分布均匀，浮标系数采用合理。其1956年7月—1990年资料由黄委设计院组织有关专家于1992年7月在青海西宁审查通过。1991—2004年资料经本次了解复核(本站历年水位流量关系曲线比较、水位流量过程线对照、与下游岗托站年月平均流量对照及洪峰总量对照等检查)，除极个别年份外，基本上尚称合理。因此资料总体精度较高，可以满足南水北调西线工程规划设计的需要。

10）岗托达水文站

岗托水文站测验河段顺直长度约600m。右岸顺直，左岸测流断面处岸坡稍向河心突出，河面上窄下宽。测流断面上游250m和约500m处分别有吊桥和公路桥各1座。断面下游约400m处有一急滩，中低水起控制作用。急滩左岸有长约200m的条形卵石滩，中低水有分流，急滩以下为急湾，起高水控制作用。河床系岩石、卵石和少量泥沙组成，冲淤变化甚微。两岸最高水位以上杂草灌木丛生。上游约1km，左岸有支流德格河汇入，下游600m处右岸有矮拉沟汇入，二者对测流断面均无影响。

水位观测：水尺为木制直立式，水准点及水尺零高校测及时、考证详细。水位观测枯季每日两段制(8时、20时)，汛期每日四段制、八段制或逐时观测，水位变化较大时酌情增加测次，水位过程连续、变化合理。

流量测验：1967年以前中低水以流速仪法测流为主，高水以浮标法测流为主，1967年以后全为流速仪法测流。浮标系数采用分析值0.87。

岗托水文站控制条件好，断面稳定，历年水位流量关系线呈较窄的带状，测验和整编均符合规范要求。因此资料精度较高，可以满足南水北调西线工程规划设计的需要。

4.1.1.3 主要专用水文站水文测验情况

(1)温波专用水文站

黄河设计院早在1992年1月于雅砻江河源区温波设置了南水北调西线工程第一个专用水文站，自1992年1月1日正式观测，至2015年12月底已连续观测了24年。1995年7月11日—8月4日黄河设计院曾派人赴站检查水文测验情况，并提出了《雅砻江温波水文站测验工作情况检查报告》。1997年11月、2003年9月四川省水文水资源勘测局先后提出该站5年和11年水文测验工作报告。同时，为了加强对专用水文站水文测验质量的控制，黄河设计院采取了下站检查、组织专家指导、测验总结及审核等多项保障措施。

温波专用水文站控制流域面积19800km^2，测验河段长约500m，河床为卵石组成，河床纵比降较小，水流平缓，河床较稳定，没有明显冲淤变化。基本水尺断面大致居顺直河段中央，兼作过水测流断面，形状稳定、呈"U"形，水流平稳集中，无分流、斜流、回流、死水和支流加入现象，水位—流量关系稳定、单一，各级水位控制良好。

水位观测：基本测流断面和上、下比降断面设有钢钎直立式或矮桩式水尺，采用黄海高程系统观测水位，汛前、汛后均全面校测水尺零点高程，每次大洪水过后可能发生变动的水尺以及结冰期均及时校测水尺零点高程。水位自1992年建站以来，枯季每日两次观测，汛期(5—10月)采用四段制和八段制观测，并视水情形势增加观测次数，基本控制了水位变化的完整过程。冰期河水一般不封冻，结冰对水尺变动影响较小。

流量测验：自建站以来，架设钢支架手摇缆道采用流速仪测流，施测方法以多线一点法(0.6)为主，每年以三点法施测多次，测流水位高度占年水位变幅一般在80%以上。同时根据水情变化情况，每年采用精测法施测流量数次。

(2)东谷专用水文站

东谷专用水文站控制流域面积3824km^2，测验河段顺直，河床为砂卵石，两岸边坡稳定，断面冲淤变化不大，过水断面呈"U"形，水位—流量关系稳定、单一，低、中、高水控制良好。测流断面水流集中，无分流、岔流、回流、死水现象。

水位观测：基本测流断面和上、下比降断面设有矮桩式水尺，采用黄海高程系统观测水位。水位自2001年建站以来，枯季每日两次观测，汛期(5—9月)四段制和八段制观测，并视水情形势增加观测次数。冰期河水不封冻，结冰对水尺变动影响很小。

流量测验：自建站以来架设手摇缆道采用流速仪测流，测流时多采用多线一点法，测流水位高度占年水位变幅一般在90%以上。

(3)泥柯专用水文站

泥柯专用水文站控制流域面积 4664km²,测验河段顺直,砂砾石河床,断面冲淤变化不大,水位—流量关系比较稳定,低、中、高水控制良好。测流断面水流集中,无分流、岔流、回流、死水现象。

水位观测:在测流断面上游 200m 处大桥上设有自计水位计,基本断面及上、下比降断面设有矮桩式水尺。水位自 2001 年建站以来,汛期采用自计水位计,并辅以人工观测,非汛期采用 2 段制观测。冰期河水不封冻,结冰对水尺变动影响很小。

流量测验:自建站以来架设手摇缆道采用流速仪并辅以浮标测流,流速仪测流时高水采用多线一点法,中低水采用两点法,测流水位高度占年水位变幅一般在 80%以上。在流速仪施测困难时辅以浮标法测流,浮标系数为 0.75,发生大洪水时采用比降面积法推流。

(4)壤塘专用水文站

壤塘专用水文站控制流域面积 4910km²,测流河段顺直,河宽 10～70m,河床稳定,由砂砾石组成,断面为"U"形,冲淤变化小,左岸为基岩、陡坡,右岸为草滩地。测流断面水流集中,无分流、岔流、回流、死水现象。该站水位流量关系单一,低、中、高水控制良好。

水位观测:在河流右岸水边安装有自计水位计并设有矮桩式水尺。水位自 1999 年建站以来,汛期采用自计水位计,非汛期采用 2 段制观测。冰期河水不封冻,结冰对水尺变动影响很小。

流量测验:自建站以来架设手摇缆道采用流速仪并辅以浮标测流,流速仪测流时高水采用多线一点法,中低水采用两点法,测流水位高度占年水位变幅一般在 80%以上。在流速仪施测困难时辅以浮标法测流,浮标系数为 0.75,发生大洪水时采用比降面积法推流。

(5)班玛专用水文站

班玛专用水文站集水面积 4337km²,测验河段顺直,河床为砂砾石,冲淤变化不大,两岸边坡稳定,断面宽浅呈"U"形,低水时水面宽 30m,高水时水面宽 120m。该站水位流量关系单一,低、中、高水控制良好。

水位观测:水位自 1999 年建站以来采用人工观测,直立矮桩式水尺设在河流左岸。枯季每日两次观测,汛期(5—9 月)四段制和八段制观测,并视水情形势增加观测次数。该站水位涨落平缓,水位变化控制较好。河流不封冻,有岸冰,冰厚可达 1 米多,经校测冰期水尺零点高程变化很小。

流量测验:2001 年 5 月以前采用桥测悬杆流速仪测流,因流量较小,2001 年 1—4 月在临时断面涉水测流,5 月开始两断面比测,从 6 月起在缆道断面用水文双缆悬吊铅鱼流速仪法测流。测流采用多线一点法,大水时采用木制浮标测流,浮标系数采用 0.80。

(6)安斗(克柯)专用水文站

安斗专用水文站,又称克柯专用水文站,控制流域面积 1764km²,测验河段顺直,河床组成为卵石，断面冲淤变化不大，水力因素相对稳定。两岸边坡稳定，左岸为高原滩地，荆棘丛生；右岸为高山坡脚，属风化岩层。测验的控制断面相对稳定，过水断面呈“U”形，水流集中，河段上游无分流、岔流、回流、死水现象。水位变幅在 1.6m 左右，水位—流量关系稳定、单一，低、中、高水控制良好。

水位观测：基本测流断面和上、下比降断面设有矮桩式水尺，采用黄海高程系统观测水位。水位自 2003 年建站以来，枯季每日两次观测，汛期(5—9 月)四段制和八段制观测，并视水情形势增加观测次数。冰期河水不封冻，结冰对水尺变动影响很小。

流量测验：自建站以来架设手摇缆道采用流速仪测流，测流时多采用多线一点法，测流水位高度占年水位变幅一般在 90%以上。

总的来说，通过下站检查情况和各专用水文站提交的测验报告与测验成果看，各站能够按照有关水文测验规范及任务书的要求完成测验工作。各站水位变化控制均较好，断面冲淤变化小，水位流量关系稳定。经过青海省水文水资源勘测局、四川省水文水资源勘测局和黄委会上游水文局的整编审核，各专用水文站观测的水位、流量及冰情资料合理可靠，可供本次研究水文分析使用。

4.1.2　资料系列的可靠性、一致性与代表性

4.1.2.1　可靠性和一致性

与南水北调西线工程径流分析计算有关的参证站主要包括：通天河—金沙江干流的直门达、岗托、巴塘水文站；雅砻江干流的甘孜、雅江水文站，支流鲜水河的朱巴、道孚水文站；大渡河支流足木足河的足木足水文站、绰斯甲河的绰斯甲水文站等。这 9 个水文站均属国家基本水文站，其实测流量资料均经过青海省、四川省、长江委水文水资源勘测局汇总整编，并正式刊印。

另外，黄河设计院还先后委托青海省、四川省水文水资源勘测局对上述有关水文站的实测水位、流量资料进行了全面复核，并对缺测年份的流量资料进行了插补，已先后通过由黄河设计院组织的专家审查验收。总的认为，本次径流分析计算所采用的参证站径流资料是可靠的。

对于专用水文站来说，各站均为有资质的专业水文勘测机构设置、观测，观测资料经省级水文部门整编验收，成果质量是可靠的，资料精度能够满足工程设计需要。

关于径流资料的一致性，主要指采用的观测资料基础应一致。通天河—金沙江干流的直门达、岗托、巴塘水文站，雅砻江干流的甘孜站和雅江站、支流鲜水河的朱巴站与道孚站，大渡河支流足木足河的足木足站、绰斯甲河的绰斯甲站、干流的大金站，以及各专用水文站均位于为高原山区，靠近河流的河源区，不同时期下垫面条件基本一致，且该地区水利设施较少，无大中型水利工程，工农业开发程度较低，人类活动影响较小，径流成因较为一致，因此，各站径流资料具有较高的一致性，实测径流资料系列可作为天然径流系列采用。

4.1.2.2 径流系列代表性

关于系列的代表性，主要指采用系列能否反映总体样本的统计特性。本次主要从径流系列的丰枯变化特点、径流系列的稳定性以及对持续枯水段的反映等方面来分析采用系列的代表性。

(1)径流系列丰枯变化分析

1)通天河—金沙江干流的直门达、岗托站

通天河—金沙江干流，直门达—岗托区间无大支流加入，直门达和岗托两站同步实测年径流过程趋势一致，无相交。径流系列的代表性可以直门达站径流系列为代表进行分析。

利用直门达站 1960—2015 年共 56 年实测径流资料，绘制直门达站年径流量历年模比系数及相对差积曲线图，见图 4.1.2-1。

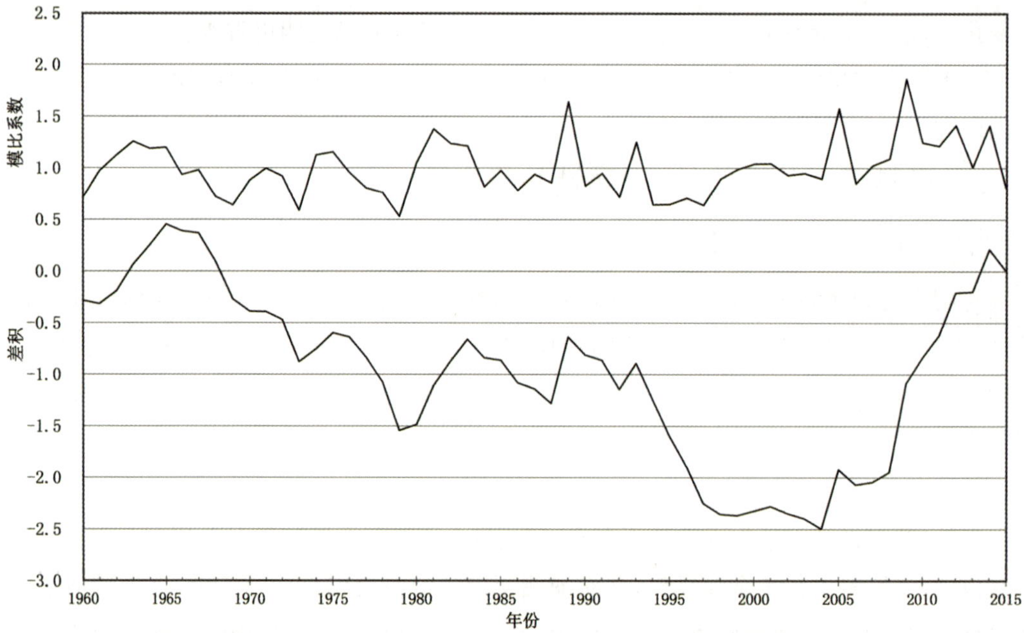

图 4.1.2-1 直门达站年径流系列模比系数及相对差积曲线

由图可见，该站年径流具有一定的丰、枯周期变化规律，系列中包含了多个丰、平、枯时段。如 1960—1965 年基本为偏丰段，1966—1973 年为 7 年连续枯水段，1974—1976 年为 3 年平水段，1979—1983 年为 5 年连续丰水段，1993—1997 年又出现 5 年持续偏枯情况，2008—2014 年为 7 年连续丰水段，其余年份均为丰、枯交替出现，反映出系列的丰枯变化特性。直门达站径流系列中 2009 年水量最丰，年径流为245.9 亿 m^3，偏丰程度达 86%；1979 年水量最枯，年径流为 70.1 亿 m^3，偏枯程度达—47%；最丰年份与最枯年份水量比为 3.51 倍。从径流系列的丰枯变化特点来看，通天河直门达参证站径流系列具有较好的代表性。同样，岗托站径流系列也具有较好的代表性。

2)雅砻江干流甘孜站、雅江站

从雅砻江甘孜、雅江站1960—2015年共56年实测径流资料看,两站丰枯变化除个别年份外基本同步。

图4.1.2-2是甘孜站及雅江站年径流量历年模比系数及相对差积曲线。

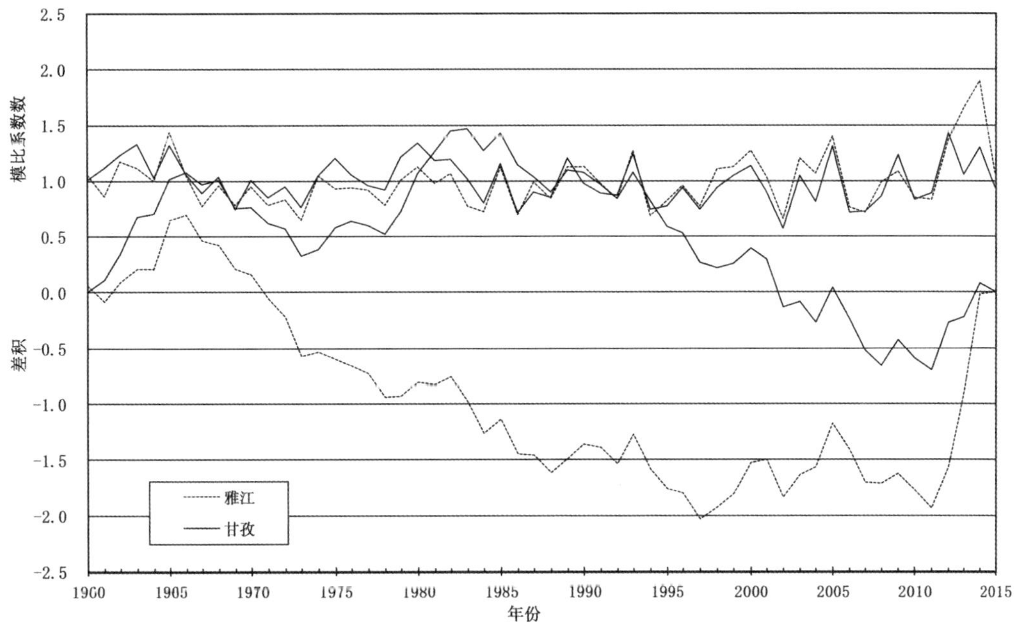

图4.1.2-2　甘孜、雅江站年径流系列模比系数及相对差积曲线

由图可见,两站年径流具有一定的丰、枯周期变化规律,系列中包含了多个丰、平、枯时段。如,1960—1966年基本为偏丰段,1967—1973年为7年连续枯水段,1974—1976年为3年平水段,1979—1982年为4年连续丰水段,1994—1997年又出现4年持续偏枯情况,2002—2005年、2011—2014年为4年连续丰水段,其余年份均为丰、枯交替出现,反映出系列的丰枯变化特性。甘孜站径流系列中2012年水量最丰,年径流为122.8亿m^3,偏丰程度达43%;2002年水量最枯,年径流为49.1亿m^3,偏枯程度达−43%;最丰年份与最枯年份水量比为2.5倍。雅江站径流系列中2014年水量最丰,年径流为412.3亿m^3,偏丰程度达89%;1973年水量最枯,年径流为140.5亿m^3,偏枯程度达—35%;最丰年份与最枯年份水量比为2.9倍。

从径流系列的丰枯变化特点来看,雅砻江干流甘孜、雅江两参证站径流系列具有较好的代表性。

3)鲜水河朱巴站、道孚站

从鲜水河朱巴站、道孚站1960—2015年共56年实测径流资料看,两站年径流丰枯变化基本同步。

图 4.1.2-3 是朱巴站、道孚站年径流量历年模比系数及相对差积曲线。

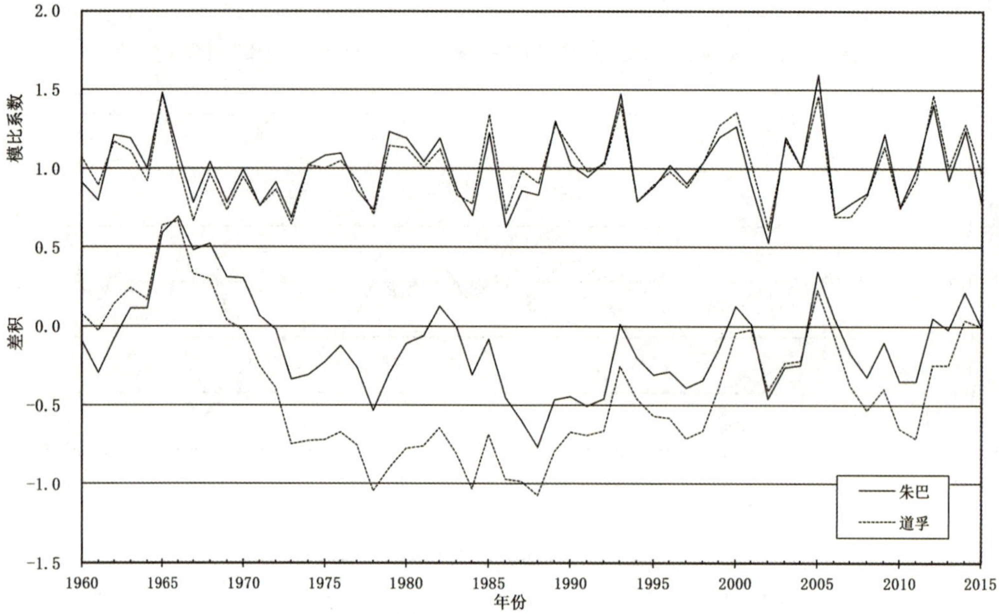

图 4.1.2-3 朱巴、道孚站年径流系列模比系数及相对差积曲线

由图可见，两站年径流具有一定的丰、枯周期变化规律，系列中包含了多个丰、平、枯时段。如，1960—1966 年为平偏丰年段，1967—1973 年为 7 年连续枯水段，1974—1976 年基本为 3 年平水段，1979—1982 年为 4 年连续丰水段，1989—1993 年基本为 5 年丰水段，1994—1997 年出现持续偏枯情况，2011—2014 年为 4 年连续丰水段，其余年份均为丰、枯交替出现，反映出系列的丰枯变化特性。朱巴站径流系列中 2005 年水量最丰，年径流为 31.7 亿 m^3，偏丰程度达 59%；2002 年水量最枯，年径流为 10.53 亿 m^3，偏枯程度达到 −47%；最丰年份与最枯年份水量比为3.01 倍；道孚站径流系列中 1965 年水量最丰，年径流为 66.2 亿 m^3，偏丰程度达 47%；2002 年水量最枯，年径流为 27.5 亿 m^3，偏枯程度达到 −39%；最丰年份与最枯年份水量比为 2.41 倍。也就是说，从径流系列的丰枯变化特点来看，鲜水河朱巴、道孚两参证站径流系列具有较好的代表性。

4)足木足河足木足站与绰斯甲河绰斯甲站

从足木足河足木足站和绰斯甲河绰斯甲站 1960—2015 年共 56 年实测径流资料看，两站年径流丰枯变化也基本同步。图 4.1.2-4 是两站年径流量系列历年模比系数及相对差积曲线。

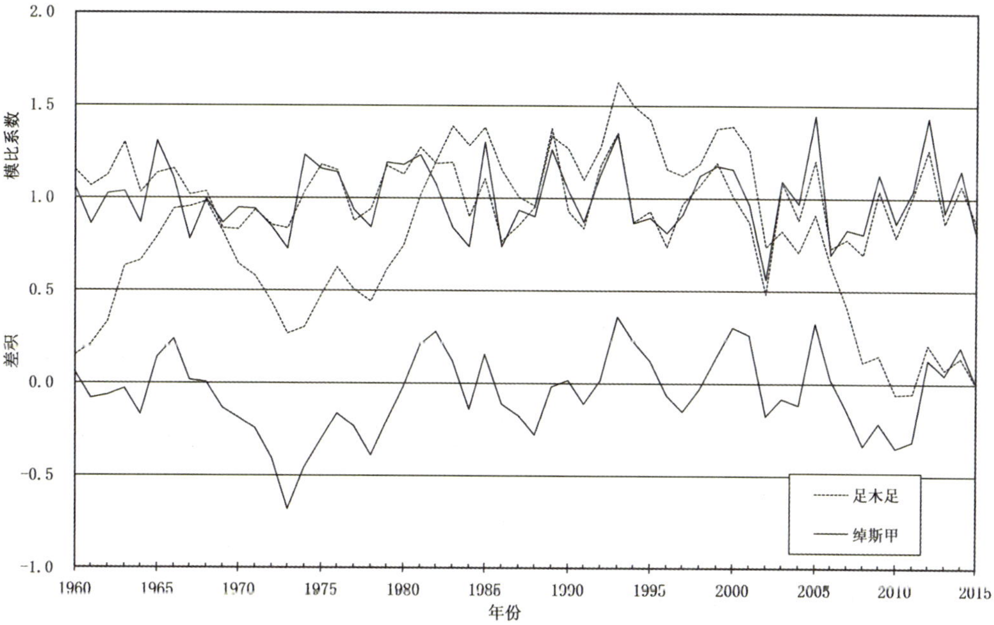

图 4.1.2-4 绰斯甲、足木足站年径流系列模比系数及相对差积曲线

由图可见，两站年径流系列同样具有一定的丰、枯周期变化规律，系列中也包含了多个丰、平、枯时段。

对于绰斯甲站来说，在20世纪90年代以前，虽然年际间有一些波动，但主要呈现15年左右的较长周期丰枯变化，90年代初期以来，出现三个3～5年的丰、枯周期变化。从持续丰枯年段变化看，1967—1973年出现持续7年水量偏枯年段，1974—1976年、1979—1982年、2010—2013年相继出现持续3～4年偏丰年段，1986—1988年、1994—1997、2005—2008年又相继出现持续3～4年偏枯年段，其他年份多为丰、枯水交替变化。径流系列中2005年水量最丰，年径流为84.5亿m^3，偏丰程度达44%；2002年也出现了46年实测系列的最枯水年，年径流为32.9亿m^3，偏枯程度达−44%；最丰与最枯水量比为2.57倍。

对于足木足站来说，其年径流量的相对差积曲线变幅较绰斯甲站的更大些，反映了该站年径流量系列持续丰、枯的特点比较突出，如1960—1966年持续偏丰，1969—1973年持续偏枯，1979—1983年又出现连续5年水量偏丰，1986—1988年、1994—1997年、2000—2002年、2005—2010年又相继出现持续3～6年持续水量偏枯，其他年份多为丰、枯水交替变化。径流系列中1989年水量最丰，年径流为100.7亿m^3，偏丰程度达40%；2002年同样水量最枯，年径流为34.9亿m^3，偏枯程度达−50%；最丰与最枯水量比为2.89倍。总的来说，该站丰、枯年段交替出现持续时间较长，平均变幅比较大，特别是2002年水量，仅为多年平均径流量一半，比其他参证站该年水量偏枯程度都大。

总之，两站径流系列丰、枯交替出现，包含有多个丰、平、枯时段，且对特殊枯水情况也有所反映，因此，从径流系列的丰枯变化特点来看，绰斯甲、足木足两站的径流系列具有较好的代表性。

5)大渡河大金站

利用大渡河大金站 1960—2015 年共 56 年实测径流资料绘制年径流量历年模比系数及相对差积曲线图，见图 4.1.2-5。

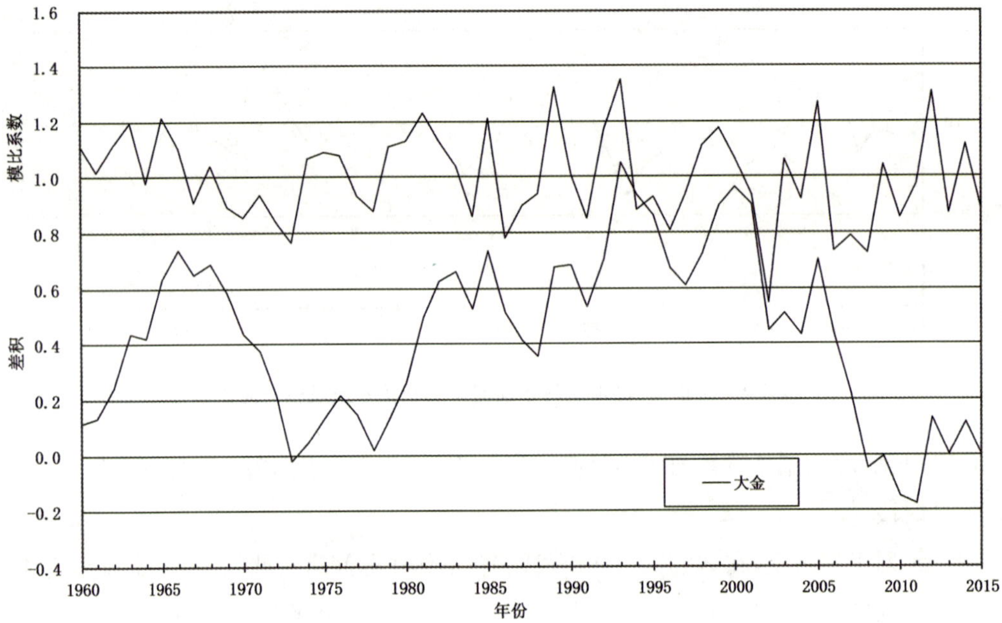

图 4.1.2-5 大金站年径流系列模比系数及相对差积曲线

由图可见，大金站年径流具有一定的丰、枯周期变化规律，其变化规律与足木足站和绰斯甲站大致同步，系列中包含了多个丰、平、枯时段。如，1960—1963 年持续偏丰，1969—1973 年为 5 年连续枯水段，1979—1983 年又出现连续 5 年水量偏丰，1986—1988 年、1994—1997 年、2006—2008 年又相继出现持续 3～4 年持续水量偏枯的年段，其他年份多为丰、枯水交替变化。径流系列中 1993 年水量最丰，年径流为 221 亿 m^3，偏丰程度达 35%；2002 年同样水量最枯，年径流为 90 亿 m^3，偏枯程度达－45%；最丰与最枯水量比为 2.46 倍。总的来说，大金站丰、枯年段交替出现持续时间较长，平均变幅比较大，特别是 2002 年水量，约为多年平均径流量一半。

总体来看，大金站径流系列丰、枯交替出现，包含有多个丰、平、枯时段，且对特殊枯水情况也有所放映，因此，从径流系列的丰枯变化特点来看，大金站的径流系列具有较好的代表性。

(2)径流系列稳定性分析

根据直门达、岗托、雅江、甘孜、朱巴、道孚、绰斯甲、足木足、大金等水文站实测年径流系列，分别计算各站 10 年、20 年及 30 年滑动系列的均值和 C_v 值，结果见表 4.1.2-1。

表 4.1.2-1　参证站长、短年径流系列统计参数比较表

测站	集水面积（km^2）	长系列				10 年滑动系列					20 年滑动系列					30 年滑动系列				
		统计年份	年限	均值（亿 m^3）	C_v	最大系列		最小系列		均值比	最大系列		最小系列		均值比	最大系列		最小系列		均值比
						均值（亿 m^3）	C_v	均值（亿 m^3）	C_v		均值（亿 m^3）	C_v	均值（亿 m^3）	C_v		均值（亿 m^3）	C_v	均值（亿 m^3）	C_v	
直门达	137704	1957—2015	59	130	0.28	168	0.41	109	0.13	1.54	143	0.32	121	0.22	1.18	137	0.30	121	0.24	1.13
岗托	149072	1954—2015	61	161	0.27	205	0.41	133	0.13	1.54	174	0.32	149	0.22	1.17	168	0.30	151	0.23	1.11
雅江	65729	1953—2015	63	216.6	0.24	251	0.36	188	0.12	1.34	237	0.30	194	0.15	1.22	227	0.28	200	0.17	1.14
甘孜	32925	1956—2015	60	85.7	0.20	95.8	0.26	75.9	0.12	1.26	90.8	0.24	78.7	0.16	1.15	89.6	0.22	80.2	0.16	1.12
道孚	14465	1956—2015	60	44.9	0.22	48.6	0.29	38.9	0.14	1.25	47.1	0.26	41.3	0.18	1.14	46.6	0.24	42.9	0.19	1.09
朱巴	6860	1960—2015	56	19.9	0.23	21.3	0.33	17.8	0.13	1.19	20.5	0.27	18.7	0.19	1.10	20.3	0.26	19.3	0.20	1.05
绰斯甲	14794	1960—2015	56	58.6	0.19	63.3	0.27	54.8	0.14	1.16	61.7	0.23	57.3	0.16	1.08	59.9	0.22	57.6	0.18	1.04
足木足	19886	1959—2015	57	72.9	0.18	81.3	0.26	62.5	0.11	1.30	78.1	0.24	67.5	0.13	1.16	76.4	0.22	69.8	0.15	1.10
大金	40484	1957—2015	59	163	0.17	175	0.24	145	0.10	1.20	173	0.22	155	0.12	1.11	167	0.20	160	0.14	1.05

对于雅江站、道孚站、朱巴站、直门达站和岗托站，当滑动系列长度达 30 年时，均值已趋于稳定，最大与最小均值比分别为 1.14、1.09、1.05、1.13、1.11。同时，30 年滑动系列的均值与长系列均值相比最大相差不超过 5%，而 C_v 值变幅也明显减小。由此可见，本次计算采用的雅江站、道孚站、朱巴站、直门达站和岗托站等参证站径流系列（均可达 56 年）的统计参数已基本上保持了相对稳定性，作为推算专用水文站径流系列的依据，能够满足工程设计需要。

对甘孜、绰斯甲站、足木足站和大金站来说，四站年径流系列的 10 年、20 年及 30 年滑动系列均值、C_v 值变幅基本为各站最小，表明两参证站年径流量变化幅度较小，径流系列比较稳定。同时，30 年滑动系列的均值与长系列均值相比最大相差不超过 5%，而 C_v 值变幅也明显减小，与 10 年、20 年滑动系列相比，均值、C_v 值的变幅减小明显，这反映该四个参证站系列长度超过 30 年时已趋向稳定，同样能够满足工程设计需要。

因此，从各参证站径流系列的统计参数来看，采用系列的均值、变差系数 C_v 值已趋向稳定，径流系列比较稳定，具有较好的代表性。

（3）径流系列代表性综合评价

综合上述分析可知：

第一，从径流系列的丰枯变化特点看，调水区参证站实测径流系列丰、枯交替出现，包含有多个丰、平、枯水时段，且对特殊枯水情况反映较好。

第二，从径流系列的稳定性看，各参证站径流系列的统计参数已趋向稳定，所采用的径流系列相对稳定。

因此，总的认为调水河流目前采用 1960—2015 年实测径流系列作为设计代表系列具有较好的代表性，能够满足调水工程设计系列的要求。

4.1.3 坝址径流分析

4.1.3.1 计算方法

由于各调水坝址处实测径流资料较少，本次根据专用水文站及相关参证站资料情况，采用水文比拟法、相关分析法、丰枯类比法等多种方法推求调水坝址的多年平均径流量。

（1）水文比拟法

该法利用坝址下游多个参证站的多年平均径流量 W 与集水面积 F 在双对数纸上点绘 W—F 关系，按相关线的斜率分析确定该地区的径流面积指数 n。再按下式计算坝址多年平均年径流量：

$$W_{坝} = (F_{坝}/F_{参})^n \times W_{参} \tag{4.1-1}$$

式中：$W_{坝}$ 为坝址多年平均年径流量（亿 m^3）；

$W_{参}$ 为参证站多年平均年径流量（亿 m^3）；

$F_{坝}$为坝址控制流域面积(km^2)；

$F_{参}$为参证站控制流域面积(km^2)；

n 为地区综合指数，反映流域年径流量沿程变化特性。

这个方法计算结果是否合理，主要取决于所采用指数 n 的大小能否真实反映坝址以上与下游邻近参证站径流量随面积变化的关系。

(2)相关分析法

利用坝址附近专用水文站短期年径流量与同期下游(邻近)水文站年径流量建立相关关系，插补出坝址专用水文站其他年份径流量，年内分配按下游(邻近)水文站同期径流年内分配比例计算，再按面积比折算到相应坝址。

(3)丰枯类比法

该法是利用专用站实测年径流量均值，采用下游参证站同期年径流量均值丰枯程度，折算出专用站多年平均年径流量，再按面积比计算到各相应坝址。该法快速、简便，但只有专用站与参证站同期径流量丰枯同步且丰枯程度相当时，才能得到合理的结果。两个短系列径流量丰枯程度是否同步，只能利用同期流域实测雨量空间分布特点来进行判断，但由于调水区雨量站稀少，降水的空间分布难以准确描述，因此，往往将该法计算成果作为其他方法分析成果的对比与检验。

4.1.3.2　金沙江干流各坝址多年平均径流量计算

金沙江干流比选坝址为岗托和叶巴滩 2 个调水坝址。岗托水电站坝址位于四川德格县与西藏江达县境内的金沙江干流上，坝址区位于德格色曲河汇口上游约 8.4km 处，坝址控制流域面积 147451km^2；叶巴滩水电站坝址位于白玉县盖玉乡降曲河口以下约 0.5km 河段上，距离白玉县城约 75km，坝址控制流域面积 173484km^2。

岗托和叶巴滩水电站坝址均无实测水文资料，其上、下游依次有直门达、岗托、巴塘水文测站，均为国家基本水文观测站，径流、洪水、水位、雨量等实测资料完整，其资料测验、整编、刊印均执行国家规范，资料质量可靠，精度可满足工程规划设计要求。

本阶段研究中，经综合考虑，采用 1960—2015 年径流系列，建立金沙江直门达、岗托、巴塘 3 个干流水文测站多年平均流量与流域面积关系线，见图 4.1.3-1，可见，金沙江巴塘以上干流流域面积与多年平均流量的关系良好，本次计算的该地区径流面积指数 n 值为 2.935。据此可利用式(4.1-1)以岗托等邻近水文站为参证站，推算岗托和叶巴滩水电站调水坝址的多年平均流量和年径流量。

经计算，岗托坝址多年平均流量为 517.3m^3/s，多年平均径流量为 163.2 亿 m^3；叶巴滩坝址多年平均流量为 823.2m^3/s，多年平均径流量为 259.8 亿 m^3。岗托、叶巴滩坝址径流的年内分配参照直门达、岗托等水文站径流的年内分配比例进行推求。

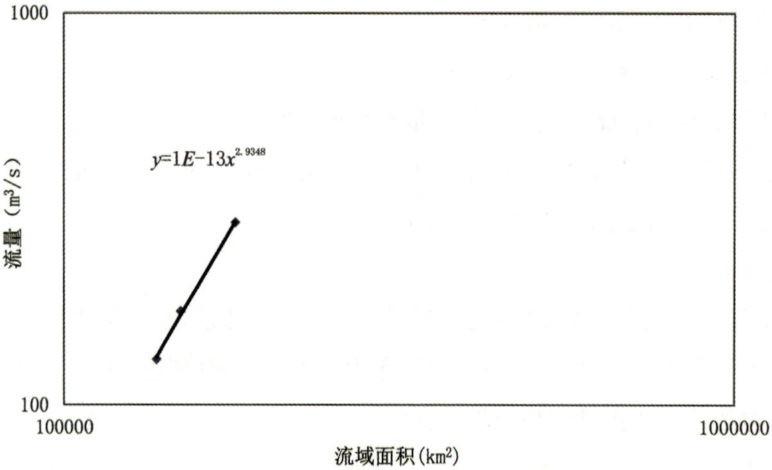

图 4.1.3-1　金沙江巴塘以上干流年径流与流域面积关系图

将本次推求的岗托、叶巴滩坝址径流计算成果与成都院在岗托水电站工程预可研和叶巴滩水电站工程预可研、可研阶段的计算成果对比，分别列入表 4.1.3-1 和表 4.1.3-2。

表 4.1.3-1　　金沙江干流岗托调水坝址多年平均径流量计算成果比较表

<table>
<tr><th>序号</th><th>计算阶段</th><th>多年平均流量
(m^3/s)</th><th>差别(2−1)</th></tr>
<tr><td>1</td><td>成都院岗托预可研(1953 年 6 月—2016 年 5 月)</td><td>540.0</td><td rowspan="2">−0.042</td></tr>
<tr><td>2</td><td>本次(1960—2015 年)</td><td>517.3</td></tr>
</table>

表 4.1.3-2　　金沙江干流叶巴滩调水坝址多年平均径流量计算成果比较表

<table>
<tr><th>序号</th><th>计算阶段</th><th>多年平均流量
(m^3/s)</th><th>差别(3−1)</th><th>差别(3−2)</th></tr>
<tr><td>1</td><td>成都院叶巴滩预可研(1953—2005 年)</td><td>819.0</td><td rowspan="3">0.005</td><td rowspan="3">−0.019</td></tr>
<tr><td>2</td><td>成都院叶巴滩可研(1953—2016 年)</td><td>839.0</td></tr>
<tr><td>3</td><td>本次(1960—2015 年)</td><td>823.2</td></tr>
</table>

通过表中数据可见，岗托坝址本次计算的多年平均径流成果与成都院预可研阶段计算成果相比，偏小 4.2%，成果相差不大；叶巴滩坝址本次计算的多年平均径流成果与成都院预可研及可研阶段计算成果相比，分别偏大 0.5%和偏小 1.9%，成果亦相差不大。同时，通过 4.1.2 节关于直门达站径流系列代表性分析可知，1960—2015 年径流系列具有一定的代表性，因此，本次推求的岗托、叶巴滩坝址径流成果是合理的。

4.1.3.3　雅砻江干流各坝址多年平均径流量分析计算

雅砻江干流本阶段比选坝址包括热巴、两河口 2 个调水坝址。热巴坝址控制集水面积为 26535km^2；两河口调水坝址控制集水面积为 65727km^2。

(1)热巴坝址多年平均径流量计算

1)相关分析法

雅砻江干流热巴坝址附近设有温波专用水文站,利用该站 1992—2015 年 24 年实测径流资料,与下游具有长系列资料的甘孜水文站进行相关分析。根据两站相关关系,按照甘孜站年径流系列可推求出温波专用水文站 1992 年前的年径流量,温波站与甘孜站相应年份年平均流量相关关系见图 4.1.3-2。据此计算的温波站多年平均径流量为 38.4 亿 m^3,1960—1991 年径流的年内分配按甘孜站同期径流年内分配比例计算。热巴调水坝址年径流采用温波、甘孜年径流系列按照面积比内插推求,径流的年内分配按照温波站、甘孜站径流年内分配比例并采用面积权重修正进行推求。

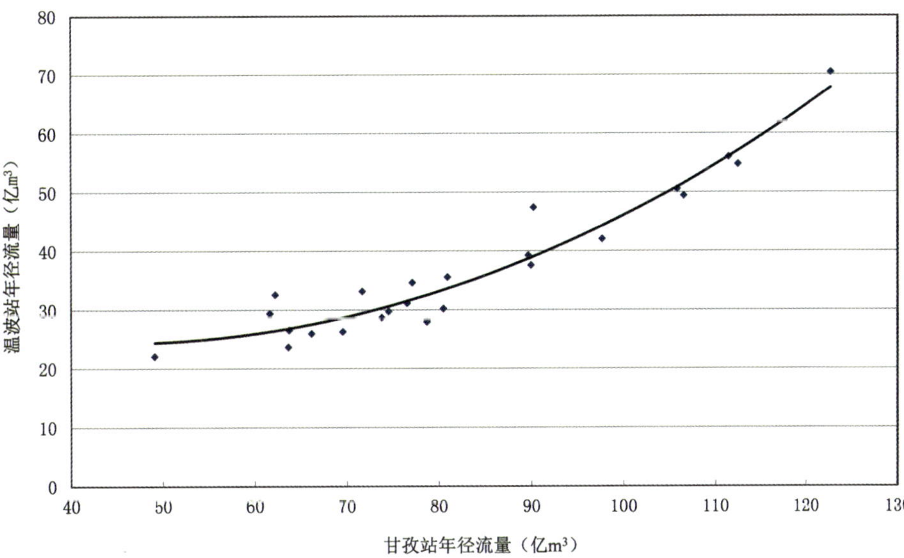

图 4.1.3-2 1992—2015 年温波站与甘孜站年径流量相关关系(相关系数 R=0.97)

2)水文比拟法

利用温波、甘孜及雅江—道孚的多年平均径流量 W 与集水面积 F 在双对数纸上点绘 W—F 关系,分析确定该地区的径流面积指数。雅砻江干流各参证站多年平均径流量及集水面积见表 4.1.3-3(其中温波站采用相关插补成果),各站多年平均径流量与集水面积的关系见图 4.1.3-3。

表 4.1.3-3 雅砻江干流参证站 1960—2015 年平均径流量及集水面积

测站	雅江	道孚	雅江—道孚	甘孜	温波
年径流量(亿 m^3)	217.7	45.4	172.3	85.8	38.4
集水面积(km^2)	65729	14465	51264	32925	19800

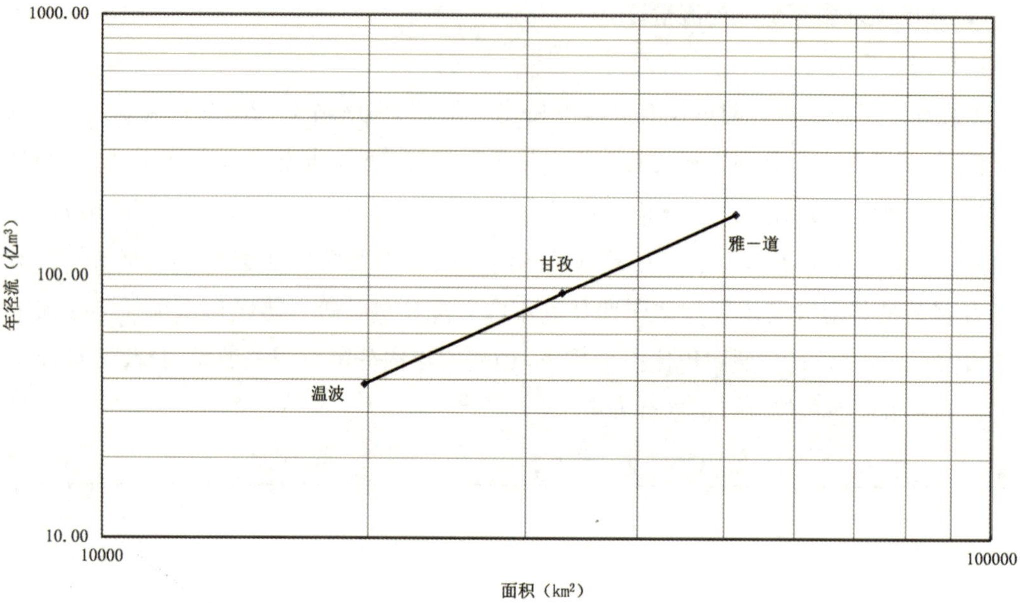

图 4.1.3-3　雅砻江干流多年平均径流量与面积双对数关系

经分析，确定该地区径流面积指数 n 值为 1.57，据此可按照式(4.1-1)利用参证站(甘孜水文站)的径流量推算热巴调水坝址多年平均径流量及历年径流量，甘孜站多年平均径流量为 85.8 亿 m^3。调水坝址径流的年内分配同样按照温波、甘孜站径流的年内分配比例，并采用面积权重修正进行推求。

雅砻江干流热巴调水坝址不同计算方法成果见表 4.1.3-4。

表 4.1.3-4　雅砻江干流热巴调水坝址多年平均径流量计算成果比较表

计算阶段	坝址或水文站	集水面积(km^2)	系列年份	水文比拟法(亿 m^3)	相关分析法(亿 m^3)	成果采用(亿 m^3)
规划	温波站	19800	1956—1996		39.6	39.6
	热巴	26535		64.0		64.0
本次	温波站	19800	1960—2015		38.4	38.4
	热巴	26535		61.1	62.7	61.1

注：规划阶段采用的面积指数为 1.39，是采用甘孜、雅江及下游卢宁等站资料推求。

3)成果合理性分析

①从相关分析法成果来看，该法充分考虑了上、下游站资料的内在联系，又很好地利用了坝址专用水文站 24 年的实测径流资料。同时，温波专用水文站占甘孜水文站集水面积的 60.1%，两站同处于雅砻江干流上游，下垫面条件及气候特征相似，径流相关关系较好，因此，利用甘孜站相关插补的温波站径流成果基本合理。

②从水文比拟法成果来看，本次分析依据资料比较充分，系列代表性较好，包含了丰、平、枯水，各采用系列的多年平均径流量点据关系较好，确定的地区径流面积指数基本上能

反映雅砻江干流径流模数从上游向下游沿程增加的径流特性。同时，热巴调水坝址位于关系线之间，不存在外延问题，据此推算的坝址多年平均径流量符合地区径流分布规律，成果应基本合理。

综合上述分析，考虑到该地区径流的分布规律，专用站的径流成果应充分利用上、下游站资料多方案论证。因此，本次推荐相关分析法成果作为温波专用水文站设计成果。热巴调水坝址推荐采用水文比拟法成果作为设计成果。

(2)两河口坝址多年平均径流量计算

两河口调水坝址控制集水面积为 65727km²，雅江水文站位于两河口电站下游约10.7km处，控制集水面积为 65857km²，雅江水文站与两河口坝址区间面积仅占其集水面积的 0.2%，因此两河口调水坝址多年平均径流量可直接采用雅江水文站的水文分析计算成果。

根据雅江水文站 1960—2015 年共计 56 年(水文年)径流系列，推算两河口调水坝址多年平均流量及历年径流量，两河口坝址多年平均流量为 689.0m³/s，多年平均径流量为 217.7 亿 m³。调水坝址径流的年内分配按照雅江站径流的年内分配比例进行推求。

将本次推求的两河口径流计算成果与成都院在两河口水电站工程预可研和可研阶段的计算成果对比，列入表 4.1.3-5，通过表中数据可见，本次计算的多年平均径流成果与成都院可研和预可研阶段计算成果相比，偏大约 3%，成果相差不大。同时，通过 4.1.2.2 部分关于雅江站径流系列代表性分析可知，1960—2015 年径流系列具有一定的代表性，因此，本次推求的两河口径流计算成果是合理的。

表 4.1.3-5　　雅砻江干流两河口调水坝址多年平均径流量计算成果比较表

序号	计算阶段	多年平均流量(m³/s)	差别(3—1)	差别(3—2)
1	成都院两河口预可研(1952 年 6 月—2002 年 5 月)	664	0.036	0.033
2	成都院两河口可研(1952 年 6 月—2010 年 5 月)	666		
3	本次(1960—2015 年)	689		

4.1.3.4　鲜水河各坝址多年平均径流量分析计算

鲜水河本阶段比选坝址包括支流达曲阿安调水坝址、泥曲仁达调水坝址。阿安坝址控制集水面积为 3487km²；仁达坝址控制集水面积为 4650km²。

(1)水文比拟法

利用坝址下游朱倭、朱巴、道孚、道孚—朱巴及雅江—甘孜区间 1960—2015 年多年平均径流量 W 与集水面积 F，在双对数纸上点绘 W—F 关系，分析确定该地区的径流面积指数。

朱倭站实测资料为 1960—1967 年，经综合比选最终选择由相邻流域位置接近、面积相近的朱巴站，利用朱倭—朱巴汛期非汛期(6—10 月/11 月—次年 5 月)相关分析计算成果，插补延长出朱倭站 1968—2015 年各年、月平均流量，从而使朱倭、朱巴、道孚 3 站及雅江—甘孜区间年径流系列保持一致。

各参证站多年平均径流量及集水面积见表 4.1.3-6，多年平均径流量与集水面积的关系见图 4.1.3-4。

表 4.1.3-6　　鲜水河参证站多年平均径流量及集水面积

测站	雅江	甘孜	雅—甘	道孚	朱巴	道—朱	朱倭
年径流量(亿 m^3)	217.7	85.8	131.8	45.0	19.9	25.1	13.4
集水面积(km^2)	65729	32925	32804	14465	6860	7605	4280

经分析，确定该地区径流面积指数 n 值为 1.12，据此可利用式(4.1-1)按照参证站(达曲朱倭、泥曲朱巴)的径流量推算各调水坝址多年平均径流量。

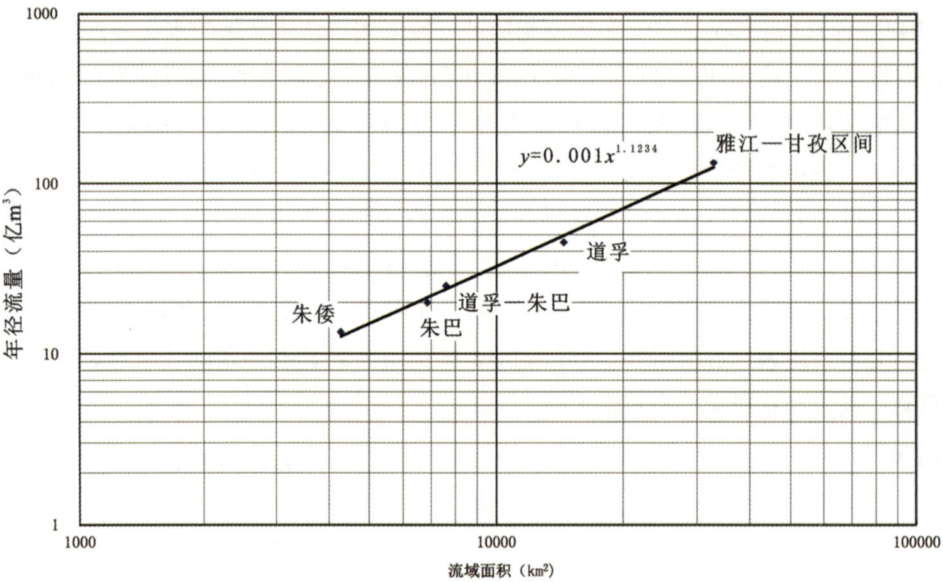

图 4.1.3-4　鲜水河各站(区间)多年平均径流量与面积双对数关系

(2)相关分析法

鲜水河达曲、泥曲坝址附近设有东谷、泥柯专用水文站，利用两站 2002—2015 年的年径流量资料，与下游及相邻河流具有长系列资料的水文站进行相关分析，推求出专用站径流量，再按面积比分配到各坝址。

达曲东谷专用站的年径流推算，分别利用相邻流域的朱巴站及下游朱倭、道孚站资料采用三种方案进行相关分析。

方案①：东谷站 2002—2015 年与相邻流域泥曲朱巴站同期年径流量相关分析。

方案②：东谷站 2002—2015 年与下游道孚站减朱巴站同期年径流量相关分析。

方案③：东谷站考虑朱倭资料与下游道孚站—朱巴站同期年径流量相关分析。由于东谷、朱倭同处于达曲干流上、下游，东谷站集水面积占朱倭站的 90%，两站径流量对应关系较好。朱倭站具有 1960 年 1 月—1967 年 12 月实测多年径流资料，利用面积比推算出东谷站

1960—1967 年径流量，将其与 2002—2015 年实测资料合并使用，与同期道孚—朱巴年径流量建立相关关系。

依据上述各方案相关关系，插补出东谷站与长系列参证站相同年份的年径流量，据此计算的东谷站多年平均径流量分别为 11.39 亿 m^3、11.35 亿 m^3、11.60 亿 m^3。各方案相关关系见图 4.1.3-5、图 4.1.3-6、图 4.1.3-7。年内分配按对应参证站同期径流年内分配比例计算。

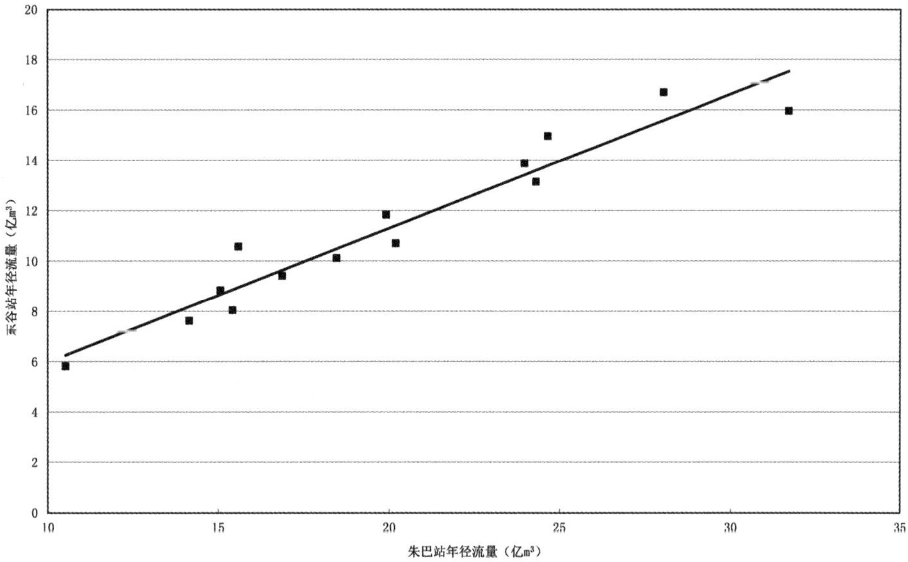

图 4.1.3-5　2002—2015 年东谷与朱巴年径流量相关关系(相关系数 R=0.96)

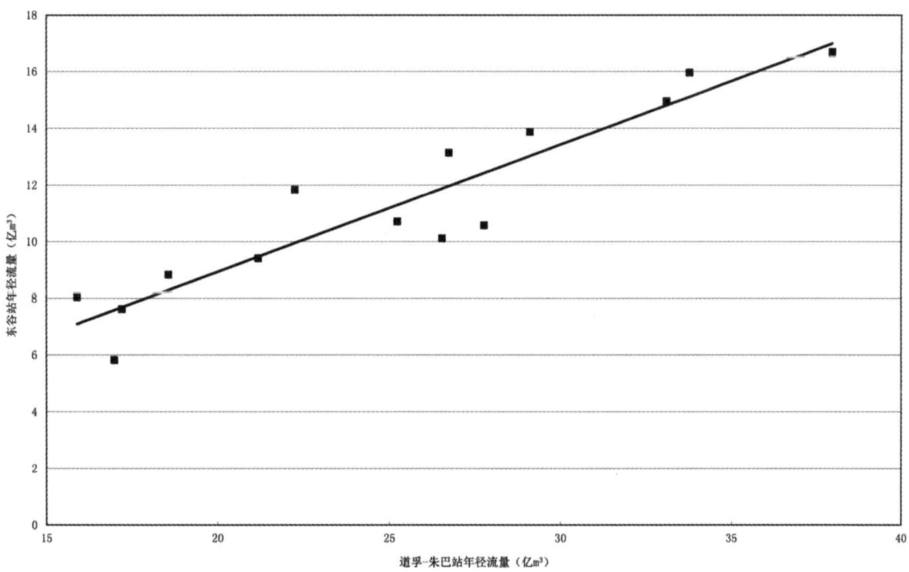

图 4.1.3-6　2002—2015 年东谷—道孚—朱巴年径流量相关关系(相关系数 R=0.93)

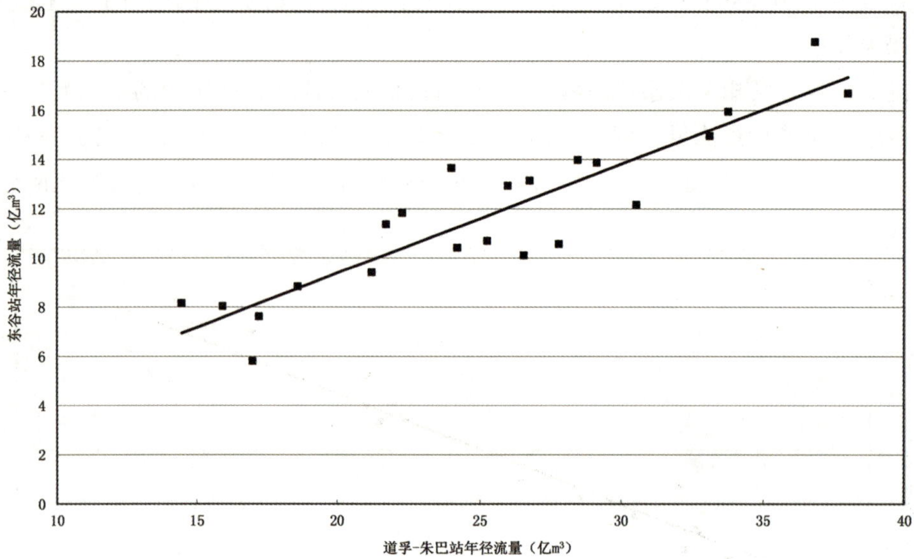

图 4.1.3-7　1960—1967 年、2002—2015 年东谷—道孚—朱巴年径流量相关关系(相关系数 R=0.91)

泥曲泥柯专用站的年径流推算，采用与下游邻近的朱巴站同期(2002—2015 年)年径流量进行相关分析。两站同处于泥曲下游，下垫面条件及气候特征相似，泥柯站集水面积占朱巴站的 68%，两站年、月径流存在密切对应关系。因此，可根据两站相关关系插补出泥柯站缺测年份的径流过程，据此计算的泥柯站多年平均径流量。两站月平均流量相关关系见图 4.1.3-8。年内分配按朱巴站同期径流年内分配比例计算。

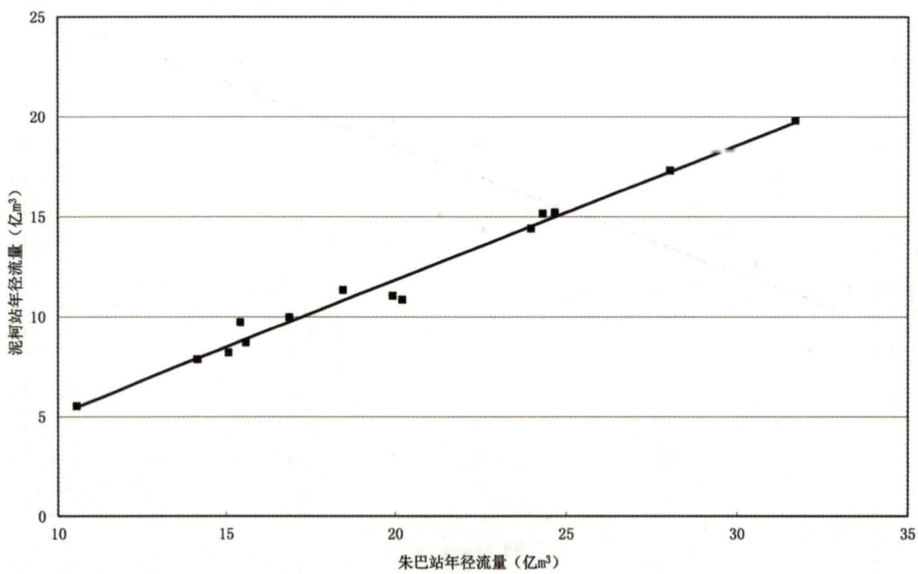

图 4.1.3-8　2002—2015 年泥柯与朱巴年径流量相关关系(相关系数 R=0.99)

鲜水河流域达曲阿安、泥曲仁达调水坝址不同计算方法所得计算成果见表 4.1.3-7。

表 4.1.3-7 鲜水河各调水坝址多年平均径流量计算成果比较表

计算阶段	河流名称	坝址或水文站	集水面积(km^2)	水文比拟法(亿 m^3)		相关分析法(亿 m^3)			成果采用(亿 m^3)
				n	径流量	方案①	方案②	方案③	
规划	达曲	阿安	3541	1.06	11.4				11.4
	泥曲	仁达	4574	1.06	12.7				12.7
本次	达曲	东谷站	3824			11.39	11.35	11.60	11.39
		阿安	3487	1.12	10.65	10.39	10.35	10.58	10.39
	泥曲	泥柯站	4664			11.78			11.78
		仁达	4650	1.12	12.87	11.75			11.75

(3)成果的选用及合理性分析

①从水文比拟法成果来看，本次分析依据资料比较充分，确定的地区径流面积指数基本上能反映鲜水河径流模数从上游向下游沿程增加的径流特性，但考虑到坝址上、下区间下垫面产流条件有一定差距，存在河源区与流域下游径流模数变化不一致的问题，利用距坝址较远的下游参证站年径流量递一速率来分析河源区的情况，采用的径流面积指数值应该比实际数值要小，据此推算的坝址多年平均径流量成果应是偏大的。

②从相关分析法成果来看，该法既充分考虑了上、下游(或邻近)站资料的内在联系，又很好地利用了坝址专用站的实测径流资料。

对于达曲来说，方案①考虑了流域特征的相似性，同时，达曲和泥曲的同期平均年雨量丰枯的空间分布形式也基本一致，而且达曲河流走向与泥曲基本平行，东谷站距离朱巴站位置比较接近，产汇流条件相似。因此，利用 2002—2015 年东谷站与朱巴站建立相关，推求出的东谷站多年平均径流量比较合理。

方案②考虑了上、下游站关系，但由于东谷站靠近河源，且近年实测资料比下游偏枯程度小，利用道孚—朱巴推算的径流量应属偏大值，可作为东谷站年平均径流量的下限值。

方案③在方案②的基础上增加利用了东谷站下游邻近的朱倭站 1960—1967 年相对较丰的实测资料，从 22 年径流资料看，6 个丰水年、10 个平水年、6 个枯水年，径流丰枯搭配均匀；同时，系列中有 1965 年特丰年份和 2002 年特枯年份，利用相关线进行插补时基本上没有资料外延问题，因此，该方案的推算结果也基本合理。另一方面，从径流丰枯程度看(见表 4.1.3-8)，泥曲朱巴站及鲜水河道孚—朱巴的 22 年径流量接近多年平均径流量，朱巴站偏丰 2.2%，道孚—朱巴偏丰 1.5%左右，插补成果存在偏大的因素。同时，由于调水区径流模数存在自河源区向下游增大的规律，利用朱倭站按面积比推求的东谷站 1960—1967 年径流资料又存在偏大因素，使得其他年份插补成果也同样存在偏大因素。

表 4.1.3-8　　朱巴、道孚站不同年段年径流量均值丰枯程度表

河流	测站	集水面积(km^2)	资料年限(年)	年径流量均值(亿 m^3)	年径流量丰枯程度(%)
泥曲	朱巴	6860	1960—2015	19.94	
			1960—1967	21.14	6.0
			2002—2015	19.92	−0.1
			(1960—1967)+(2002—2015)	20.37	2.2
鲜水河	道孚	14465	1960—2015	45.03	
			1960—1967	46.91	9.4
			2002—2015	45.1	0.4
			(1960—1967)+(2002—2015)	45.76	3.7
	道孚—朱巴	7605	1960—2015	25.09	
			1960—1967	25.77	3.4
			2002—2015	25.18	0.5
			(1960—1967)+(2002—2015)	25.39	1.5

对于泥曲来说，泥柯专用站占朱巴站集水面积的68%，两站同处于泥曲下游，下垫面条件及气候特征相似，径流相关关系较好，因此，利用朱巴站相关插补的泥柯站径流成果基本合理。

综合上述分析，考虑到该地区径流丰枯程度变化的复杂性，专用站的径流成果应充分利用各邻近站资料多方案论证，因此，本次推荐相关分析法成果作为设计成果。达曲东谷专用水文站采用方案①成果推求的多年平均径流量；泥曲泥柯专用水文站采用相关分析法推算的多年平均径流量。

4.1.3.5　大渡河各坝址多年平均径流量计算

大渡河流域本次比选坝址包括绰斯甲河支流杜柯河珠安达坝址，足木足河上游支流玛柯河霍那坝址、支流阿柯河克柯坝址，大渡河干流双江口调水坝址。珠安达坝址控制集水面积为 $4618km^2$，霍那坝址控制集水面积为 $4035km^2$，克柯坝址控制集水面积为 $1534km^2$，双江口坝址控制集水面积为 $39330km^2$。

(1)大渡河丹巴以上流域面积指数分析

由于大渡河丹巴以上地区地形、地貌条件比较接近，而丹巴以下进入高山峡谷区，地形、地貌条件较河源区更有利于产流，降雨量也较河源区增加。因此，选用丹巴以上足木足、绰斯甲、大金、丹巴等水文站径流资料来厘定调水地区径流面积指数 n 值。计算时系列选取至2015年，各参证站多年平均径流量及集水面积见表 4.1.3-9，多年平均径流量与集水面积的关系见图 4.1.3-9。经分析，本次计算的该地区径流面积指数 n 值为 1.13。

表 4.1.3-9　　大渡河参证站多年平均径流量及集水面积

测站	绰斯甲	足木足	大金	丹巴	大金—足木足	大金—绰斯甲	丹巴—足木足	丹巴—绰斯甲
年径流量（亿 m^3）	58.6	73.1	163.2	237.6	90.2	104.6	164.5	179.0
集水面积（km^2）	14794	19896	40484	52738	20588	25690	32842	37944

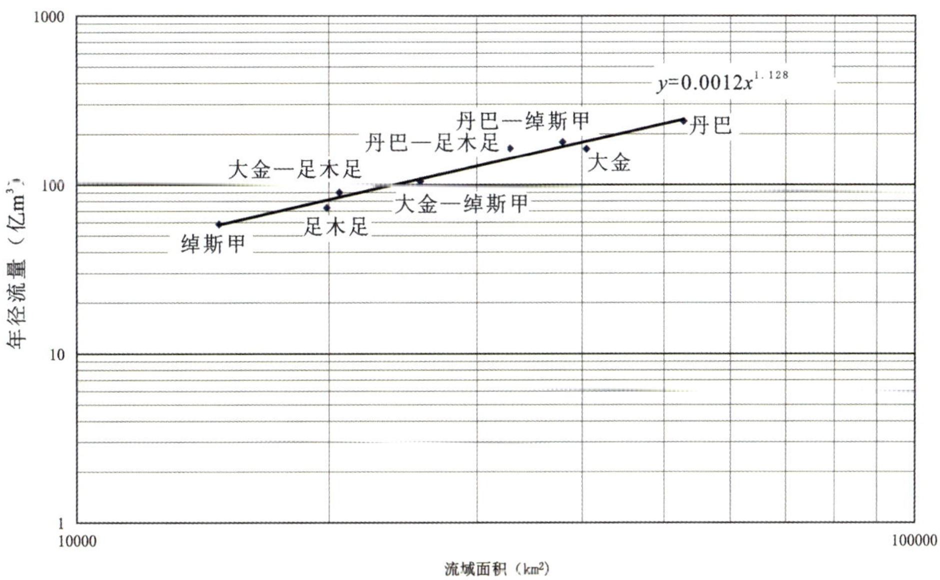

图 4.1.3-9　大渡河各站（区间）多年平均径流量与面积双对数关系

经分析，本次计算的该地区径流面积指数 n 值为 1.13，与规划阶段确定的 n 值 1.13 相同（资料系列至 1999 年）。若采用 1999—2015 年专用站、参证站的实测年径流资料确定该地区径流面积指数，则 n 值为 1.19，比规划阶段大（各站多年平均径流量及集水面积见表 4.1.3-10，多年平均径流量与集水面积的关系见图 4.1.3-10）。考虑到资料系列的代表性及推算成果的可靠性，本次仍取 1.13（与规划阶段相同）作为该地区的径流面积指数。

表 4.1.3-10　　大渡河有关站 1999—2015 年多年平均径流量及集水面积

测站	班玛	壤塘	绰斯甲	足木足
年径流量（亿 m^3）	10.67	15.75	58.74	68.05
集水面积（km^2）	4337	4910	14794	19896

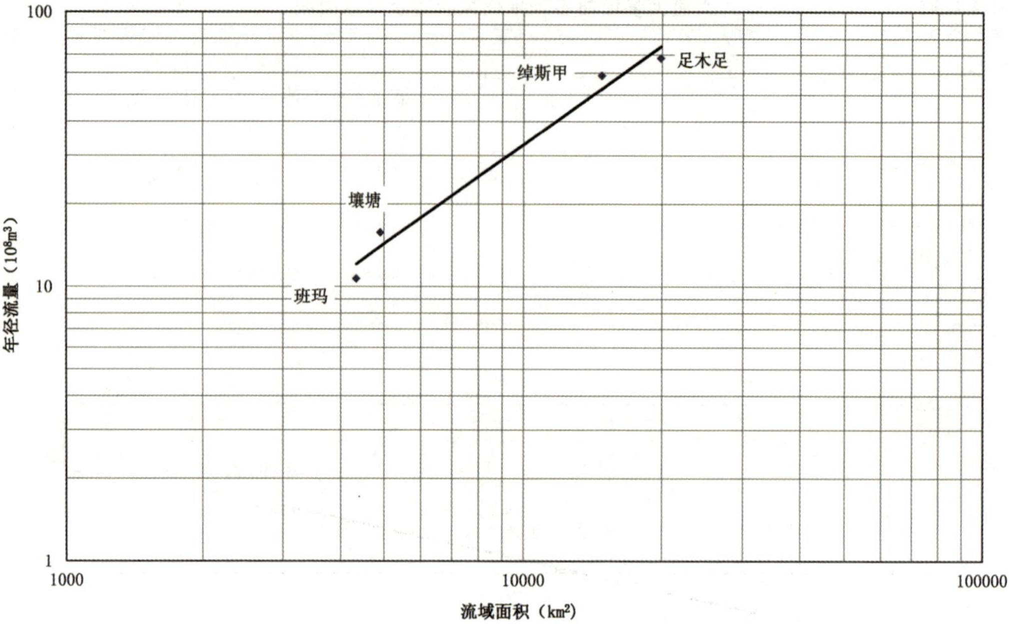

图 4.1.3-10　大渡河有关站 1999—2015 年径流量均值与面积双对数关系

(2)绰斯甲河珠安达坝址多年平均径流量计算

1)水文比拟法

经前述分析，大渡河丹巴以上流域径流面积指数 n 值为 1.13，据此可利用式(4.1-1)以绰斯甲站(多年平均径流量 58.6 亿 m^3)为参证站，推算绰斯甲河支流杜柯河珠安达调水坝址的多年平均径流量。

2)相关分析法

绰斯甲河上游杜柯河珠安达坝址附近设有壤塘专用水文站，利用壤塘专用站 2000—2015 年年径流量资料，与下游具有长系列资料的绰斯甲站同期年径流量进行相关分析，插补出壤塘专用站的 2000 年以前的年径流量，年内分配按绰斯甲站同期径流年内分配比例计算，再按面积比分配到珠安达坝址。

相关关系见图 4.1.3-11，据此计算的壤塘站多年平均径流量。珠安达调水坝址的多年平均径流量，利用壤塘站径流成果按集水面积比例推求，并取平均值作为设计成果。

3)丰枯类比法

利用杜柯河壤塘专用站 1999—2015 年平均径流量，按同期绰斯甲站年平均径流量占多年平均径流量的比例，推算出壤塘专用站的多年平均径流量，再按面积比分配到珠安达调水坝址。

壤塘站 1999—2015 年 17 年平均径流量为 15.75 亿 m^3，同期绰斯甲站平均径流量为 58.74 亿 m^3，与多年平均径流量 58.62 亿 m^3 相比偏丰 0.2%。按此偏丰程度推出壤塘站多年平均年径流量为 15.72 亿 m^3。

绰斯甲河流域杜柯河珠安达调水坝址不同方法计算成果见表 4.1.3-11。

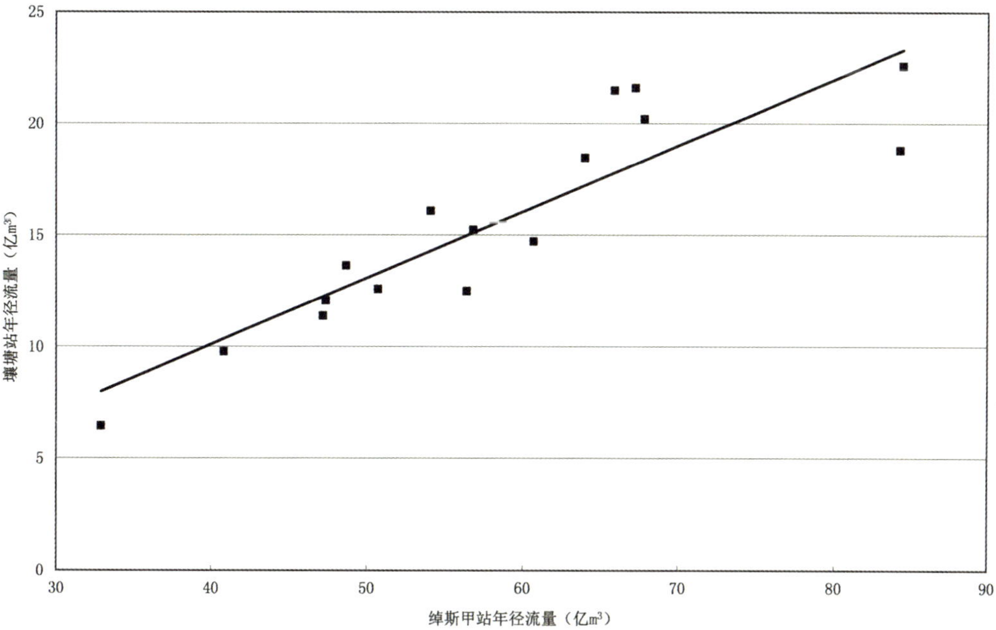

图 4.1.3-11　2000—2015 年壤塘—绰斯甲年径流量相关关系（相关系数 $R=0.9$）

表 4.1.3-11　　绰斯甲河珠安达坝址多年平均径流量计算成果比较表

计算阶段	河流名称	坝址或水文站	集水面积（km^2）	水文比拟法（亿 m^3）	相关分析法（亿 m^3）	丰枯类比法（亿 m^3）	采用成果（亿 m^3）
规划	杜柯河	上杜柯	4918	16.3			16.3
本次	杜柯河	壤塘站	4910		15.65	15.72	15.65
		珠安达	4618	15.73	14.72	14.79	14.72

4）成果的选用及合理性分析

①从水文比拟法成果来看，所依据地区资料系列比较充分，计算成果也具有一定的稳定性。但杜柯河珠安达调水坝址面积占参证站集水面积的比例较小，同时，根据调水河流的产汇流特性，靠近河源区的径流模数要比下游小，年径流递减速率大，按距坝址下游较远的丹巴至绰斯甲 4 站径流模数递减速率来分析河源区情况，采用的径流面积指数值应该比实际情况要小。例如，采用距坝址较近的壤塘专用站及绰斯甲水文站 1999—2015 年平均径流量推算的地区径流面积指数，就比采用下游绰斯甲、足木足、大金和丹巴 4 站资料推算的地区径流面积指数值大。因此，面积指数法推算的坝址多年平均径流量成果应是偏大的。

②从丰枯类比法成果来看，本次主要利用了壤塘专用站 1999—2015 年 17 年的实测年径流资料，考虑了下游绰斯甲参证站同期径流量的丰枯程度进行分析。这种方法物理概念

清楚，但由于该调水区域内雨量站点较少，对丰、枯程度分析还具有不确定性。因此，该法推算的壤塘站多年平均年径流量成果仅作为对比方案。

③从相关分析法成果来看，该法兼顾了上述方法的特点，既考虑了上、下游及邻近站资料的内在联系，又很好地利用了壤塘专用水文站的实测径流资料。从建立的年径流量相关关系看，点群关系较为密切，同时，点群关系包含了长系列最大径流量 84.48 亿 m^3（2005 年）和最小径流量 32.88 亿 m^3（2002 年），不存在插补外延问题，因此，该方法计算结果基本合理。

综合上述分析，本次推荐相关分析法成果作为设计成果。

(3)足木足河霍那、克柯坝址多年平均径流量计算

1)水文比拟法

经前述分析，大渡河丹巴以上流域径流面积指数 n 值为 1.13，据此可利用式(4.1-1)以足木足站（多年平均径流量 73.1 亿 m^3）为参证站，推算足木足河流域上游玛柯河霍那和阿柯河克柯 2 个调水坝址的多年平均径流量。

2)相关分析法

足木足河上游玛柯河霍那坝址、阿柯河克柯坝址附近分别设有班玛、安斗专用水文站，利用班玛站 2000—2015 年、安斗站 2004—2015 年实测年径流量，分别与下游具有长系列资料的足木足站同期年径流量进行相关分析，插补出班玛、安斗两专用站的年径流过程，年内分配按足木足站同期径流年内分配比例计算，再按面积比分配到各坝址。班玛及安斗专用站与足木足站的相关关系分别见图 4.1.3-12、图 4.1.3-13。

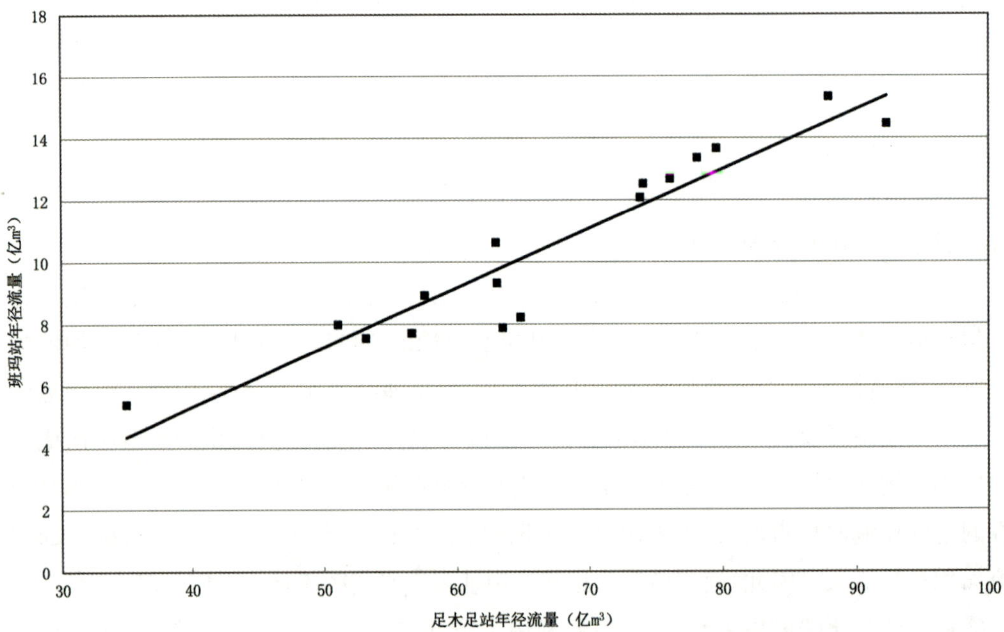

图 4.1.3-12　2000—2015 年班玛与足木足年径流量相关关系(相关系数 R=0.95)

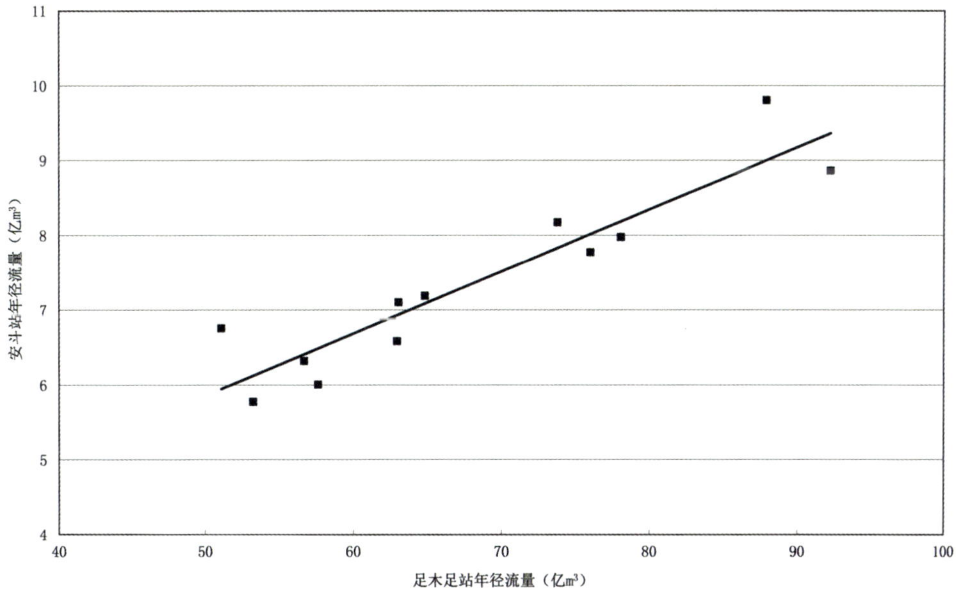

图 4.1.3-13　2004—2015 年安斗与足木足年径流量相关关系(相关系数 R=0.93)

3)丰枯类比法

玛柯河利用班玛专用站 1999—2015 年的平均年径流量,阿柯河利用安斗专用站 2003—2015 年径流资料计算的年平均径流量,分别按足木足水文站同期年平均径流量占多年平均径流量的比例,推算出班玛专用站、安斗专用站的多年平均径流量,再按面积比分配到各调水坝址。

班玛站 1999—2015 年多年平均径流量为 10.80 亿 m³,同期足木足站平均年径流量为 68.05 亿 m³,比相应多年平均径流量 73.15 亿 m³ 偏枯 6.97%。班玛站多年平均径流量可按照足木足站的径流偏枯程度推求,则其多年平均径流量为 11.61 亿 m³。

阿柯河安斗专用水文站有 2003—2015 年多年平均径流量为 7.46 亿 m³,同期足木足站平均年径流量为 69.01 亿 m³,比多年平均径流量 73.15 亿 m³ 偏枯 5.65%,据此推算安斗专用站的多年平均径流量为 7.91 亿 m³。

足木足河流域玛柯河、阿柯河各调水坝址不同计算方法成果见表 4.1.3-12。

表 4.1.3-12　足木足河各坝址多年平均径流量计算成果比较表

计算阶段	河流名称	坝址或水文站	集水面积(km²)	水文比拟法(亿 m³)	相关分析法(亿 m³)	丰枯类比法(亿 m³)	采用成果(亿 m³)
规划	阿柯河	克柯	1526	4.15			4.15
本次	玛柯河	班玛站	4337	13.08	11.72	11.61	11.72
		霍那	4035	12.06	10.90	10.80	10.90
	阿柯河	安斗站	1764		7.46	7.91	7.46
		克柯	1534		6.73	6.88	6.73

4)成果的选用及合理性分析

①从水文比拟法成果来看,依据的资料比较充分,计算成果也具有一定的稳定性。但玛柯河、阿柯河各坝址面积占足木足站控制面积比例较小,按距坝址下游较远的足木足站径流模数递减速率来分析河源区情况,采用的径流面积指数值应该比实际情况要小,因此,推算的坝址多年平均径流量偏大。但对于阿柯河来说,由于阿柯河坝址以上地区背靠较陡峭的山脉,为南风—东南风迎风坡,该地区水汽抬升容易形成降水,流域产汇流条件明显比玛柯河班玛以上地区要好,因此,水文比拟法计算的克柯坝址多年平均径流量偏小。

②从丰枯类比法成果来看,该法利用了班玛、安斗专用站的实测年径流资料,考虑了下游足木足参证站及邻近阿坝站的同期径流量丰枯程度进行了分析。但由于产汇流条件不尽相同,对地区径流丰、枯程度的分析还存在一些不确定性,因此,该方法推算的各坝址多年平均径流成果是否可靠,仍难以确切定论,仅作为对比方案。

③从相关分析法成果来看,既考虑了上、下游站资料的内在联系,又很好地利用了专用站的实测径流资料。从建立的年径流相关关系看,点群关系比较密切,同时,点群关系中包含了长系列径流量中的2005年特丰水年(足木足站径流量87.93亿m^3),及2002年最枯水年(34.91亿m^3),利用相关线进行插补时基本上没有资料外延问题,因此,该方法计算结果基本合理。

综合上述分析,本次推荐相关分析法成果作为设计成果。

(4)大渡河干流双江口坝址多年平均径流量计算

大渡河干流调水坝址双江口水电站,位于四川省阿坝州马尔康市、金川县境内的大渡河上源足木足河与绰斯甲河汇口以下约2km,上距马尔康市约46km,下距金川县约45km。双江口坝址控制流域面积39330km^2,坝址下游大金水文站控制流域面积40484km^2,双江口电站坝址与大金水文站之间区间流域面积为坝址以上流域面积的3%左右,坝址径流分析计算可以选用大金站为依据站,采用水文比拟法进行计算。

根据大金水文站1960—2015年共计56年(水文年)径流系列,计算得大金水文站多年平均流量为519m^3/s,多年平均径流量为164亿m^3。经前述分析,大渡河丹巴以上流域径流面积指数n值为1.13,据此可利用式(4.1-1)以大金站为参证站,推算双江口调水坝址的多年平均流量为502m^3/s,多年平均径流量为158.4亿m^3。调水坝址径流的年内分配按照大金站径流的年内分配比例进行推求。

将本次推求的大金站径流计算成果与成都院在双江口水电站工程预可研和可研阶段的计算成果对比,列入表4.1.3-13,通过表中数据可见,本次计算的多年平均径流成果与成都院可研和预可研阶段计算成果相比,分别偏小1.5%和偏大0.6%,成果相差不大。同时,通过

4.1.2.2 部分关于大金站径流系列代表性分析可知，1960—2015 年径流系列具有一定的代表性，因此，本次推求的大金站径流计算成果是合理的，进而，由大金站径流成果根据水文比拟法推求的双江口坝址径流成果也是合理的，双江口坝址多年平均流量为 502m^3/s，多年平均径流量为 158.4 亿 m^3。

表 4.1.3-13　　大渡河干流大金站多年平均径流量计算成果比较表

序号	计算阶段	多年平均流 (m^3/s)	差别 (3−1)	差别 (3−2)
1	成都院双江口预可研(1957 年 5 月—2002 年 4 月)	527	0.015	0.006
2	成都院双江口可研(1957 年 5 月—2010 年 4 月)	516		
3	本次(1960—2015 年)	519		

4.1.3.6　各坝址多年平均径流成果

将南水北调西线工程各必选坝址的多年平均径流成果汇总于表 4.1.3-14。

表 4.1.3-14　　调水坝址多年平均径流成果汇总表

河流名称		坝址	集水面积 (km^2)	多年径流量 ($10^8 m^3$)	多年平均流量 (m^3/s)
通天河—金沙江	金沙江干流	岗托	147451	163.2	517.3
	金沙江干流	叶巴滩	173484	259.8	823.2
雅砻江	雅砻江干流	热巴	26535	61.1	193.4
	雅砻江干流	两河口	65727	217.7	689.0
	支流达曲	阿安	3487	10.39	32.9
	支流泥曲	仁达	4650	11.75	37.2
大渡河	大渡河干流	双江口	39330	158.4	502.0
	支流杜柯河	珠安达	4618	14.72	46.6
	支流玛柯河	霍那	4035	10.9	34.5
	支流阿柯河	克柯	1534	6.73	21.3

4.2　可调水量研究

4.2.1　河道外国民经济用水现状及需水预测

4.2.1.1　现状供水

现状年通天河(金沙江)流域巴塘断面以上共有地表水供水工程 237 座(处)，包括城镇供水工程、人饮工程以及农田灌溉工程；地下水供水井 2312 眼。流域现状供水量 3130 万 m^3，其中地表水源供水量为 2892 万 m^3，占总供水量的 92.4%左右，地下水源供水量占 7.6%左右。

雅砻江流域现有各类水源工程设施 1.7 万座(处)，其中蓄水工程 2827 座(包括大型 1 座、中型 2 座、小型 151 座、塘堰 2308 口)、引水工程 8649 处、提水工程 341 处，以及地下水和其他水源工程 5000 余处；工程大部分为小型工程，各类供水工程总设计供水能力 18.33 亿 m^3。流域现状供水量 17.93 亿 m^3，以地表水源供水为主；其中地表水源供水量占总供水量的 98%左右，地下水源供水量占 2%左右。

大渡河流域现有各类水源工程设施 8557 座(处)，其中蓄水工程 3206 座、引水工程 3284 处、提水及地下水供水工程 1698 处，工程以小型蓄引水工程为主，各类供水工程总设计供水能力 14.46 亿 m^3。流域现状供水量 9.03 亿 m^3，以地表水源供水为主；其中地表水源供水量占总供水量的 93%左右，地下和其他水源供水量占 7%左右。见表 4.2.1-1。

表 4.2.1-1　通天河、雅砻江、大渡河现状供水工程及供水量统计表

河流	地表水		地下水		合计	
	供水工程(处)	供水量(万 m^3)	供水工程(处)	供水量(万 m^3)	供水工程(处)	供水量(万 m^3)
通天河(金沙江)巴塘断面以上	237	2892	2312	238	2549	3130
雅砻江	11817	175714	5000	3586	16817	179300
大渡河	6490	83979	1698	6321	8188	90300

4.2.1.2　现状用水

(1)用水量

据统计，通天河(金沙江)流域巴塘断面以上现状总用水量 3128 万 m^3，其中生活用水量 647 万 m^3，占总用水量的 20.7%；工业、建筑和三产用水量 301 万 m^3，占 9.6%；农林牧畜用水量 2140 万 m^3，占 68.4%；生态用水 40 万 m^3，占 1.3%。

雅砻江流域现状总用水量 17.92 亿 m^3，其中生活用水量 1.07 亿 m^3，占总用水量的 6.0%；工业、建筑和三产用水量 4.24 亿 m^3，占 23.7%；农林牧畜用水量 12.57 亿 m^3，占 70.1%，生态用水 0.04 亿 m^3，占 0.2%。流域上中下游地区用水量分别占流域总用水量的 2.0%、15.8%、82.2%。雅砻江流域的用水主要分布在下游地区。

大渡河流域现状总用水量 9.03 亿 m^3，其中生活用水量 0.85 亿 m^3，占总用水量的9.4%；工业、建筑和三产用水量 1.98 亿 m^3，占 21.9%；农林牧畜用水量 6.14 亿 m^3，占 68.0%，生态用水 0.05 亿 m^3，占 0.6%。流域上(河源区)、中、下游地区用水量分别占流域总用水量的

14.2%(7.7%)、50.6%、35.2%。大渡河流域的用水主要分布在中下游地区。

通天河、雅砻江、大渡河流域现状各部门用水量见表 4.2.1-2。

表 4.2.1-2　　通天河、雅砻江、大渡河现状各河段用水量表　　（单位：万 m^3）

河流	河段		生活用水		城镇生产用水			农村生产用水			生态用水	总用水量
			城镇	农村	工业	建筑业	三产	农田	林草	牲畜		
通天河（金沙江）巴塘断面以上	河源—俄南		125	238	8	72	79	38	0	834	22	1416
	俄南—岗托		25	44	2	15	16	17	14	263	4	400
	岗托—叶巴滩		48	76	3	29	31	28	22	439	8	684
	叶巴滩—巴塘		32	59	2	21	23	90	73	322	6	628
	合计		230	417	15	137	149	173	109	1858	40	3128
雅砻江	鲜水河	达曲	23	97	7	1	20	254	10	487	2	901
		泥曲	20	90	5	1	16	105	14	500	2	753
		干流	64	118	20	4	59	1018	26	503	7	1819
	干流	河源—甘孜	130	439	11	23	84	838	4	2175	13	3717
		甘孜—洼里	741	1343	2781	175	1176	13602	3504	2533	78	25933
		洼里—河口	3794	3868	28316	623	9118	88191	8296	3594	326	146126
	流域合计		4772	5955	31140	827	10473	104008	11854	9792	428	179249
大渡河	绰斯甲河	色曲	55	58	5	2	21	31	109	303	9	593
		杜柯河	40	49	11	7	43	59	105	434	3	751
		绰斯甲河干流	61	106	42	10	52	702	537	348	6	1864
	足木足河	玛柯河	31	108	4	7	25	67	55	772	4	1073
		阿柯河	55	151	43	8	60	44	207	825	5	1398
		足木足干流	152	59	142	13	210	425	49	347	13	1410
	干流	双江口—泸定	284	404	710	43	222	2976	728	728	37	6132
		泸定—铜街子	1427	3121	6711	199	1668	30127	1331	1874	161	46619
		铜街子—河口	1663	704	8084	97	1383	17587	380	297	278	30473
	流域合计		3768	4760	15752	386	3684	52018	3501	5928	516	90313

(2)用水水平

通天河（金沙江）巴塘断面以上、雅砻江和大渡河流域现状水资源开发利用率分别为 0.2%、2.8%和 1.8%，相对于流域丰沛的水资源，现状开发利用程度不高。雅砻江和大渡河流域现状人均用水量分别为 553m^3 和 352m^3，万元 GDP 用水量分别为 171m^3 和 147m^3，万元工业增加值用水量分别为 627m^3 和 601m^3，城镇居民生活用水指标分别为 122L/人・d

和 121L/人·d,城镇生活综合用水指标分别为 143L/人·d 和 134L/人·d,农村居民生活用水分别为 76L/人·d 和 81L/人·d。

4.2.1.3 需水预测

(1)社会经济指标预测

1)人口预测

通天河(金沙江)巴塘断面以上、雅砻江、大渡河流域现状年总人口分别为 38.74 万、316.72 万、243.65 万,根据各省及相关州(市)国民经济和社会发展规划,运用增长率法,并与全国水资源规划、长江流域综合规划等相关规划预测成果相协调,预测 2030 年通天河(金沙江)巴塘断面以上、雅砻江、大渡河流域总人口为 44.25 万、352.38 万、268.08 万,2015—2030 年人口年平均增长率分别为 8.8‰、7.1‰、6.4‰,城镇人口将从 2015 年的10.49 万、94.08 万、75.58 万发展到 2030 年的 18.16 万、173.93 万、132.20 万,届时城镇化率分别提高到 27.1%、49.4%、49.3%。通天河(金沙江)巴塘断面以上、雅砻江、大渡河流域各河段人口预测见表 4.2.1-3。

通天河流域(金沙江)巴塘断面以上 2015—2030 年 GDP 增长率为 6.6%,到 2030 年 GDP 增长为 145.81 亿元。预计工业、建筑业、三产增加值的年增长率分别为 6.7%、6.7%和 9.1%,其增加值将由 2015 年的 0.58 亿元、18.02 亿元和 11.81 亿元增加到 2030 年的 1.52 亿元、47.41 亿元和 43.46 亿元。

雅砻江流域现状年 GDP 为 1307.3 亿元,第一、二、三产业结构为 13∶56∶31;按照各州市的优势产业进行分行业预测,预计未来一段时间内,雅砻江流域经济社会将呈持续、快速、健康的态势发展,到 2030 年 GDP 增长为 5000.64 亿元,第一、二、三产业结构调整为 11∶48∶41,流域 2015—2030 年 GDP 增长率为 9.3%。预计工业、建筑业、三产增加值的年增长率分别为 8.2%、8.1%和 11.4%,其增加值将由 2015 年的 600.7 亿元、131.5 亿元和 401.8 亿元,增加到 2030 年的 1964.05 亿元、423.43 亿元和 2035.25 亿元。

大渡河流域现状年 GDP 为 734.3 亿元,第一、二、三产业结构为 12∶60∶28。按照各州市的优势产业进行分行业预测,预计未来一段时间内,大渡河流域经济社会将呈持续、快速、健康的态势发展,到 2030 年 GDP 分别增长为 2660.92 亿元,第一、二、三产业结构分别调整为 7∶60∶33,流域 2015—2030 年增长率为 8.9%。预计工业、建筑业、三产增加值的年增长率分别为 9.0%、8.2%和 10.2%,其增加值将由 2015 年的 389.2 亿元、53.2 亿元和 205.3 亿元,增加到 2030 年的 1417.57 亿元、173.21 亿元和 879.79 亿元。雅砻江、大渡河、通天河流域各河段 GDP 及各行业增加值预测见表 4.2.1-3。

表 4.2.1-3　　通天河(金沙江)巴塘断面以上、雅砻江、大渡河流域 2030 年社会经济预测表

河流	河段		人口(万)		GDP(亿元)				灌溉面积(万亩)		牲畜[万头(只)]
			总人口	城镇人口	GDP 合计	工业	建筑业	三产	农田有效灌溉	林草灌溉	
通天河(金沙江)巴塘断面以上	河源—俄南		24.90	9.83	30.50	0.79	24.99	22.92	79.20	3.10	20.74
	俄南—岗托		4.74	1.99	5.89	0.17	5.15	4.72	15.93	1.37	0.10
	岗托—叶巴滩		8.39	3.82	9.82	0.32	9.87	9.04	29.05	2.28	0.17
	叶巴滩—巴塘		6.22	2.52	7.21	0.24	7.40	6.78	21.63	7.36	0.11
	合计		44.25	18.16	53.42	1.52	47.41	43.46	145.81	14.11	21.12
雅砻江	鲜水河	达曲	4.95	1.48	15.23	0.54	0.85	8.74	6.54	14.58	36.55
		泥曲	4.61	1.22	12.74	0.36	0.76	6.83	1.20	8.26	38.60
		干流	7.07	2.92	35.99	1.63	2.30	25.51	15.90	25.01	37.77
	干流	河源—甘孜	23.18	6.34	81.32	0.94	13.43	36.67	16.03	50.95	178.47
		甘孜—洼里	74.03	31.95	697.92	191.58	99.36	296.38	67.90	61.15	248.79
		洼里—河口	238.54	130.02	4157.44	1769.00	306.73	1661.12	247.09	100.85	502.59
	流域合计		352.38	173.93	5000.64	1964.05	423.43	2035.25	354.66	260.80	1042.77
大渡河	绰斯甲河	色曲	3.29	1.84	20.81	0.39	1.30	10.37	0.11	17.47	22.99
		杜柯河	3.21	1.46	27.62	0.59	3.98	15.71	0.29	9.77	30.54
		绰斯甲河干流	5.89	2.58	32.39	2.26	5.87	19.24	2.33	16.67	28.96
	足木足河	玛柯河	5.62	1.53	15.72	0.35	3.41	9.11	2.70	9.12	53.89
		阿柯河	7.50	2.95	40.11	2.25	4.63	22.07	8.56	22.31	57.68
		足木足干流	6.31	4.90	88.78	7.33	6.82	65.17	7.25	17.12	24.78
	干流	双江口—泸定	24.34	11.29	183.77	50.15	22.26	93.61	22.48	46.94	74.88
		泸定—铜街子	147.68	57.53	1152.70	648.93	86.78	330.41	106.21	25.06	274.36
		铜街子—河口	64.24	48.12	1099.02	705.32	38.16	314.10	34.19	4.23	52.22
	流域合计		268.08	132.20	2660.92	1417.57	173.21	879.79	184.12	168.69	620.30

3)灌溉面积发展预测

①农田灌溉面积

通天河(金沙江)流域巴塘断面以上耕地主要分布在玉树市、称多县境内干支流的两岸海拔较低处,播种生长期较短的青稞、小麦等作物,大部分浅山耕地由于山高水低,基本处于靠天吃饭的局面。流域现状农田灌溉面积 0.138 万亩。规划在玉树市、称多县新增农田灌溉面积 1.07 万亩。

雅砻江、大渡河中下游地区的安宁河河谷和平原丘陵区土地利用率高、土壤肥沃、气候温和、光热条件充沛,适宜多种粮食和经济作物生长,是四川省农业综合生产区。通天河流域由于自然气候因素,农田灌溉面积较小。为保障区域粮食生产安全,提高农业综合生产能力、促进农业生产结构调整、增加农民收入,根据有关规划成果,规划至 2030 年,雅砻江、大渡河新增农田灌溉面积分别为 195.0 万亩、100.9 万亩;新发展的灌溉面积主要集中在流域中下游地区,其中中下游地区新增灌溉面积占流域新增总灌溉面积的 82.9%和 68.6%。

通天河(金沙江)巴塘断面以上、雅砻江、大渡河流域现状农田灌溉面积分别为3.5 万亩、181.1 万亩、93.1 万亩,预计到 2030 年水平,分别达到 145.81 万亩、354.66 万亩、184.12 万亩。

②林草灌溉面积

通天河(金沙江)巴塘断面以上、雅砻江、大渡河流域是全国主要牧区之一,是四川省牧区重要组成部分。流域内牧区现状自然条件较差,受客观条件的限制,牧区主要依靠天然草场放牧,基本无配套的水利设施,牧草地生态环境脆弱,承载能力下降。

通天河(金沙江)巴塘断面以上、雅砻江、大渡河流域现状年林草灌溉面积分别为 1.41 万亩、20.7 万亩和 14.7 万亩。针对牧区的实际情况,适当发展灌溉饲草料基地,对牧草地的综合治理及促进牧业发展、缓解局部草场超载、保护草原生态具有重要意义。根据《全国牧区灌溉发展规划》《四川省牧区饲草料地灌溉发展规划》《四川藏区水利发展规划》《青海省灌溉发展总体规划》以及有关流域规划成果,结合牧区农牧业发展、生态建设规划等,规划预测至 2030 年,通天河(金沙江)巴塘断面以上、雅砻江、大渡河流域新增林草灌溉面积分别为20.61 万亩、240.12 万亩和 153.98 万亩。通天河(金沙江)巴塘断面以上新发展灌溉饲草料基地面积主要位于玉树市、称多县、治多县和曲麻莱县;雅砻江和大渡河流域新发展的灌溉面积主要集中在流域上中游地区,雅砻江流域上中游地区新发展的林草灌溉面积占流域总新增灌溉面积的 63.5%,大渡河流域上游地区新发展的林草灌溉面积占流域总新增灌溉面积的 87.5%。

预计到 2030 年,通天河(金沙江)巴塘断面以上、雅砻江和大渡河流域林草灌溉面积分别达到 14.11 万亩、260.80 万亩和 168.69 万亩。

4)牲畜发展预测

2015年通天河(金沙江)巴塘断面以上、雅砻江、大渡河流域牲畜分别为19.12万头(只)、945.86万头(只)、561.86万头(只),根据有关发展规划,预计2030年各流域牲畜分别为21.12万头(只)、1042.77万头(只)、620.30万头(只)。雅砻江、大渡河和通天河流域2030年各河段社会经济发展指标见表4.2.1-3。

(2)需水预测

根据《长江流域综合规划》,参考《四川省水资源规划》《雅砻江流域综合规划》《岷江流域综合规划》《通天河及江源区综合规划》等成果,按照全面建设节水型社会的要求,采用定额法进行预测。

1)生活需水量预测

根据通天河(金沙江)巴塘断面以上、雅砻江和大渡河流域现状生活用水定额,并参考《城市居民生活用水量标准GB/T 50331—2002》、四川、云南和青海等省用水定额以及有关规划的用水定额和需水预测成果等,分析拟定2030年水平通天河(金沙江)巴塘断面以上、雅砻江、大渡河流域城镇居民生活需水定额分别为82L/人·d、146L/人·d、144L/人·d,需水量分别为563万m^3、9276万m^3、6952万m^3;通天河(金沙江)巴塘断面以上、雅砻江和大渡河流域农牧民生活需水定额均为60L/人·d、90L/人·d、90L/人·d,需水量分别为571万m^3、5858万m^3、4482万m^3。

2)工业、建筑和第三产业需水量预测

采用万元增加值取水量法预测,用趋势法进行复核。通天河(金沙江)巴塘断面以上、雅砻江、大渡河流域中下游地区矿产资源丰富,工业发展很快。随着产业结构的调整、升级和用水重复利用率的提高,工业万元增加值用水量将不断降低。根据有关规划成果,预计到2030年水平通天河(金沙江)巴塘断面以上、雅砻江、大渡河流域工业需水定额分别下降为21.0m^3/万元、29.3m^3/万元、28.8m^3/万元,需水量分别为35万m^3、5.76亿m^3、4.09亿m^3。

随着节水意识的提高和技术的改进,建筑业及第三产业用水定额将逐步减小,根据有关规划成果,预计到2030年水平通天河(金沙江)巴塘断面以上、雅砻江、大渡河流域建筑业需水定额分别下降为20m^3/万元、3.5m^3/万元、4.1m^3/万元,需水量分别为949万m^3、1499万m^3、706万m^3;第三产业需水定额分别下降为25m^3/万元、4.4m^3/万元、8.7m^3/万元,需水量分别为1085万m^3、8924万m^3、7636万m^3。

3)灌溉需水量预测

根据《长江流域水资源综合规划》《通天河及江源区综合规划》及有关规划成果,考虑水利设施配套、管理水平的提高以及节水技术的逐步推广,灌溉水利用系数将进一步提高,灌溉定额将进一步减小。预计到2030年水平通天河(金沙江)巴塘断面以上、雅砻江、大渡河流域农田综合灌溉需水定额减少到 130m³/亩、362m³/亩和 376m³/亩，需水量分别为 0.25 亿 m³、12.84 亿 m³、6.92 亿 m³。

2030 年水平，通天河(金沙江)巴塘断面以上、雅砻江、大渡河流域林草综合需水定额降低到 100m³/亩、61m³/亩和 63m³/亩，需水量分别为 0.12 亿 m³、1.60 亿 m³、1.06 亿 m³。

4)牲畜需水量预测

根据通天河(金沙江)巴塘断面以上、雅砻江、大渡河流域现状牲畜的用水情况，参考长江流域水资源综合规划等成果，预计到 2030 年水平通天河(金沙江)巴塘断面以上、雅砻江、大渡河流域大小牲畜的需水定额分别为 50L/头·d 和 15L/只·d，需水量分别为 0.16 亿 m³、1.07 亿 m³、0.65 亿 m³。

5)生态环境需水量预测

河道外生态环境用水主要包括城镇绿化、河湖补水和环境卫生等，按人均水量法计算，2030 年水平通天河(金沙江)巴塘断面以上、雅砻江、大渡河流域人均需水量分别按 3.9m³/人、5.7m³/人、6.4m³/人计算，则通天河、雅砻江、大渡河流域城镇生态环境需水量分别为 71 万 m³、991 万 m³、859 万 m³。

6)河道外需水总量

通天河(金沙江)巴塘断面以上、雅砻江、大渡河流域 2030 年水平各州(市)各行业的需水定额见表 4.2.1-4，各河段需水量见表 4.2.1-5。

表 4.2.1-4　　通天河、雅砻江、大渡河流域 2030 年水平需水定额范围表

项目	雅砻江流域	大渡河流域	通天河(金沙江)流域巴塘断面以上
城镇居民生活(L/人·d)	120～150	120～150	75～85
农村居民生活(L/人·d)	85～90	85～90	44～65
一般工业(m³/万元)	24～30	27～54	20～22
建筑业(m³/万元)	3.4～4.5	3.5～4.5	20～21
三产(m³/万元)	4.1～5.5	5.7～9.9	25
农田灌溉(m³/亩)	150～431	214～524	132
林草灌溉(m³/亩)	55～70	60～70	92～125
大牲畜(L/头·d)	50	50	24
小牲畜(L/只·d)	15	15	8

注：通天河(金沙江)巴塘断面以上定额采用《通天河及江源区综合规划》中的数据。

表 4.2.1-5 通天河、雅砻江、大渡河流域 2030 年水平各部门需水量预测表

河流	河段		生活需水（万 m^3）		城镇生产需水（万 m^3）			农村生产需水（万 m^3）		生态需水（万 m^3）	总需水量（万 m^3）
			城市	农村	工业	建筑业	第三产业	农田灌溉	林草	牲畜		
通天河（金沙江）巴塘断面以上	河源—俄南		305	330	17	500	573	1542	771	734	38	4810
	俄南—岗托		62	60	4	103	118	121	60	231	8	767
	岗托—叶巴滩		118	100	8	198	225	202	101	386	15	1353
	叶巴滩—巴塘		78	81	6	148	169	606	303	283	10	1684
	合计		563	571	35	949	1085	2471	1235	1634	71	8614
雅砻江	鲜水河	达曲	70	114	13	3	36	982	802	537	7	2564
		泥曲	58	110	9	3	28	180	454	551	5	1398
		干流	139	136	39	8	105	2385	1376	554	13	4755
	干流	河源—甘孜	298	551	23	47	153	2404	2802	2401	29	8708
		甘孜—洼里	1632	1382	5396	345	1306	23059	3478	2773	167	39538
		洼里—河口	7079	3565	52112	1093	7296	99362	7059	3873	770	182209
	流域合计		9276	5853	57592	1499	8924	128372	15971	10689	991	239172
大渡河	绰斯甲河	色曲	90	71	11	5	59	24	1048	333	6	1647
		杜柯河	69	56	31	15	120	62	605	477	7	1442
		绰斯甲河干流	123	109	117	21	144	499	1051	382	13	2459
	足木足河	玛柯河	68	131	13	12	70	568	580	849	8	2299
		阿柯河	140	149	121	17	170	1834	1450	907	15	4803
		足木足干流	233	46	397	25	501	1554	1113	381	25	4275
	干流	双江口—泸定	546	429	1871	79	618	4815	2895	799	56	12108
		泸定—铜街子	3048	2962	18968	372	2958	45615	1610	2029	392	77954
		铜街子—河口	2635	529	19363	160	2996	14187	296	320	337	40823
	流域合计		6952	4482	40892	706	7636	69158	10648	6477	859	147810

通天河(金沙江)流域巴塘断面以上2030年水平总需水量为8614万m^3,2015—2030年需水增长率为7.0%。其中生活、生产、生态需水量分别为1134万m^3、7409万m^3、71万m^3,分别占流域总需水量的13.2%、86.0%、0.8%。

雅砻江流域2030年水平总需水量为23.92亿m^3,2015—2030年需水增长率为1.9%。其中生活、生产、生态需水量分别为1.51亿m^3、22.31亿m^3、0.10亿m^3,分别占流域总需水量的6.3%、93.3%、0.4%。流域上中下游地区需水分别占流域总需水量的3.6%、20.2%、76.2%,流域需水主要位于中下游地区。

大渡河流域2030年水平总需水量为14.78亿m^3,2015—2030年需水增长率为3.2%。其中生活、生产、生态需水量分别为1.14亿m^3、13.55亿m^3、0.09亿m^3,分别占流域总需水量的7.7%、91.7%、0.6%。流域上、中、下游地区需水分别占流域总需水量的19.6%、52.7%、27.7%,流域需水主要位于中下游地区。

4.2.2 河道内生态环境需水预测

4.2.2.1 生态水量确定原则

(1)优先保护原则

调水河流位处长江流域上游,河流水网密集、水资源丰富、水资源开发利用程度较低。鉴于长江上游生态地位特殊、生态环境脆弱,因此,应优先保护调水河流的生态系统结构与功能,维系良好生态。

(2)科学合理原则

根据国家及流域相关功能定位及调水河流所在河段水域功能保护要求,按照《河湖生态环境需水计算规范》等相关规范的技术规定,充分考虑调水河流水资源禀赋条件,合理确定调水河流的生态水量。

(3)规划协调性原则

调水河流的生态水量要有《长江流域综合规划》《金沙江流域综合规划》《雅砻江流域综合规划》及《岷江流域综合规划》提出的生态水量相协调。

4.2.2.2 生态水量保护目标

调水河流及河段位于长江上游,生态地位特殊、生态环境脆弱,总体上生态水量目标要保障调水河流及下游河段生态系统及功能维持良好状况。

(1)调水河段及下游有河谷植被、重要保护鱼类及重要栖息地,生态水量的目标是保障河湖生态系统维持较好的状况,维持河流生态系统结构与功能相对完整。

(2)调水河段及下游分布与一般生态保护对象分布的,维持河流生态系统好的状况,维持其河流生态系统结构及功能处于相对稳定。

4.2.2.3　生态水量指标

依据相关规范要求，参照《长江流域综合规划》《雅砻江流域综合规划》及《岷江流域综合规划》关于生态水量的成果及指标，结合生态保护目标要求，本次提出生态流量和全年生态水量。计算断面包括上线水源方案：调水河流分别为金沙江，雅砻江干流及支流达曲、泥曲，大渡河支流杜柯河、玛柯河、阿柯河等 7 条，水源水库分别为岗托、热巴、阿安、仁达、珠安达、霍那、克柯等 7 座。下移水源方案：金沙江干流叶巴滩、雅砻江干流两河口、大渡河干流双江口。

4.2.2.4　生态水量核算

(1)计算方法选择

据不完全统计，国内外生态水量(流量)的计算方法已超过 200 种，主要分为水文学法、水力学法、生境模拟法和整体法四类，其中水文学法和水力学法运用较为普遍。各种方法对应的水文特性和适用条件都不尽相同，在使用时需要根据具体情况，选择合适的计算方法。

通过对常用生态水量计算方法开展适用性分析，结合本次工作定位和计算要求，选取 Tennant 法作为本次生态水量计算的主要方法。该方法适用于流量较大的常年性河流或生态资料缺乏的地区，它容易将计算结果和水资源资源规划相结合，具有宏观的指导意义，一般作为河流最初目标管理、战略性管理方法使用，具有简单、快捷、便于宏观管理的特点，是目前生态水量计算中最为常用的方法。

根据《河湖生态环境需水计算规范》(SL/Z 712—2014)，Tennant 法是依据国内外长期观测建立的流量和河流生态环境状况之间的经验关系，根据水文资料和现场调查结果，以年平均径流量百分数来描述河道内流量状态。不同河道内生态环境状况对应的流量百分比如表 4.2.2-1，其保护目标为鱼、水鸟、长毛皮的动物、爬虫动物、两栖动物、软体动物、水生无脊椎动物和相关的所有与人类争水的生命形式。

表 4.2.2-1　Tennant 法推荐流量表

不同流量百分比对应河道内生态环境状况	占同时段多年年均天然流量百分比(年内较枯时段)(%)	占同时段多年年均天然流量百分比(年内较丰时段)(%)
最大	200	200
最佳流量	60～100	60～100
极好	40	60
非常好	30	50
好	20	40
中	10	30
差	10	10
极差	0～10	0～10

根据规范相求，当河道流量占平均流量的 10%以下时，河流断流生态系统严重受损，不适合水生生物的生存，水生栖息地已经退化，是支撑短期生存栖息地的最小瞬时流量；当河道流量增大到平均流量的 30%～60%时，水生生物数量增多，生态结构的稳定性明显增加，河宽、水深和流速能基本满足水生生物的生长繁育的需要；流量大于平均流量的 60%时，认为是极为适合的生态径流量。

(2)生态保护对象及目标

根据国家及省区相关规划、区划对调水区域的生态环境定位及保护要求，结合调水区水生态环境现状调查评价，从维持流域及区域生态安全角度考虑，依据国家及省区主体功能区划对流域生态保护要求，筛选与调水河流有直接水力联系，对流域水生态保护具有重要意义的生态单元作为流域层面水生态保护目标。

1)河谷湿地及植被

调水区位于长江上游，调水河流包括金沙江、雅砻江及大渡河水系。植被覆盖类型主要有高寒草原、高寒草甸、高寒灌丛草甸、乔木和灌木。其中青海省区域主要为高覆盖高寒草甸，四川省境主要以亚高山草甸和高山草甸及高山灌木草甸为主。原有线路平均海拔都在 3000m 以上，年均气温较低，植被覆盖以高寒草甸、高寒草原为主，乔灌覆盖较低，生态脆弱，植被自我修复能力较低。下移方案线路位于青藏高原东部过渡区，海拔位于 3000m 以下，植被覆盖以乔灌为主，自我修复能力较强。

根据现场查勘调查情况(如图 4.2.2-1)，克柯坝址下游的滩地宽约 100m，高出河道水面 0.7～3m，植被覆盖以草本为主，滩地上部分地区发育灌木。霍那坝址下游附近的滩地宽度 150m 左右，从主河道至左岸可依次分为河道、低滩、中滩、旧河道及高滩等，低滩高出水面 0～1m，宽度约 20m，每年汛期高水位时被淹没，低水位时仍然露出水面；中滩高出水面 1～2m，宽度约 50m，淹没频率低于低滩，植被以灌木为主，植被发育优于低滩；旧河道及高滩区域一般不会被淹没。珠安达坝址下游的滩地宽约 150m，高出主河道 0.5～3m，植被组成为灌木和草本。仁达坝址下游的滩地宽约 100m，高出主河道水面 0.8～3m，植被组成为灌木和草本。热巴坝址下游河道比较规则，宽度为 150～200m，沿河岸为连续滩地，宽度约为 40m，低滩高出水面 1～2m，洪水淹没比较频繁，高滩区高出水面 2～5m，植被组成为灌木和草本，有零星乔木。总之，调水区坝址下游的滨河植被主要为草本和灌木，其中，草本植物分布较广，近河岸和远河岸带都有发育，在常年淹没影响的地方，草本主要由喜水植物构成，且比较稀疏；灌木主要分布在离河岸较远、淹没频率较低的地带，其分布呈现出由喜湿植物逐步过渡为中性植物，最后为耐旱植物。

2)重要保护鱼类及其栖息生境

上线方案调水河流有雅砻江水系的干流、达曲、泥曲等，大渡河水系的杜柯河、玛柯河、阿柯河等。根据现场调查及文献资料记载，雅砻江水系调水河段珍稀保护鱼类有 3 种，其中列入红皮书易危种的有 1 种，列入省级保护鱼类的有 2 种；大渡河水系珍稀保护鱼类有 5

种，其中国家Ⅱ级保护野生动物 1 种，省级保护鱼类 3 种，大渡河特有鱼类 1 种。见表 4.2.2-2。

达曲阿安坝址

雅砻江干流热巴坝址

金沙江岗托坝址

玛柯河霍那坝址

杜柯河珠安达坝址

泥曲仁达坝址

图 4.2.2-1　各调水坝址下游河岸带植被分布情况

表 4.2.2-2　　原有方案各调水河流珍稀保护鱼类成及分布表

鱼类	保护级别	雅砻江水系			大渡河水系		
		干流	达曲	泥曲	杜柯河	玛柯河	阿柯河
虎嘉鱼	国家Ⅱ级				√	√	√
齐口裂腹鱼	青海省级保护鱼类				√	√	√
长丝裂腹鱼	青海、四川省级保护鱼类	√					
重口裂腹鱼	青海、四川省级保护鱼类				√	√	√
青石爬鮡	四川省级保护鱼类	√	√	√	√	√	√
大渡软刺裸裂尻鱼	大渡河特有种				√	√	√
裸腹叶须鱼	列入红皮书易危种	√					

下移方案调水河流有金沙江干流、雅砻江水系及大渡河水系的绰斯甲河、足木足河。其中金沙江干流珍稀保护鱼类有 4 种，其中列入红皮书易危种的有 1 种，列入省级保护鱼类的有 3 种；雅砻江水系珍稀保护鱼类有 5 种，其中列入红皮书易危种的有 1 种，列入省级保护鱼类的有 4 种；大渡河水系珍稀保护鱼类有 6 种，其中国家Ⅱ级保护野生动物 1 种，省级保护鱼类 4 种，大渡河特有鱼类 1 种。

4.2.3 可调水量分析

根据各引水坝址下游河段水资源供需平衡分析，考虑未来用水增长后，坝址上下游河道外需水量占来水量的比例都很小，坝址下游河道仅区间径流即可满足用水需求，不需要引水水库专门考虑对河道外供水。河道内生态环境用水的重点是坝址下游临近河段，需要按照河道内生态环境用水需求维持一定的下泄水量。为此，将坝址天然径流扣除坝址以上河道外需水和下泄要求的河道内需水后，剩余水量作为可调水量。

(1)各坝址可调水量

可调水量即在充分考虑调水河流地区经济社会发展、生态环境维护对水资源的需求后，引水断面可能调出的最大水量。

各坝址可调水量为坝址径流量扣除坝址上游经济社会发展需水、坝下要求的生态环境需水，2030 年水平，多年平均来水情况下各断面可调水量计算结果见表 4.2.3-1。

表 4.2.3-1　　各调水断面多年平均来水情况下可调水量估算表

河流	断面	多年平均径流量(亿 m^3)	断面以上河道外需水量(亿 m^3)	生态需水量(亿 m^3)	可调水量(亿 m^3)	可调水量占径流量比(%)
雅砻江	热巴	61.1	0.1820	20.2	40.9	67.0
雅砻江	阿安	10.4	0.0901	3.3	7.1	68.3
雅砻江	仁达	11.8	0.0753	3.9	7.9	66.9
大渡河	珠安达	14.7	0.0752	4.9	9.8	66.7
大渡河	霍那	10.9	0.1073	3.4	7.6	69.7
大渡河	克柯	6.7	0.1409	1.9	4.8	71.6
通天河	岗托	163.2	0.5575	66.0	97.2	59.6
通天河	叶巴滩	259.8	0.8612	113.2	146.6	56.4
雅砻江	两河口	217.7	1.7425	85.7	149.8	68.8
大渡河	双江口	158.4	1.6925	84.6	116.7	73.7
合计		914.7	5.5245	387.1	588.4	64.3

注：①可调水量＝坝址径流量－断面以上河道外需水量－生态需水量；②可调水量占比＝断面可调水量/多年平均径流量。

(2)按坝址多年平均径流量 40%控制的可调水量

可调水量为在充分满足调水河流地区经济社会发展以及生态环境维护对水资源的需求后，剩余水量即为引水断面可能调出的最大水量；该方法计算的可调水量充分考虑了调水河流的经济社会发展需求、生态环境保护目标的特性及特点。

但目前社会上有专家提出，地表水资源的开发利用率不能超过 40%，对于西线调水坝址即调水量不能超过调水河流的 40%。如果各坝址可调水量按坝址多年平均径流量的 40%控制，各坝址可调水量见表 4.2.3-2。

表 4.2.3-2　各调水断面按 40%径流量为控制条件计算调水量表

河流	断面	多年平均径流量（亿 m^3）	按 40%坝址径流量为控制条件计算的可调水量（亿 m^3）
雅砻江	热巴	61.1	24.4
雅砻江	阿安	10.4	4.2
雅砻江	仁达	11.8	4.7
大渡河	珠安达	14.7	5.9
大渡河	霍那	10.9	4.4
大渡河	克柯	6.7	2.6
通天河	岗托	163.2	65.3
通天河	叶巴滩	259.8	103.9
雅砻江	两河口	217.7	87.1
大渡河	双江口	158.4	63.4
合计		914.7	365.9

4.3 水源方案解析

4.3.1 解析原则

从西线调水以来的 60 多年方案研究过程中，在通天河（金沙江）、雅砻江、大渡河这三条河及其支流的调水河段内共研究了 30 多座调水枢纽，分析了上百条调水线路，根据工程规划区的自然环境特点，水源方案及对应工程调水线路选取主要考虑以下原则：

①可调水量要基本满足黄河上中游 6 省（区）和西北地区未来 2050 年经济社会发展对水资源逐步增长的需求（80 亿 m^3）；在考虑调水河流承受能力的前提下，与受水区缺水形势相适应，尽可能与国务院批复的《南水北调西线工程规划纲要及第一期工程规划》（总调水量 170 亿 m^3）及《南水北调西线第一期工程项目建议书》的调水规模相协调。

②尽可能选择年径流量较多的已建在建或流域规划梯级水库为水源水库，以减少新增淹没，尽可能减少调水影响，尤其尽量减小对调水河流生态环境等的影响，控制调水比例在 40%以下。

③不同调水方式（自流、抽水）的工程措施要考虑技术水平、地质、施工和管理运用条件，以自流输水为主。

④调水断面及调水线路的布局选取尽量避让或减免对自然保护区等环境敏感区的影响。

4.3.2 水源方案

在南水北调西线工程规划及第一期工程项目建议书成果基础上，本次在调水河段内共研究了 17 个水源点（坝址），分别为金沙江干流的俄南、岗托、白玉、叶巴滩；雅砻江干流的热巴、英达、两河口，支流达曲上的阿安，支流泥曲上的仁达、真都；大渡河干流的斜尔尕、双江口，支流杜柯河上的珠安达，支流玛柯河上的霍那，支流阿柯河上的克柯，支流绰斯甲河上的雄拉、斯约武。具体见图 4.3.2-1 西线调水工程水源坝址研究示意图。

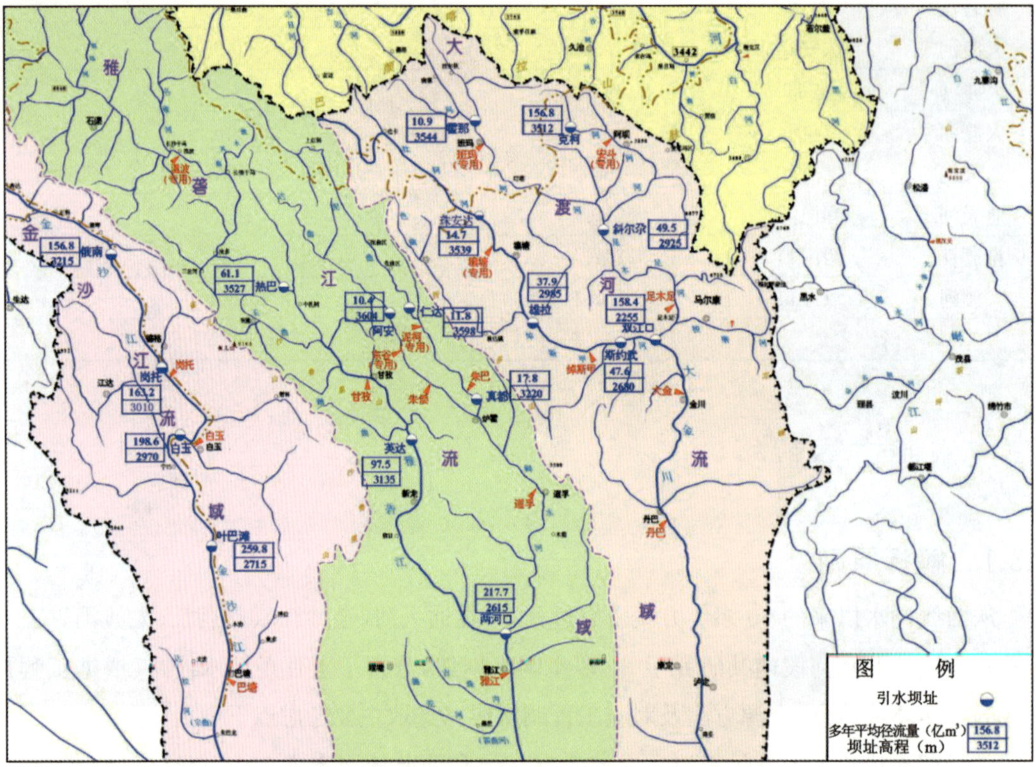

图 4.3.2-1 西线调水工程水源坝址研究示意图

根据水源方案的拟定原则，结合西线 60 多年研究方案的经验，17 个调水枢纽分别组成上线方案和下线方案。

4.3.2.1 上线方案水源及线路布局

（1）上线方案水源水库

上线方案是基于南水北调西线规划调水线路方案存在的调水比例大、影响大的问题，结合新增调水坝址的条件，对原规划调水线路进行深化研究。

南水北调西线工程规划选定了三期调水水源坝址，即雅砻江 2 条支流达曲阿安坝址、泥曲仁达坝址，大渡河的3条支流杜柯河的上杜柯坝址、玛柯河的亚尔堂坝址及阿柯河的克柯坝址，雅砻江干流的阿达坝址及通天河干流的侧仿坝址，7个坝址多年平均总径流量为256亿 m^3，可调水量为207.8亿 m^3，经比选确定调水量为170亿 m^3，其中雅砻江2条支流和大渡河的3条支流的调水量为40亿 m^3，雅砻江阿达调水量为50亿 m^3，通天河侧仿调水量为80亿 m^3，调水量分别占调水枢纽处河流径流量的65%～70%，总体调水比例为67%。西线工程规划阶段各水源水库调水量见表4.3.2-1。

表4.3.2-1　　西线工程规划阶段各水源水库调水量表

序号	项目单位	第一期工程（达—贾线）	第二期工程（阿—贾线）	第三期工程（侧—雅—贾线）	合计
1	调水河流	雅、大5条支流	雅砻江	金沙江	
2	坝址径流量（亿 m^3）	60.6	70.7	124	255.3
3	年调水量（亿 m^3）	40	50	80	170
4	调水比例（%）	66	71	65	67

第一期工程项目建议书阶段，将第一期、第二期工程水源方案合并研究，调水河流为雅砻江干流及支流达曲、泥曲，大渡河及支流杜柯河、玛柯河、阿柯河等7条河流，水源水库优化调整为热巴、阿安、仁达、洛若、珠安达、霍那及克柯，7个坝址处多年平均径流总量为119.2亿 m^3。在充分考虑调水河流经济社会发展和生态环境用水需求基础上，提出7条调水河流各调水断面最大可调出水量91.5亿 m^3。在可调水量范围内，进行7条调水河流不同调水坝址调水方案组合，研究了调水60亿 m^3、65亿 m^3、70亿 m^3、75亿 m^3、80亿 m^3、85亿 m^3、90亿 m^3 等7种调水规模35个代表性方案。考虑受水区对水资源需求、可调水量及调水影响、工程技术经济条件等因素，经多方案综合比选，推荐调水规模80亿 m^3，其中雅砻江干支流56亿 m^3、大渡河支流24亿 m^3，调水量分别占水源水库坝址处河流径流量的59%～69%，总体调水比例67%。各水源水库调水量见表4.3.2-2。

表4.3.2-2　　西线一期工程项目建议书阶段各水源水库调水量表

河流	雅砻江干流	达曲	泥曲	色曲	杜柯河	玛柯河	阿柯河	合计
坝址	热巴	阿安	仁达	洛若	珠安达	霍那	克柯	
坝址径流（亿 m^3）	60.69	9.99	11.71	4.21	14.81	10.89	6.93	119.23
调水量（亿 m^3）	42	6.5	7.5	2.5	10	7	4.5	80
调水比例（%）	69	65	64	59	68	64	65	67

注：坝址径流量计算采用1960—2010年实测径流系列。

由于杜柯河的珠安达库区淹没三江源国家级自然保护区多柯河分区核心区，玛柯河的霍那库区淹没三江源国家级自然保护区玛柯分区实验区，另外，色曲水量太小，本次考虑取消这三条河调水，考虑到调水断面调水比例偏大，本次研究将第一期工程调水 80 亿 m^3 进一步调整为调水 35 亿 m^3，则 4 座水库综合调水比例为 38.9%。原规划金沙江干流侧仿坝址，库区已经划为三江源自然保护区核心区，不具备建库调水条件，本次研究将坝址下移到金沙江干流的俄南或岗托坝址，同时考虑调水比例及坝下生态环境要求，拟定俄南或岗托调水量为 45 亿 m^3，由此，将南水北调西线原规划调水 170 亿 m^3 方案调整为 80 亿 m^3，形成本次研究比选的上线方案。调水河流分别为金沙江，雅砻江干流、雅砻江支流达曲及泥曲，大渡河支流阿柯河等 5 条，水源水库分别为金沙江上的俄南或岗托，雅砻江的热巴、阿安、仁达，大渡河的克柯等 5 座。上线方案调水规模 80 亿 m^3，其中金沙江干流 45 亿 m^3、雅砻江干支流 32.5 亿 m^3、大渡河支流 2.5 亿 m^3，调水量分别占水源水库坝址处河流径流量的 28%～39%，总体调水比例 32%。各水源水库调水量见表 4.3.2-3，各水源水库位置见图 4.3.2-2。

表 4.3.2-3　　西线上线方案各水源水库年调水量表

河流	金沙江	金沙江	雅砻江干流	达曲	泥曲	色曲	杜柯河	玛柯河	阿柯河
坝址	俄南	岗托	热巴	阿安	仁达	洛若	珠安达	霍那	克柯
坝址径流(亿 m^3)	156.8	163.2	61.1	10.4	11.8	4.21	14.7	10.9	6.7
可调水量(亿 m^3)	45	45	24	4	4.5	0	0	0	2.5
调水比例(%)	29	28	39	38	38	0	0	0	37

注：坝址径流量计算采用 1960—2015 年实测径流系列。

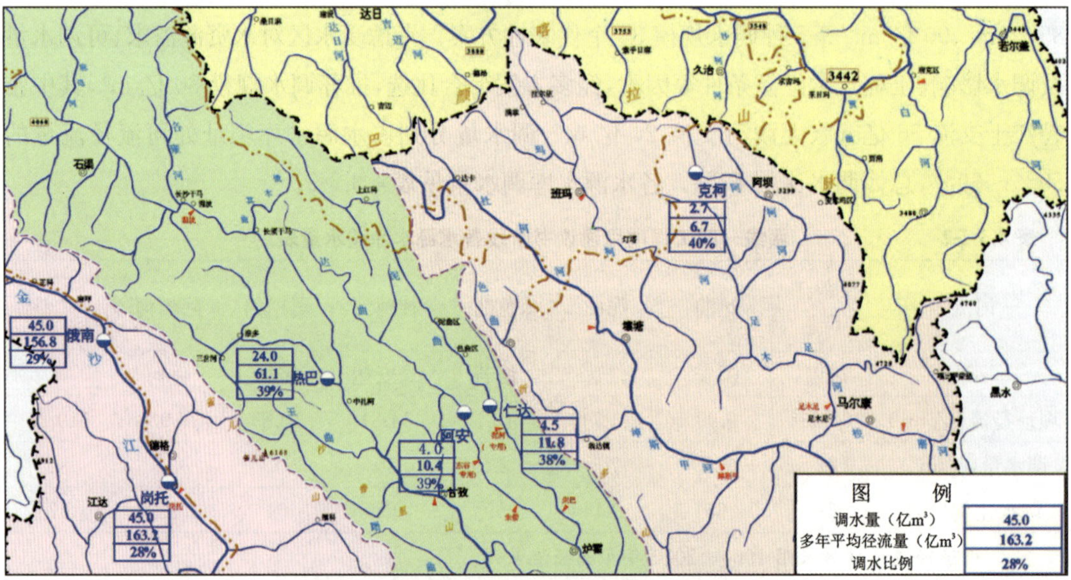

图 4.3.2-2　西线上线方案各水源水库位置示意图

(2)上线方案线路布局

上线方案线路布局有三个,分别是原西线第一期工程深化研究雅砻江、大渡河联合调水(简称项建深化研究下同),年调水量35亿 m^3,调水比例39%;俄南—西线一期联合抽水方案,年调水量80亿 m^3,调水比例32.4%;岗托—西线一期联合抽水方案,年调水量80亿 m^3,调水比例32%,具体见图4.3.2-3西线上线方案线路布局框图。

考虑俄南坝址与岗托坝址相距较近,且岗托坝址为经国家发改委审批的《金沙江上游水电规划报告》中规划近期实施的坝址,故上线方案线路布局推荐雅砻江、大渡河联合自流调水35亿 m^3+岗托抽水45亿 m^3 的线路布局。

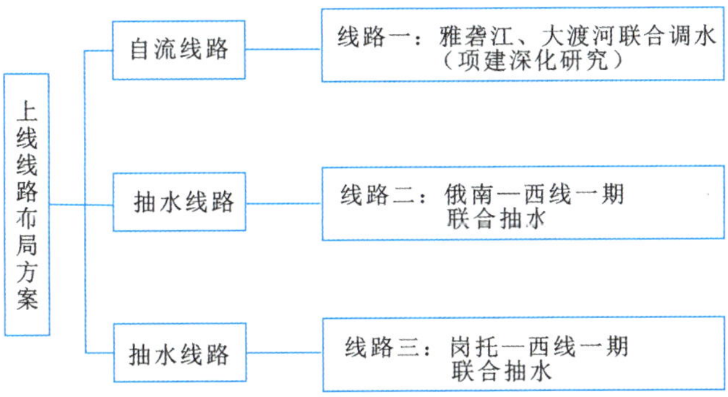

图4.3.2-3 西线上线方案线路布局框图

4.3.2.2 下移方案水源及线路布局

(1)下移方案水源水库

上线方案虽然调水比例降低,但调水规模较小,年调水量为80亿 m^3,其中金沙江俄南或岗托抽水45亿 m^3,抽水扬程554m左右,年运行费高。对上线方案进一步下移,结合调水坝址选择、调水出口位置选择、调水线路规模、地质条件、施工条件及环境影响等因素,提出下移方案水库坝址考虑金沙江上的白玉、叶巴滩,雅砻江上的英达、真都、两河口,大渡河上的雄拉、斯约武、斜尔尕、双江口,共9个坝址。

白玉坝址多年平均径流量为198.6亿 m^3,调水比例约40%时年可调水量为79.4亿 m^3;叶巴滩调水断面多年平均径流量为259.8亿 m^3,调水比例约27%时年可调水量为70亿 m^3;英达坝址多年平均径流量为97.5亿 m^3,调水比例约40%时年可调水量为39亿 m^3;真都坝址多年平均径流量为17.8亿 m^3,调水比例约40%时年可调水量为7.1亿 m^3;两河口调水断面多年平均径流量为217.7亿 m^3,调水比例约37%时年可调水量为80亿 m^3;雄拉坝址多年平均径流量为37.9亿 m^3,调水比例约40%时年可调水量为15.2亿 m^3;斯约武坝址多年平均径流量为47.6亿 m^3,调水比例约40%时年可调水量为19亿 m^3;斜尔尕坝址多年平均径流量为49.5亿 m^3,调水比例约40%时年可调水量为19.8亿 m^3;双江口调水断面多年平均径流量为158.4亿 m^3,调水比例约32%时年可调水量为50亿 m^3。

西线下移方案各坝址调水量见表 4.3.2-4，各水源水库位置见图 4.3.2-4。

表 4.3.2-4　　西线下移水源方案调水量表

河流	金沙江干流	金沙江干流	雅砻江干流	雅砻江支流鲜水河	雅砻江干流	大渡河支流绰斯甲河	大渡河支流绰斯甲河	大渡河干流足木足河	大渡河干流
坝址	白玉	叶巴滩	英达	真都	两河口	雄拉	斯约武	斜尔尕	双江口
坝址径流（亿 m^3）	198.6	259.8	97.5	17.8	217.7	37.9	47.6	49.5	158.4
可调水量（亿 m^3）	79.4	70	39	7.1	80	15.2	19	19.8	50
调水比例（%）	40	27	40	40	37	40	40	40	32

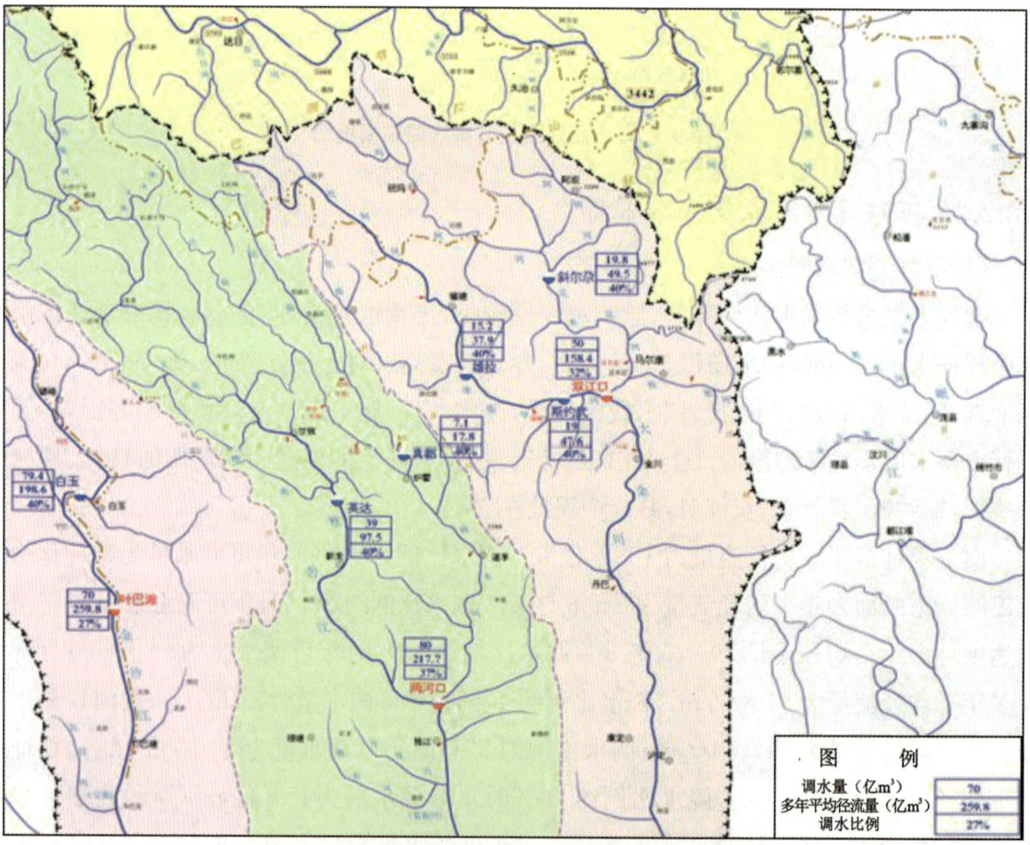

图 4.3.2-4　西线下移方案各水源水库位置示意图

(2)下移方案线路布局

下移方案线路布局考虑调水坝址包括金沙江俄南、岗托、白玉、叶巴滩，雅砻江英达、两河口、真都，大渡河斜尔尕、雄拉、斯约武、双江口等 11 个；调水方式考虑自流和抽水＋自流联合。

研究的调水线路有：金沙江叶巴滩—洮河自流线路、白玉—洮河自流线路、白玉—贾曲抽水线路、岗托—贾曲抽水线路、俄南—贾曲抽水线路，雅砻江两河口—洮河自流线路、英达—洮河自流线路、真都—洮河自流线路、英达—斜尔尕—贾曲抽水线路、真都—斜尔尕—贾曲抽水线路，大渡河双江口—洮河自流线路、雄拉—斜尔尕—贾曲抽水线路、斜尔尕—贾曲抽水线路等 13 条，其中金沙江 5 条、雅砻江 5 条、大渡河 3 条，自流线路 6 条、抽水线路 7 条。各条河流调水线路见表 4.3.2-5，调水线路示意图见图 4.3.2-5。

表 4.3.2-5　西线下移方案研究调水线路汇总表

序号	调水河流	调水方式	调水线路
1	金沙江	自流	叶巴滩—洮河自流线路
2		自流	白玉—洮河自流线路
3		抽水	白玉—贾曲抽水线路
4		抽水	岗托—贾曲抽水线路
5		抽水	俄南—贾曲抽水线路
6	雅砻江	自流	两河口—洮河自流线路
7		自流	英达—洮河自流线路
8		自流	真都—洮河自流线路
9		抽水	英达—斜尔尕—贾曲抽水线路
10		抽水	真都—斜尔尕—贾曲抽水线路
11	大渡河	自流	双江口—洮河自流线路
12		抽水	雄拉—斜尔尕—贾曲抽水线路
13		抽水	斜尔尕—贾曲抽水线路
合计		自流	6 条
		抽水	7 条

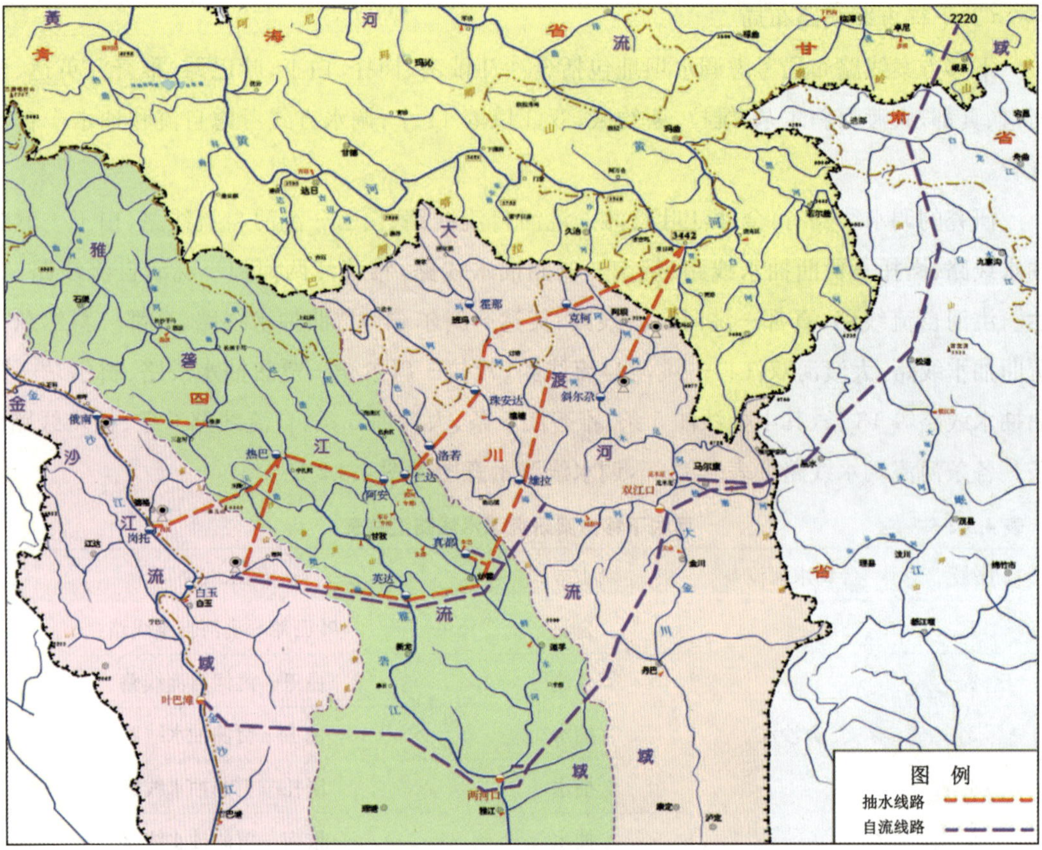

图 4.3.2-5 西线下移方案研究调水线路布置示意图

以上 11 个水源坝址组成了 13 种线路方案，13 种线路方案对于 3 条调水河流可组成 6 种联合布局方案，其中自流布局方案 4 个，自流抽水方案 2 个，如图 4.3.2-6。对 6 种布局经综合比选认为：①由于抽水方案运行期间管理不便且运行费用较高，本阶段不推荐抽水方案；②自流方案中，由于白玉坝址位于规划的波罗水库库区，未列入《金沙江上游水电规划》，随着金沙江上游水电规划的逐步实施，白玉坝址已不存在；③新建白玉水库需要考虑水库淹没及与金沙江上下游规划坝址水位衔接问题。

考虑坝址来水条件、水库调节能力及坝下生态需水要求，经径流调节计算，拟定叶巴滩调水 70 亿 m^3，两河口调水 30 亿～80 亿 m^3，双江口调水 40 亿～50 亿 m^3。三条河最大可调水量可达 200 亿 m^3 调水方案。

4.3.2.3 与供需结合的水源方案及线路布局

通过新形势下黄河流域供需分析结果，确定西线调水线路方案的调水规模，若仅考虑黄河流域供水，调水规模约为 80 亿 m^3。

结合上、下线方案水源及线路布局，能满足调水规模为 80 亿 m^3 的方案组合共有四个方案，包括：①上线组合，雅砻江、大渡河联合自流 35 亿 m^3＋金沙江岗托 45 亿 m^3 方案；②上下线组合，雅砻江、大渡河联合自流 35 亿 m^3 ＋下线大渡河双江口 45 亿 m^3 方案；③下线组合，大渡河双江口 40 亿 m^3 ＋雅砻江两河口 40 亿 m^3 方案；④下线组合，大渡河双江口 50 亿 m^3 ＋雅砻江两河口 30 亿 m^3 方案，可见图 4.3.2-7。

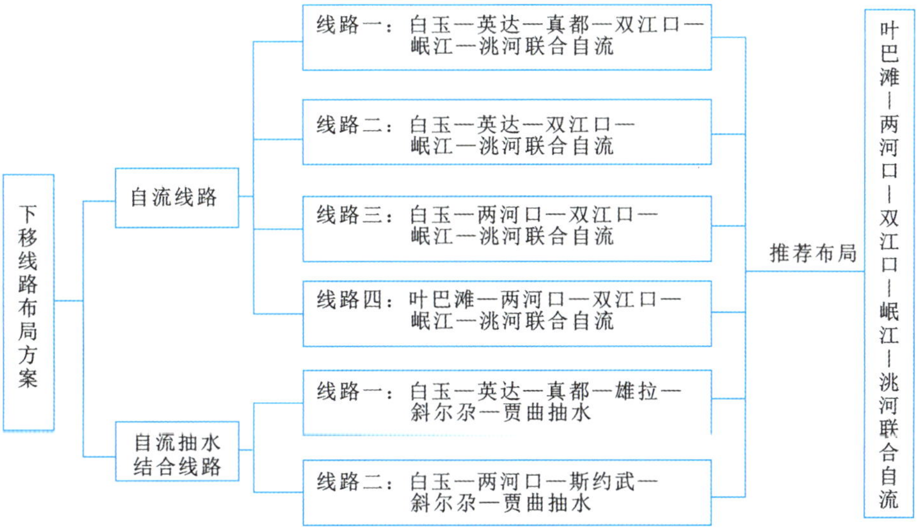

图 4.3.2-6　下移方案线路布局比选框图

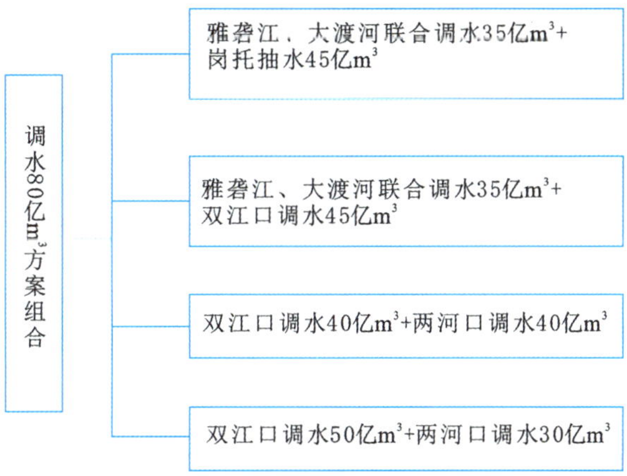

图 4.3.2-7　调水 80 亿 m^3 规模线路方案组合布局框图

第 5 章　调水线路方案研究

5.1　雅砻江及大渡河联合调水与岗托抽水方案

选择雅砻江及大渡河联合调水 35 亿 m^3 与岗托抽水 45 亿 m^3（上线方案）作为方案 1 进行调度线路方案研究。

5.1.1　工程总体布局

工程总体布局为从金沙江提水 45 亿 m^3，并联合雅砻江干流、雅砻江支流达曲、泥曲和大渡河支流阿柯河自流调水 35 亿 m^3，总调水 80 亿 m^3；用隧洞穿越金沙江、雅砻江、大渡河、黄河分水岭，在贾曲河口入黄河；该方案线路涉及青海、四川、西藏等三省（区）。规划调水枢纽 5 座，分别为金沙江干流规划水库岗托、雅砻江干流热巴、达曲阿安、泥曲仁达、阿柯河克柯。

其中，雅砻江干流及支流达曲、泥曲和大渡河支流阿柯河具备自流调水条件，三条河坝址多年平均径流量为 89.98 亿 m^3，年调水量为 35 亿 m^3，调水比例为 38.9%；线路长为 325.7km，其中隧洞长 321.1km，隧洞最大埋深 1150m，平均埋深约 500m，最长隧洞位于泥曲—杜柯河段，长 72.4km；采用单洞输水，隧洞设计洞径为 7.6～7.9m。

岗托坝址处多年平均径流量为 163.2 亿 m^3，年调水量为 45 亿 m^3，调水比例为 27.6%，由于水库正常蓄水位仅为 3215m，不具备自流条件，需要提水，提水泵站扬程约 554m。该线路长 420.0km，隧洞最大埋深 1500m，平均埋深约 500m，最长隧洞段穿越雀儿山，位于金沙江—雅砻江段，长 90.8km；采用单洞输水，隧洞设计洞径为 8.5～9.65m。

工程布局见图 5.1.1-1。

5.1.2　工程规模

（1）雅—大联合 35 亿 m^3 线路

在南水北调西线第一期工程项目建议书编制过程中，对南水北调西线一期工程各调水河流的调水坝址断面、可调水量、适宜调水量、调水规模等开展了大量的研究工作，推荐调水坝址分别为热巴、阿安、仁达、洛若、珠安达、霍那和克柯 7 座坝址。在进行调水规模论证时，从河流自身的水资源条件，调水量对受水区的满足程度，淹没影响，工程规模，投资、经济合理性，调水比例，对下游区间汇流影响等方面进行了详细的分析论证，推荐多年平均调水量 80 亿 m³。其中，热巴 42 亿 m³、阿安 6.5 亿 m³、仁达 7.5 亿 m³、洛若 2.5 亿 m³、珠安达 10.0 亿 m³、霍那 7.0 亿 m³ 和克柯 4.5 亿 m³。

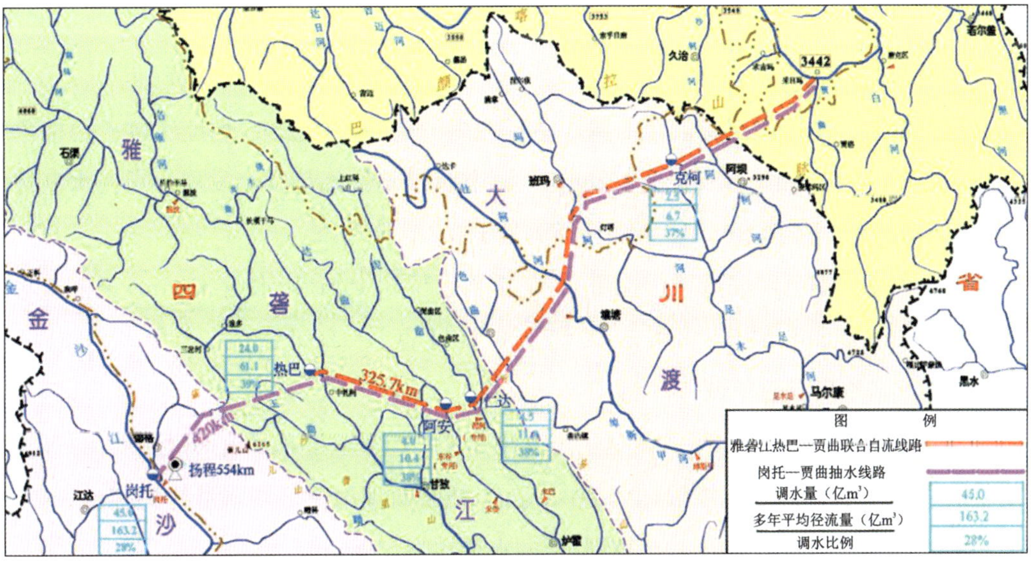

图 5.1.1-1　雅—大联合 35 亿 m³＋岗托调水 45 亿 m³ 方案布局示意图

本次研究在项目建议书阶段研究成果的基础上，对 7 座坝址进行了深入分析研究，延长了径流系列，结合长江流域规划等成果，进一步论证了调水河流生态水量要求，与项目建议书阶段相比，生态基流平均增加 22%；对色曲河流进一步分析，认为色曲河流天然径流量仅有 4.2 亿 m³，可调水量有限，因此取消了色曲河流调水；同时，考虑生态红线、宗教和淹没影响等问题，取消了杜杜河、玛柯河两条河流的调水；按照坝址断面径流量的 40%作为多年平均调水量的上限，并留有余地，减小各坝址的调水比例，坝址及水量调整后，调水坝址共 4 座，分别为热巴 24.0 亿 m³、阿安 4.0 亿 m³、仁达 4.5 亿 m³、克柯 2.5 亿 m³，总调水量为 35 亿 m³。各坝址调水比例占坝址径流量的 37%～39%。各水库规模如表 5.1.2-1。

表 5.1.2-1　雅砻江、大渡河联合自流调水 35 亿 m³ 方案规模指标表

坝址	天然水量（亿 m³）	设计水量（亿 m³）	设计流量（m³/s）	年调水量（亿 m³）	调节库容（亿 m³）	正常水位（m）	死水位（m）	死库容（亿 m³）	保证率（%）
热巴	61.13	25.23	87.28	24.0	9.33	3684.39	3660.00	14.56	90
阿安	10.36	4.22	14.60	4.0	1.45	3684.29	3640.00	0.15	90
仁达	11.76	4.80	16.60	4.5	1.96	3678.79	3635.00	0.33	90
克柯 2	6.73	2.63	9.10	2.5	0.78	3545.16	3510.00	0.10	90
合计	89.98	36.88	127.58	35.0					

雅砻江、大渡河联合自流调水 35 亿 m^3 方案，调水枢纽 4 座，其中热巴水库坝体最高，库容最大，坝高 168.9m，总库容 24.2 亿 m^3，调节库容 9.33 亿 m^3；线路长度为 325.7km，其中隧洞段长 321.1km，最长隧洞段长 72.4km，单洞输水，设计流量为 87.28～127.58m^3/s，隧洞洞径为7.6～7.9m。

(2)岗托抽水 45 亿 m^3 线路

岗托水电站位于四川德格县与西藏江达县境内的金沙江干流上，坝址区位于德格色曲河汇口上游约 8.4km 处。开发任务以发电为主，并促进地区经济社会发展。岗托水电站坝址控制流域面积 14.75 万 km^2，多年平均径流量 163.2 亿 m^3。

岗托水电站目前已经完成可行性研究，正常蓄水位 3215m，死水位 3145m，正常蓄水位以下库容 55.4 亿 m^3，调节库容 37.3 亿 m^3，装机容量 1200MW，多年平均发电量为 54.8 亿 kW・h，水库具有年调节性能。

根据下游生态用水分析，下游河道生态基流要求年均下泄生态基流 66 亿 m^3，约占天然来水量的 40%。再扣除蒸发渗漏、上游用水等，岗托断面理论上可调水量约为 95 亿 m^3，如果按照坝址断面天然来水量的 40%控制，可调水量约为 65 亿 m^3。

岗托水电站断面水量丰富，库容系数为 0.22，具有较强的调节能力。岗托调水方案以岗托水电站可行性研究成果为基础，在满足上游用水、下游河道生态基流要求的前提下，充分发挥岗托水电站的调节能力，分析岗托水电站的调水量。根据岗托水电站水库调节能力、来水情况、生态基流要求等，经长系列径流调节计算，岗托水电站多年平均调水 45 亿 m^3，设计调水流量为 155.47m^3/s，调水保证率为 90%以上，调水比例为 27.6%。见表 5.1.2-2。

表 5.1.2-2　　岗托抽水 45 亿 m^3 方案规划指标表

坝址	天然水量(亿 m^3)	设计水量(亿 m^3)	设计调水流量(m^3/s)	年调水量(亿 m^3)	调节库容(亿 m^3)	正常水位(m)	死水位(m)	死库容(m)	保证率(%)	调水比例
岗托	163.2	42.65	147.5	45	37.3	3215	3145	18.1	90	27.6%

岗托电站最大坝高 223m，总库容 57.5 亿 m^3，调节库容 37.3 亿 m^3；调水线路长度为 420km，其中隧洞段长 411.9km，最长隧洞段长 90.8km，单洞输水，设计流量为 155.47m^3/s，隧洞洞径为 8.5～9.65m；泵站 8 台，每台水泵的额定流量为 25.92m^3/s，额定扬程 520m，最高扬程 554m，最低扬程 476m，泵站总装机容量 1200MW。

5.1.3　工程地质条件

从金沙江规划梯级电站岗托水电站库区提水到雅砻江干流热巴坝下，后沿雅砻江大渡河联合调水线路，调水入贾曲河口，涉及四川、青海、西藏等三省(区)。

5.1.3.1 雅砻江、大渡河联合自流调水方案

该方案是西线第一期工程项目建议书的优化，主要坝址位置及调水线路不变，该区域位于青藏高原东南部，地质条件复杂。项目建议书阶段针对关键地质问题，联合国内外数 10 家单位，开展了大量地质勘察和研究工作。采用测绘、调查、物探、钻探、试验等多种技术手段，进行了区域地质条件和区域稳定性研究，以及调水河段坝址、库区、输水线路的基本地质条件研究，对控制性的重大工程地质问题进行了初步评价。项目建议书阶段地质工作量见表 5.1.3-1。

表 5.1.3-1　　西线第一期工程项目建议书阶段地质工作量表

项目		单位	总工作量
工程测量	比例尺 1∶2000、1∶5000、1∶10000、1∶25000	km^2	6247.74
工程地质	遥感地质	km^2	31202
	地质测绘(1∶2000、1∶5000、1∶10000、1∶50000)	km^2	9476.11
	实测剖面 1∶2000	km	318.44
工程勘探	钻孔	m/孔	11145.55/109
	深钻孔	m/孔	6463.76
	压(注)水试验	段	1395
	平洞	m/条	1967.5/26
工程物探	浅层物探	km	237.84
	深层物探	km	124.44
	综合测井	m/孔	4013.5
	平洞弹性波、动弹模	m	3257.6
科学试验	现场试验/室内试验	组	3459

5.1.3.1.1 区域构造与地震概况

南水北调西线工程地处青藏高原东南部，具有复杂的地形地貌、岩性和区域构造背景。区域构造与地震概况特征必须予以重视。

(1)地质构造和断层活动性

工程区跨越松潘—甘孜褶皱系的巴颜喀拉褶皱带(Ⅱ1)、雅江褶皱带内(Ⅱ2)。主体位于巴颜喀拉褶皱带，区内主要构造线方向呈北西—北西西向。

调水工程区四周发育有深大断层，断层活动具有明显的继承性。工程区内活动断裂不发育，主要发育有 NW 向断裂，其他方向的断裂规模小，数量少。

工程区及周围断层发育，断层活动具有明显的继承性。主要断层带自西向东主要有：甘孜—玉树断裂带(F4)、长沙贡玛—大塘坝断层带(F5)、然充—东谷断裂(F6)、旦都—丘洛断层带(F7)、主峰—上红科—塔子断层带(F9)、桑日麻—上杜柯—马尔康断层带(F10)、阿斯玛—茸木达断裂(F11)、亚尔堂—灯塔断层带(F12)、班玛—灯塔断层带(F13)、章达—麦儿玛断层带(F14)、甘德南—阿坝断层带(F15)等(图 5.1.3-1)。

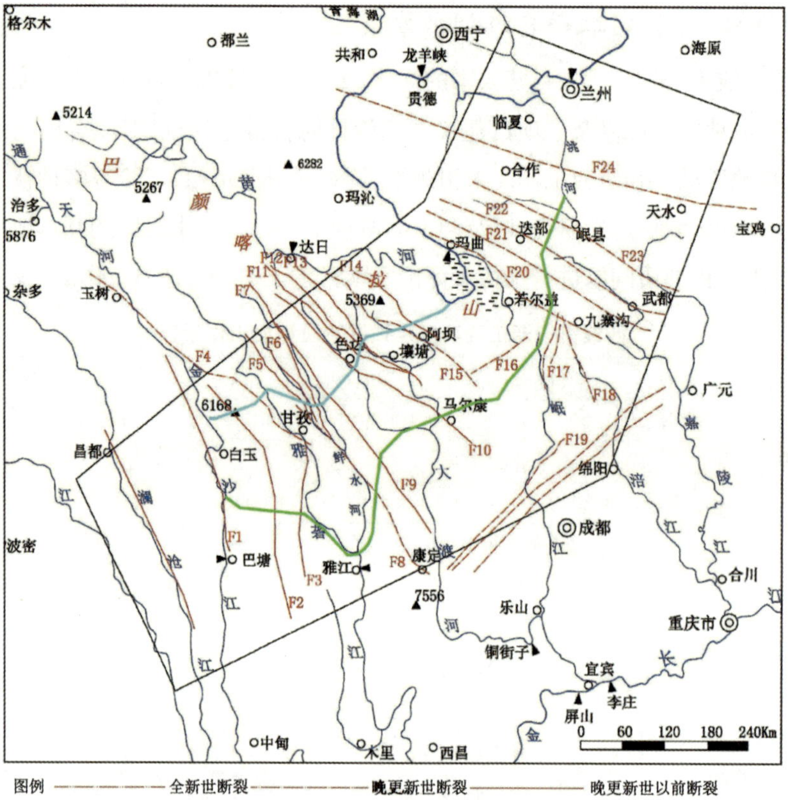

图 5.1.3-1 工程区断裂分布图

工程区主要断裂延伸都比较长，活动性分段特征明显。桑日麻、主峰断裂在线路穿过区域没有发现晚更新世以来活动的证据，活动性不明显。甘德南—阿坝断层穿过线路区域在晚更新世以来有过活动。

(2)工程区地震特征与区域稳定性评价

1)地震区带划分及区域地震活动特征

工程区位于青藏高原地震区的鲜水河—滇东地震带，调水线路的地震危险性主要集中在这一区域。

区域内共记载到 Ms≥4.7 级地震 100 余次，其中 6～6.9 级地震 25 次，7～7.9 级地震 9 次，没有 8 级及以上地震(图 5.1.3-2)。强震活动主要集中在工程区所在褶皱带边缘的地震带上，褶皱带内的地震活动在强度和频度上都相对大为减弱，近场区基本无强震分布，工程区总体属于弱震水平。

2)工程区地震动参数

根据《地震动峰值参数区划图》(2015 年，1∶400 万)，雅砻江、大渡河联合调水方案雅砻江—泥曲段为 0.20g，其他区域 0.10g～0.15g；反应谱特征周期主要为 0.40～0.45s(图 5.1.3-3)。

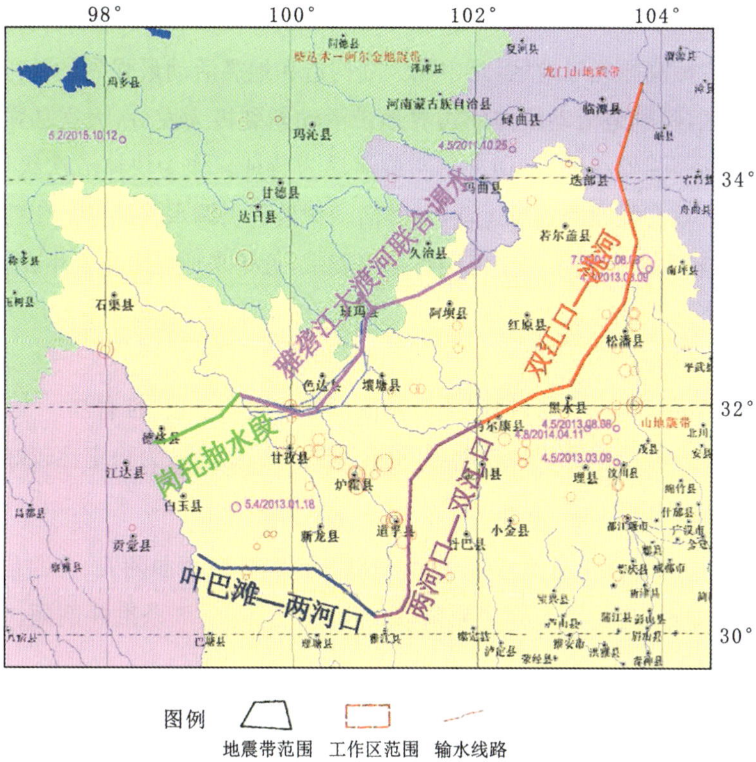

图 5.1.3-2 区域震中分布图

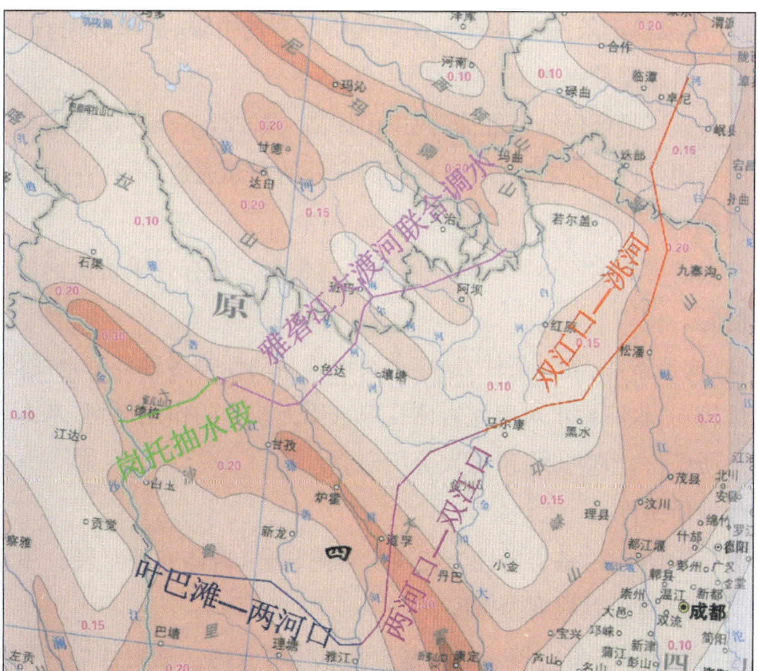

图 5.1.3-3 西线工程区地震动参数区划图

3)区域稳定性初步分析

工程区地处青藏高原北缘地区,是中国大陆构造和地震活动最强烈的地区之一,属于地壳构造强烈变形区,特别是活动块体的边界地带活动断裂极为发育,大震和强震频频发生。区域内北西向的断裂强烈活动,以逆冲—左旋运动为特征。作为块体或次级块体边界的断裂在晚第四纪以来具有强烈的走滑运动,地震活动频繁。引调水线路穿越 10 余条区域性断裂,对线路的影响较大。工程区位于巴颜喀拉地震带,近年来地震主要发生在板块边界。

工程区的基本地震动峰值加速度为 0.10g～0.20g,相应的地震基本烈度为Ⅶ～Ⅷ度,特征周期为 0.40～0.45s。

结合本工程的区域构造背景、地震活动特征以及地震动参数,雅砻江—大渡河联合调水方案的雅砻江—泥曲段构造稳定性较差,其他区域的构造稳定性为稳定性较好。

5.1.3.1.2　水源水库工程地质条件

雅砻江、大渡河联合调水方案水源水库包括雅砻江热巴、达曲阿安、泥曲仁达、克曲克柯共 4 个。对推荐的坝址进行了工程地质勘察工作,布置了 2～3 条勘探剖面,并布置了必要的现场山地和试验工作。

(1)雅砻江热巴水库

1)库区工程地质条件

库区岸坡主要由三叠系的浅变质砂、板岩组成,河谷大部分为斜向谷,部分地段为横向谷或纵向谷,水库岸坡稳定条件总体较好。库区所发育的滑坡、崩塌和泥石流,总体规模都较小,离大坝较远,对库坝危害不大。

库区雅砻江为该区最低侵蚀基准面,两岸山体高大雄厚,不存在单薄山梁,分水岭宽厚,库区具有良好的封闭条件,区内也没有发现通向库外的渗漏通道,不存在沿渗漏通道向库外发生集中渗漏问题。

库区不存在大的影响水库运行的淤积问题。迄今未发现有开采价值的矿产资源。不存在严重的浸没问题。

从岩性条件、构造条件、渗透条件、地应力及地震活动性等多种环境地质因素分析,库区岩体总体透水性较弱,水库蓄水对库盆岩体孔隙水压力改变的作用微弱,基本不具备水库诱发构造地震的地质条件,但应进一步深入分析研究。

2)坝址工程地质条件

热巴坝址为"V"形峡谷,基岩岩性为花岗岩—闪长岩,岩体完整坚硬。坝址区地震动峰值加速度为 0.20g,相应地震烈度为Ⅷ度。

热巴坝址岸坡稳定条件好。覆盖层与基岩强风化带较薄。基岩性均一,岩石强度较高,坝基稳定性较好。

热巴坝址坝基微风化—新鲜完整岩体属弱—微透水,坝址区节理裂隙发育相对较差,沿节理裂隙带的集中渗漏可能性较小。

(2)达曲阿安水库

1)库区工程地质条件

库区主要出露三叠系和第四系，受区域构造影响，岩层挤压变形强烈，褶皱和小断层较为发育。

库区为峡谷型水库，两岸山脊多呈浑圆状，岸坡基本对称，库岸整体稳定条件较好。然充寺以上河段天然岸坡以基本稳定为主，但由于达曲断层发育，两岸岸坡局部地段泥石流、崩塌等现象发育，但规模不大，对库坝影响很小。然充寺以下河段天然岸坡稳定条件较好，滑坡、崩塌和泥石流规模不大，但申达—然充寺段岩层倾倒变形普遍发育，水库蓄水后，有可能产生崩塌。

达曲水库区两岸山体雄厚，地形上无单薄分水岭。库区两侧岩性主要为陡倾角的浅变质砂岩、板岩韵律互层的岩性，岩体透水性较弱，库盆基本呈封闭状态，基本不存在向邻谷渗漏问题。但在然充坝址、阿安坝址和申达坝址处，坝段河谷为顺向河谷，岩层走向和河流流向基本平行，且两岸岩石节理裂隙发育，局部地段发育破碎带，存在沿节理裂隙、破碎带以及顺层面向下游渗漏的问题。

水库为山区型水库，第四纪沉积物多为中—强透水性的砂砾石、碎石等，基本不存在浸没问题。未发现有开采价值的矿产资源。

库区是新构造运动相对稳定区，大的断裂主要有达曲—然充断裂和东谷断裂，两条断层第四纪以来没有活动，不具备发生水库诱发地震的地质构造条件。

2)坝址工程地质条件

阿安坝址区物理地质现象主要有倾倒变形、滑坡、泥石流等，其他物理地质现象不太发育。出露有三叠系上统侏倭组，岩性组合为一套中厚—厚层的石英砂岩、岩屑石英砂岩与粉砂岩、绢云母板岩组成的韵律互层，岩石的物理力学性质基本相同。坝址处于达曲背斜的轴部，背斜轴面两侧岩体分别倾向两边岸坡，为逆向坡；坝基岩层倾角较陡，未发现水平或缓倾角的软弱结构面，坝基抗滑稳定性较好。岩层走向与河流走向近于一致，处于背斜核部，河床下部基岩面较为平整，未见河谷深槽，河床部位渗漏问题主要是沿背斜核部的节理裂隙密集带、层间挤压破碎带和沿层面以脉状或层状向下游的渗漏。

阿安坝址右坝肩稳定性较好，左坝肩岩体破碎，存在构造破碎带，坝肩稳定性差，岩体渗透性强，主要工程地质问题是左坝肩稳定问题和渗漏问题。

(3)泥曲仁达水库

1)库区工程地质条件

库区河谷开阔，河谷大部分属纵向谷，局部地段为斜向谷或横向谷，两岸多为逆向坡，岸坡坡度相对较缓，岸坡整体稳定性较好。外动力地质现象较为发育，主要有基岩倾倒变形体、滑坡、崩塌、危岩体等；倾倒变形分布较普遍，滑坡体较为发育，滑坡规模大小不等，方量一般在15万～20万m^3。崩塌现象虽较为发育，但规模普遍很小；倾倒变形体一般处于稳定状态，二者对蓄水过程和水库运行影响很小。

库段总体为NW—SE向的褶皱与断层；褶皱、断层、节理以及泥化夹层较为发育。库段内断层多延伸短，规模小。

泥曲为最低侵蚀基准面，水库周边不存在较低的邻谷洼地；库区无大断裂、强透水层、大的节理密集带通向库外，两岸山体雄厚，库盆封闭性较好，库盆周围，在正常蓄水位以上均见有泉水出露，不存在向邻谷永久渗漏的问题。

由于水库为山区型水库，水库蓄水后，库区周边不存在洼地，基本没有建筑物存在，水库周围也没有耕地，基本不存在浸没问题。据调查，库区无具有开采价值的矿藏，仅纪柯库区淹没大金寺，仁达及章达库区无文物古迹分布。

库区发育的断裂构造以压性或压扭性为主，其透水性较差，不利于库水渗透和诱发地震。库区内无活动断层分布，区内断层规模均较小，不易诱发地震。历史上库区内没有发生地震的记录。库区岩性主要为三叠系浅变质砂、板岩，岩性条件不利于水库地震的发生。除局部裂隙密集带的透水性较强外，一般为弱透水岩体，不利于库水渗透。初步认为，泥曲库区产生水库诱发地震的可能性较小。

2)坝址工程地质条件

仁达坝址区无区域性大断裂通过，无强震震中分布，地震动峰值加速度均为0.15g。

坝址坝线处河谷呈“V”字形，构造条件类似。仁达坝址河床覆盖层及基岩全强风化卸荷带总厚度较章达坝址小，而左、右坝肩覆盖层及基岩强风化带总厚度较章达坝址厚。仁达坝线与岩层走向近垂直，两岸均为逆向坡，天然岸坡坡度小于岩层倾角，岩层产状与河谷的组合有利于岸坡稳定，岸坡整体稳定条件较好。

坝基岩体为砂板岩，未发现缓倾角的软弱结构面；但坝基上部的强风化和弱风化岩体均存在渗漏条件，均须进行必要的防渗处理。

(4)克曲克柯水库

1)库区工程地质条件

克曲河谷形态以“V”形为主，部分河段发育有“U”形谷。库区岩石覆盖较严重，基岩零星出露，河谷主要为斜向谷，局部地段为横向谷或顺向谷，岩层倾角较陡，岸坡整体稳定条件较好；岸坡破坏的主要形式为滑坡和倾倒变形，其次为崩塌，倾倒变形随处可见，但和崩塌一样，一般规模较小，对库坝影响不大。没有发现大的影响水库正常运行的失稳边坡。

库区出露地层为砂、板岩不等厚互层。库区构造线方向总体为NW—SE向，库区内没有大的断裂通过，所发育的断层一般规模较小，多集中在坝址附近。岩层大部分倾向SW，局部地层发生倒转，除次级小褶皱外，较大褶皱多为同斜褶皱。

克柯水库为高山峡谷水库，两岸山体雄厚，不存在向邻谷渗漏的地形条件，也不存在通向下游大的断层。库区主要为天然草场，浸没问题不大。克柯水库固体物质主要来源于雨季洪水对库区两岸松散堆积物的冲刷所携带的固体物质，不存在大的影响水库运行的淤积问题。

2)坝址工程地质条件

克柯坝址河谷以斜向谷为主，局部为横向谷和顺向谷，岩层倾角一般大于坡角，整体稳定性较好。克柯坝址右岸岸坡稳定性好，左岸岸坡大部分稳定。坝址区外动力地质现象不太发育，区内滑坡体规模较小，目前处于整体稳定状态。顺向坡岩层普遍发生倾倒变形现象，表现为岩层倾角变缓，卸荷裂隙增多，岩层倾倒变形影响深度一般为 20～30m，整体状态稳定。

坝址区总体构造方向呈 NW—SE，褶皱构造较发育，主要沿北西向展布。出露的岩性为砂岩和板岩互层，岩层大多较陡，岩层倾角一般为 40°～70°。

坝基岩性为中等倾角—高倾角的薄—中厚层砂岩夹板岩为主，坝基岩体较完整。

克柯坝址坝基砂砾石厚，属强透水—极强透水带，左坝肩砂砾石层最大厚度达 90m，分布范围大，沿左坝肩砂砾石的绕坝渗漏问题严重。坝址区覆盖层的砂砾石层属强透水—极强透水。克柯坝址覆盖层厚度大，河床覆盖层达 10～30m，Ⅲ级阶地达 30～90m，不同部位覆盖层厚度差异较大；覆盖层厚砂砾石较均一，承载力较高，下部基岩产状较陡，没有发现水平或缓倾角的软弱结构面。若坝基座在基岩上，坝基基岩抗滑稳定问题不大，若坝基座直接在砂砾石层上，应对砂砾石作适当处理。

5.1.3.1.3 输水隧洞工程地质条件

雅砻江、大渡河联合调水工程从雅砻江干流及其支流达曲、泥曲和大渡河支流杜柯河、玛柯河和阿柯河筑坝调水，通过调水隧洞自流入黄河。输水线路被定曲、达曲、泥曲、杜柯河、玛柯河、克曲、窝央沟、若曲分为九段，最短 3.7km，最长 72.4km，线路全长 325.7km。调水线路隧洞埋深一般在 300～800m，最大埋深 1150m。

隧洞区地貌类型以构造剥蚀丘状高原为主，次为断陷盆地与宽谷，属中等切割高山区。区内褶皱构造十分发育，主要沿北西西向展布，一般形成复式背斜或向斜。主要断层带有东谷断裂、长须贡玛—大塘坝断层带、雅弄断裂带、旦都—丘洛断层带、塔子断层带、上杜柯断层带、亚尔堂断层带和阿坝断层带。近场区基本无强震分布，属于弱震区。沿线最大水平主应力随深度亦呈现较良好线性关系，总的方向为 NE—NEE，水平地应力以构造应力为主导；地应力与隧洞走向呈小角度相交。地壳活动性以基本稳定和稳定类型为主；绝大部分处于稳定区，少部分为基本稳定区。

隧洞围岩主要以砂岩、板岩为主，花岗岩、闪长岩、石英岩局部分布，其中砂岩、花岗岩、石英岩为中硬岩—极硬岩，板岩为较软岩—较硬岩。勘察表明，隧洞区岩爆发生的几率较小，且强度低。高地温和有害气体、岩体放射性问题不突出。

隧洞围岩中的地下水类型主要为基岩裂隙水。褶皱核部等构造破碎带，岩体的透水性和赋水性较好，存在强透水和涌水的可能。在岩浆岩及岩脉发育洞段，可能存在地下热水和有毒有害气体。水文地质分析及调水隧洞涌水量计算表明，可能引起强透水或涌水的地段主要在浅埋过沟段、向斜褶皱核部破碎岩体形成的富水段、断层破碎带及其影响带、岩浆岩中成岩裂隙水和有害气体。这些地段主要分布在雅砻江—达曲段的雅弄—麦玉弄—扎柯、达曲—泥曲的如年各组构造混杂岩带、泥曲—杜柯河的色达丘状高原断层发育区、杜柯河—玛柯河的杜柯河断裂带、霍那调水支洞、阿柯河—黄河的给柯丘状高原段等。大部分洞段的地下水、地表水质类型以重碳酸钙镁型为主，少数为重碳酸钙型和重碳酸钙钠型。除上杜柯、麦玉弄、热巴、阿达等部分水样的分解类具有弱腐蚀性外，其他环境水一般不存在对混凝土的腐蚀性。

隧洞围岩主要为Ⅲ围岩，局部为Ⅳ～Ⅴ类。对各洞段围岩分类结果进行统计分析，调水隧洞围岩Ⅱ类占5%左右，Ⅲ类占78%左右，Ⅳ～Ⅴ类占17%左右，围岩整体稳定性较好，局部稳定性差，对Ⅳ～Ⅴ围岩段应加强地质预报和施工支护。Ⅳ～Ⅴ围岩主要分布在调水隧洞进出口段、浅埋段、构造破碎带等处。Ⅳ～Ⅴ围岩较集中分布的洞段有雅砻江—达曲段的雅弄—麦玉弄—扎柯、达曲—泥曲的如年各组构造混杂岩带、泥曲—杜柯河的塔子断裂带和色达丘状高原断层发育区、杜柯河—玛柯河的杜柯河断裂带、阿柯河—黄河的阿坝断裂带、黄河流域结柯丘状高原段等。

(1)雅砻江—达曲

1)隧洞区

隧洞区出露的地层主要为三叠系浅变质碎屑岩，岩性主要为岩屑石英砂岩、杂砂岩、长石石英砂岩与板岩不等厚互层夹灰岩透镜体，可划分为砂岩夹板岩组、砂板岩互层组和板岩夹砂岩组。局部出露侵入岩浆岩体、岩脉。围岩以Ⅲ类为主，局部为Ⅳ类，断层带附近为Ⅳ和Ⅴ类。

隧洞区断层发育，以北北西向断层为主，规模最大，其次为北西西向断层，另外还发育一些北东和近南北向断层。构造节理方向性强，最发育的是“X”形共轭剪切节理。节理发育密度主要受岩石强度、单层厚度、构造错动的影响。比较坚硬的岩石，节理发育密度相对较大。

现代构造应力场的最大主应力方向为NE—NEE向，与区域构造应力场方向基本一致，地应力主要以水平构造应力场为主导。在高地应力条件下，对于围岩为砂板岩互层岩组的洞段，板岩主要以塑性变形为主，局部隧洞围岩的稳定性差，在深埋条件下，存在隧洞板岩岩体塑性变形破坏，一般没有岩爆或较少产生。对于隧洞穿越的构造破碎岩组，在深埋高应力条件下主要表现为塑性变形，在地下水的联合作用下会产生涌水突泥现象，持续时间长，不易成洞。经综合判断，隧洞埋深400m时，发生岩爆的可能性较小，400～700m时可能发生岩爆，大于800m时有岩爆发生。

2)阿安渡槽

渡槽区50年超越概率10%水平的地震动峰值加速度为0.20g(相应的地震基本烈度为Ⅷ度),地震动反应谱特征周期为0.45s,处于次不稳定区。

渡槽区主要出露T_3zw^{1-1}砂岩夹板岩。河谷覆盖层较厚,结构疏松。两岸山坡均为逆向坡或斜向坡,岩层倾角大于边坡坡度,在自然状态下稳定性较好。施工开挖后,表部厚层的残坡积碎石土以及强风化带岩体厚度较厚,结构疏松,边坡的自然稳定被破坏,易形成表层滑坡、塌方等地质破坏。距渡槽较近发育有两条断层,对附近的岩层结构有较大的影响,因此在施工和运行时均须对边坡进行加固处理。

(2)达曲—泥曲

1)隧洞区

隧洞区出露的地层岩性为三叠系浅变质的砂板岩和第四系松散堆积物。三叠系砂板岩可划分为砂岩夹板岩组、砂板岩互层组、板岩夹砂岩组等工程地质岩组;断层破碎带发育地段,岩体破碎,为破碎岩组。统计结果表明:砂岩夹板岩组属于弱透水—中等透水,砂板岩互层组属于弱透水—中等透水岩组,板岩夹砂岩组属于微透水—中等透水岩组。

Ⅲ类围岩占92.9%,Ⅳ类围岩占5.6%,Ⅴ类围岩占1.5%。Ⅳ类围岩主要分布于旦都—丘洛断层带和隧洞进出口基岩强风化带。综合各段岩爆判别结果,对于围岩为砂岩岩组、灰岩岩组和砂岩夹板岩岩组且围岩类别为Ⅲ类的隧洞洞段,当隧洞埋深小于300m时,发生岩爆的可能性较小,300~600m时可能发生岩爆,大于600m时有岩爆发生,当隧洞埋深达到或接近900m时有可能发生中等强度岩爆。但由于隧洞围岩多为层状的砂岩和板岩,裂隙较发育,裂隙水普遍存在,其实际发生岩爆的强度可能较前述判别的结果弱。

2)仁达渡槽

泥曲仁达渡槽是连接达曲—泥曲段隧洞的输水建筑物,位于泥曲的仁达坝址下游约750m。

渡槽工程区地层主要出露三叠系上统两河口组和第四系,两河口组岩性为灰色薄—中厚层状浅变质中细粒长石石英砂岩、岩屑长石砂岩夹深灰色粉砂质板岩、粉砂质绢云母板岩,砂岩与板岩之比为3∶1~5∶1。第四系主要分布于泥曲河谷及两岸山坡,为全新统冲积物、冲洪积物等。

河床覆盖层厚度为2.7~6.0m,左岸覆盖层厚度为2.5~10.9m,右岸覆盖层厚度为2.6~11.8m。渡槽区覆盖层厚度较薄。渡槽岸坡较稳定,但左岸发育绒穷滑坡,可能会对渡槽工程有一定的影响,需进一步分析其稳定性以及对渡槽的影响。根据岩体质量分级结果,渡槽岩体强风化岩体属于Ⅳ级,弱风化岩体属于Ⅲ级,微—新鲜属于Ⅱ级。建议渡槽基础选在微风化—新鲜基岩中。

(3)泥曲—杜柯河

1)隧洞区

隧洞区受地形地貌、水文气象、土壤植被、地层岩性和地质构造等因素综合影响，外动力地质现象较为发育，主要有基岩倾倒变形体、滑坡、崩塌和泥石流等。

出露地层岩性有三叠系浅变质砂板岩、第三系断陷盆地碎屑岩和第四系松散堆积物，可划分为砂岩夹板岩组、砂板岩互层组、板岩夹砂岩组等工程地质岩组；砂岩岩组和板岩组分布较少，主要在以上岩组中呈透镜体分布。以砂岩或砂岩夹板岩为主的岩组透水性较大，以砂板岩互层或板岩夹砂岩为主的岩组透水性较小，以板岩为主的岩组透水性最弱。其中，围岩Ⅲ类占 85.5%，Ⅳ～Ⅴ类占 14.5%。

对于Ⅳ类围岩及以碎裂岩岩组为主的Ⅴ类围岩的洞段，在高应力条件下主要表现为塑性变形，在地下水的联合作用下会产生涌水突泥现象。综合各段岩爆判别结果，对于围岩为岩浆岩、砂岩岩组和砂岩夹板岩岩组且围岩类别为Ⅱ、Ⅲ类的隧洞洞段，当隧洞埋深小于 400m 时，发生岩爆的可能性较小，400～700m 时可能发生岩爆。但由于隧洞围岩多为层状的砂岩和板岩，裂隙较发育，裂隙水普遍存在，其实际发生岩爆的强度可能较前述判别的结果弱。

2)珠安达渡槽

珠安达渡槽区内杜柯河河道横剖面呈“U”字形。两岸临河山体雄厚，河谷发育有漫滩微地貌。渡槽区河床覆盖层厚约 13.5m，基岩强风化层厚约 35m；杜柯河右岸第四系覆盖层厚约 10m，基岩强风化层厚约 20m；杜柯河左岸第四系覆盖层厚为 2～5m，基岩强风化层厚为 7～10m。出露基岩为板岩夹少量砂岩。地下水及地表水水质良好，对混凝土均无侵蚀性。

渡槽工程规模较大，槽基持力层不宜选择在第四系覆盖层及基岩强风化层中；弱风化—新鲜的板岩夹砂岩，物理力学性质相对较好，适于作为基础持力层。杜柯河两岸基岩边坡均为逆向坡，岩层倾角一般大于岸坡坡度，对岸坡稳定较为有利，但由于渡槽终点边坡受滑坡体和断层的双重影响，边坡稳定性相对较差；起点边坡由于覆盖层和基岩风化层较厚，在当地多降水的条件下也有可能使边坡发生不同程度的破坏，因此渡槽两端边坡在施工和运行时均须进行加固处理。

(4)杜柯河—玛柯河

1)隧洞区

隧洞区出露三叠系浅变质碎屑岩、第四系松散堆积物，南段有较多的中酸性侵入岩出露。三叠系浅变质碎屑岩可划分为砂岩组、砂岩夹板岩组、砂板岩互层组、板岩夹砂岩组、板岩组等工程地质岩组。根据初步分类，Ⅲ类围岩占 85%，Ⅳ类围岩占 15%。

隧洞区最大主应力方向是 NE29°左右，最大埋深位于杜柯河与则柯的分水岭处，埋深为

880m，最大主应力值为 36.17MPa；其余段埋深一般在 600m 以上，最大主应力值一般大于 26.65MPa。地应力主要以水平构造应力场为主导。砂板岩互层岩组的洞段，在高地应力条件下，板岩主要以塑性变形为主，局部隧洞围岩的稳定性差，在深埋条件下，存在隧洞板岩岩体塑性变形破坏，一般没有岩爆或较少产生。对于Ⅳ类围岩及以碎裂岩岩组为主的Ⅴ类围岩的洞段，在高应力条件下主要表现为塑性变形，在地下水的联合作用下会产生涌水突泥现象。对于围岩为砂岩夹板岩岩组和侵入岩脉且围岩类别为Ⅱ、Ⅲ类的隧洞洞段，当隧洞埋深小于 400m 时，发生岩爆的可能性较小，400～500m 时可能发生岩爆，大于 600m 时发生岩爆的概率较大。

2）建筑物工程地质条件

杜柯河—玛柯河调水线路明流洞方案通过倒虹吸过玛柯河。倒虹吸位于扎洛坝址上游，距扎洛坝址仅 150m 左右。该处天然岸坡稳定条件较好，未发现不稳定边坡。

该处河床覆盖层厚度为 10～13m，强风化带厚度为 2～3m。左岸覆盖层厚度为 9～43m，基岩强风化卸荷带厚度为 2.5～14m。右岸覆盖层厚度为 1.5～2.5m，基岩强风化带厚度为 27.4～37.6m。

基础基岩以厚层砂岩夹板岩为主，砂岩饱和抗压强度为 32.2～78.1MPa，平均53.6MPa，属坚硬岩或中硬岩；板岩饱和抗压强度为 9.5～49.8MPa，平均 32.6MPa，属较软岩—中硬岩。基础宜置于弱风化—微风化岩石上。

（5）玛柯河—阿柯河

1）隧洞区

隧洞沿线断裂褶皱构造发育，主要构造线方向呈北西—北西西向。构造应力为主，高地应力区存在岩爆和变形破坏的可能性。

隧洞围岩Ⅱ类占 10%，Ⅲ类占 74%，Ⅳ～Ⅴ类占 16%。调水线路进出口边坡整体稳定性较好。对于围岩为砂岩岩组、砂岩夹板岩岩组和岩浆岩侵入岩脉且围岩类别为Ⅱ、Ⅲ类的隧洞洞段，当隧洞埋深小于 300m 时，发生岩爆的可能性较小，300～400m 时可能发生岩爆，大于 500m 时有岩爆发生。但由于隧洞围岩多为层状的砂岩和板岩，裂隙较发育，其实际发生岩爆的强度可能较前述判别的结果弱。

2）克柯渡槽

明流洞调水方案设计采用渡槽穿越阿柯河，渡槽西南端与玛柯河—阿柯河调水隧洞相连接，北东端与克柯—窝泱调水隧洞相连接，全长 336m。

河床覆盖层厚度为 2～10m，强风化带厚度为 10～15m；左岸覆盖层厚度为 3～15m，强风化带厚度为 5～15m，右岸覆盖层厚度为 0～10m，强风化带厚度为 3～15m，工程开挖量不大，易于工程处理。新鲜基岩岩体较完整、岩体质量较好，适于作为工程基础。渡槽两岸基岩岸坡整体稳定性较好，对边坡稳定影响较大的是表层基岩倾倒变形、较厚的覆盖层和强风化带。在当地多降水的条件下也会使边坡发生不同程度的破坏，因此渡槽两岸边坡均须对其进行加固处理。

(6)阿柯河—黄河

1)隧洞区

该段线路跨越了长江、黄河水系的分水岭,以若曲以东的加绒拉日尔为界,西部属于长江水系的阿柯河流域,东部属于黄河流域。阿柯河—沃央段与沃央—若曲段在阿柯河流域内,若曲—黄河段线路区大部分地段属于黄河流域。

阿柯河—沃央段明流洞方案中Ⅲ类围岩占 89%,Ⅳ～Ⅴ类围岩在该洞段分布总长度为 0.75km,约占 11%。沃央—若曲段明流洞方案中Ⅲ类围岩在该洞段分布总长度为 3.26km,占 79%,Ⅳ～Ⅴ类围在该洞段分布总长度为 1.68km,约占 21%。因此,洞段绝大部分为Ⅲ类围岩,占 79%～87%,围岩属基本稳定;Ⅳ～Ⅴ类主要分布在出口段,占 13%～21%。

地应力测试反演结果表明,阿柯河—黄河段调水线路区最大主应力方向为北东 65°左右。综合各段岩爆判别结果,对于围岩为砂岩夹板岩岩组且围岩类别为Ⅲ类的隧洞洞段,当隧洞埋深小于 300m 时,发生岩爆的可能性较小,400～500m 时可能发生岩爆,大于 500m 时有岩爆发生。阿柯河—沃央段中明流洞的 4＋270～6＋080m 段隧洞埋深 245～570m,围岩类别均为Ⅱ类,可能发生岩爆。沃央—若曲段中明流洞的 2＋500～5＋670m 段隧洞埋深220～460m,平均埋深 320m,且围岩类别为Ⅲ类,隧洞围岩为砂岩夹板岩岩组,可能发生岩爆。

2)渡槽工程地质条件

阿柯河—黄河调水线路可分为阿柯河—沃央、沃央—若曲、若曲—黄河,其中阿柯河—沃央段与沃央—若曲段以沃央渡槽连接,沃央—若曲段与若曲—黄河段以若曲渡槽连接。

沃央渡槽位于阿柯河支流沃央沟内,沃央沟呈"V"形,右岸槽基岩体倾向与坡向相同,对岸坡稳定不利;左岸坡与岩层倾向相反,岸坡稳定性好,坡面坡角变化较大,坡面完整性较差,施工开挖会造成碎石土层及强风化卸荷岩体的小规模滑塌,应做好护坡处理。基岩为薄层状板岩夹少量砂岩,完整性较差,岩石破碎。阿坝断层带的南界断层从渡槽区穿过,破碎带宽度为 50～100m,断层破碎带主要由角砾岩、糜棱岩、片状岩及碎裂岩组成。渡槽区河谷覆盖层较薄,结构疏松,工程特性较差,不宜作为渡槽基础;断层破碎带、影响带、强风化带岩体质量较差,为Ⅳ～Ⅴ级,弱风化岩体质量为Ⅲ～Ⅳ级,岩体强度低,不宜直接作为渡槽基础,须进行处理。微—新鲜岩体可作为渡槽基础。

若果郎渡槽处河谷横剖面呈不对称"U"形,两岸山体较平缓,天然岸坡稳定性较好。河床覆盖层厚度为 17～21m,左岸覆盖层厚度为 32～38m,右岸覆盖层厚度为 15～20m;河床强风化带厚 15～20m,左岸强风化带厚 9～11m,右岸强风化带厚 9～12m。出露基岩主要为三叠系的灰、灰绿色薄—中厚层、局部厚层状浅变质砂岩夹板岩,岩层产状变化较大,岩层倾角较陡,断层、褶皱、节理裂隙、劈理发育,原岩完整性受到不同程度的影响。渡槽区河谷覆盖层虽然较厚,但结构疏松,不宜作为渡槽基础;断层破碎带、影响带、强风化带岩体质量较差,为Ⅳ～Ⅴ级;弱风化岩体质量为Ⅲ～Ⅳ级,不宜直接作为渡槽基础,须进行处理。

5.1.3.1.4 天然建筑材料

各调水河流块石料丰富，储量及质量满足规范要求；采用花岗岩、灰岩做人工骨料，岩石力学指标满足规范要求；砂板岩做人工骨料存在板岩难于从砂岩中剥离的问题。

雅砻江天然砂砾石料部分砾径组软弱颗粒超标；达曲的土料运距较远，天然砂砾石料部分指标不合格。泥曲缺乏土料，砂砾石料储量少，需要从达曲补充。杜柯河建材种类齐全，质量及储量基本满足要求。玛柯河砂砾石料、土料储量丰富，主要位于河谷上游的宽谷段；块石料储量及质量满足要求，距坝址较近。阿柯河的砂砾石料和土料均位于坝址下游，但运距较远；坝址附近块石料丰富。大部分位于线路中段的施工支洞附近混凝土骨料料源缺乏。

隧洞区天然砂砾石料主要分布于各调水河段和黄河的宽谷河段，大部分料场储量丰富。砾石料和砂料均基本满足混凝土粗、细骨料要求，但均存在泥质含量高的缺点。各料场沿河流一般均有简易公路相通，与主河道上的工程部位交通较为便利。雅砻江、达曲、泥曲由于砂砾石储量有限，不能同时满足坝址和调水隧洞需求。

人工骨料主要选择砂岩夹板岩地层中砂岩含量高的岩性段，厚度较大的灰岩段和距工程较近的闪长(花岗)岩体，各料场原岩均满足混凝土骨料质量要求。调水坝址附近的块石料场中，闪长岩、灰岩和部分砂岩比例高的砂岩夹板岩块石料可用作人工骨料场。

砂岩破碎试验结果表明，砂岩轧制人工骨料满足混凝土用骨料的要求。由于为砂板岩互层地层，而板岩板理发育，暂无法利用，制取人工骨料时存在板岩分离困难的问题。但是四川类似工程区的水利电力工程有利用砂板岩制备混凝土人工骨料的先例，可以用来借鉴。

调水河段附近隧洞均有满足要求的混凝土骨料场，混凝土骨料开采较为便利，大部分河段运输较为不便。大部分位于线路中段的施工支洞附近混凝土骨料料源缺乏，存在料场距离远、交通运输不便的问题，建议下阶段进一步寻找料源或优化施工方案布置。混凝土性能试验表明，人工骨料拌制的混凝土各项力学性能规律良好，与混凝土一般规律相符。

5.1.3.2 岗托—雅砻江段

从金沙江规划梯级电站岗托水电站库区提水到雅砻江干流热巴坝下，后沿雅砻江大渡河联合调水线路，调水入贾曲河口，涉及四川、青海、西藏等三省(区)。方案调水枢纽岗托最大坝高223m，坝址处多年平均径流量163.2亿m^3，年调水量45亿m^3，调水比例占25%；本段线路长420km，最长隧洞段长90.8km，岗托库区提水泵站扬程554m。本方案前段为岗托—热巴段，热巴坝址往后为雅砻江—大渡河联合调水方案线路。

(1)区域构造与地震概况

工程区主体跨越松潘—甘孜褶皱系的雅江褶皱带内(Ⅱ2)和义敦褶皱带(Ⅱ3)。

工程区及周围断层发育，主要断层带自西向东主要有：德格—乡城断裂(F2)、甘孜—玉树断裂带(F4)等(见图5.1.3-1)。

工程区主要断裂延伸都比较长，活动性分段特征明显。德格—乡城断裂在线路穿过区域没有发现晚更新世以来活动的证据，活动性不明显。玉树—甘孜断裂穿过线路区域在晚更新世以来有过活动，属于活动断裂。

工程区跨越青藏高原地震区的鲜水河—滇东地震带，调水线路的地震危险性主要受其影响。岗托抽水段(岗托—热巴段)工程区地震动峰值加速度为 0.20g(图 5.1.3-3)，相应的地震基本烈度为Ⅷ度，反应谱特征周期主要为 0.40～0.45s。

(2)水源水库工程地质条件

岗托坝址位于四川德格县与西藏江达县境内的金沙江干流上，位于德格色曲河汇口上游约 4.8km 处，为规划中的金沙江上游川藏段 13 个梯级电站中的第 4 级，上游为果通水电站，下游与岩比水电站衔接。岗托坝址高程 3010m，控制流域面积 147451km^2，多年平均径流量 163.2 亿 m^3。坝址两岸总体较对称，河谷呈“U”形谷，横向谷，岸坡地形完整，两岸基岩裸露，两岸岸坡总体为 45°～60°，局部为 70°～80°。坝址岩性复杂，均匀性差，各向异性明显，属中硬—坚硬岩，抗压强度较高，总体岩体质量较好，坝址处构造总体上较为简单，断层规模小，小断层较发育，破碎带宽度一般为 5～40cm，具备修建高面板坝和高心墙坝的地形地质条件。

(3)输水隧洞工程地质条件

岗托—热巴段最长隧洞段长 90.8km，埋深较大。隧洞穿越地层主要为三叠系浅变质的砂板岩复理石地层，且见有岩浆侵入岩体或岩脉，工程沿线断裂、褶皱等地质构造发育，隧洞穿越甘孜—玉树断裂、德格—乡城断裂等区域性大断裂，此外，隧洞穿越地层岩体中各类结构面发育。

复杂的地质条件使工程存在着诸多工程地质问题，如活动性断层对洞室稳定的影响、高地应力下围岩变形与岩爆、洞室涌水与突泥、高地温问题、有毒有害气体、岩体中放射性危害、冻土边坡的冻融变形与稳定性等。

本方案前段为岗托—热巴段，热巴坝址往后为雅砻江—大渡河联合调水方案线路。

1)基本地质条件

岗托—热巴段线路地面高程为 3050～6168m。地质构造线呈北西向，控制了区内主要山脉及河流展布。区内主要河流为金沙江、雅砻江及其支流，线路区水系以羽状为主，少量呈树枝状和放射状。金沙江河谷形态以“V”形为主，两岸山坡坡度平均为 40°～55°，谷坡多基岩裸露，河水面高程为 3050～3560m。

本段线路主要出露三叠系中下统盐塘组($T_{1-2}y$)：深灰色泥—粉晶灰岩，含有生物碎屑。三叠系上统曲嘎寺组(T_3q)：结晶灰岩，夹砂板岩、火山岩。三叠系上统图姆沟组(T_3t)：深灰色、灰白色变质砾岩、砂岩、砂板岩。三叠系上统喇嘛垭组(T_3lm)：灰黑色砂岩与炭、粉砂质板岩互层。三叠系上统雅江组(T_3y)：灰色变质砂岩、板岩互层，夹砂岩、粉砂岩、灰岩。侏罗系侵入岩($J_{\eta\gamma}$)：岩性为二长花岗岩。

隧洞穿越金沙江断裂带、玉树—甘孜断层带、德格—乡城断裂等区域性断裂。受区域性断裂影响，隧洞沿线断层、褶皱较为发育。此外，岩体中层理、节理等也较为发育。

根据区内地下水赋存条件、含水介质特征及水的物理特性，地下水可分为松散岩类孔隙水和基岩裂隙水两类。线路区风化作用强烈，风化裂隙发育，并彼此连通，富水性好。构造裂隙水主要分布于褶皱核部、断层带、节理密集带等构造裂隙发育区，这些地带岩石破碎，裂隙发育，裂隙频度高，为地下水活动提供了良好的赋存空间和运动条件。该类地下水主要接收大气降水、冰雪融水、地表溪流及风化带裂隙水、层状裂隙水渗入补给，受季节变化影响较小。线路穿越的河流主要有：金沙江、雅砻江及其支流，受冰雪水融化、大气降水及泉水的补给。

2）工程区围岩初步分类及主要工程地质问题初步评价

根据围岩初步分类，整段围岩以Ⅲ类为主，占比约为 75%；闪长岩组洞段以Ⅱ类为主，占比约为 5%；隧洞进口段穿越断裂带为Ⅳ～Ⅴ类围岩，占比约为 5%；千枚岩夹板岩段为Ⅳ～Ⅴ类围岩，占比约为 15%。

岗托—热巴段隧洞穿越雀儿山，一般埋深 900～2000m，最大埋深 2500m，隧洞方向为 NE60°—NE45°。本段地质条件复杂，构造发育，穿越金沙江断裂带与玉树—甘孜断裂带的隧洞，将遇到断裂带对隧洞稳定的影响、高地应力引起的岩爆、围岩变形问题、高地温以及局部段的涌突水等一系列问题。

此外，进、出口段边坡岩体受风化卸荷影响，存在边坡稳定问题，需采取合理的工程处理措施。

5.1.4 工程布置

5.1.4.1 水源工程

雅—大联合 35 亿 m^3 ＋岗托抽水 45 亿 m^3 至黄河贾曲河口（高程 3442m）方案，共涉及 5 座水库，分别为金沙江干流的岗托水库、雅砻江干流的热巴水库、雅砻江支流达曲的阿安水库和泥曲的仁达水库，以及大渡河支流阿柯河的克柯水库。各水源水库主要指标见表 5.1.4-1。

表 5.1.4-1 雅砻江、大渡河联合自流调水 35 亿 m^3 方案各水源水库主要指标表

调水河流	金沙江	雅砻江			大渡河
	金沙江	雅砻江	达曲	泥曲	阿柯河
坝址名称	岗托	热巴	阿安	仁达	克柯
建设地点	德格县与西藏江达县	四川甘孜	四川甘孜	四川甘孜	四川阿坝
坝址高程（m）	3010	3527	3604	3598	3474
控制流域面积（km^2）	147451	26535	3487	4650	1534
坝址多年平均径流量（亿 m^3）	163.2	61.13	10.36	11.76	6.73
坝址多年平均调水量（亿 m^3）	45	24	4	4.5	2.5
正常高水位（m）	3215	3684.39	3684.29	3678.79	3545.16
引水位（死水位）（m）	3145	3660	3640	3635	3510

续表

调水河流	金沙江	雅砻江			大渡河
	金沙江	雅砻江	达曲	泥曲	阿柯河
校核洪水位(m)		3685.04	3686.77	3680.75	3547.26
设计洪水位(m)		3684.61	3684.22	3679.16	3546.29
总库容(亿 m^3)	57.5	24.2	1.76	2.31	1.03
坝顶高程(m)	3223	3690.2	3688.6	3683.4	3548.9
最大坝高(m)	223	168.9	98.6	96.1	85.7
坝顶长度(m)		514	392	521	356
坝型	混凝土面板堆石坝	混凝土面板堆石坝	沥青心墙堆石坝	混凝土面板堆石坝	黏土心墙堆石坝
建筑物级别	1级	1级	1级	1级	1级

(1)岗托水库

岗托水电站位于四川德格县与西藏江达县境内的金沙江干流上，坝址区位于德格色曲河汇口上游约 8.4km 处，距德格县城约 35km，距成都约 910km。坝址控制流域面积 147451km^2，坝址多年平均年径流量 163.2 亿 m^3。

工程的开发任务主要为以发电为主，并促进地方经济社会发展，采用坝式开发。岗托水电站大坝为混凝土面板堆石坝，最大坝高 223m，坝顶高程 3223m，水库正常蓄水位 3215m，死水位 3145m。水库总库容 57.5 亿 m^3，调节库容 37.3 亿 m^3，具有年调节能力。电站装机容量 120 万 kW，多年平均年发电量约 54.8 亿 kW·h。

工程总工期为 121 个月，工程总投资 435 亿元。2018 年 9 月，电规总院对预可研报告进行了审查。

(2)热巴水库

热巴水库位于四川省甘孜藏族自治州德格县境内的雅砻江干流上。控制流域面积 26535km^2，坝址处多年平均径流量 61.13 亿 m^3，多年平均调水量 24 亿 m^3。

热巴水库为大(1)型工程。枢纽由混凝土面板堆石坝、竖井式泄洪洞、溢洪道、引水发电洞、引水式电站和生态引水兼放空洞、生态电站组成。混凝土面板堆石坝等主体建筑物防洪标准为 1000 年一遇设计，10000 年一遇校核。水库正常蓄水位 3684.39m，死水位3660m；水库总库容 24.2 亿 m^3，调节库容 9.33 亿 m^3。热巴大坝设计烈度按提高 1 度为 9 度设计，其余建筑物设计烈度均为 8 度。

热巴大坝为混凝土面板堆石坝，坝顶高程 3690.2m，坝顶设 1.2m 高防浪墙，最大坝高 168.9m，坝顶长 514m。面板坝上游坝坡为 1∶1.6；下游设上坝公路，宽 8.0m，公路间坡度为

1∶1.6,综合边坡为 1∶1.8。

溢洪道布置在右坝肩,采用正槽开敞式泄流,出口采用挑流式消能。溢洪道工程由进口引渠、控制闸室(驼峰堰)、泄槽和挑流鼻坎等段组成。泄洪洞由位于右岸的导流洞改建而成,由压力段进水口、明流引水洞、涡室、竖井和泄洪洞(即原导流洞)组成。

设计调水流量 87.28m^3/s,引水洞出口水位 3650.01m,库区正常蓄水位 3684.39m,存在约 35m 的水头差。为充分利用该部分水头,考虑在输水隧洞进口处布置引水电站。同时,为了确保坝下游的生态用水,利用该坝址预留生态基流,坝后布置生态电站。

(3)阿安水库

阿安水库位于四川省甘孜县境内雅砻江二级支流达曲河上,控制流域面积 3487km^2。坝址处多年平均径流量 10.36 亿 m^3,多年平均调水量 4 亿 m^3。

阿安水库工程规模为大(2)型。枢纽由沥青心墙坝、竖井式泄洪洞、引水泄洪洞、引水发电洞和电站组成。防洪标准为 500 年一遇设计,5000 年一遇校核。水库正常蓄水位 3684.29m,死水位 3640m;水库总库容 1.76 亿 m^3,其中调节库容 1.45 亿 m^3。坝址地震基本烈度 8 度。

阿安大坝采用沥青混凝土心墙坝,坝顶高程 3688.60m,上游侧防浪墙高 1.2m,坝顶宽 12m,最大坝高 98.6m。上游坝坡为 1∶2.2,下游设上坝公路,宽 8m,公路间坡度为 1∶1.8,综合边坡为 1∶2。

阿安水库泄水建筑物由一条竖井式泄洪洞和一条引水泄洪洞组成。竖井泄洪洞位于左岸,由导流洞改建而成,由压力短进水口、明流引水洞、涡室、竖井和泄洪洞组成。引水泄洪洞与引水发电洞前部共用一洞,布置在左岸山体内,由进口引渠、进口闸室、隧洞、出口闸室、出口明渠及挑流鼻坎组成。

调水控制流量为 14.6m^3/s,采用坝下引水的形式,存在约 60m 的水头差,因此在输水隧洞进口处布置了引水电站。同时,利用预留生态基流流量,坝后布置生态电站。

(4)仁达水库

仁达水库位于四川省甘孜县境内的泥曲河上,控制流域面积 4650km^2。坝址处多年平均径流量 11.76 亿 m^3,多年平均调水量 4.5 亿 m^3。

仁达水库工程规模为大(2)型。枢纽由一座混凝土面板堆石坝、一条高位泄洪洞、一条引水泄洪洞、一条引水发电洞和一座电站组成。防洪标准为 500 年一遇设计,5000 年一遇校核。水库正常蓄水位 3678.79m,死水位 3635.00m;水库总库容 2.31 亿 m^3,其中,调节库容 1.96 亿 m^3。地震基本烈度 7 度。

仁达大坝采用混凝土面板堆石坝,坝顶高程 3683.4m,坝顶防浪墙高 1.2m,坝顶宽 12m,最大坝高 96.1m。上游坝坡为 1∶1.4;下游设 8m 宽上坝公路,公路间坡度为 1∶1.6,综合边坡为 1∶1.8。

泄水建筑物由一条高位泄洪洞和一条引水泄洪洞组成。高位泄洪洞由进口引渠、压力短进水口、明流引水洞、出口明渠及挑流鼻坎组成。引水泄洪洞前部与引水发电洞共用，由进口引渠、进口闸室、隧洞、出口闸室、出口明渠及挑流鼻坎组成。

仁达水库设计调水流量为16.6m^3/s，采用坝下引水的形式，存在约60m的水头差，因此在输水隧洞进口处布置了引水电站。同时，利用泄放生态基流流量，坝后布置生态电站。

(5)克柯水库

克柯水库位于四川省阿坝县境内克曲河上，控制流域面积1534km^2。坝址处多年平均径流量6.73亿m^3，多年平均调水量2.5亿m^3。

克柯水库工程规模为中型。永久性水工建筑物的级别，主要建筑物为3级，次要建筑物为4级，电站厂房为4级。克柯水库枢纽由壤土心墙坝、溢洪道、引水泄洪洞、引水发电洞和电站组成。防洪标准为500年一遇设计，5000年一遇校核。水库正常蓄水位3545.16m，死水位3510m；水库总库容1.03亿m^3，其中，调节库容0.78亿m^3。坝址地震基本烈度为6度。

克柯大坝采用壤土心墙坝，坝顶高程3548.9m，坝顶上游侧防浪墙高1.2m，坝顶宽度11.00m，最大坝高85.7m。大坝上游坝坡为1∶2；下游坝坡为1∶1.8。

克柯水库泄水建筑物由溢洪道和引水泄洪洞组成。溢洪道布置在左坝肩，直线布置，出口正对下游河道，溢洪道进口采用正槽开敞式，出口采用挑流式消能。引水泄洪洞与引水发电洞前部共用一洞，布置在右岸山体内，由进口引渠、进口闸室、隧洞、出口闸室、出口明渠及挑流鼻坎组成。

克柯水库设计调水流量为9.1m^3/s，引水洞进水口布置在坝下右岸，与水库正常蓄水位之间存在约47m的水头差，充分利用该部分水头，布置一座引水电站。同时，考虑预留的生态基流流量，坝下布置一座生态电站。

5.1.4.2 输水线路

本工程等别为Ⅰ等，输水隧洞级别为1级，洪水标准为100年一遇设计、300年一遇校核。该方案由两条相对独立的线路组成，即雅砻江、大渡河联合调水35亿m^3线路和岗托水库抽水45亿m^3线路。

(1)雅砻江、大渡河联合调水35亿m^3线路

输水线路沿线共由9段共9条明流输水隧洞、6座渡槽和2座桥式倒虹吸组成。输水线路全长325.7km，其中隧洞段长321.1km。

输水隧洞从雅砻江—黄河被定曲、达曲、泥曲、玛柯河、克曲、窝央沟和若曲分为九段，隧洞最大埋深1150m，平均埋深约500m；隧洞最长自然分段72.4km，最短为3.7km；隧洞设计洞径7.6～7.9m，设计流量87.28～127.58m^3/s。

沿线修建有定曲倒虹吸、达曲阿安渡槽、泥曲仁达渡槽、杜柯河珠安达渡槽、玛柯河扎洛倒虹吸、克曲克柯渡槽、窝央渡槽以及若曲若果郎渡槽等8座交叉建筑物，总长4.6km。

1)输水隧洞进、出口选择

输水隧洞进、出口布置，综合考虑了调水区河流和入黄口高程、坝址及沿线地形地质条件、主河道与支沟情况、引水隧洞洞线、坝址、枢纽布置及跨沟建筑物位置与型式等因素。

引水口处于水源水库死水位以下，通过消能电站或单独设消力池消除水头后引水到明流输水隧洞。考虑不发电也能正常引水，消力池和引水发电系统平行，集中布置。

输水隧洞主洞进水口可以布置在大坝上游，也可设在大坝下游。引水口在坝上游时，从水库直接引水，主洞进水口需设置洞内消力池；坝上布置的消能电站，为地下厂房，需修建较长的进场交通洞，且厂房周围地下水位高于库水位，对排水要求较高。进水口在坝下时，引水洞和电站引水洞结合，电站可布置成半地下厂房或地面厂房，电站尾水与消力池集中布置，消力池可布置在洞外。坝下进水口方案，厂房运行条件好，洞外消力池更为安全可靠，虽增加了调水支洞，但可省去进场交通洞及环库公路，主洞长度也变化不大，故输水隧洞一般采用坝下布置方案。

热巴、阿安、仁达、珠安达、霍那和克柯水库均布置有引水电站，采用坝下引水口方案。调水方式为：当电站正常发电时，直接从电站尾水引水；不发电时，开启与厂房尾水渠平行布置的引水洞工作门，水流经消力池消能，从侧向进入厂房尾水渠，静波后引水入主洞。

2)输水隧洞布置

隧洞采用全程明流洞，圆形断面，年输水期暂按11个月考虑。明流洞净空面积按20%，糙率系数取0.014。隧洞底坡1/1500～1/2646，设计洞径7.6～7.9m。88%的Ⅱ、Ⅲ类围岩洞段采用TBM施工，预制钢筋混凝土管片衬砌，管片厚度一般为0.35～0.45m；12%的Ⅳ、Ⅴ类围岩洞段采用钻爆法施工，现浇钢筋混凝土衬砌，衬砌厚0.6～0.9m。输水隧洞主要指标见表5.1.4-2。

表5.1.4-2　雅砻江、大渡河联合自流调水40亿m^3方案输水隧洞主要特征指标表

洞　段	单位	雅砻江—定曲	定曲—达曲	达曲—泥曲	泥曲—杜柯河	杜柯河—玛柯河	玛柯河—克柯	克柯—窝央	窝央—若曲	若曲—黄河	合计
编号	—	1#	2#	3#	4#	5#	6#	7#	8#	9#	
洞长	m	4805	63200	13301	72367	30080	66722	3712	7868	59041	321096
设计洞径	m	7.60	7.60	7.30	7.65	7.65	7.65	7.90	7.90	7.90	—
进口高程	m	3643.00	3638.18	3613.96	3606.77	3557.85	3534.80	3489.92	3487.13	3481.35	—
出口高程	m	3641.18	3614.30	3607.28	3558.53	3537.80	3490.32	3487.44	3481.89	3442.0	—
底坡1/i	—	2646	2646	1990	1500	1500	1500	1500	1500	1500	—

3)跨沟建筑物布置

输水隧洞自雅砻江调水至黄河,横跨定曲、达曲、泥曲、杜柯河、玛柯河、克曲、窝央沟、若曲等8条河流和沟谷,共需修建8座交叉建筑物。主输水线路除定曲、玛柯河跨沟建筑物采用3座桥式倒虹吸外,其余跨沟建筑物均采用渡槽,分别以跨越的沟名和所在地名命名。跨沟建筑物长度308~858m,总长4.6km。

跨沟建筑物为Ⅰ等工程,建筑物级别为1级。各跨沟建筑物均按100年一遇洪水设计,300年一遇洪水校核。跨沟建筑物特性见表5.1.4-3。

表5.1.4-3　雅砻江、大渡河联合自流调水35亿m^3方案跨沟建筑物主要技术参数

跨越河沟	型式和名称	设计流量(m^3/s)	渡槽长度(m)	桥、渡槽高度/倒虹吸水头(m)	形状	数量
定曲	定曲桥式倒虹吸	87.28	858	30/70	圆形	3管
达曲	阿安渡槽	87.28	362	10	U形	单槽
泥曲	仁达渡槽	101.88	308	9	U形	单槽
杜柯河	珠安达渡槽	118.48	725	21	U形	单槽
玛柯河	扎洛桥式倒虹吸	118.48	870	36/80	圆形	3管
克曲	克柯渡槽	127.58	449	40	U形	单槽
窝央沟	窝央渡槽	127.58	332	42	U形	单槽
若曲	若果郎渡槽	127.58	654	41	U形	单槽

渡槽和倒虹吸桥式部分均采用简支梁结构,阿安、仁达、珠安达、克柯、窝央及若果郎6个渡槽均选用U形断面。定曲、扎洛倒虹吸均选用圆形断面,管材采用钢管。

(2)岗托抽水45亿m^3线路

从岗托库区取水,通过泵站提水、以明流洞引水到雅砻江的热巴水库下游,穿过雅砻江后,与雅砻江、大渡河联合自流调水35亿m^3方案线路平行布置,最后进入黄河贾曲河口(高程3442m),输水线路总长420km。

1)提水泵站

岗托水库死水位3145m,引水口高程3127m,热巴引水隧洞洞底高程3643m。为了保证自流,从热巴输水洞按照1∶3000比降推到岗托处的洞底高程约为3675m,与岗托引水口的高程相差458m,需要设置泵站提水,拟考虑在色曲河设置引水前池,前池水位3682m。

岗托泵站与引水前池间为长2.7km的压力管道。

泵站共设置8台立式离心泵,其中6台工作,2台备用。每台水泵额定流量25.92m^3/s,额定扬程520m,最高扬程554m,最低扬程476m,水泵吸上高度为-65m。水泵配套电动机功率180MW,泵站总装机容量1200MW。

2)输水隧洞布置

输水线路总长420km,色曲河引水前池以后线路总长417.3km,其中引水前池到雅砻江线路长(含热巴桥式倒虹吸)91.6km,雅砻江到黄河长325.7km。沿线输水洞长411.9km,跨沟建筑物长 5.4km。

岗托抽水方案采用一条隧洞输水，沿线共有 10 条明流输水隧洞、7 座渡槽和 2 座桥式倒虹吸。隧洞最大埋深 1500m，平均埋深约 500m；隧洞最长自然段 90.8km，最短 3.7km；隧洞设计洞径 8.5～9.65m，设计流量 155.47m^3/s，隧洞底坡 1/1500～1/3000。

输水隧洞主要指标分别见表 5.1.4-4。

表 5.1.4-4　　岗托抽水 45 亿 m^3 方案输水隧洞主要特征指标表

洞段	金沙江—雅砻江	雅砻江定曲	定曲—达曲	达曲—泥曲	泥曲—杜柯河	杜柯河—玛柯河	玛柯河—克柯	克柯—窝央	窝央—若曲	若曲—黄河	合计
编号	1#	2#	3#	4#	5#	6#	7#	8#	9#	10#	
洞长(m)	90813	4805	63200	13301	72367	30080	66722	3712	7868	59041	411909
设计洞径(m)	9.65	9.45	9.45	8.95	8.50	8.50	8.50	8.50	8.50	8.50	—
进口高程(m)	3675.00	3643.00	3638.18	3613.96	3606.77	3557.85	3534.80	3489.92	3487.13	3481.35	—
出口高程(m)	3643.00	3641.18	3614.30	3607.28	3558.53	3537.80	3490.32	3487.44	3481.89	3442.0	—
底坡 $1/i$	3000	2646	2646	1990	1500	1500	1500	1500	1500	1500	—

3)跨沟建筑物布置

输水隧洞自金沙江(色曲河)调水至黄河，横跨雅砻江、定曲、达曲、泥曲、杜柯河、玛柯河、克曲、窝央沟、若曲共 9 条河流和沟谷，共需修建 9 座交叉建筑物。主输水线路除定曲、玛柯河跨沟建筑物采用 3 座桥式倒虹吸外，其余跨沟建筑物均采用渡槽，分别以跨越的沟名和所在地名命名。跨沟建筑物长度 308～858m，总长 5.4km。

跨沟建筑物为Ⅰ等工程，建筑物级别为 1 级。各跨沟建筑物均按 100 年一遇洪水设计，300 年一遇洪水校核。跨沟建筑物特性见表 5.1.4-5。

表 5.1.4-5　　岗托抽水 45 亿 m^3 方案跨沟建筑物主要技术参数

跨越河沟	型式和名称	设计流量(m^3/s)	渡槽长度(m)	桥、渡槽高度/倒虹吸水头(m)	形状	数量
雅砻江	热巴桥式倒虹吸	155.47	795	36/80	圆形	3 管
定曲	定曲桥式倒虹吸	155.47	858	30/70	圆形	3 管
达曲	阿安渡槽	155.47	362	10	U 形	单槽
泥曲	仁达渡槽	155.47	308	9	U 形	单槽
杜柯河	珠安达渡槽	155.47	725	21	U 形	单槽
玛柯河	扎洛桥式倒虹吸	155.47	870	36/80	圆形	3 管
克曲	克柯渡槽	155.47	449	40	U 形	单槽
窝央沟	窝央渡槽	155.47	332	42	U 形	单槽
若曲	若果郎渡槽	155.47	654	41	U 形	单槽

跨沟建筑物，穿越雅砻江的热巴桥式倒虹吸长 785m、高 116m，其余均与雅砻江、大渡河联合自流调水 35 亿 m^3 方案相同。渡槽和倒虹吸桥式部分均采用简支梁结构，渡槽均选用

U 形断面，倒虹吸均选用圆形断面，管材采用钢管。

5.1.5 工程施工

5.1.5.1 施工条件

(1)工程布置条件

工程总体布局为从金沙江提水 45 亿 m^3，并联合雅砻江干流，雅砻江支流达曲、泥曲，大渡河支流阿柯河自流调水 35 亿 m^3，总调水 80 亿 m^3；用隧洞穿越金沙江、雅砻江、大渡河、黄河分水岭，在贾曲河口入黄河。该方案线路涉及青海、四川、西藏等三省(区)。规划调水枢纽 5 座，分别为金沙江干流规划水库岗托、雅砻江干流热巴、达曲阿安、泥曲仁达、阿柯河克柯。其中，岗托水库大坝为混凝土面板堆石坝，最大坝高为 223m，其他均为当地材料坝，最大坝高为热巴大坝 168m。输水工程主要由隧洞组成，其中雅—大联合调水 35 亿 m^3 输水线路全长 325.7km，隧洞段长 321.1km；岗托调水 45 亿 m^3 输水线路总长 420km，色曲河引水前池以后线路总长 411.9km。

(2)施工交通条件

工程区地域广阔，公路密度小，交通落后。国道 G317 线经过引水河道下游的理县、马尔康市、炉霍县和甘孜县，与德格县和西藏的江达县相连；省道 S209 线、S302 线、S210 线、S211 线、S217 线、S303 线在引水河道下游形成交通网络，经过阿坝县、炉霍县和甘孜县；成都至热巴坝址下游的中扎柯乡公路里程为 857km，成都至阿安坝址下游的夺多乡公路里程为 783km，成都至仁达坝址下游的泥柯乡公路里程为 804km，成都至洛若乡公路里程为 651km，成都至上杜柯乡公路里程为 643km，成都至克柯 2 坝址下游的安斗乡公路里程为 526km，成都至引水洞出口公路里程为 555km；西宁经共和、花石峡至霍那坝址下游的班玛县城公路里程为 938km。对外交通主要采用公路运输方式，运距较远，道路状况较差。

(3)水电供应条件

输水线路横跨雅砻江、达曲、泥曲、色曲、杜柯河、玛柯河、克曲、若曲和黄河 9 条河流，施工用水较为方便，枢纽及隧洞进出口施工用水可考虑河水；隧洞施工及支洞施工用水可考虑支沟水。

工程区目前国家电网覆盖较差，施工区范围内各县用电多来自自建小水电，呈孤网运行状供县城及其临近乡镇，最高电压 35kV。施工用电条件较差。

(4)当地社经条件

工程区位于寒冷高海拔的较偏远地带，域内地广人稀，社会经济不发达，大宗建筑材料需要从四川省成都市、青海省西宁市等地供应，运距较远。

5.1.5.2 施工导截流

雅—大联合 35 亿 m^3 线路 4 座枢纽工程施工导流标准均为 20 年一遇洪水标准，挡水标准为 50 年或 100 年一遇洪水，相应洪峰流量见表 5.1.5-1。各枢纽工程坝址处河谷狭窄，均采用河床一次断流、围堰挡水、导流洞导流的导流方式。

表 5.1.5-1 雅—大联合调水 35 亿 m^3 各枢纽施工导流围堰及坝体临时挡水设计洪峰流量

坝址名称	所在河流	围堰挡水(m^3/s)		坝体临时挡水(m^3/s)		备注
		导流标准	导流流量	导流标准	导流流量	
热巴	雅砻江	5%	1450	1%	1820	截流后第三年坝体临时挡水
阿安	达曲	5%	296	2%	342	截流后第三年坝体临时挡水
仁达	泥曲	5%	335	2%	386	截流后第二年坝体临时挡水
克柯 2	克曲	5%	231	5%	268	截流后第三年坝体临时挡水

岗托抽水 45 亿 m^3 线路的岗托水库为近期开发工程，目前已完成可行性研究设计，其施工导流方式采用报告推荐的导流方式，取水口采取岩塞爆破设计方案，基本不涉及施工导流。各跨沟建筑物施工导流均采用分期或明渠导流方式。

5.1.5.3 主体工程施工

(1)大坝枢纽工程施工

涉及大坝施工的主要是雅—大联合 35 亿 m^3 线路的 4 座枢纽工程。枢纽工程大坝施工分期，一般分为四期，即截流前期、围堰拦洪期、施工期大坝临时度汛期和施工运用期。堆石填筑和土石方露天工程施工时段为每年的 3 月 15 日—11 月 15 日，混凝土露天施工时段为每年的 4 月 1 日—10 月 31 日。枢纽各建筑物的施工方案基本采用常规施工方案，此处不再详述。

雅—大联合调水 35 亿 m^3 线路，以热巴枢纽坝高最高，工程量最大，施工难度也较大，而且热巴枢纽施工工期控制总工期。各枢纽初估施工工期见表 5.1.5-2。

表 5.1.5-2 雅砻江、大渡河联合调水 35 亿 m^3 线路各枢纽施工工期

枢纽名称	热巴	阿安	仁达	克柯
工期(年)	10	8.5	7.5	8

(2)输水隧洞施工

隧洞工程均采用以掘进机法为主、钻爆法为辅的联合施工方案。

1)雅—大联合调水 35 亿 m^3 线路

稳定性好的Ⅱ～Ⅲ类围岩，采用双护盾掘进机施工，约占输水隧洞总长的 80%；Ⅳ、Ⅴ类围岩，以及埋深较大、板岩为主的洞段，采用钻爆法施工，约占输水隧洞总长的 20%。

TBM 施工洞段共布置双护盾式掘进机 16 台，TBM 单工作面掘进长度一般控制在 20km 之内，最大掘进长度 23.5km，钻爆法单工作面掘进长度一般在 5km 之内。

沿线共布置 12 条施工支洞，其中掘进机施工支洞 6 条，钻爆法施工用支洞 2 条，掘进机和钻爆法兼用 4 条。施工支洞坡度一般不大于 12%，最大 12.47%。通风距离较长时采用竖井辅助通风，共布置通风竖井12座，直径5m，竖井最深564m。施工支洞及竖井布置特性见表5.1.5-3、表5.1.5-4。

表5.1.5-3　　雅—大联合调水35亿 m^3 线路施工支洞布置特性表

<table>
<tr><th rowspan="2">编号</th><th colspan="2">支洞位置</th><th rowspan="2">支洞口地面高程(m)</th><th rowspan="2">洞底高程(m)</th><th rowspan="2">长度(m)</th><th rowspan="2">纵坡(%)</th><th rowspan="2">与主洞夹角(度)</th><th rowspan="2">开挖断面(m)</th><th rowspan="2">备注(服务施工区段)</th></tr>
<tr><th>所在洞段</th><th>桩号</th></tr>
<tr><td>1</td><td rowspan="2">定曲—达曲</td><td>20+373</td><td>3880</td><td>3632</td><td>1991</td><td>12.5</td><td>−86</td><td>Φ10.6</td><td>钻爆2、TBM 2</td></tr>
<tr><td>2</td><td>37+012</td><td>4120</td><td>3625</td><td>970</td><td>51.0</td><td>76</td><td>6×6.5</td><td>钻爆3</td></tr>
<tr><td>3</td><td rowspan="3">泥曲—杜柯河</td><td>14+330</td><td>3950</td><td>3595</td><td>2975</td><td>11.9</td><td>74</td><td>8×8.5</td><td>钻爆5、钻爆6、TBM 5</td></tr>
<tr><td>4</td><td>26+140</td><td>3780</td><td>3568</td><td>2170</td><td>9.7</td><td>100</td><td>Φ10.8</td><td>TBM 5、TBM 6</td></tr>
<tr><td>5</td><td>55+020</td><td>3850</td><td>3548</td><td>2900</td><td>10.4</td><td>−93.6</td><td>Φ10.8</td><td>TBM 7</td></tr>
<tr><td>6</td><td rowspan="2">杜柯河—玛柯河</td><td>14+532</td><td>3800</td><td>3543</td><td>2537</td><td>10.1</td><td>−94</td><td>8×8.5</td><td>钻爆8、TBM 9</td></tr>
<tr><td>7</td><td>27+070</td><td>3540</td><td>3534</td><td>802</td><td>0.76</td><td>56.7</td><td>Φ9.55</td><td>TBM 9</td></tr>
<tr><td>8</td><td rowspan="2">玛柯河—克曲</td><td>12+360</td><td>3600</td><td>3522</td><td>960</td><td>8.2</td><td>−67.6</td><td>Φ9.55</td><td>TBM 11</td></tr>
<tr><td>9</td><td>48+990</td><td>3720</td><td>3496</td><td>2764</td><td>8.1</td><td>78.2</td><td>Φ9.55</td><td>TBM 12</td></tr>
<tr><td>10</td><td rowspan="3">若曲—黄河</td><td>10+000</td><td>3730</td><td>3468</td><td>3488</td><td>7.5</td><td>−153.2</td><td>8×8.5</td><td>钻爆14、TBM 14</td></tr>
<tr><td>11</td><td>18+713</td><td>3790</td><td>3462</td><td>3132</td><td>10.5</td><td>69.5</td><td>10×10.5</td><td>TBM 14
TBM 15</td></tr>
<tr><td>12</td><td>40+270</td><td>3540</td><td>3448</td><td>1000</td><td>9.2</td><td>82.5</td><td>8×8.5</td><td>钻爆15
钻爆16</td></tr>
<tr><td>合计</td><td colspan="9">支洞总长25689m</td></tr>
</table>

表5.1.5-4　　雅—大联合调水35亿 m^3 方案施工竖井布置特性表

<table>
<tr><th rowspan="2">编号</th><th colspan="2">竖井位置</th><th rowspan="2">井口地面高程(m)</th><th rowspan="2">洞底(m)</th><th rowspan="2">井深(m)</th><th rowspan="2">断面(m)</th></tr>
<tr><th>所处洞段</th><th>桩号</th></tr>
<tr><td>1</td><td rowspan="3">定曲—达曲</td><td>3+900</td><td>4140</td><td>3637</td><td>503.3</td><td>Φ5</td></tr>
<tr><td>2</td><td>24+430</td><td>3980</td><td>3629</td><td>351.0</td><td>Φ5</td></tr>
<tr><td>3</td><td>52+272</td><td>3860</td><td>3619</td><td>241.4</td><td>Φ5</td></tr>
<tr><td>4</td><td>达曲—泥曲</td><td>11+030</td><td>3740</td><td>3609</td><td>131.5</td><td>Φ5</td></tr>
<tr><td>5</td><td rowspan="6">泥曲—杜柯河</td><td>6+870</td><td>3690</td><td>3603</td><td>87.3</td><td>Φ5</td></tr>
<tr><td>6</td><td>19+140</td><td>3900</td><td>3578</td><td>322.2</td><td>Φ5</td></tr>
<tr><td>7</td><td>30+940</td><td>3910</td><td>3569</td><td>340.7</td><td>Φ5</td></tr>
<tr><td>8</td><td>48+830</td><td>4120</td><td>3556</td><td>563.7</td><td>Φ5</td></tr>
<tr><td>9</td><td>60+060</td><td>3940</td><td>3548</td><td>391.8</td><td>Φ5</td></tr>
<tr><td>10</td><td>70+040</td><td>3740</td><td>3541</td><td>199.0</td><td>Φ5</td></tr>
<tr><td>11</td><td>玛柯河—克曲</td><td>40+740</td><td>4050</td><td>3508</td><td>542.4</td><td>Φ5</td></tr>
<tr><td>12</td><td>若曲—黄河</td><td>55+270</td><td>3570</td><td>3445</td><td>125.5</td><td>Φ5</td></tr>
<tr><td>合计</td><td colspan="6">竖井总长度为3799.8m</td></tr>
</table>

2)岗托抽水 45 亿 m^3 线路

岗托抽水 45 亿 m^3 线路从岗托库区取水,通过泵站提水,以隧洞方式穿金沙江与雅砻江分水岭后至的热巴水库下游,与雅砻江、大渡河联合自流调水 35 亿 m^3 线路平行布置,最后进入黄河贾曲河口。除岗托至雅砻江段外,其他线路隧洞布置与雅砻江、大渡河联合调水 35 亿 m^3 方案线路隧洞布置基本一致。

岗托至雅砻江段隧洞长 90.8km,隧洞最大埋深 1500m,平均埋深约 500m。工程施工采用以掘进机法为主、钻爆法为辅的联合施工方案。沿线共布置 2 条施工支洞,含隧洞进、出口后共 4 个施工区,支洞最大间距 35km。布置掘进机 5 台,单工作面最大掘进长度20.6km。施工支洞坡度一般不大于 10%,最大为 9.3%。钻爆法单工作面掘进长度一般在 5km 之内。

热巴至贾曲河口线路长 325.7km,主要建筑物为输水隧洞,最长单洞长度为 72.4km,最大埋深约 1150m,平均埋深约 500m;分别采用钻爆法及 TBM 隧洞掘进机进行施工,施工方案与雅砻江、大渡河联合调水 35 亿 m^3 方案类似,共布置双护盾式掘进机 16 台。

5.1.5.4 施工总布置

按照工程区位置划分,初步计划分 27 个工程施工区,各区都具有独立完成施工任务的生产、生活设施。

对外交通道路,现有 G317 国道、S209 省道、S302 省道可以直接利用,需要新修对外交通道路 271km,需要改建交通道路 136km。场内交通干线道路基本都是新修道路,道路标准考虑按矿山Ⅱ级标准,共修建场内道路 681.7km,连接两岸的交通大桥梁 14 座,浮桥 2 座。

输水线路横跨雅砻江、达曲、泥曲、色曲、杜柯河、玛柯河、克曲、若曲和黄河 9 条河流,隧洞工程主要施工点均临近江河溪流,施工用水较为方便,枢纽及隧洞进出口施工用水可考虑河水;隧洞施工支洞施工用水可考虑支沟水,水质水量均可满足需要。

工程施工供电与永久供电相结合。初步考虑四川省电网的茂县 500kV 变电站和康定 500kV 变电站作为本工程施工供电的电源点,经 220kV 线路引入场内,坝址区设 220kV、110kV、35kV、10kV 变电站,通过 35kV、10kV 供电线路向各个施工用电区供电。

5.1.5.5 施工总进度

根据气象资料分析并结合高寒地区其他工程施工经验,露天工程施工时间按每年 8 个月考虑,即从每年的 3 月中旬至 11 月中旬;洞内施工受气候条件影响较小,按全年施工考虑。

工程计划筹建期为三年。热巴、阿安、仁达、克柯 2 等 4 座高坝的施工总工期为 6~10 年。

岗托水库工程施工总工期为 121 个月,其中准备工程直线工期为 28 个月,主体工程直线工期(含水库蓄水)为 81 个月,完建工程工期为 12 个月。

输水线路隧洞段总长 412km,最长单工作面长度约 23.5km,掘进机平均开挖进尺按

320～400m/月考虑，钻爆法施工月进尺为 80～110m/月，再考虑掘进机和钻爆法施工的交叉关系以及准备工程时间，关键洞段隧洞工程施工总工期考虑按 120 个月控制。

5.1.6 水库淹没

(1)雅砻江、大渡河联合调水 35 亿 m^3 方案

雅砻江、大渡河联合调水 35 亿 m^3 方案，包括 4 座引水枢纽和输水线路，4 座引水枢纽分别为雅砻江干流热巴、达曲阿安、泥曲仁达、阿柯河克柯，均为规划枢纽；输水线路长 325.7km。

1)建设征地影响实物

4 座引水枢纽水库淹没涉及 2 省 3 州 6 县，即四川省甘孜州的德格县、甘孜县、色达县，阿坝州的壤塘县、阿坝县，以及青海省果洛州的班玛县。共计淹没影响 10 个乡 24 个行政村；淹没乡镇政府所在地 3 个；淹没影响寺庙 11 座，其中直接淹没寺庙 5 座。本阶段水库淹没影响实物指标采用以往调查成果人均指标，考虑人口自然增长率推算。水库淹没土地总面积为 9.95 万亩，其中耕地 3.24 万亩，草地 4.65 万亩，林地 0.99 万亩；淹没影响总人口 0.9856 万，其中农村居民 9351 人。淹没房屋总面积 84.11 万 m^2，其中农村房屋面积总计 78.05 万 m^2。淹没影响交通道路 507.3km，其中四级公路 27.3km；淹没影响 10kV 电力线路 16km，电信线路 5km。

坝区及输水线路涉及 3 省 4 州 7 县，即四川省甘孜州的德格县、甘孜县、色达县，阿坝州的壤塘县、阿坝县，青海省果洛州的班玛县和甘肃省甘南藏族自治州的玛曲县。经初步调查，坝区及输水线路占压区共占压土地面积 85295.2 亩，其中永久征用土地 37808.4 亩，临时占用土地 47486.8 亩；占压影响人口 0.2448 万，影响寺院 2 处。

2)移民投资估算

按照国家或地方政府有关法律、法规及有关规定，采用 2018 年物价水平。移民补偿及安置规划总费用为 935344.44 万元。其中，库区移民补偿投资总费用为 762699.90 万元，坝区及输水线路占地补偿投资共计 172644.54 万元。

3)民族宗教影响

对水库直接淹没的 5 座寺院(庙)，由于搬迁需要经过寺管会、活佛选择新址，并经地方政府及地方宗教部门配合进行，新址迁移位置的选择过程比较复杂，历时较长，社会影响较大，因此本阶段暂不做新址选择规划，只查明实物进行搬迁投资估算。

对水库淹没间接影响的规模型寺院，以及民间较小的宗教设施如佛塔、塔子、经堂或转经轮房等，因交通道路、供水供电等相关基础配套设施受淹阻断，使僧侣与民间信徒群众宗教正常活动无法进行的，应在水库蓄水前对交通道路、供水供电等相关基础配套设施予以及时恢复。

总体来说，民族宗教设施的迁建恢复，无论是属于水库直接淹没，还是受水库淹没的间接影响等，宗教设施迁建恢复的过程必须依靠地方各级政府及民族宗教事务行业主管部门

的大力配合，既要充分尊重当地寺院（庙）主持活佛以及寺管委员会成员的合理要求，又要认真听取一般僧侣和周边广大信徒群众的意见。做到精心调研、严格论证、慎重进行，从而使民族宗教设施的淹没迁建处理，最终能够确保调水工程区的寺院（庙）稳定、地区社会稳定，重新构建和谐发展社会体系。

（2）岗托水库 45 亿 m^3 方案

1）建设征地影响实物

岗托水库建设征地范围涉及四川省甘孜藏族自治州德格县龚垭乡、汪布顶乡、卡松渡乡、俄南乡和西藏自治区昌都市江达县岗托镇、汪布顶乡，共计 2 个省（区）2 个市（州）2 个县 6 个乡。

建设征地涉及主要实物指标包括：土地总面积 117402.9 亩，其中耕地 15783.9 亩（永久征收 15388.3 亩，临时征用 395.6 亩），林地 61384.0 亩（永久征收 57061.4 亩，临时征用 4322.6 亩），草地 3008.2 亩；涉及人口 0.5493 万，其中农村居民 5275 人（全部为农业人口），机关企事业单位职工 218 人；各类房屋面积 46.0 万 m^2；淹没德格县卡松渡、汪布顶和江达县汪布顶 3 座集镇，占地面积约 152 亩；涉及 19 家机关企事业单位；涉及四级公路 202.6km；寺庙 6 座；小型水电站 2 座，装机容量 8470kW；35kV 输电线路 41.8km，10kV 输电线路 136.5km；通信线路 141.7km，通信基站 6 座。

岗托水电站规划水平年生产安置人口 0.7145 万。规划采取自主安置的方式安置移民 2092 人，逐年货币补偿安置 4925 人，本村内调剂耕地安置 128 人。规划水平年农村移民搬迁安置 5720 人，结合生产安置方案，规划集中安置 3597 人，后靠分散建房安置移民997 人，自主安置 1126 人。

2）移民投资估算

岗托水电站建设征地移民安置补偿总投资为 1106390.3 万元，其中静态投资 1023175.9 万元，价差预备费 83214.4 万元。静态投资中农村部分补偿费用为 327704.9 万元，集镇处理费用为 28577.8 万元，专业项目处理补偿费用为 271642.9 万元，库底清理费为 814.5 万元，环境保护和水土保持费用为 7407.9 万元，独立费用为 216498.4 万元，基本预备费为 170529.3 万元。

3）民族宗教影响

岗托水电站库区沿岸以藏民为主，宗教文化底蕴浓厚，几乎全民信教，宗教教派以萨迦派和苯波派为主，宗教多元化特征突出，不同教派在这一地区形成了特色鲜明、形式各异的民族文化体系。

在宗教信仰上，本地区宗教信仰氛围浓厚，寺庙众多，有很多在康巴藏区、西藏甚至国内外都有较大影响；信众来源广泛，涉及四川、西藏两省（区），信众与寺庙融为一体。宗教信仰已经成为藏族人民的精神寄托，而寺庙是宗教信仰的主要载体之一。本工程直接淹没康多寺、汪堆寺、银南寺、燃灯寺、根沙寺、达西寺等6座寺庙，是岗托水电站开发的重要影响因素之一。

依托现场查勘情况和集中居民点、集镇选址情况，结合Google地图和岗托水电站库区地形地类图，对所涉及的6座寺庙迁建新址进行了初选，并征求了地方政府意见。在此基础上，按照“原规模、原标准、恢复原功能”原则开展迁建方案和投资估算等工作，对寺庙建构筑物进行一次性补偿处理，对各复建寺庙的场平及内部基础设施按各寺庙现状占地面积，参照类似工程复建标准予以建设。外部供水水源就近选择邻近沟水，供水规模按人均综合用水量120L/(人·d)，供水线路长度暂按3km/座估列；外部供电工程就近从复建的10kV输电线路连接，本阶段外部供电线路长度暂按0.5km/座估列；对外连接道路考虑从就近的复建公路引接，引接路段暂按0.5km/座估列，四级公路标准，路面结构为泥结碎石路面。

5.1.7 调水线路环境影响

(1)对生态保护红线影响分析

方案1线路共穿越生态保护红线的类型有4种，穿越距离为263.3km，其中穿越四川省大渡河源水源涵养生态保护红线距离104.4km；穿越四川省雅砻江源水源涵养生态保护红线距离87.4km；穿越四川省若尔盖湿地水源涵养—生物多样性维护生态保护红线距离18.9km；穿越青海省生态保护红线距离52.6km；穿越形式均为隧洞。

水库蓄水后，方案1将淹没生态保护红线总面积为0.067km²，其中淹没四川省大渡河源水源涵养生态保护红线面积0.003km²；淹没四川省雅砻江源水源涵养生态保护红线面积0.064km²。具体参阅表5.1.7-1、图5.1.7-1和表5.1.7-2、图5.1.7-2。

表5.1.7-1　　方案1与四川省和青海省生态保护红线关系

方案	红线名称	主要生态功能	保护重点	穿越	
				长度(km)	方式
方案1	四川省大渡河源水源涵养生态保护红线	水源涵养	天然草地和沼泽湿地	162.2	隧洞
	四川省雅砻江源水源涵养生态保护红线	水源涵养	森林、高山草甸以及湿地、河流生态系统和川陕哲罗鲑等珍稀特有鱼类重要栖息地	87.1	隧洞
	四川省若尔盖湿地水源涵养—生物多样性维护生态保护红线	水源涵养、生物多样性	保护天然草地和沼泽湿地，维护水源涵养和生物多样性保护功能	18.9	隧洞
	青海省生态保护红线			98.4	隧洞
	合计			366.6	

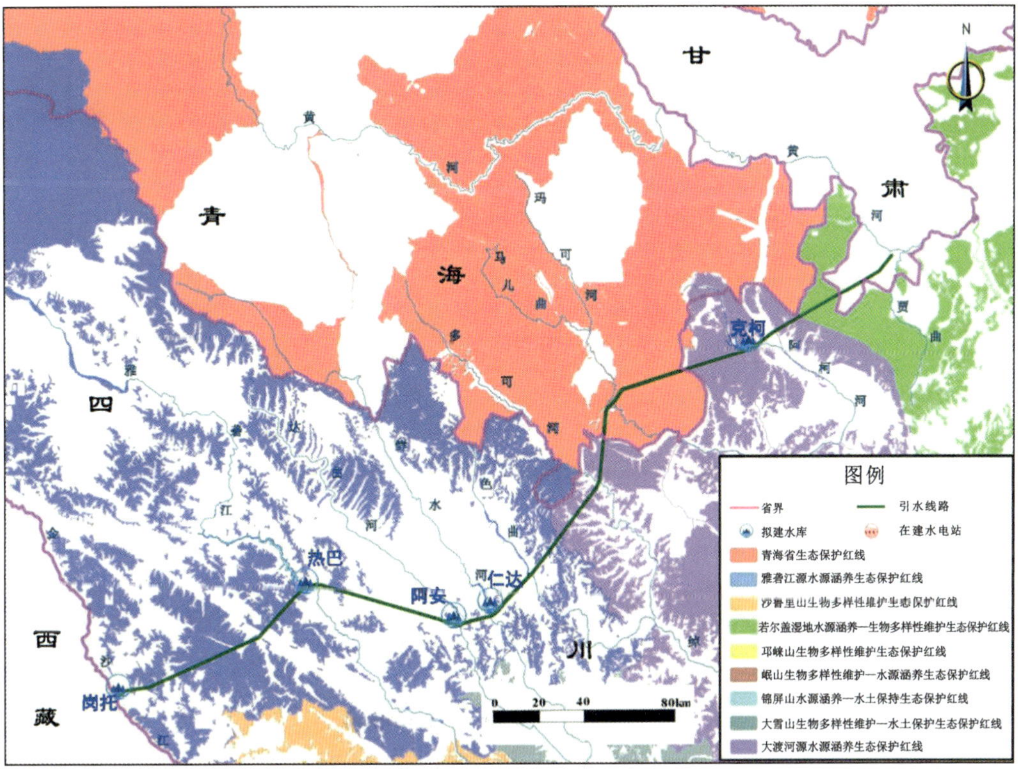

图 5.1.7-1　方案 1 与四川省和青海省生态保护红线关系示意图

表 5.1.7-2　方案 1 与相关自然保护区关系统计表

方案	自然保护区	主要保护对象	相关关系	功能区划	穿越长度(km)
方案 1	三江源国家级自然保护区—玛柯河分区	珍稀动物及湿地、森林、高寒草甸	隧洞穿越、水库淹没	核心区	32.7
				缓冲区	0
				实验区	21.3
	三江源国家级自然保护区—多柯河分区	珍稀动物及湿地、森林、高寒草甸	水库淹没	核心区	0
				缓冲区	0
				实验区	0
	新路海省级自然保护区	白唇鹿、雪豹、黑颈鹤等珍稀野生动物	隧洞穿越	核心区	5.7
				缓冲区	0.6
				实验区	1.9
	曼则唐省级自然保护区	高原沼泽湿地生态系统及黑颈鹤等珍稀野生动植物内陆湿地	隧洞穿越	核心区	10.4
				缓冲区	2.4
				实验区	10.1

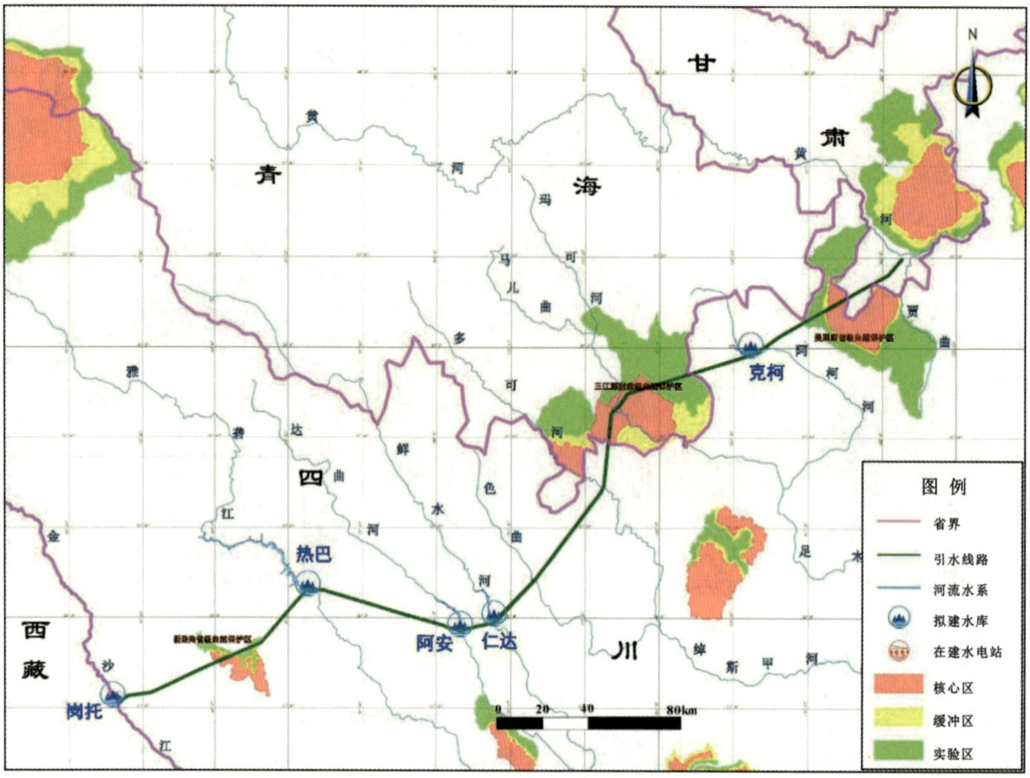

图 5.1.7-2 方案 1 与相关自然保护区关系示意图

(2)对自然保护区影响分析

方案 1 共穿越自然保护区 3 个，其中国家自然保护区 1 个，为三江源国家级自然保护区—玛柯河分区；省级自然保护区 2 个，分别为新路海省级自然保护区和曼则唐省级自然保护区。方案 1 共穿越自然保护区的长度为 85.1km，其中核心区 48.8km，缓冲区 3km，实验区 33.3km，穿越方式为隧洞。

(3)对陆生生态影响

方案 1 对陆生生态影响以输水线路穿越和水源水库淹没为主。

1)输水线路

调水线路沿线涉及林地 257.58km^2，占总面积的 27.29%，以落叶阔叶灌丛为主；草地 637.75km^2，占总面积的 67.56%，以高寒草甸为主；农田 4.37km^2，占总面积的 0.46%，全部为旱地；湿地 21.27km^2，占总面积的 2.26%，以草本湿地为主；城镇交通及建设用地 2.29km^2，裸土裸岩、冰川等其他用地 20.54km^2，其中以裸岩地居多，为 6.67km^2。

总体来看，该线路方案线路穿越区域以草地为主，以高寒草甸为主，其次为森林和湿地。工程形式主要为隧洞、渡槽、倒虹吸，线路穿越地区局部隧洞出入口及施工支洞、竖井、倒虹吸、渡槽等处可能造成区域内土地利用方式改变，导致局地生境的退化。总体来说，沿线穿越区的林地、草地、农田、湿地等各生态系统分别约占调水区总面积的 0.3%、0.6%、0.1%、

0.4%，可能会对局部区域造成短时期的不利影响，不会对森林、草地和湿地造成大面积的破坏和明显不利影响，不会影响到调水区生态系统的结构和功能及稳定发展。

该条调水线路隧洞最大埋深1150m，平均埋深约500m，项目区以山地为主，地下水位埋深较大，天然降雨是植被生长的主要水分来源，因此，即使隧洞工程使得局部区域地下水位有所下降，也不会影响地表植被的生长，但在局部隧洞出入口及施工支洞等处会对植被、野生动植物生境造成短时期的破坏和影响，长隧洞工程施工可能产生的弃渣、疏干水等引起的生态环境问题需在下阶段进一步深入研究。

引调水工程在穿越班玛、玛曲、阿坝、松潘等县的草原湿地时，可能对地下冻土层产生破坏，对湿地的地表与地下径流关系产生影响，出现湿地退化、干旱化风险。具体影响范围和程度需进一步研究。

2)水源水库

通过遥感解译初步分析，雅砻江、大渡河4座水源水库共淹没土地面积65.82km^2，主要以草地生态系统为主，以高寒草原和高寒草甸为主，占4座水源水库淹没总面积的45.70%，其次为农田、森林、湿地生态系统，分别占4座水源水库淹没总面积的22.01%、16.99%、14.54%。

通过对规划水库工程淹没影响范围内生态系统及土地利用结构进行初步分析，规划水库工程水库淹没占地将不可避免损坏或扰动部分植被，可能对区内部分保护植物造成影响，并对以其为生境的库区动物造成不利影响。

通过类比区域内其他在建水电站工程(金沙江上游拉哇水电站、叶巴滩水电站等)，项目区水电站工程水库淹没将损坏或扰动部分植被或植物，对区域生态环境造成不利影响，但不会改变整个评价区生态系统的结构和稳定性。通过采取优化施工方案、生态恢复、动植物保护措施和水土保持措施等措施，可以减缓工程建设对环境影响，不会对区域的生态系统的结构和稳定造成明显不利影响。

除淹没影响外，工程引水后对调水线路沿线及下游湿地也会产生一定影响。如阿安引水枢纽坝下约40km即进入卡莎湖省级自然保护区，属内陆湿地型保护区，主要保护对象是黑颈鹤等重点保护动物及湿地生态系统。工程引水导致的河川径流减少不仅可能会导致下游湿地补水条件发生变化，同时也可能改变区域内土地利用方式改变，导致湿地生境的退化。

5.1.8 投资匡算

5.1.8.1 编制原则

该工程为跨流域特大型调水工程，投资匡算的编制执行行业主管部门颁布的现行水利工程规程、规范，以及相关部委规程、规范，缺项部分根据工程设计情况结合类似工程进行补充计算。

5.1.8.2 编制依据

(1)水利部水总〔2014〕429 号文“关于发布《水利工程设计概(估)算编制规定》的通知”及相配套的《水利建筑工程概算定额》《水利工程施工机械台时费定额》《水利水电设备安装工程概算定额》《水利工程概预算补充定额(掘进机施工隧洞工程)》等。

(2)水利部办公厅办财务函〔2019〕448 号《关于调整水利工程计价依据增值税计算标准的通知》。

(3)水利部水总〔2016〕132 号文《水利工程营业税改征增值税计价依据调整办法》。

(4)各专业提供的设计成果和资料。

(5)调研、收集的有关资料和信息。

投资匡算价格水平年按 2019 年第二季度。

5.1.8.3 基础价格及工程单价编制

(1)人工预算单价

人工预算单价根据水利部水总〔2014〕429 号文规定确定。采用人工单价如下:

工长 14.63 元/工时,高级工 13.74 元/工时,中级工 11.98 元/工时,初级工9.21 元/工时。

(2)材料预算价格

主要材料预算价格如下:

钢筋 4798.38 元/t,水泥 1102.76 元/t,汽油 10003.25 元/t,柴油 10440.01 元/t,电 1.5 元/kW·h,风 0.24 元/m^3,水 2.0 元/m^3,砂 284.67 元/m^3,碎石 256.06 元/m^3,块石104.9 元/m^3。

(3)费用标准

费用标准根据水利部水总〔2016〕132 号文和水利部办公厅办财务函〔2019〕448 号规定确定。

(4)工程单价编制

海拔高程调整系数、设计阶段扩大系数、建筑安装工程单价的编制根据水利部水总〔2014〕429 号文规定确定。

5.1.8.4 投资匡算编制

建筑安装工程按设计工程量乘工程单价计算,限于设计深度无法提供设计工程量的,采用扩大单位指标进行编制。设备运杂费按设备费的 9.21%计算。独立费用根据水总〔2014〕429 号文规定以及有关文件的规定计算或估列。基本预备费费率取 17%。暂不计建设期融资利息。建设征地移民补偿投资、环境保护投资、水土保持投资按相关规定计算的投资计列。

经匡算,雅砻江、大渡河联合自流调水 35 亿 m^3+岗托抽水 45 亿 m^3,总调水 80 亿 m^3的方案,工程静态总投资 2414.62 亿元(不含岗托水电站投资),其中工程部分投资

2165.2 亿元，移民和环境部分投资 249.42 亿元。单方水工程投资 30.18 元。另外，工程抽水年运行费约 90 亿元。

其中，雅砻江、大渡河联合自流调水 35 亿 m^3 线路工程静态总投资 1142.14 亿元，其中工程部分投资 971.22 亿元，移民和环境部分投资 170.92 亿元。单方水工程投资 32.63 元。工程匡算汇总见表 5.1.8-1。

岗托抽水 45 亿 m^3 线路工程静态总投资 1272.48 亿元(不含岗托水电站投资)，其中工程部分投资 1193.98 亿元，移民和环境部分投资 78.50 亿元。单方水工程投资 28.28 元。另外，工程抽水年运行费约 90 亿元。工程匡算汇总见表 5.1.8-2。

表 5.1.8-1　雅砻江、大渡河联合自流调水 35 亿 m^3 方案工程匡算总表

序号	工程或费用名称	建安工程费（万元）	设备购置费（万元）	独立费用（万元）	合计（万元）
Ⅰ	工程部分投资				9712252.26
	第一部分　建筑工程	5728213.21			5728213.21
①	枢纽建筑物工程	787929.46			787929.46
②	输水隧洞工程	3890165.10			3890165.10
③	电站工程	50506.38			50506.38
④	交通工程	367033.20			367033.20
⑤	房屋建筑工程	52462.02			52462.02
⑥	外部供电线路工程	281478.00			281478.00
⑦	其他建筑工程	298639.05			298639.05
	第二部分　机电设备安装工程	26023.70	99687.05		125710.75
	第三部分　金属结构设备及安装工程	17350.27	10160.46		27510.73
	第四部分　施工临时工程	1373051.90			1373051.90
	第五部分　独立费用			1046583.72	1046583.72
	一至五部分投资合计	7144639.08	109847.51	1046583.72	8301070.31
	基本预备费				1411181.95
	静态投资				9712252.26
	总投资				9712252.26
Ⅱ	建设征地移民补偿投资				1000000.00
Ⅲ	环境保护工程投资				393152.00
Ⅳ	水土保持工程投资				316029.41
Ⅴ	工程投资总计(Ⅰ～Ⅳ合计)				11421433.67
	静态总投资				11421433.67
	总投资				11421433.67

表 5.1.8-2　　岗托抽水 45 亿 m^3 方案工程匡算总表

序号	工程或费用名称	建安工程费（万元）	设备购置费（万元）	独立费用（万元）	合计（万元）
Ⅰ	工程部分投资				11939775.00
	第一部分　建筑工程	7148081.41			7148081.41
①	泵站工程	373361.96			373361.96
②	输水工程	5766836.88			5766836.88
③	交通工程	433913.20			433913.20
④	房屋建筑工程	17550.43			17550.43
⑤	外部供电线路工程	187200.00			187200.00
⑥	其他建筑工程	369218.94			369218.94
	第二部分　机电设备安装工程	23815.06	234754.61		258569.67
	第三部分　金属结构设备及安装工程	15836.73	2761.27		18598.00
	第四部分　施工临时工程	1526960.51			1526960.51
	第五部分　独立费用			1252726.28	1252726.28
	一至五部分投资合计	8714693.71	237515.88	1252726.28	10204935.90
	基本预备费				1734839.10
	静态投资				11939775.00
	总投资				11939775.00
Ⅱ	建设征地移民补偿投资				65000.00
Ⅲ	环境保护工程投资				400000.00
Ⅳ	水土保持工程投资				320000.00
Ⅴ	工程投资总计（Ⅰ～Ⅳ合计）				12724775.00
	静态总投资				12724775.00

5.2　雅砻江—大渡河与双江口调水方案

选择雅砻江及大渡河联合调水 35 亿 m^3 与双江口调水 45 亿 m^3（上下线组合方案）作为方案 2 进行调度线路方案研究。

5.2.1　工程总体布局

该方案由两条相对独立的线路组成，即雅砻江、大渡河联合调水 35 亿 m^3 线路和双江口水库调水 45 亿 m^3 线路。其中，雅—大 35 亿 m^3 线路布置见前图 5.1.1-1。

双江口 45 亿 m^3 线路，从大渡河干流在建水库双江口库区调水，用隧洞穿岷江、白龙江，在岷县以下约 36km 处的中寨镇入洮河，入口位于九甸峡坝址以上约 55km，线路全程自流，方案涉及四川、甘肃两省。方案调水枢纽双江口坝高 314m，坝址处多年平均径流量 158.4 亿 m^3，年调水量 45 亿 m^3，调水比例 28%；方案线路长 413.5km，其中隧洞长410.3km，隧洞最大埋深 2200m，平均埋深约 1100m，最长隧洞位于毛尔盖河—白水江段，长 131.3km；采用单洞输水，隧洞设计洞径 9.3～9.9m。工程布局见图 5.2.1-1。

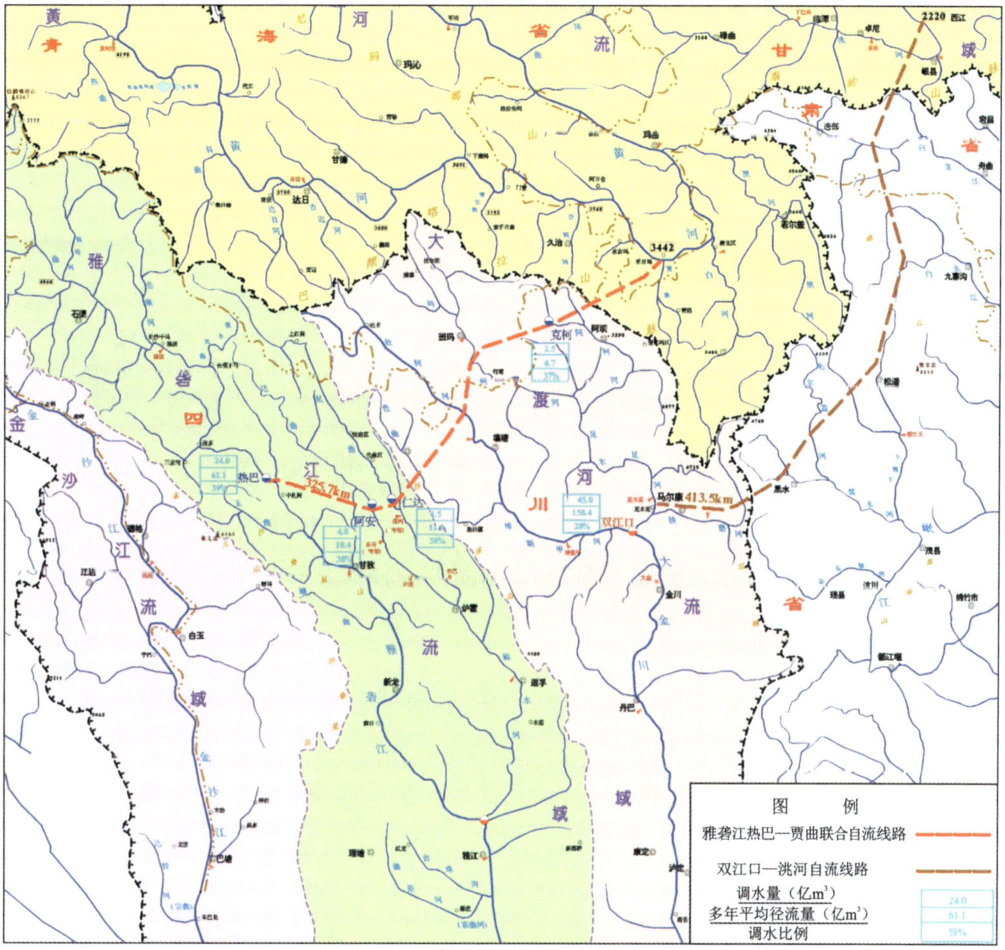

图 5.2.1-1 雅—大 35 亿 m^3＋双江口 45 亿 m^3 方案布局示意图

5.2.2 工程规模

双江口水库位于大渡河上源足木足河与绰斯甲河汇口以下约 2km，坝址控制流域面积 39330km^2，占大渡河流域面积的 51%左右，开发任务主要为发电，兼顾防洪。坝址多年平均径流量为 158.4 亿 m^3，水库正常蓄水位 2500m，死水位 2420m，坝高 314m，正常蓄水位相应库容 27.32 亿 m^3，调节库容 19.17 亿 m^3，死库容 8.15 亿 m^3，具有年调节能力。电站装机容量 200MW，多年平均年发电量约 80 亿 kW·h。双江口水电站目前已经开工建设。

根据下游生态用水分析，下游河道生态基流要求年均下泄生态基流 84 亿 m^3，约占天然来水量的53%。再扣除蒸发渗漏、上游用水等，双江口断面理论可调水量约为70亿m^3，如果按照坝址断面天然来水量40%控制，可调水量约为63亿m^3。

根据已有的研究成果，南水北调西线工程调水隧洞投资规模比较大，在总投资中占比高，因此在多年平均调水量一定的情况下，为减少工程投资规模，应尽可能均匀调水。双江口水库库容系数为0.12，调节能力相对较小，如果多年平均调水量比较大，需要不均匀调水，会导致隧洞规模大幅度增加。根据双江口水电站水库调节能力、来水情况、生态基流要求等，经长系列径流调节计算，双江口水电站多年平均调水45亿m^3，设计调水流量166.29m^3/s，调水保证率90%，调水比例为28%。见表5.2.2-1。

表5.2.2-1　　双江口调水45亿m^3方案规模指标表

坝址	天然水量（亿m^3）	设计水量（亿m^3）	设计调水流量（m^3/s）	年调水量（亿m^3）	所需调节库容（亿m^3）	死水位（m）	死库容（m）	保证率（%）	调水比例（%）
双江口	158.4	48.07	166.29	45	19.21	2420	8.15	90	28

双江口调水45亿m^3方案，调水枢纽双江口，为在建工程，最大坝高314m，总库容29.42亿m^3，调节库容19.17亿m^3；线路长度为413.5km，其中隧洞段长410.3km，最长隧洞段长131.3km，单洞输水，设计流量166.29m^3/s，隧洞洞径为9.3～9.9m。

5.2.3　工程地质条件

从大渡河干流在建水库双江口水电站（在建）库区调水，线路自流绕经黑水河、岷江、白龙江入洮河，涉及四川、甘肃两省。

线路长413.5km，全程自流调水。其中双江口—黑水河段长97.9km，黑水河—毛尔盖河段长27.6km，毛尔盖河—白水江段长131.3km，白水江—白龙江段长72.5km，白龙江—洮河段长81.1km。

5.2.3.1　区域构造与地震概况

工程区主体跨越松潘—甘孜褶皱系的巴颜喀拉褶皱带（Ⅱ1）以及北部的秦祁昆褶皱系（Ⅰ）的秦岭褶皱带（Ⅰ1）。

工程区及周围断层发育，断层活动具有明显的继承性。主要断层带自西向东主要有：东昆仑断裂（F20）、迭部—白龙江断裂（F21）、光盖山—迭山断裂（F22）、临潭—宕昌断裂带（F23）等（见图5.1.3-1）。

工程区主要断裂延伸都比较长，活动性分段特征明显。迭部—白龙江断裂、光盖山—迭山断裂、临潭—宕昌断裂的线路穿越段活动迹象不明显，但在线路附近有活动的迹象，在线路穿越段的活动性需要进一步研究。东昆仑断裂等断裂穿过线路区域均在晚更新世以来有过活动，属于活动断裂。

工程区跨越青藏高原地震区的巴颜喀拉山地震带、龙门山地震带，调水线路的地震危险性主要来自上述两个地震带的影响。

近年来工程区及周边的强震活动（大于7级）主要集中在板块边界，东昆仑断裂，龙门山断裂近期活动强烈。

根据《地震动峰值参数区划图》（2015年，1∶400万），参考大渡河双江口水电站的地震危险性分析结果，双江口调水方案工程区地震动峰值加速度为0.10g～0.20g，相应的地震基本烈度为Ⅶ～Ⅷ度。马尔康—黑水段为0.10g，松潘—九寨沟段为0.20g，其他区域为0.15g；反应谱特征周期主要为0.40～0.45s（见图5.1.3-3）。

5.2.3.2 输水隧洞工程地质条件

深埋特长隧洞是工程最重要的难点，最长隧洞段长131.3km，一般埋深1100m，最大埋深约2200m。隧洞穿越地层主要为三叠系浅变质的砂板岩地层，断续见有岩浆侵入岩体或岩脉，工程沿线断裂、褶皱等地质构造发育，隧洞还要穿越东昆仑断裂、迭部—白龙江断裂等多条区域性大断裂。此外，隧洞穿越地层岩体中各类结构面发育。

复杂的地质条件使工程存在着诸多工程地质问题，如活动性断层对洞室稳定的影响，高地应力下围岩变形、岩爆，洞室涌水、涌泥与突泥，高地温问题，有毒有害气体，岩体中放射性危害，冻土边坡的冻融变形与稳定性等。

（1）第一段((双江口—黑水河))工程地质条件及初步评价

线路起点位于大渡河双江口水电站库区、足木足河左岸，终点位于岷江流域黑水河西源右岸、黑水县城附近的泽盖乡。线路全长98.5km，自流式引水，隧洞进口底板高程2403m，出口底板高程2358m，隧洞比降1/2200；其余以渡槽型式或管桥跨黑水河西源干流，长度为620m。

1）基本地质条件

瓦夏—泽盖乡段地质构造线呈北西向展布，控制了区内主要山脉及河流走向。段内主要河流为梭磨河、黑水河及其支流，线路区水系以树枝状为主，少量呈羽状和放射状。河谷形态以“V”形为主，沟谷岸坡坡度平均为30°～50°，多基岩裸露。受构造控制和河流切割的影响，地形起伏较大。属强烈切割的高山区，河谷多呈“V”字形，岸坡角在30°以上，山脊多呈刀刃状。

瓦夏—泽盖乡段沿线基岩主要为中生界三叠系砂板岩地层，间杂三叠系侵入岩。新生界主要为第四系更新统冲积、冰碛和冰水沉积物，全新统河流冲积、残坡积两种类型。

工程区沿线主要地质构造有断层、褶皱，以及岩体中层理、构造节理、劈理等构造。隧洞第一段穿越桑日麻—上杜柯—马尔康断层带。该断裂是区域内一条北西走向的大断裂，西北起自昆仑山口，向南东经雅拉达泽山南坡、野牛沟、桑日麻至达日县莫坝、达卡，延伸到壤塘县南木达及马尔康以西，在隧洞进口附近通过。

根据区内地下水赋存条件、含水介质特征及水的物理特性，地下水可分为松散岩类孔隙水和基岩裂隙水两类。基岩裂隙水可分为风化带网状裂隙水及构造裂隙水。线路穿越的河流主要有：足木足河、梭磨河及其支流、黑水河干流及其支流，地表水为河水，受冰雪水融化、大气降水及泉水的补给。

工程区物理地质现象主要为泥石流、滑坡、岩体倾倒变形及崩塌。支洞位置选择建议避开泥石流沟。隧洞进出口部位应尽量避开岸坡不稳定的部位，必要时可采取适当的工程处理措施。支洞进口部位建议避开滑坡、泥石流等部位。

2)隧洞围岩初步分类及主要工程地质问题

线路区出露的工程地质岩组主要有砂岩夹板岩组(s+b)、砂板岩互层组(s//b)、板岩夹砂岩组(b+s)、闪长岩组等岩组。这些工程地质岩组由于受不同类型、规模、等级的结构面切割，岩体的结构类型也不同，岩体完整程度也有所差异。考虑到不同隧洞段所处的特殊地形、构造、地下水条件以及地应力条件，对调水隧洞穿越的主要工程地质岩组进行围岩初步分类：整段围岩以Ⅲ类为主，占70%；闪长岩组洞段以Ⅱ类为主，占比约为5%；隧洞进口段穿越断裂带为Ⅳ～Ⅴ类围岩，大约占10%；千枚岩夹板岩段为Ⅳ～Ⅴ类围岩，占比约为15%。

进口边坡走向NE向，边坡坡度40°～50°。岩层倾向NE，倾角25°～40°，与边坡斜交，倾向坡内，岩体受风化卸荷影响，岩体较破碎，存在边坡稳定问题。需要加强支护措施。

隧洞主要问题是围岩变形问题，穿越桑日麻—上杜柯—马尔康断层带存在洞室塌方问题、涌水突泥问题、有害气体问题、二长闪长岩侵入体洞段的岩爆问题、洞室涌水问题、放射性问题、高地温问题。

出口段边坡岩体受风化卸荷影响，存在边坡稳定问题，需采取合理的工程处理措施。

黑水河的谷汝渡槽是线路第一段与第二段的连接工程，黑水河河床基底为砂岩夹板岩、千枚岩，渡槽基础位于弱—微风化岩体之上，变形和承载力满足要求。

(2)第二段(黑水河—毛尔盖河)工程地质条件及初步评价

泽盖乡—的米段线路起点位于黑水河西源左岸、黑水县城附近的泽盖乡，终点位于黑水河北源毛尔盖河左岸的米。其中输水隧洞长27.9km，自流式调水，隧洞进口底板高程2358m，出口底板高程2345m，隧洞比降1/2200；其余340m以渡槽型式跨黑水河北源。

1)基本地质条件

线路区主要河流为黑水河、毛尔盖河及其支流等控制了区内地貌发育。区内地貌主要有侵蚀堆积的河谷地貌和山原地貌。地质网络状构造线，控制了区内主要山脉及河流展布。受构造控制和河流切割的影响，地形起伏较大。属强烈切割的高山区，河谷多呈"V"字形，岸坡角在30°以上，山脊多呈刀刃状。山原地貌类型多样，以构造剥蚀高原，侵蚀剥蚀高山、中高山为主。

沿线基岩主要为中生界三叠系砂板岩地层。有新生界第四系更新统冲积、冰碛和冰水沉积物，第四系全新统河流冲积、残坡积两种类型。

该段主要为小规模断层。隧洞沿线地层产状较为紊乱，岩体中揉皱发育。除断层及褶皱之外，岩体中层理、节理等构造较为发育。

根据区内地下水赋存条件、含水介质特征及水的物理特性，地下水可分为松散岩类孔隙水和基岩裂隙水两类。基岩裂隙水可分为风化带网状裂隙水及构造裂隙水。对于深埋长隧洞，褶皱型构造裂隙水往往会引起强透水、突然涌水等地质灾害。线路穿越的河流主要有黑水河、毛尔盖河干流及其支流，地表水为河水，受冰雪水融化、大气降水及泉水的补给。

2)隧洞围岩初步分类及主要工程地质问题

根据围岩初步分类，该段围岩以Ⅲ类为主，占85%；穿越断裂带为Ⅳ～Ⅴ类围岩，大约占15%。本段隧洞可能存在的主要问题：围岩变形问题、岩爆问题、有害气体问题。

进口段强风化带局部洞段属Ⅳ～Ⅴ类围岩。隧洞可能存在的主要问题：岩爆问题、有害气体问题。进口存在边坡稳定问题。需要加强支护措施。出口段边坡岩层产状倾向坡内，为中等倾角，受风化卸荷影响，出口边坡可能出现岩体倾倒变形等边坡稳定性问题，需采取工程处理措施。

渡槽是线路第二段与第三段的连接工程，毛儿盖河床基底岩性为砂岩与板岩互层，渡槽基础位于弱—微风化岩体之上，变形和承载力满足要求。

(3)第三段(毛尔盖河—白水江老塔藏)工程地质条件及初步评价

该段调水线路起点位于毛尔盖河的的米，进口底板地面高程2345m，终点位于白水江老塔藏，出口底板地面高程2283m；调水隧洞全长131.5m。

1)基本地质条件

线路区主要河流岷江、黑水河及其支流等控制了区内的地貌发育。区内地貌主要有侵蚀堆积的河谷地貌和山原地貌。地质网络状构造线，控制了区内主要山脉及河流展布。河床高程2320～2340m，线路最高点位于西得可卡附近高程4140m，地形最大高差1820m，受构造控制和河流切割的影响，地形起伏较大。属强烈切割的高山区，河谷多呈"V"字形，岸坡角在30°以上，山脊多呈刀刃状。山原地貌类型多样，以构造剥蚀高原，侵蚀剥蚀高山、中高山为主。

本段线路出露的基岩地层为古生界石炭系和中生界三叠系中上统地层、新生界第四系更新统、全新统地层及侵入岩。本段沿线主要发育为龙日坝断裂、岷江断裂。龙日坝断裂南西起龙日坝附近，沿龙日沟、色亚曲呈北东向延伸，全长 90km。产状 N60°—70° E/NW∠60°，逆断裂性质。此断裂属中更新世活动断裂。岷江断裂(F9)分布于规划河段以东 20～40km，岷江断裂带长约 100km，有较长的发育历史，断裂破碎带宽窄变化大，一般为数 10 米，带内构造角砾岩发育，糜棱岩化、炭化普遍。该断裂的新活动性特征明显，2017 年 8 月 8 日，四川九寨沟 7.0 级地震就发生在岷江断裂带和塔藏断裂带交叉部位。

根据区内地下水赋存条件、含水介质特征及水的物理特性，地下水可分为松散岩类孔隙水和基岩裂隙水两类。对于深埋长隧洞，褶皱型构造裂隙水往往会引起强透水、突然涌水等地质灾害。地表水为黑水河水、岷江及其支流水，受冰雪水融化、大气降水及泉水的补给。线路穿越的河流主要有：黑水河及其支流、岷江支流平洞河，及其他树枝状支流。

工程区物理地质现象主要为泥石流、滑坡、岩体倾倒变形及崩塌。隧洞进出口部位应尽量避开岸坡不稳定部位，必要时可采取适当的工程处理措施。支洞进口部位建议避开滑坡、泥石流等部位。

2)隧洞围岩初步分类及主要工程地质问题初步评价

线路出露的岩性有灰岩、白云岩、泥质灰岩、砂岩、板岩、粉砂岩等以及侵入岩。对线路区不同调水方案调水隧洞穿越的地层岩体主要工程地质岩组进行围岩初步分类，得知该段围岩以Ⅲ类为主，占 75%；进口、出口段，穿越断裂带为Ⅳ～Ⅴ类围岩，大约占 25%。

进口位于四川阿坝藏族羌族自治州黑水县毛尔盖河左岸，边坡倾向河床，边坡坡度 20°～30°。地层岩性为 Tηγ 三叠系二长花岗岩，属坚硬岩，具有良好的进洞条件，但表层风化强烈，且坡向(114°)和洞轴线方向(32°)交角较大，对洞脸边坡稳定不利，进洞时应对洞脸边坡进行喷锚支护。出口位于岷江上游右岸上坡上，坡度为 20°～40°，岸坡岩体倾向河床，对出口洞脸稳定性不利，需采取合理的工程处理措施。

穿越毛尔盖河埋深较浅，存在洞室涌突水问题。穿越岷江断裂，存在隧洞抗断问题、稳定性问题以及涌水问题等。该段最大埋深 1800m，存在高地应力问题以及围岩变形、岩爆等问题。

白水江老塔藏渡槽段，长度 263m，河床高程 2320m。建议持力层位于微风化基岩之上，由于靠近岷江断裂带，设计渡槽应该考虑地震水平荷载的影响。

(4)第四段(白水江老塔藏—白龙江旺藏乡)工程地质条件及初步评价

该段调水线路起点位于白水江老塔藏，进口底板地面高程 2283m，终点位于白龙江旺藏乡，出口底板地面高程 2248m；调水隧洞全长 72.5m。

1)基本地质条件

调水线路跨越的地形高程为2290～4240m,相对高差为200～1950m;最低点高程约2290m,白龙江支流达拉河勾吉寺附近的河谷底,低于隧洞底板高程;最高点高程约4240m,为白龙江和白水江的地形分水岭。调水线路地形起伏较大,山体陡峻,基岩裸露,跨越白水江、达拉河及其他9处支流沟,地貌上属于侵蚀的中山—高山地貌,主要受河流的侵蚀作用,峡谷呈"V"形。

调水线路区出露的地层岩性从老至新主要有:石炭系上统西沟组(C_2xg)、二叠系三道桥组和大石包组并层(P_2d)、三叠系中统扎尕山组(T_2zg)、三叠系上统杂骨脑组(T_3z)、三叠系上统侏倭组(T_3zw)及第四系(Q)松散堆积物。

该段调水线路位于松潘—甘孜褶皱系东北界和西秦岭褶皱带西南界的交界区,偏西秦岭褶皱带侧。该段调水线路主要受2条大断裂的影响:东昆仑断裂的塔藏断裂和迭部—白龙江断裂,它们分别位于线路的起点和终点附近,两条大断裂的中间还发育较多的小断层和褶皱。该段线路的起点位于塔藏断裂附近,塔藏断裂位于东昆仑断裂东段,总体呈NW走向。线路的中部穿越迭部—白龙江活动构造带,该活动构造带是强烈抬升的中高山区地貌与中低山区地貌的分界线,规模比较大。

该段调水线路跨越白水江、达拉河及其他9处支流沟,该段线路区地下水可划分为第四系松散岩类孔隙水、基岩裂隙水以及碳酸盐岩类岩溶水三种类型。

该线路区构造稳定性较差,活动断裂发育,地震活动频繁,在内外引力作用下发育有滑坡、崩塌等重力地质现象。线路区穿越的基岩地层中,砂岩、玄武岩、凝灰岩及灰岩较坚硬,抗风化能力强,板岩、粉砂岩与千枚岩的抗风化能力弱,风化带较厚,地貌上多表现为负地形,断层部位由于岩石破碎,风化程度高,风化卸荷带较厚,属于季节性冻土区。

2)工程区围岩初步分类及主要地质问题初步评价

根据围岩初步分类,该段围岩以Ⅲ类为主,约占70%,穿越塔藏断裂带的进口段、隧洞中段的性质不明断层区、穿越迭部—白龙江断裂带的出口段为Ⅳ～Ⅴ类围岩,所占比例大约为30%。

进口段处于塔藏断裂带影响区,对洞室稳定不利。洞顶以上为基岩裂隙水,分布不连续,地下水以带状、脉状存在于裂隙密集带或断层中。

隧洞段主要存在塔藏断裂和迭部—白龙江断裂等断层破碎带的围岩稳定问题,另外这两条断层在隧洞段的活动性引起的隧洞抗断问题以及围岩稳定、涌突水问题。隧洞最大埋深约2000m,存在高地应力问题、岩爆及围岩大变形问题,应引起高度重视。

出口段位于白龙江旺藏乡(右岸),边坡走向NW向,地形坡度30°～55°。基岩出露,但风化卸荷强烈，节理裂隙较为发育，岩体较为破碎，岩体受迭部—白龙江断裂带影响，岩体破碎，存在边坡稳定问题。

旺藏桥式倒虹吸跨越白龙江，两岸的基岩岸坡同时也是隧洞的进出口边坡，可能存在边坡稳定问题。同时，可能存在基础稳定问题，基础应尽量避开断层及软岩、软硬交界岩层。

(5)第五段(白龙江旺藏乡—洮河中寨镇)工程地质条件及初步评价

该段调水线路起点位于甘肃迭部的白龙江旺藏乡，进口底板地面高程 2248m；终点位于岷县洮河中寨镇，出口底板地面高程 2219.83m，调水隧洞全长 81.121km。

1)基本地质条件

线路区主要的河流：长江流域岷江支流白龙江、黄河流域洮河及其支流控制了区内地貌发育，两个流域以迭山为分水岭，以北属于洮河流域，以南属于白龙江流域。最高点高程为 4558m，最低点位于洮河出口，高程为 2220m 左右。北西西向的地质构造线控制了区内主要山脉及河流展布。区内地貌主要有侵蚀堆积的河谷地貌和山原地貌。

沿线基岩地层岩性复杂，迭山两侧岩性变化较大，迭山以南(白龙江流域)主要出露志留系(S)、泥盆系(D)、石炭系(C)的地层，洮河流域主要出露三叠系(T)、白垩系(K)，另外第四系主要分布在河谷及两岸。第四系松散堆积物沿白龙江、洮河河谷、沟谷及平缓山脊地带分布。按成因分为残坡积、冲洪积和人工堆积。

迭部—洮河出口调水线路位于秦岭褶皱带。该段主要发育光盖山—迭山断裂、临潭—宕昌断裂带等区域性大断裂，另外还发育一些小断层。光盖山—迭山断裂由一系列分支断裂组成，主要由 3 个断层组成。在该断裂的东部，舟曲一带晚第四系以来有过活动，应对该断裂的活动性进行详细研究。巴杰—老地湾断层属于临潭—宕昌断裂的南支断裂，发育线路出口段，逆断层，区域资料显示，该断裂具较强的活动性，2003 年 11 月 13 日岷县 5.2 级地震、2004 年 9 月 7 日岷县卓尼 5.0 级地震、2013 年 7 月 22 日的岷县漳县 6.6 级地震均位于这个范围之内，地震的发生与临潭—宕昌断裂东段复杂的几何结构和断裂新活动紧密相关。

基岩裂隙水主要分布在基岩区及峡谷地带，是线路区主要的地下水类型，主要赋存于砂岩夹板岩岩组、砂岩与板岩互层岩组、板岩夹砂岩岩组、构造破碎岩体岩组和燕山期岩浆侵入岩体岩组。

2)隧洞围岩初步分类及主要工程地质问题

根据围岩初步分类，该段围岩以Ⅲ类为主，占 70%～75%，穿越光盖山—迭山段断裂带、出口段，穿越出口的临潭—宕昌断裂为Ⅳ～Ⅴ类围岩，所占比例为 25%～30%。

进口位于甘肃迭部县下游的旺藏附近的白龙江左岸，边坡走向 NW 向，边坡坡度 15°～40°。岩层倾向 NE，与边坡斜交，倾向坡内，岩体受迭部—白龙将断裂影响，岩体破碎，存在边坡稳定问题。

隧洞段穿越光盖山—叠山断裂、临潭—宕昌断裂等两条大的区域性断层，可能为活动断层，存在隧洞错断、围岩变形、高地温问题。另外断裂带及其影响带存在高压涌突水问题。

出口边坡：位于甘肃岷县中寨镇附近的洮河左岸，边坡走向 NE 向，边坡坡度 20°～40°。地层岩性为褐红色砂砾岩加砂岩、泥岩，岩层倾向 NE，倾角 30°～40°，与边坡斜交，倾向坡外，表层岩体破碎，存在边坡稳定问题，需要加强支护。

5.2.4　工程布置

5.2.4.1　水源工程

雅—大联合 35 亿 m^3 线路共涉及 4 座水库，分别为雅砻江干流的热巴水库，雅砻江支流达曲的阿安水库和泥曲的仁达水库，以及大渡河支流阿柯河的克柯水库。各水源水库主要指标见表 5.1.4-1。

双江口调水 45 亿 m^3 线路，仅有 1 座水源水库，即在建的双江口水电站，具体情况如下：

双江口水电站位于四川省阿坝州马尔康市、金川县境内的大渡河上源足木足河与绰斯甲河汇口以下约 2km，上距马尔康市约 46km，下距金川县约 45km。坝址控制流域面积 39330km^2，占全流域的 51%左右，坝址多年平均流量 516m^3/s。

工程的开发任务主要为发电，兼顾防洪。采用坝式开发，坝址高程 2255m，砾石土心墙堆石坝的最大坝高为 314m，是目前世界上已建和在建水电工程中第一高土石坝，大坝坝顶高程 2510m。水库正常蓄水位 2500m，死水位 2420m。水库总库容为 29.42 亿 m^3，调节库容 19.17 亿 m^3，死库容 8.15 亿 m^3，具有年调节能力。电站装机容量 200 万 kW，多年平均年发电量约 77.07 亿 kW・h。

工程总工期 120 个月。工程总投资 369 亿元。2015 年 4 月，国家发改委核准该工程。2015 年 7 月，工程开工建设。2019 年 3 月，开始浇筑主体混凝土。计划于 2022 年底开始发电。

5.2.4.2　隧洞进、出口选择

隧洞进、出口布置，综合考虑了水源水库位置和水位、入黄（干流或支流）高程、沿线地形地质条件、主河道与支沟情况、调水隧洞洞线及跨沟建筑物位置与型式等因素。

隧洞调水口设在大坝上游，采用库内直接调水，采用明流洞输水方式。明流洞调水口处于水库死水位以下，通过电站或设消力池消除水头后调水到输水隧洞。考虑不发电也能正常调水，消力池和调水发电系统平行、集中布置。

双江口水库死水位 2420m，距离黄河最近处在贾曲附近，而贾曲的地面高程为 3440m 左右，高程相差 1020m 左右，无法自流调水，因此考虑入黄口向下游移动，选择将水引入最

近的洮河。若考虑明流输水，隧洞的底坡按照 1/3000 考虑，则入洮河处的最高高程为 2265m，大概位于洮河的西江镇处。从西江镇沿洮河向下，有九甸峡水水库，水库正常蓄水位为 2202m。若隧洞出水口位于九甸峡水电站以上，则隧洞出口高程要高于 2202m；若隧洞出口选于九甸峡水电站下游，则可多利用水头 120m，但隧洞长度约需增加 30km。

经初步比较，隧洞出口选于九甸峡水电站。水头增加、洞径减小而减少的投资，比增加 30km 长的隧洞增加的投资要少，是不经济的，故不再考虑在九甸峡水电站下游入洮河。可选择的入洮河段为西江镇到九甸峡库尾维新乡，河段长度约 22km。

西江镇处洮河高程 2265m，下游约 15km 处的中寨镇附近洮河高程约为 2220m，从中寨镇附近入洮比在西江镇处入洮隧洞长度仅增加了 3km，可多取得 45m 水头。而再向下游，河道与调水隧洞方向近于平行，获得水头代价较大，故将隧洞出口布置在中寨镇附近，入洮河隧洞高程为 2220m。

5.2.4.3 输水线路

本工程等别为Ⅰ等，输水隧洞级别为 1 级，洪水标准为 100 年一遇设计、300 年一遇校核。该方案由两条独立的线路组成，即雅砻江、大渡河联合自流调水 35 亿 m^3 入黄河线路和双江口水库自流调水 45 亿 m^3 入洮河线路。

雅砻江、大渡河联合自流调水 35 亿 m^3 入黄河线路布置见图 5.2.1-1。

双江口水库调水 45 亿 m^3 入洮河线路总体布置情况如下：

(1)总体布置

双江口水库调水 45 亿 m^3 入洮河线路，入洮河口高程为 2220m，输水线路总长 413.5km，可利用水头 110～280m。拟采用库区调水、明流输水方案，沿线需跨越黑水河、毛尔盖河、白水江、白龙江等 4 条河流，将明流输水隧洞分割为 5 段，跨河交叉建筑物为 3 座渡槽和 1 座桥式倒虹吸。采用单洞输水，输水隧洞总长 410.3km，设计调水流量 166.29m^3/s，设计洞径 9.3～9.9m，隧洞纵坡 1/2100～1/3000。隧洞沿线最大埋深 2200m，平均埋深约 1100m，隧洞最长自然分段 131.3km。沿线修建有黑水河渡槽、毛尔盖渡槽、白水江老塔藏渡槽和白龙江旺藏桥式倒虹吸等 4 座交叉建筑物，总长 3.2km。

(2)输水隧洞布置

隧洞全程采用单洞明流输水，5 段总长 410.3km，隧洞采用圆形断面，年输水期暂按 11 个月考虑。明流洞净空面积比值取 20%，糙率系数取 0.014。隧洞底坡为 1/2100～1/3000，设计洞径为 9.3～9.9m。90%的Ⅱ、Ⅲ类围岩洞段采用 TBM 施工，预制钢筋混凝土管片衬砌，管片厚度一般为 0.45m；10%的Ⅳ、Ⅴ类围岩洞段采用钻爆法施工，现浇钢筋混凝土衬砌，衬砌厚0.8m。输水隧洞主要指标分别见表 5.2.4-1。

表 5.2.4-1 双江口调水 50 亿 m^3 方案输水隧洞主要特征指标表

洞 段	单位	双江口—黑水河	黑水河—毛尔盖河	毛尔盖河—白水江老塔藏	白水江老塔藏—白龙江旺藏	白龙江旺藏—洮河	合计
编号	—	1#	2#	3#	4#	5#	
洞长	m	97897	27575	131269	72473	81121	410335
设计洞径	m	9.35	9.35	9.3	9.3	9.9	—
进口高程	m	2403.00	2358.22	2345.53	2282.90	2247.45	—
出口高程	m	2358.50	2345.69	2283.02	2248.38	2220.41	—
底坡 $1/i$	—	2200	2200	2100	2100	3000	—

(3)跨沟建筑物布置

输水隧洞从大渡河—洮河，横跨黑水河、毛尔盖河、白水江、白龙江共 4 条河流，共需要修建 4 座交叉建筑物。输水线路除白龙江跨沟建筑物采用桥式倒虹吸外，其余跨沟建筑物均采用渡槽，分别以跨越的沟名和所在地名命名。跨沟建筑物长度为 263～1956m，总长 3.2km。

跨沟建筑物为Ⅰ等工程，建筑物级别为 1 级。各跨沟建筑物均按 100 年一遇洪水设计，300 年一遇洪水校核。跨沟建筑物特性见表 5.2.4-2。

表 5.2.4-2 双江口调水 50 亿 m^3 方案跨沟建筑物主要技术参数

跨越河沟	型式和名称	设计流量(m^3/s)	渡槽长度(m)	桥、渡槽高度/倒虹吸水头(m)	形状	数量
黑水河	谷汝渡槽	166.29	620	6	U形	单槽
毛尔盖河	知尔渡槽	166.29	342	6	U形	单槽
白水江	老塔藏渡槽	166.29	263	43	U形	单槽
白龙江	旺藏桥式倒虹吸	166.29	1956	80/167	圆形	4管

渡槽和倒虹吸桥式部分均采用简支梁结构，渡槽均选用“U”形断面，倒虹吸均选用圆形断面，旺藏桥式倒虹吸管材采用钢管。

5.2.5 工程施工

上下线组合方案雅—大联合调水 35 亿 m^3 线路工程施工与上线方案(方案 1)中雅—大联合调水 35 亿 m^3 线路的工程施工基本相同，本处仅对双江口水库调水 45 亿 m^3 线路工程施工方案进行简要论证。

5.2.5.1 工程施工条件

(1)工程布置条件

双江口水库调水 45 亿 m^3 线路布置方案由双江口水库调水，经黑水河、毛尔盖河、白水江、白龙江，最终输水至甘肃洮河九甸峡水库上游。工程主要由深埋长隧洞及跨沟建筑物组成，最长洞段约 131.3km，平均埋深约 1100m，隧洞最大埋深约 2200m。工程沿线主要经过的地区有：四川省马尔康市、理县、黑水县、松潘县、九寨沟县，甘肃省甘南藏族自治州的迭部县、卓尼县、岷县等，沿线海拔高度多为2200～3500m，地貌类型属中高山、中山区，沿线深切沟壑较多。

(2)施工交通条件

工程区地域广阔，公路密度小，交通落后，国道G318线、G317线、G212线、G213线等从工程区附近经过，省道S209线、S302线、S210线、S211线、S217线、S303线与调水线路交叉，并与甘肃之间的省级公路相连。随着社会经济的发展，工程区交通条件得到很大的改善，线路经过地区附近均有省道、县道连接，所有跨沟建筑物均与公路相通。各工作面附近20km范围内基本都能连接至等级道路。部分施工支洞及施工竖井工作面对外交通比较困难，线路绕线长度较长。

(3)水电供应条件

输水线路横跨黑水河、毛尔盖河、白水江、白龙江、洮河等流域，线路大部分穿越区均有支沟经过，施工用水较为方便；近年来工程区供电条件发生了天翻地覆的变化，随着西部大开发和西电东送等设施的建设，工程区供电线路较为密集，工程区附近也建设了较多的水电站。初步分析，水电供应条件较好。

(4)当地社经条件

调水线路下移后，工程区附近社会经济条件相对更好，能够为工程提供较好的社会经济服务条件。

5.2.5.2 施工导截流

工程主要由隧洞及交叉建筑物组成，其水源工程为雅砻江干流的双江口水库，为正在建设的枢纽工程，除部分跨沟建筑物外，其他建筑物不需考虑施工期导流措施。

跨河(沟)建筑物的施工导流标准均采用20年一遇洪水标准，导流方式均考虑分期导流方式或筑岛法施工。

5.2.5.3 主体工程施工

双江口调水45亿m^3线路主体建筑物主要包括输水隧洞和交叉建筑物，输水线路长度413.5km，沿线由5段共5条明流输水隧洞、3座渡槽和1座桥式倒虹吸组成。

输水线路隧洞总长410.3km，被黑水河、毛尔盖河、白水江、白龙江分为5段，隧洞最大埋深2200m，平均埋深约1100m；隧洞最长自然分段长131.3km，采用单条隧洞设计，圆形断面，隧洞设计洞径为9.3～9.9m。

隧洞工程采用以掘进机法为主，钻爆法为辅的联合施工方案。TBM施工洞段共布置掘进机25台，TBM单工作面掘进长度一般控制在20km之内，最大掘进长度为22.9km，钻爆法单工作面掘进长度一般在5km之内。

施工支洞沿线共布置14条。施工支洞坡度一般不大于10%，最大为10.29%。根据目前TBM施工通风能力，最大通风距离考虑一般不大于20km，必要时设置通风竖井辅助通风。施工支洞布置特性见表5.2.5-1。

表 5.2.5-1　　双江口调水 45 亿 m³ 方案施工支洞布置特性表

位置	主洞桩号	支洞长度（m）	平均纵坡（%）	工作面编号	主洞控制长度（m）	掘进长度（m）	掘进方向
进口竖井	1+500	148		D&B	1500	1648	上行
				D&B	2376	2524	下行
ZD1	5+200	1200	−9.11%	D&B	1324	2524	上行
				D&B3	1800	3000	下行
ZD2	17+470	2200	−9.77%	TBM1	10470	12670	上行
				D&B	1000	3200	下行
ZD3	35+520	4300	−10.07%	TBM2	17050	21350	上行
				D&B	2000	6300	下行
ZD4	52+980	6700	−10.02%	TBM^{3}	15460	22160	上行
				TBM4	14643	21343	下行
ZD5	86+365	2600	−7.93%	TBM5	18743	21343	上行
黑水河	97+898			TBM6	11533	11533	上行
	98+317			TBM7	13711	13711	下行
ZD4	125+262	477	−0.81%	TBM8	13234	13711	上行
毛尔盖河	126+191			D&B	929	929	上行
	126+303			D&B	4000	4000	下行
ZD5	132+844	1530	−0.20%	D&B	2541	2541	上行
				TBM9	16947	18477	下行
ZD6	161+767	6500	−9.39%	TBM10	11977	18477	上行
				TBM11	13375	19875	下行
ZD7	188+817	6200	−9.94%	TBM12	13675	19875	上行
				D&B	2500	2500	下行
ZD8	203+942	6850	−10.29%	TBM13	12625	19475	上行
				TBM14	15792	22642	下行
ZD9	236+876	5500	−10.08%	TBM15	17142	22642	上行
				D&B	1500	1500	下行
白水江老塔藏	257+704			TBM16	19328	19328	上行
	257+967			TBM17	17961	17961	下行
ZD10	290+619	3269	−5.74%	TBM18	14692	14692	上行
				TBM19	18309	21578	下行
ZD11	327+900	2606	3.83%	TBM20	18972	21578	上行
白龙江旺藏	330+908			D&B	3008	3008	上行
	332+396			D&B	1518	1518	下行

续表

位置	主洞桩号	支洞长度（m）	平均纵坡（%）	工作面编号	主洞控制长度（m）	掘进长度（m）	掘进方向
ZD12	333+914	2396	9.89%	TBM21	17203	19599	下行
ZD13	366+248	4468	−6.26%	TBM22	15131	19599	上行
				TBM23	12070	12070	下行
ZD14	393+253	1603	−8.91%	TBM24	14935	16538	上行
				D&B	2000	2000	下行
出口	413+518			TBM25	18265	18265	上行
合　计		58547			411239	497684	

5.2.5.4　施工总布置

按照工程区位置划分，初步计划分为 22 个工程施工区，各区都具有独立完成施工任务的生产、生活设施。

线路主要经过四川省马尔康市、理县、黑水县、松潘县、九寨沟县，甘肃省甘南藏族自治州的迭部县、卓尼县、岷县等。对外交通道路，现有 G318、G317、G213、G212、G75 等国道及四川省 S209、S302、S301 省道，甘肃省 S313、S210 省道等可以直接利用。县级道路个别路段及桥涵加固处理后可满足大件运输，乡以下到施工区道路应新修。初步规划需要新修对外交通道路 172km，并需要对部分道路进行局部改建以适应 TBM 运输的要求。

场内交通干线道路基本都是新修道路，道路标准考虑按矿山Ⅱ级标准，泥结碎石路面，路面宽度根据施工通行的运输车辆吨位确定。

施工供水主要考虑从附近河流或沟道内进行引接。工程施工供电与永久供电相结合，初步考虑以工程区附近 500kV 变电站作为本工程施工供电的电源点，经 220kV 线路引入场内，沿输水线路设 220kV、110kV、35kV、10kV 变电站，通过 35kV、10kV 供电线路向各个施工用电区供电。

5.2.5.5　施工总进度

根据气象资料分析并结合高寒地区其他工程施工经验，露天工程施工时间按每年 8 个月考虑，即从每年的 3 月中旬至 11 月中旬；洞内施工受气候条件影响较小，按全年施工考虑。

工程计划筹建期为 3 年。主要完成对外交通公路、场内交通干线公路、35kV 以上的变电站及对外供电线路网络的架设、大型施工供水设施、施工通信及部分施工管理房屋等。

本工程控制工期的主要建筑物是输水隧洞的施工，TBM 单工作面掘进距离大于 20km

的洞段为关键路线工程项目，其中长22.64km的TBM 14、TBM15工作面为控制工作面。掘进机平均开挖进尺按320～400m/月考虑，钻爆法施工月进尺为80～110m/月，再考虑掘进机和钻爆法施工的交叉关系以及准备工程时间，隧洞工程施工总工期初估按10年考虑。

工程主要外来建筑材料有水泥、钢材、木材、油料和火工材料等，在工程所在的四川省、甘肃省均有供应，可满足工程建材需要。

综上，上下线组合方案（雅—大35亿m^3＋双江口45亿m^3）共需布置TBM隧洞掘进机41台，施工控制性总工期为120个月。

5.2.6 水库淹没

（1）雅砻江、大渡河联合调水35亿m^3方案

雅砻江、大渡河联合调水35亿m^3方案建设征地影响、移民投资估算、民族宗教影响与5.1.6节内容一致。

（2）双江口水库调水45亿m^3方案

1）建设征地影响实物

根据有关资料，双江口调水枢纽为在建的梯级电站，水库淹没及移民问题已解决。双江口水电站建设征地影响情况如下：

双江口水电站淹没涉及金川县和马尔康市共2县10乡35个村，淹没农村居民4164人。水库淹没马尔康市脚木足乡和白湾乡2座集镇，人员规模为773人。双江口水库建设征地总土地面积76591.50亩，其中农用地61132.50亩，建设用地1806.00亩，未利用地13653.00亩。农用地中耕地8149.50亩，园地3688.50亩，林地48006.00亩，牧草地256.50亩，其他农用地1030.50亩；淹没影响房屋总面积563734.73m^2，淹没寺庙7座，零星林木311577株。

建设征地涉及等级公路115.67km，人行便道138.86km，机耕道65.55km，高压输电线路313km，通信线路280.33km，企事业单位43家，水文站1座，小水电站4座和库岸防护等其他工程。

2）民族宗教影响

双江口水库工程建设征地涉及大白塔50座、寺院7座、转经房4座。

对于经国家批准设立的8座寺庙，提出复建规划方案；受工程建设影响的大白塔、转经房等宗教设施，根据移民安置规划及其所有人的决定复建。

集体宗教设施均分布在村民居住区内，与当地村民关系紧密。工程水库淹没和移民搬迁将破坏原有的宗教设施，给当地群众和宗教人士的宗教生活带来影响。虽然根据移民搬迁安置方案，绝大部分移民在库区就地后靠安置，少部分移民迁往建设征地区外村组（马尔

康镇）安置，但距离原村都不远，均在 50km 以内。这种安置方式基本上未打破原来的宗教格局，对今后移民的宗教活动不会产生较大的影响。

5.2.7 调水线路环境影响

（1）对生态保护红线影响的分析

方案 2 共穿越生态保护红线的类型有 5 种，穿越距离为 433.4km，其中穿越四川省大渡河源水源涵养生态保护红线距离 189.7km；穿越四川省雅砻江源水源涵养生态保护红线距离 28.2km；穿越四川省若尔盖湿地水源涵养—生物多样性维护生态保护红线距离 18.9km；穿越青海省生态保护红线距离 98.4km；穿越四川省岷山生物多样性维护—水源涵养生态保护红线距离 98.2km。穿越形式均为隧洞。

水库蓄水后，方案 2 将淹没生态保护红线总面积为 0.067km²，其中淹没四川省大渡河源水源涵养生态保护红线面积 0.003km²，淹没四川省雅砻江源水源涵养生态保护红线面积 0.064km²。

具体详见表 5.2.7-1 和图 5.2.7-1。

表 5.2.7-1　　方案 2 与四川省和青海省生态保护红线关系

方案	红线名称	主要生态功能	保护重点	穿越		淹没面积（km²）
				长度（km）	方式	
方案 2	四川省大渡河源水源涵养生态保护红线	水源涵养	天然草地和沼泽湿地	189.7	隧洞	0.003
	四川省雅砻江源水源涵养生态保护红线	水源涵养	森林、高山草甸以及湿地、河流生态系统和川陕哲罗鲑等珍稀特有鱼类重要栖息地	28.2	隧洞	0.064
	四川省若尔盖湿地水源涵养—生物多样性维护生态保护红线	水源涵养、生物多样性	保护天然草地和沼泽湿地，维护水源涵养和生物多样性保护功能	18.9	隧洞	0
	岷山生物多样性维护—水源涵养生态保护红线	生物多样性维护、水源涵养	自然生态系统和大熊猫、川金丝猴等重要物种及其栖息地	98.2	隧洞	
	青海省生态保护红线			98.4	隧洞	
	合计			433.4		0.067

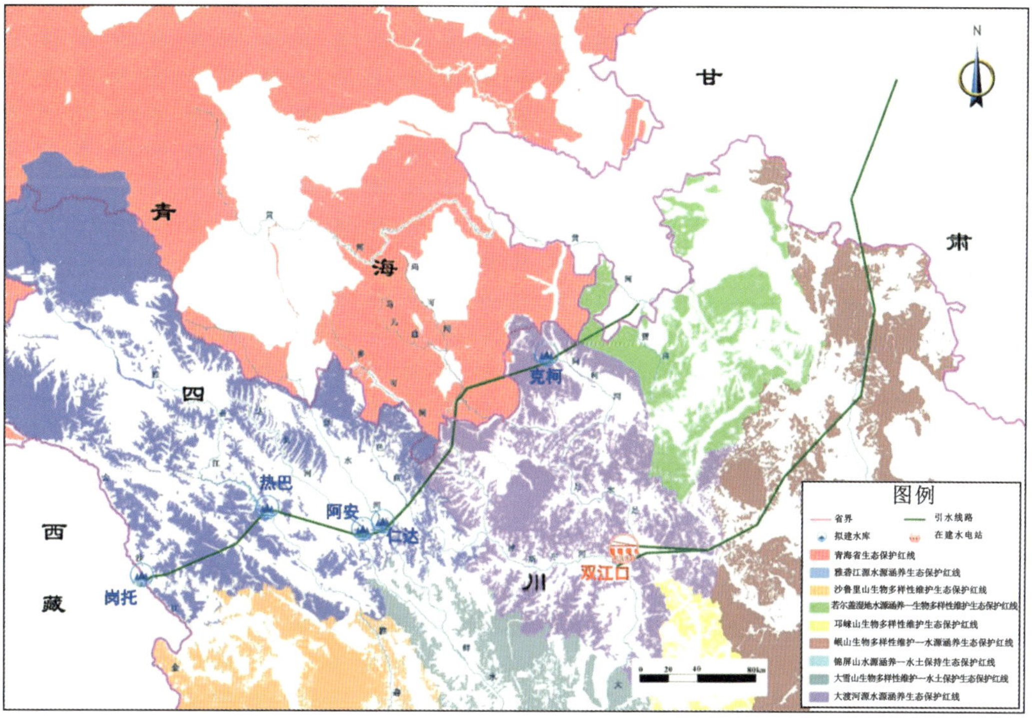

图 5.2.7-1 方案 2 与四川省和青海省生态保护红线关系示意图

(2)对自然保护区的影响

方案 2 共穿越自然保护区 7 个，其中国家自然保护区 2 个，为三江源国家级自然保护区和多儿国家级自然保护区；省级自然保护区 5 个，分别为曼则唐省级自然保护区、黄龙省级自然保护区、贡杠岭省级自然保护区、白龙江阿夏省级自然保护区和岷县双燕省级自然保护。方案 2 共穿越自然保护区 153.5km，其中核心区 63.3km、缓冲区 19.9km、实验区 70.3km。具体详见表 5.2.7-2 和图 5.2.7-2。

(3)对陆生生态影响

该方案包括两部分，一部分为上线雅砻江大渡河调水线路方案，一部分为下移线路双江口调水方案，该方案对陆生生态影响以输水线路穿越和水源水库淹没为主。

1)输水线路

调水线路(上线＋下线)沿线涉及林地 695.88km^2，占总面积的 44.54%，以落叶阔叶灌丛为主；草地 779.98km^2，占总面积的 49.92%，以高寒草甸为主；农田 35.88km^2，占总面积的 2.30%，主要为旱地；湿地 22.17km^2，占总面积的 1.42%，以草本湿地为主；城镇交通及建设用地2.33km^2；裸土裸岩、冰川等其他用地 26.25km^2，其中以裸土地居多，为 14.28km^2。

总体来看，该方案中雅砻江大渡河调水线路穿越区域以草地为主，以高寒草甸为主，其次为森林和湿地；双江口调水线路穿越区域以林地为主，其次为草地和农田。工程形式主要为隧洞、渡槽、倒虹吸，线路穿越地区局部隧洞出入口及施工支洞、竖井、倒虹吸、渡槽等处可能造成区域内土地利用方式改变，导致局地生境的退化。总体来说，沿线穿越区的林地、草地、农田、湿地等各生态系统分别约占调水区总面积的 0.92%、0.81%、1.31%、0.65%，可能会对局部区域造成短时期的不利影响，不会对森林、草地和湿地造成大面积的破坏和明显的不利影响，不会影响到调水区生态系统的结构和功能及稳定发展。

表 5.2.7-2　　方案 2 与相关自然保护区关系统计表

方案	自然保护区	主要保护对象	相关关系	功能区划	穿越长度(km)
方案 2	三江源国家级自然保护区—玛柯河分区	珍稀动物及湿地、森林、高寒草甸	水库淹没	核心区	32.7
				缓冲区	0
				实验区	21.3
	多儿国家级自然保护区	大熊猫、扭角羚、梅花鹿等珍稀濒危野生动物及其栖息地	隧洞穿越	核心区	0
				缓冲区	4.9
				实验区	0
	曼则唐省级自然保护区	高原沼泽湿地生态系统及黑颈鹤等珍稀野生动植物内陆湿地	隧洞穿越	核心区	10.4
				缓冲区	2.4
				实验区	10.1
	黄龙省级自然保护区	大熊猫及森林生态系统	隧洞穿越	核心区	0
				缓冲区	0
				实验区	3.1
	贡杠岭省级自然保护区	大熊猫及其栖息地	隧洞穿越	核心区	0
				缓冲区	0
				实验区	30.4
	白龙江阿夏省级自然保护区	大熊猫及其生境	隧洞穿越	核心区	14.8
				缓冲区	2.5
				实验区	5.4
	岷县双燕省级自然保护区	森林生态系统	隧洞穿越	核心区	5.4
				缓冲区	10.1
				实验区	0

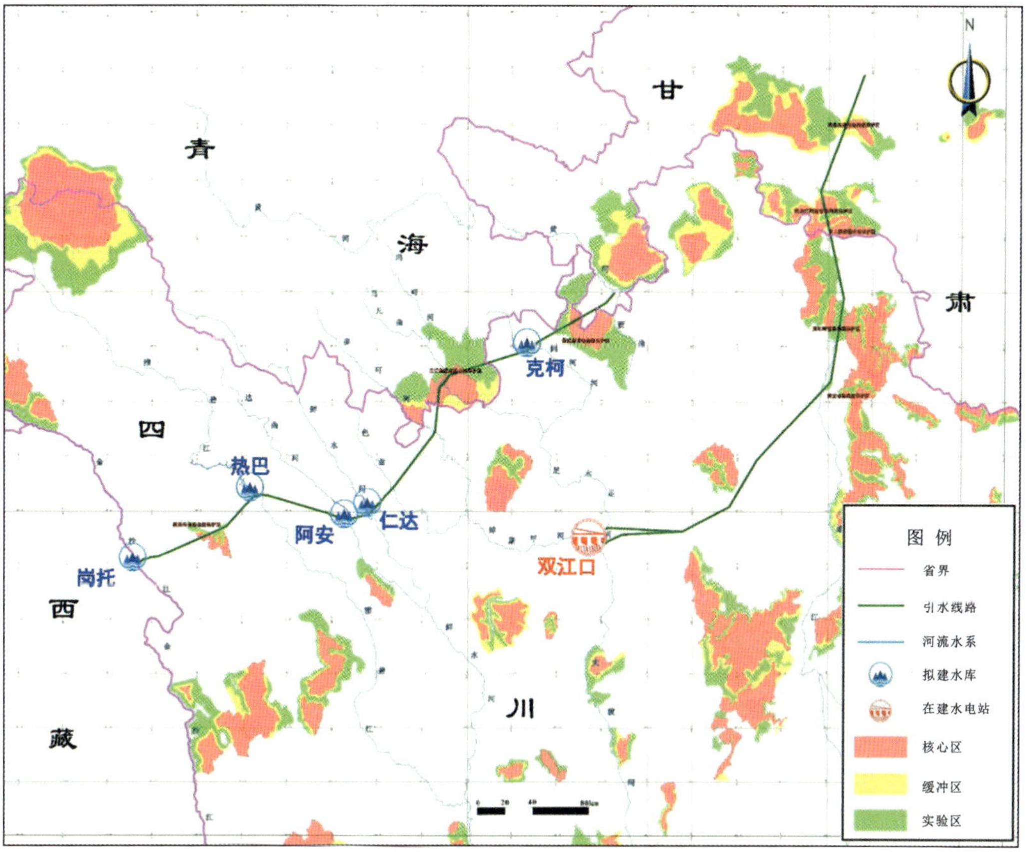

图 5.2.7-2 方案 2 与相关自然保护区关系示意图

雅砻江—大渡河调水线路隧洞最大埋深 1150m，平均埋深约 500m，项目区以山地为主，地下水位埋深较大，天然降雨是植被生长的主要水分来源，因此，即使隧洞工程使得局部区域地下水位有所下降，也不会影响地表植被的生长，但在局部隧洞出入口及施工支洞等处会对植被、野生动植物生境造成短时期的破坏和影响，长隧洞工程施工可能产生的弃渣、疏干水等引起的生态环境问题需要在下阶段进一步深入研究。该线路在穿越班玛、玛曲、阿坝、松潘等县草原湿地时，可能对地下冻土层产生破坏，对湿地的地表与地下径流关系产生影响，出现湿地退化、干旱化风险。具体影响范围和程度需进一步研究。

双江口调水线路的输水线路采用以地下深埋长隧洞为主的方式，线路整体基本不出露于地表，对陆生动物无明显影响，但地下隧洞可能造成局部地下水补给关系改变，对地表植被可能有一定影响，继而影响对地表植被资源依赖性较大的陆生动物栖息地。

工程所在区域生物多样性丰富，分布有多种国家重点保护动植物。下线方案可能对大熊猫、岷江柏木等为代表的保护动植物造成一定影响。根据初步识别，下线调水线路不涉及大熊猫国家公园与大熊猫世界自然遗产地，仅穿越大熊猫现存的部分其他栖息地，工程的穿越形式以地下深埋隧洞为主，工程运行期对其影响主要为施工支洞人类检修等活动影响。初步分析，在严格线路布置后可将对大熊猫栖息地的影响降至可接受水平。下线输水线路经过岷江柏木集中生长区域，在采取移栽和异地补栽等措施后，可以减轻工程建设对岷江柏木的不利影响。

2)水源水库

通过遥感解译初步分析，雅砻江大渡河调水方案 4 库共淹没 65.82km²，主要以草地生态系统为主，以高寒草原和高寒草甸为主，占 4 库淹没总面积的 45.70%，其次为农田、森林、湿地生态系统，分别占 4 库淹没总面积的 22.01%、16.99%、14.54%。上线方案水源水库影响同方案 1(雅砻江—大渡河 35 亿 m³＋岗托抽水 45 亿 m³)中陆生生态影响。

双江口调水线路的水源水库为大渡河双江口水库，为在建工程。西线工程仅利用其调水，不新增淹没占地影响，不会对区域整个植被生态系统的完整性造成威胁。双江口以下有干旱河谷分布，引调水可能进一步增加干温和干旱河谷的分布，进一步加剧河段内干旱化，对现有稀疏植被生态系统造成不利影响。

5.2.8 投资匡算

建筑安装工程按设计工程量乘工程单价计算，限于设计深度无法提供设计工程量的，采用扩大单位指标进行编制。设备运杂费按设备费的 9.21%计算。独立费用根据水总〔2014〕429 号文规定以及有关文件的规定计算或估列。基本预备费费率取 17%，暂不计建设期融资利息。建设征地移民补偿投资、环境保护投资、水土保持投资按相应专业匡算投资计列。双江口水电站为正在建设工程，初步设计工程总投资 369 亿元，其投资暂不计入调水工程投资中。

经匡算，雅砻江—大渡河联合自流调水 35 亿 m³＋双江口 45 亿 m³，总调水 80 亿 m³ 的方案，工程静态总投资 2558.86 亿元(不含双江口水电站投资)，其中工程部分投资 2325.97 亿元，移民和环境部分投资 232.9 亿元。单方水工程投资 31.99 元。

其中，雅砻江—大渡河联合自流调水 35 亿 m³ 线路工程静态总投资 1142.14 亿元，其中工程部分投资 971.22 亿元，移民和环境部分投资 170.92 亿元。单方水工程投资 32.63 元。工程匡算汇总见表 5.1.8-1。

双江口 45 亿 m³ 线路工程静态总投资 1416.72 亿元(不含双江口水电站投资)，其中工程部分投资 1354.74 亿元，移民和环境部分投资 61.98 亿元。单方水工程投资 31.48 元。工程匡算汇总见表 5.2.8-1。

表 5.2.8-1 双江口水库调水 45 亿 m^3 方案工程匡算总表

序号	工程或费用名称	建安工程费（万元）	设备购置费（万元）	独立费用（万元）	合计（万元）
Ⅰ	工程部分投资				13547410.79
	第一部分　建筑工程	7998622.68			7998622.68
①	输水隧洞工程	6548226.00			6548226.00
②	交通工程	470250.00			470250.00
③	房屋建筑工程	90984.48			90984.48
④	外部供电线路工程	473557.98			473557.98
⑤	其他建筑工程	415604.22			415604.22
	第二部分　机电设备安装工程				120317.53
	第三部分　金属结构设备及安装工程				40661.84
	第四部分　施工临时工程				1970255.98
	第五部分　独立费用				1449125.55
	一至五部分投资合计				11578983.58
	基本预备费				1968427.21
	静态投资				13547410.79
	总投资				13547410.79
Ⅱ	建设征地移民补偿投资				50000.00
Ⅲ	环境保护工程投资				315897.75
Ⅳ	水土保持工程投资				253929.72
Ⅴ	工程投资总计(Ⅰ～Ⅳ合计)				14167238.26
	静态总投资				14167238.26
	建设期融资利息				
	总投资				14167238.26

5.3 双江口与两河口调水方案

选择双江口调水 40 亿 m^3 与两河口调水 40 亿 m^3(下线方案)作为方案 3 进行调度线路方案研究。

5.3.1 工程总体布局

下线方案总体布局由两条相对独立的线路组成，即双江口水库调水 40 亿 m^3 线路和两河口水库调水 40 亿 m^3 线路。

其中，双江口水库调水 40 亿 m^3 线路与双江口调水 45 亿 m^3 线路，仅调水量不同，总体布置相同。两河口水库调水 40 亿 m³线路总体布置如下：

两河口水库调水 40 亿 m³线路，从雅砻江干流在建水库两河口库区调水，用隧洞穿越雅砻江与大渡河分水岭大雪山至双江口下游，再用渡槽跨大渡河，然后用隧洞至大渡河支流梭磨河上游，最后沿双江口水库调水 40 亿 m³ 线路，在中寨镇入洮河，线路全程自流，方案涉及四川、甘肃两省。方案调水枢纽两河口坝高 295m，坝址处多年平均径流量 218 亿 m³，年调水量 40 亿 m³，调水比例 18%；方案线路长 618.5km，其中隧洞长 614.4km，隧洞最大埋深 2200m，平均埋深约 1500m，最长隧洞段穿越大雪山，位于两河口—双江口段，长 195.1km；采用单洞输水，隧洞设计洞径为 8.9～9.5m。工程布局见图 5.3.1-1。

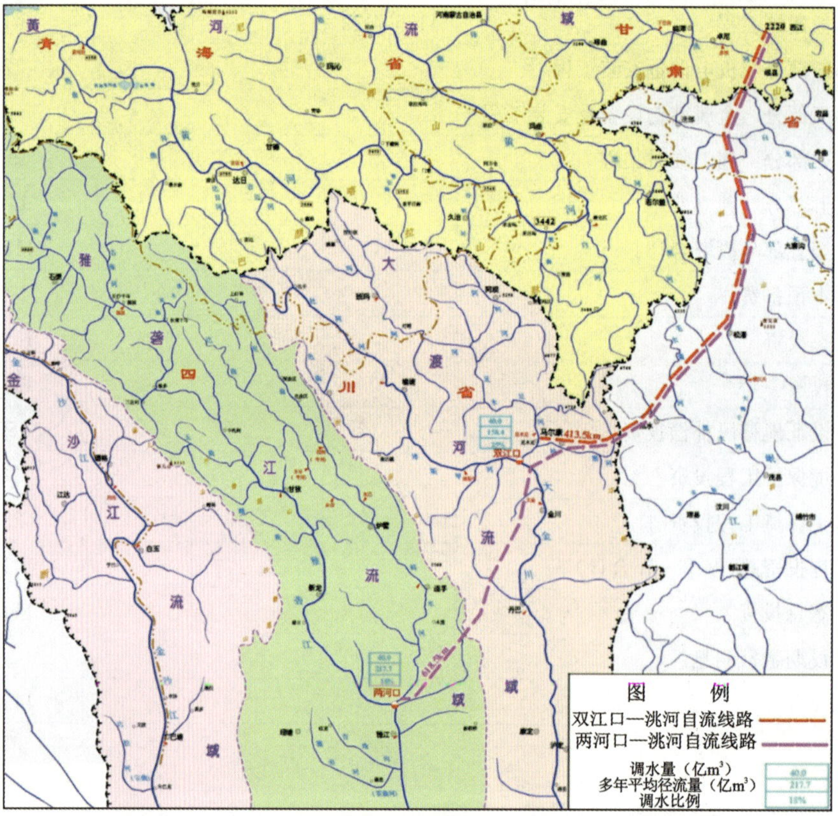

图 5.3.1-1　双江口 40 亿 m³＋两河口 40 亿 m³ 方案布局示意图

5.3.2　工程规模

（1）双江口水库

双江口水库坝址多年平均径流量为 158.4 亿 m³，根据下游生态用水分析，下游河道生态基流要求年均下泄生态基流 84 亿 m³，约占天然来水量的 53%。再扣除蒸发渗漏、上游用水等，双江口断面理论可调水量约为 70 亿 m³，如果按照坝址断面天然来水量 40%控制，可调水量约为 63 亿 m³。

双江口水电站多年平均调水40亿m^3，设计调水流量147.95m^3/s，调水保证率90%，调水比例为25%，见表5.3.2-1。

表5.3.2-1 双江口调水40亿m^3方案规模指标表

坝址	天然水量（亿m^3）	设计水量（亿m^3）	设计调水流量（m^3/s）	年调水量（亿m^3）	所需调节库容（亿m^3）	死水位（m）	死库容（m）	保证率（%）	调水比例（%）
双江口	158.4	42.77	147.95	40	15.61	2420	8.15	90	25

双江口调水40亿m^3方案，调水枢纽双江口为在建工程，最大坝高314m，总库容29.42亿m^3，调节库容19.17亿m^3；线路长度为413.5km，其中隧洞段长410.3km，最长隧洞段长131.3km，单洞输水，设计流量197.18m^3/s，隧洞洞径为8.9～9.5m。

（2）两河口水库

两河口水库是雅砻江中游两河口至卡拉河段规划的“龙头”水库电站，也是整个流域的控制性工程。坝址位于雅砻江干流和支流鲜水河汇口（即两河口）下游约2km处，坝址控制流域面积65727km^2，占雅砻江流域面积的48%左右，开发任务是以发电为主，并具有蓄水蓄能、分担长江中下游防洪任务、改善长江航道枯水期航运条件的功能和作用。坝址多年平均径流量为217.7亿m^3，水库正常蓄水位2865m，死水位2785m，坝高295m，正常蓄水位相应库容107.67亿m^3，调节库容65.6亿m^3，死库容35.94亿m^3，具有多年调节能力。电站装机容量3000MW，多年平均发电量110亿kW·h。

根据下游生态用水分析，下游河道生态基流要求年均下泄生态基流85亿m^3，约占天然来水量的39%，再扣除蒸发渗漏、上游用水等，两河口断面理论可调水量约为130亿m^3。如果按照坝址断面天然来水量40%控制，可调水量约为87亿m^3。

两河口水库库容系数为0.3，具有较强的径流调节能力。根据两河口水电站水库调节能力、来水情况、生态基流要求等，经长系列径流调节计算，两河口水电站多年平均调水40亿m^3，设计调水流量145.18m^3/s，调水保证率90%以上，调水比例为18%。见表5.3.2-2。

表5.3.2-2 两河口调水40亿m^3方案规模指标表

坝址	天然水量（亿m^3）	设计水量（亿m^3）	设计调水流量（m^3/s）	年调水量（亿m^3）	所需调节库容（亿m^3）	死水位（m）	死库容（m）	保证率（%）	调水比例（%）
两河口	217.7	41.97	145.18	40	65.6	2785	35.94	90	18

两河口调水40亿m^3方案，调水枢纽两河口，为在建工程，最大坝高295m，总库容107.67亿m^3，调节库容65.6亿m^3；线路长度为618.5km，其中隧洞段长614.4km，最长隧洞段长195.1km；采用单洞输水，设计流量145.18m^3/s，隧洞洞径为7.2～9.45m。

5.3.3 工程地质条件

从雅砻江干流在建水库两河口库区、大渡河在建水库双江口库区调水，线路自流至双江口下游，后自流绕经岷江、白龙江入洮河，涉及四川、甘肃两省。

5.3.3.1 区域构造与地震概况

工程区主体跨越松潘—甘孜褶皱系的巴颜喀拉褶皱带（Ⅱ1）、雅江褶皱带内（Ⅱ2）以及北部的秦祁昆褶皱系（Ⅰ）的秦岭褶皱带（Ⅰ1）。

工程区及周围断层发育，断层活动具有明显的继承性。主要断层带自西向东主要有：鲜水河断裂带（F8）、主峰—上红科—塔子断层带（F9）、桑日麻—上杜柯—马尔康断层带（F10）、龙日坝断裂（F16）、岷江断裂（F17）、虎牙断裂（F18）、龙门山断裂带（F19）、东昆仑断裂（F20）、迭部—白龙江断裂（F21）、光盖山—迭山断裂（F22）、临潭—宕昌断裂带（F23）等（见图 5.1.3-1）。

工程区主要断裂延伸都比较长，活动性分段特征明显。桑日麻、主峰断裂在线路穿过区域没有发现晚更新世以来活动的证据，活动性不明显。迭部—白龙江断裂、光盖山—迭山断裂、临潭—宕昌断裂的线路穿越段活动迹象不明显，但在线路附近有活动的迹象，在线路穿越段的活动性需要进一步研究。鲜水河断裂、甘德南—阿坝断层带、岷江断裂、东昆仑断裂等断裂穿过线路区域均在晚更新世以来有过活动，属于活动断裂。

其中龙门山断裂带、龙日坝断裂、虎牙断裂没有直接穿越线路，其余断裂均直接穿越隧洞，其活动性强弱直接影响隧洞的稳定性。

工程区跨越青藏高原地震区的鲜水河—滇东地震带、巴颜喀拉山地震带、龙门山地震带，调水线路的地震危险性主要来自上述 3 个地震带的影响。根据《地震动峰值参数区划图》（2015 年，1∶400 万），参考雅砻江两河口水电站，大渡河双江口水电站的地震危险性分析结果。两河口调水方案两河口—双江口段工程区地震动峰值加速度为 $0.10g \sim 0.30g$，相应的地震基本烈度为Ⅶ～Ⅷ度。线路中段道孚附近为 $0.30g$，往进出口方向递减，进口区域为 $0.15g$，出口区域为 $0.10g$；反应谱特征周期主要为 0.40～0.45s。双江口—洮河段工程区地震动峰值加速度为 $0.10g \sim 0.30g$，相应的地震基本烈度为Ⅶ～Ⅷ度。马尔康—黑水段为 $0.10g$，松潘—九寨沟段为 $0.20g$，其他区域为 $0.15g$；反应谱特征周期主要为 0.40～0.45s（见图 5.1.3-3）。

5.3.3.2 输水隧洞工程地质条件

双江口—洮河段工程地质条件见 5.2.3 节，下面仅论述两河口—双江口段工程地质条件。

（1）基本地质条件

线路起点位于雅砻江两河口水电站下游侧，进口底板高程 2768m，终点位于大渡河双江口水电站库区依生沟口，出口底板高程2489.23m，线路长195.136km。该段线路地面高程为2580～4850m，埋深60～2200m。

线路地貌类型多样，以构造剥蚀高原、侵蚀剥蚀高山、中高山高原为主。地质构造线呈南北向和北北西向。主构造线方向NW向。主要发育鲜水河断裂、泥曲—玉柯断裂、桑日麻—上杜柯—马尔康断层带等区域性大断裂，另外还发育多条走向NW、NE的Ⅱ、Ⅲ级结构面。调水方案线路跨越青藏高原地震区的鲜水河—滇东地震带、巴颜喀拉山地震带。两河口调水方案线路区的基岩基本地震动峰值加速度为0.10g～0.30g；对应的地震基本烈度为Ⅶ～Ⅷ度，特征周期为0.40～0.45s。线路中部鲜水河断裂带区域构造稳定性较差，两端进出口区域构造稳定性较好。

(2)隧洞围岩初步分类及工程地质问题初步分析

隧洞区出露的地层主要为三叠系浅变质碎屑岩，岩性主要为变砂岩、板岩夹灰岩、变质砂岩、砂岩与炭质板岩互层、绢云板岩、千枚岩、砂质板岩。局部出露侵入岩浆岩体、岩脉。隧洞围岩主要为Ⅱ～Ⅲ类围岩，局部为Ⅳ～Ⅴ类。对各洞段围岩分类结果进行统计分析，调水隧洞围岩Ⅲ类占80%～75%，Ⅳ～Ⅴ类围岩占15%～20%，围岩整体稳定性较好，局部稳定性差，对Ⅳ～Ⅴ围岩段应加强地质预报和施工支护。Ⅳ～Ⅴ围岩主要分布在调水隧洞进出口段、浅埋段、构造破碎带等处。

隧洞区断层发育，以北西向断层为主，规模最大，其次为北西西向断层，另外还发育一些北东向断层。构造节理方向性强，最发育的是“X”形共轭剪切节理，节理发育密度主要受岩石强度、单层厚度、构造错动的影响。比较坚硬的岩石，节理发育密度相对较大。

地下水可划分为松散岩类孔隙水和基岩裂隙水。松散岩类孔隙水主要分布在雅砻江及其支流的河漫滩，Ⅰ、Ⅱ级阶地及支沟滩地，缓坡地带的覆盖层中。基岩裂隙水主要分布在基岩分布区及峡谷地带，是线路区主要的地下水类型。对于深埋长隧洞，构造裂隙水主要表现为潜水—承压水，往往会引起强透水、突水突泥、碎屑流等地质灾害。

岩体透水性具明显的垂直分带性。上部岩体由于受风化卸荷影响，裂隙发育，透水性较强；中部岩体裂隙发育程度及张开度较小，透水性较差；在埋深超过200m的深部新鲜岩体中，节理多闭合，透水性差，属微透水岩体，局部为弱透水。

现代构造应力场的最大主应力方向为NE向，与区域构造应力场方向基本一致，地应力主要以水平构造应力场为主导。在高地应力条件下，对于围岩为砂板岩夹灰岩组、砂板岩互层组、千枚岩组的洞段，板岩、千枚岩主要以塑性变形为主。局部隧洞围岩的稳定性差，在深埋条件下，存在隧洞板岩岩体塑性变形破坏，一般没有岩爆或较少产生。对于隧洞穿越的构造破碎岩组，在深埋高应力条件下主要表现为塑性变形，在地下水的联合作用下会产生涌水突泥现象，持续时间长，不易成洞。经综合判断，隧洞埋深400m时，发生岩爆的可能性较小，400～700m时可能发生岩爆，大于800m时有岩爆发生。

隧洞进口位于雅砻江两河口水电站下游左岸，边坡走向近 NS，边坡坡度为 35°～40°。地层岩性为灰黑色变砂岩、板岩互层，产状 N41°W/SW∠70°～78°，倾向坡外，和其他节理组合易失稳，岩体较破碎，存在边坡稳定问题，需要加强支护措施。

隧洞出口位于大渡河双江口水电站库区右岸依生沟口，边坡走向 NW，边坡坡度为 35°～40°。地层岩性为深灰色变质砂岩、砂岩与炭质板岩互层，产状 N5°W/NE∠60°，倾向坡外，和其他节理组合易失稳，岩体较破碎，存在边坡稳定问题，需要加强支护措施。

隧洞可能存在的主要工程地质问题有断裂的活动性问题、软岩塑性变形问题，高地应力引起的岩爆、围岩劈裂、剥离问题，高地温问题，高压涌水问题，以及不同结构面相互切割形成的楔形体稳定问题。

5.3.4 工程布置

5.3.4.1 水源工程

下线方案，即双江口调水 40 亿 m^3＋两河口调水 40 亿 m^3 方案，共涉及 2 座水库，分别大渡河干流的双江口水库、雅砻江干流的两河口水库。

双江口水库正常蓄水位 2500m，死水位 2420m，其他情况详见 5.2.4.1 节的内容。两河口水库基本情况如下：

两河口水电站位于甘孜州雅江县境内雅砻江干流与支流鲜水河汇合口下游 2km 河段，坝址控制流域面积 6.57 万 km^2，坝址多年平均流量 666m^3/s。

工程建设任务为发电为主，兼顾防洪，采用坝式开发。坝址高程 2615m，砾石土心墙堆石坝的最大坝高为 295m，为国内第二、世界第三高土石坝，大坝坝顶高程 2875.00m。水库校核洪水位 2867.11m，设计洪水位 2867.11m，水库正常蓄水位 2865.00m，死水位2785.00m。水库正常蓄水位以下总库容 107.67 亿 m^3，调节库容 65.6 亿 m^3，死库容 35.94 亿 m^3，水库为多年调节水库。电站装机容量 300 万 kW，多年平均发电量 110 亿 kW·h。

两河口水电站工程静态投资 478.25 亿元，总投资 664.57 亿元。施工总工期为 125 个月。2014 年 9 月，发改委核准建设。2014 年 10 月，工程开工建设；2015 年 11 月，大江截流；预计于 2020 年 11 月初期下闸蓄水，预计 2023 年 5 月工程完建。

5.3.4.2 隧洞进、出口选择

隧洞进、出口布置，综合考虑了水源水库水位、沿线地形地质条件、主河道与支沟情况、调水隧洞洞线及跨沟建筑物位置与型式等因素。

隧洞引水口设在大坝上游，采用库内直接引水，采用明流洞输水方式。明流洞引水口处于水库死水位以下，通过电站或设消力池消除水头后引水到输水隧洞。考虑不发电也能正

常引水，消力池和引水发电系统平行、集中布置。

两河口水库死水位2785.00m，距离黄河最近处在贾曲附近，而贾曲的地面高程为3440m左右，高程相差655m左右，无法自流调水，因此考虑入黄口向下游移动，选择将水引入最近的洮河。考虑隧洞明流输水，将隧洞出口选择在洮河中寨镇附近，该处洮河河道高程约为2220m。

5.3.4.3 输水线路

本工程等别为Ⅰ等，输水隧洞级别为1级，洪水标准为100年一遇设计、300年一遇校核。该方案由两条相独立的线路组成，即双江口调水40亿m^3入洮河线路和两河口水库自流调水40亿m^3入洮河线路。

(1)双江口调水40亿m^3入洮河线路

双江口调水40亿m^3入洮河线路与方案2中双江口水库调水45亿m^3入洮河线路，仅调水量不同，总体布置相同。

双江口水库调水40亿m^3入洮河线路，输水线路总长413.5km。采用单洞输水，输水隧洞总长410.3km，设计调水流量为147.95m^3/s，设计洞径为8.9～9.5m，隧洞纵坡为1/2100～1/3000。隧洞沿线最大埋深2200m，平均埋深约1100m，隧洞最长自然分段长131.3km。沿线修建有黑水河渡槽、毛尔盖渡槽、白水江老塔藏渡槽和白龙江旺藏桥式倒虹吸等4座交叉建筑物，总长3.2km。

(2)两河口调水40亿m^3入洮河线路

1)总体布置

两河口水库调水40亿m^3至洮河方案，输水线路全长618.5km，入洮河口高程2220m，可利用水头465～545m，为了充分利用水头，加大比降，减小洞径，采用在库区调水方案，从两河口坝上引水口，经过258km线路穿越大雪山、横跨大渡河，后与双江口调水线路平行布置至洮河，沿线有7段共7条明流输水隧洞、4座渡槽和2座桥式倒虹吸。

输水线路中隧洞段总长614.4km，隧洞最大埋深2200m，平均埋深约1500m，隧洞最长段长195.1km。沿线修建有双江口桥式倒虹吸、黑水河谷汝渡槽、毛尔盖支沟渡槽、毛尔盖知尔渡槽、白水江老塔藏渡槽以及白龙江旺藏桥式倒虹吸等6座交叉建筑物，总长4.1km。

2)输水隧洞布置

雅砻江两河口水库至洮河输水隧洞，被大渡河、黑水河、毛尔盖河支沟、毛尔盖河、白水江、白龙江分为7段，总长614.4km。隧洞最大埋深2200m，平均埋深约1500m，隧洞最长段长195.1km。结合调水流量和比降，采用单洞输水布置。

隧洞全程采用明流洞，圆形断面，年输水期暂按 11 个月考虑。明流洞净空面积比值取 20%，糙率系数取 0.014。隧洞设计流量为 145.18m³/s，隧洞底坡为 1/700～1/3000，设计洞径为 7.2～9.45m。考虑隧洞地形地质及施工条件，90%的Ⅱ、Ⅲ类围岩洞段采用 TBM 施工，预制钢筋混凝土管片衬砌，管片厚度为 0.40～0.45m；10%的Ⅳ、Ⅴ类围岩洞段采用钻爆法施工，现浇钢筋混凝土衬砌，衬砌厚 0.8m。输水隧洞主要指标分别见表 5.3.4-1。

表 5.3.4-1　　两河口调水 40 亿 m³ 方案输水隧洞主要特征指标表

洞　段	两河口—双江口	双江口—黑水河	黑水河—毛尔盖河支沟	毛尔盖河支沟—毛尔盖河	毛尔盖河—白水江老塔藏	白水江老塔藏—白龙江旺藏	白龙江旺藏—洮河	合计
编号	1# 单洞	2# 单洞	3# 单洞	4# 单洞	5# 单洞	6# 单洞	7# 单洞	
洞长(m)	195136	107091	26959	385	131269	72473	81121	614434
设计洞径(m)	7.2	8.2	8.2	8.2	8.2	8.25	9.45	—
进口高程(m)	2768.00	2488.73	2411.80	2392.38	2391.86	2297.91	2247.27	—
出口高程(m)	2489.23	2412.24	2392.54	2392.10	2298.09	2247.92	2220.23	—
底坡 $1/i$	700	1400	1400	1400	1400	1450	3000	—

3)跨沟建筑物布置

输水线路沿线需横跨大渡河、黑水河、毛尔盖河支沟、毛尔盖河、白水江、白龙江共 6 条河流和山沟，需要修建 6 座交叉建筑物。除大渡河、白龙江跨沟建筑物采用桥式倒虹吸外，其余跨沟建筑物均采用渡槽，分别以跨越的沟名和所在地名命名。跨沟建筑物长度为 231～1956m，总长 4.1km。

跨沟建筑物为Ⅰ等工程，建筑物级别为 1 级。各跨沟建筑物均按 100 年一遇洪水设计，300 年一遇洪水校核。跨沟建筑物特性见表 5.3.4-2。

表 5.3.4-2　　两河口调水 40 亿 m³ 方案跨沟建筑物主要技术参数

跨越河沟	型式和名称	设计流量(m³/s)	渡槽长度(m)	桥、渡槽高度/倒虹吸水头(m)	形状	数量
大渡河	双江口桥式倒虹吸	145.18	700	76/150	圆形	3 管
黑水河	谷汝渡槽	145.18	620	60	U 形	单槽
毛尔盖河支流	支沟渡槽	145.18	231	12	U 形	单槽
毛尔盖河	知尔渡槽	145.18	342	52	U 形	单槽
白水江	老塔藏渡槽	145.18	263	58	U 形	单槽
白龙江	旺藏桥式倒虹吸	145.18	1956	80/167	圆形	3 管

渡槽和倒虹吸桥式部分均采用简支梁结构，渡槽均选用“U”形断面，倒虹吸均选用圆形断面，管材采用钢管。

5.3.5 工程施工

下线方案双江口调水40亿m^3线路工程施工与上下线组合方案（方案2）中双江口调水45亿m^3线路工程施工基本相同，本处仅对两河口水库调水40亿m^3线路工程施工方案进行简要论证。

5.3.5.1 工程施工条件

两河口调水40亿m^3方案由两河口水库调水，经过258km线路穿越大雪山及横跨大渡河后与双江口调水方案调水线路平行布置至洮河。调水线路全长618.5km，其中隧洞段长614.4km。最长洞段约195.1km，平均埋深约1500m，隧洞最大埋深约2200m。

本工程线路除两河口至双江口段为新增线路外，其余线路与双江口调水方案线路布置基本相同，线路经过地区增加了四川省雅江县、道孚县、丹巴县、金川县等县市，国道G350线、G318线、G317线及省道S217线从双江口至两河口调水线路附近经过，其他施工条件与双江口调水45亿m^3线路方案施工条件基本类似。

5.3.5.2 施工导截流

两河口调水40亿m^3方案输水线路基本由隧洞及交叉建筑物组成，其水源工程为雅砻江干流的两河口水库，是正在建设的枢纽工程，除部分跨沟建筑物外，其他建筑物不需考虑施工期导流措施。

跨河（沟）建筑物的施工导流标准均采用20年一遇洪水标准，导流方式均考虑分期导流方式或筑岛法施工。

5.3.5.3 主体工程施工

两河口调水40亿m^3方案建筑物主要包括输水隧洞和交叉建筑物，输水线路长度618.5km，沿线共由7条明流输水隧洞、4座渡槽和2座桥式倒虹吸组成。

输水线路隧洞总长614.4km，被大渡河、黑水河、毛尔盖河、白水江、白龙江、洮河分为7段，最长自然分段长195.1km，隧洞最大埋深2200m，平均埋深约1500m；隧洞为单洞布置，圆形断面，隧洞设计洞径为7.2～9.45m。

隧洞工程采用以掘进机法为主，钻爆法为辅的联合施工方案。TBM施工洞段共布置掘进机36台，TBM单工作面掘进长度一般控制在20km之内，最大掘进长度为22.9km，钻爆法单工作面掘进长度一般在5km之内。

施工支洞沿线共布置21条。施工支洞坡度一般不大于10%，最大为10.0%。根据目前TBM施工通风能力，最大通风距离考虑一般不大于20km，必要时设置通风竖井辅助通风。施工支洞布置特性见表5.3.5-1。

表 5.3.5-1　　两河口调水 40 亿 m³ 方案施工支洞布置特性表

工作面位置		支洞长度（m）	平均纵坡（%）	工作面编号	主洞控制长度（m）	掘进长度（m）	掘进方向	备注
部位	桩号							
进口	0＋000			D&B1	2049	2049	下行	
ZD1	14＋040	2805	－7.20%	TBM1	11991	14796	上行	
				D&B2	2500	2500	下行	
ZD2	38＋334	6150	－9.54%	TBM2	21794	21794	上行	
				TBM^3	16181	22331	下行	
ZD3	73＋758	3087	－4.13%	TBM4	19244	22331	上行	
				TBM5	15807	18894	下行	
ZD4	106＋981	1477	4.41%	TBM6	17417	18894	上行	
				TBM7	21359	22836	下行	
ZD5	146＋421	4754	－7.18%	TBM8	18082	22836	上行	
				TBM9	14893	19647	下行	
ZD6	177＋441	3519	－6.69%	TBM10	16128	19647	上行	
				D&B3	500	500	下行	
双江口	195＋134			TBM11	17193	17193	上行	
	195＋769			D&B4	3000	3000	下行	
ZD7	215＋989	2100	－9.56%	TBM12	17220	19320	上行	
				D&B5	3500	3500	下行	
ZD8	238＋471	3250	－9.75%	TBM13	18982	22232	上行	
				D&B6	3500	3500	下行	单洞段
ZD9	258＋008	6200	－9.93%	TBM14	16037	22237	上行	
				TBM15	14893	21093	下行	
ZD10	291＋393	2600	－5.75%	TBM16	18493	21093	上行	
黑水河	302＋926			TBM17	11533	11533	上行	
	303＋345			TBM18	13711	13711	下行	
ZD11	330＋290	477	9.05%	TBM19	13234	13711	上行	
毛尔盖河	331＋219			D&B7	929	929	上行	
	331＋331			D&B8	4000	4000	下行	
ZD12	337＋872	1530	1.78%	D&B9	2541	2541	上行	
				TBM20	16697	18227	下行	
ZD13	366＋795	6000	－9.72%	TBM21	12227	18227	上行	
				TBM22	13525	19525	下行	
ZD14	393＋845	6000	－9.88%	TBM23	13525	19525	上行	
				D&B9－1	2500	2500	下行	
ZD15	408＋970	6850	－9.98%	TBM24	12625	19475	上行	
				TBM25	15792	22642	下行	
ZD16	441＋904	5500	－9.76%	TBM26	17142	22642	上行	
				D&B10	1500	1500	下行	

续表

工作面位置		支洞长度(m)	平均纵坡(%)	工作面编号	主洞控制长度(m)	掘进长度(m)	掘进方向	备注
部位	桩号							
白龙江	462+732			TBM27	19328	19328	上行	单洞段
老塔藏	462+995			TBM28	17961	17961	下行	
ZD17	495+647	3269	−5.49%	TBM29	14692	17961	上行	
				TBM30	18309	21578	下行	
ZD18	532+928	2606	3.84%	TBM31	18972	21578	上行	
白龙江	535+936			D&B11	3008	3008	上行	
根古乡	537+424			D&B12	1518	1518	下行	
ZD19	538+942	2396	9.88%	TBM32	17203	19599	下行	
ZD20	571+276	4468	−6.27%	TBM33	15131	19599	上行	
				TBM34	12070	16538	下行	
ZD21	598+281	1603	−8.92%	TBM35	14935	16538	上行	
				D&B13	2000	2000	下行	
出口	618+546			TBM36	18265	18265	上行	
合计		76641			614429	728375		

5.3.5.4 施工总布置

按照工程区位置划分，初步计划分28个工程施工区，各区都具有独立完成施工任务的生产、生活设施。

线路主要经过四川省马尔康市、理县、黑水县、松潘县、九寨沟县，甘肃省甘南藏族自治州的迭部县、卓尼县、岷县等。对外交通道路，现有G350、G318、G317、G213、G212、G75等国道及四川省S209、S302、S301省道，甘肃省S313、S210省道等可以直接利用，县级道路个别路段及桥涵加固处理后可满足大件运输，乡以下到施工区道路应新修。初步规划需要新建、改建对外交通道路281.1km，并需要对部分道路进行局部改建以适应TBM运输的要求。场内交通干线道路基本都是新修的道路，道路标准考虑按矿山Ⅱ级标准，泥结碎石路面，路面宽度根据施工通行的运输车辆吨位确定。

施工供水主要考虑从附近河流或沟道内进行引接。工程施工供电与永久供电相结合，初步考虑以工程区附近500kV变电站作为本工程施工供电的电源点，经220kV线路引入场内，沿输水线路设220kV、110kV、35kV、10kV变电站，通过35kV、10kV供电线路向各个施工用电区供电。

5.3.5.5 施工总进度

根据气象资料分析并结合高寒地区其他工程施工经验，露天工程施工时间按每年8个月考虑，即从每年的3月中旬至11月中旬；洞内施工受气候条件影响较小，按全年施工考虑。

工程计划筹建期为3年。主要完成对外交通公路，场内交通干线公路，35kV以上的变电站及对外供电线路网络的架设、大型施工供水设施、施工通信及部分施工管理房屋等。

本工程控制工期的主要建筑物是输水隧洞的施工。输水隧洞总长 614.4km，TBM 单工作面掘进距离大于 20km 的洞段为关键路线工程项目，其中长 22.84km 的 TBM 7、TBM8 工作面为控制工作面。掘进机平均开挖进尺按 320～400m/月考虑，钻爆法施工月进尺为80～110m/月，再考虑掘进机和钻爆法施工的交叉关系以及准备工程时间，隧洞工程施工总工期初估按 10 年考虑。

工程主要外来建筑材料有水泥、钢材、木材、油料和火工材料等，在工程所在的四川省、甘肃省均有供应，可满足工程建材需要。

综上，下线方案（双江口 40 亿 m^3＋两河口 40 亿 m^3）共需布置 TBM 隧洞掘进机 61 台，施工控制性总工期为 120 个月。

5.3.6 水库淹没

（1）双江口调水 40 亿 m^3 方案

双江口调水 40 亿 m^3 方案建设征地影响、移民投资估算、民族宗教影响与 5.1.6 节内容一致。

（2）两河口调水 40 亿 m^3 方案

两河口调水枢纽为在建的梯级电站，水库淹没及移民问题已解决，两河口水电站建设征地影响情况如下：

1）建设征地影响实物

两河口水电站建设征地范围内共涉及甘孜州、雅江、道孚、理塘、新龙 4 县的 20 个乡、82 个村，共征占用土地 187027.67 亩，其中水库淹没及影响区 171218.46 亩，枢纽工程建设区 15809.21 亩（永久占地 10160.83 亩、临时占地 5648.38 亩）。共占用耕园地 5672.60 亩、林地 135084.18 亩、天然草地 732.49 亩、其他草地 19718.92 亩等。

两河口水电站涉及总人口 0.6287 万，其中农业人口 0.5819 万（含僧侣 214 人）、非农业人口 468，直接淹没集镇 6 座（雅江县瓦多集镇、普巴绒集镇、道孚县下拖集镇、亚卓集镇、红顶集镇、仲基集镇）。

主要专项设施包括 4 座寺院（卡托寺、红顶寺、桑珠寺、格扎寺），嘛呢堆 744 处，佛塔 786 处，水葬点 49 处，火葬台 16 处，天葬台 2 处；6 座小水电站共 965kW；移动基站 11 座，通信线路 269.83km，10kV 输电线路 160.32km，0.4kV 输电线路 91.29km，变压器 45 个共 1190kVA；三级公路 1.28km，四级公路 190.19km，机耕道 92.99km，驿道 332.73km；国家高等级永久性测量标志点 21 座等。

2）民族宗教影响

两河口水电站建设征地与移民安置涉及 4 座寺庙及白塔、转经房等宗教设施搬迁或补偿问题，因此，需要重点做好施工人员宣传教育，尊重当地居民宗教信仰，避免发生社会矛盾与冲突；移民搬迁过程中，充分考虑移民宗教信仰，尊重移民意愿，慎重进行搬迁安置规划和宗教寺庙选址等。此外，对于 4 座寺庙搬迁，移民安置规划中采用基础设施统一规划、建构筑物一次性补偿的方案，配套完成外部供水供电、对外交通及通信设施等外部工程；内部市政工程仅开展场坪工作，其余设施均一次性补偿后由寺庙自行建设。

5.3.7　调水线路环境影响

（1）对生态保护红线影响分析

方案 3 穿越生态保护红线的类型有 3 种，穿越距离有 190.2km，其中穿越四川省大雪山生物多样性维护—水土保持生态保护红线距离 49.9km，穿越形式为隧洞；穿越四川省大渡河源水源涵养生态保护红线距离 41.6km，穿越形式为隧洞；穿越四川省岷山生物多样性维护—水源涵养生态保护红线距离 98.7km，穿越形式为隧洞。具体详见图 5.3.7-1 和表 5.3.7-1。

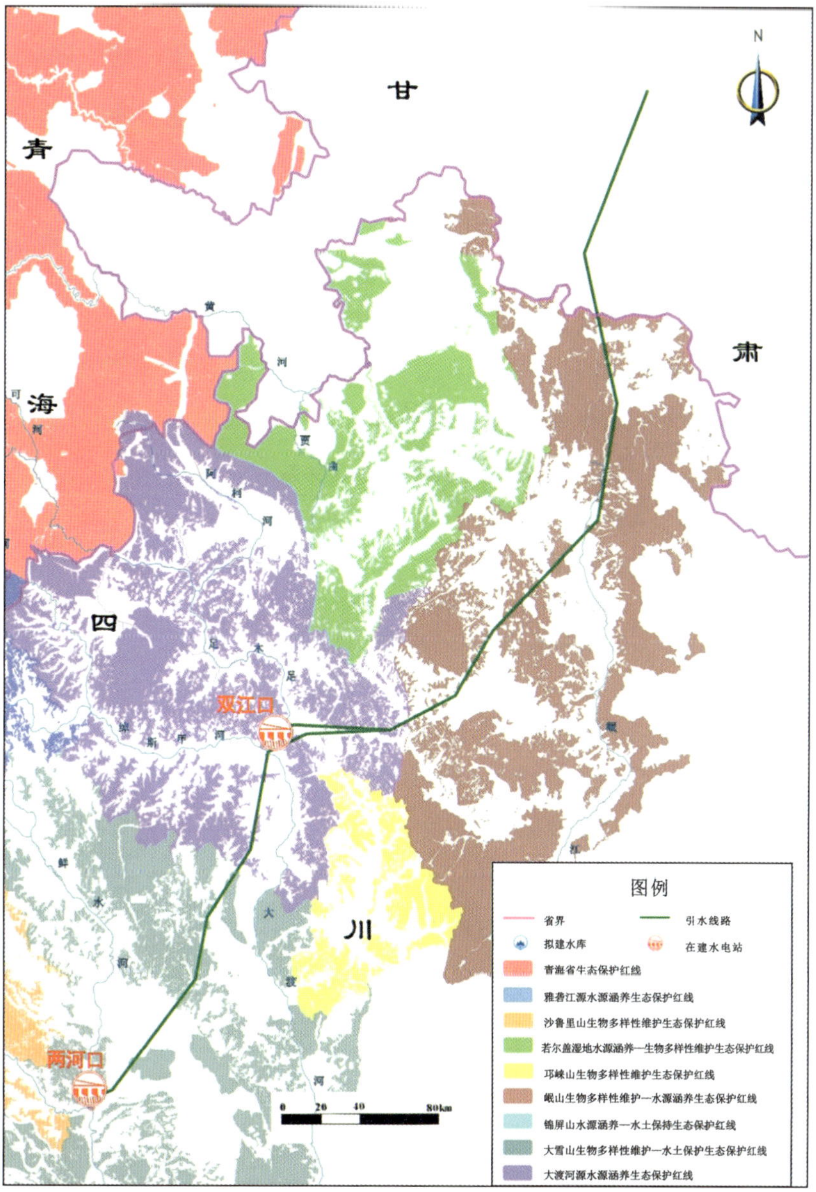

图 5.3.7-1　方案 3 与四川省和青海省生态保护红线关系示意图

表 5.3.7-1　　方案 3 与四川省和青海省生态保护红线关系

方案	红线名称	主要生态功能	保护重点	穿越长度（km）	穿越方式
方案 3	大渡河源水源涵养生态保护红线	水源涵养	天然草地和沼泽湿地	41.6	隧洞
	岷山生物多样性维护—水源涵养生态保护红线	生物多样性维护、水源涵养	自然生态系统和大熊猫、川金丝猴等重要物种及其栖息地	98.7	隧洞
	大雪山生物多样性维护—水土保持生态保护红线	生物多样性维护、水土保持	保护湿地和珍稀野生动植物及其生境	49.9	隧洞
	合计			190.2	

（2）对自然保护区的影响

方案 3 共穿越自然保护区 6 个，其中国家自然保护区 1 个，为多儿国家级自然保护区；省级自然保护区 5 个，分别为黄龙省级自然保护区、贡杠岭省级自然保护区、亿比措湿地省级自然保护区、白龙江阿夏省级自然保护区、岷县双燕省级自然保护区。6 个自然保护区中有 4 个穿越了核心区或缓冲区。方案 3 穿越自然保护区长度为 82.4km，其中核心区 20.2km，缓冲区 20.9km，实验区 41.3km。具体详见表 5.3.7-2 和图 5.3.7-2。

表 5.3.7-2　　方案 3 与自然保护区关系

方案	自然保护区	主要保护对象	穿越方式	穿越功能区长度（km）	
方案 3	多儿国家级自然保护区	大熊猫、扭角羚、梅花鹿等珍稀濒危野生动物及其栖息地	隧洞穿越	核心区	0
				缓冲区	4.9
				实验区	0
	黄龙省级自然保护区	大熊猫及森林生态系统	隧洞穿越	核心区	0
				缓冲区	0
				实验区	3.1
	贡杠岭省级自然保护区	大熊猫及其栖息地	隧洞穿越	核心区	0
				缓冲区	0
				实验区	30.4
	亿比措湿地省级自然保护区	高寒湿地生态系统	隧洞穿越	核心区	0
				缓冲区	3.4
				实验区	2.4
	白龙江阿夏省级自然保护区	大熊猫及其生境	隧洞穿越	核心区	14.8
				缓冲区	2.5
				实验区	5.4
	岷县双燕省级自然保护区	森林生态系统	隧洞穿越	核心区	5.4
				缓冲区	10.1
				实验区	0

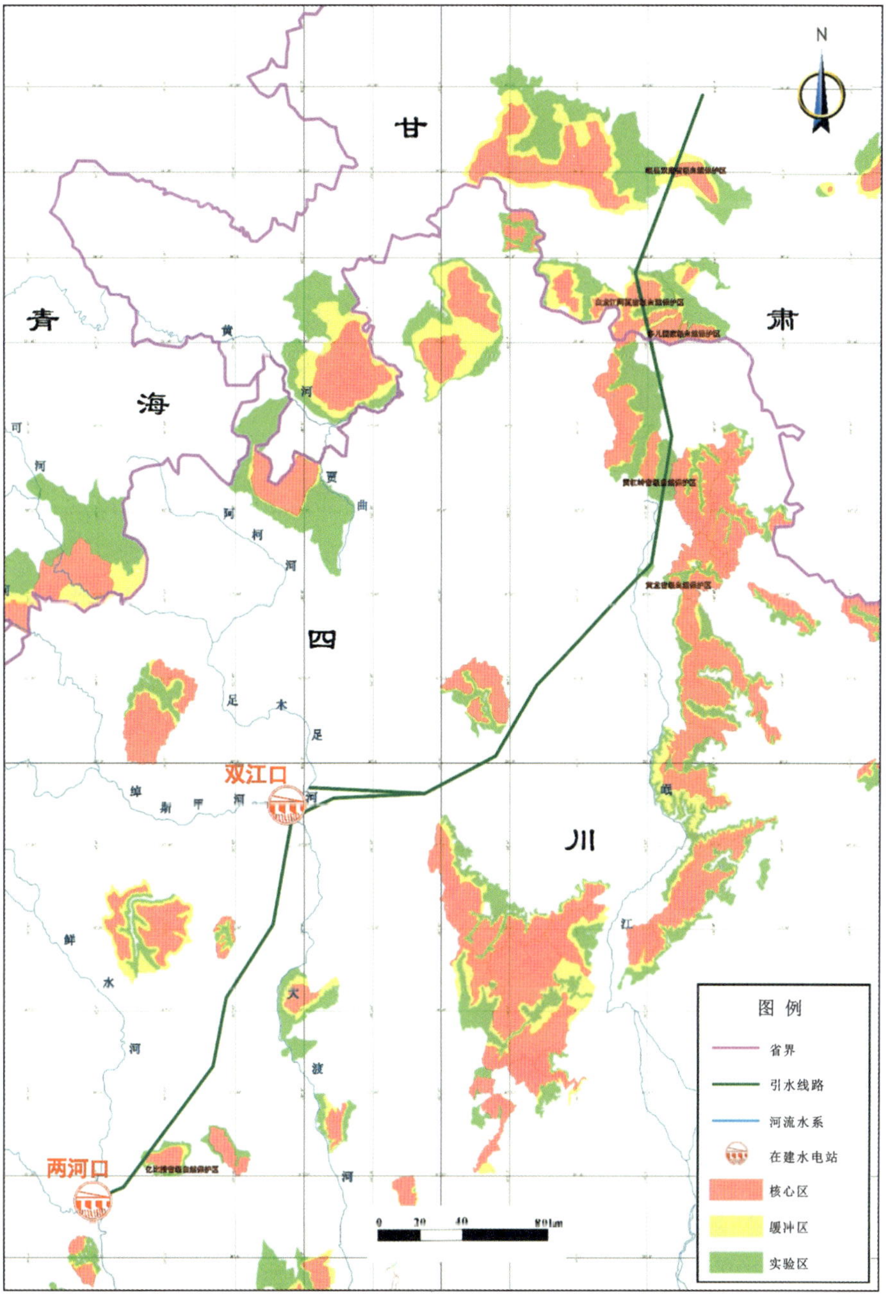

图 5.3.7-2　方案 3 与相关自然保护区关系示意图

(3)陆生生态影响

双江口 40 亿 m^3 + 两河口 40 亿 m^3 方案水源水库为大渡河双江口、雅砻江两河口，均为在建工程。西线工程仅利用其调水，不再考虑新增淹没占地影响。该方案陆生生态影响以输水线路穿越影响为主。

1)输水线路

两河口调水方案工程沿线涉及林地 758.74km²,占总面积的 59.34%,以常绿针叶林为主;草地 437.09km²,占总面积的 34.18%,以高寒草原为主;农田 39.22km²,占总面积的 3.07%,以旱地为主;湿地 3.45km²,占总面积的 0.27%,以河流湿地为主;城镇交通及建设用地 1.56km²;裸土裸岩、冰川等其他用地 38.6km²,其中以裸土地居多,为 19.17km²。

该线路工程形式主要为隧洞及跨沟建筑物,双江口、两河口联合调水输水线路穿越地区可能扰动的森林、草地、湿地占区域总面积的比例均较小,调水方案的实施不会对区域具有涵养水源、保持生物多样性生态功能的森林、草地和湿地造成明显不利的影响,不会对区域生态功能的发挥造成明显不利的影响。

该线路方案的输水线路均采用以地下深埋长隧洞为主的方式,线路整体基本不出露于地表,对陆生动物无明显影响,但地下隧洞可能造成局部地下水补给关系改变,对地表植被可能有一定影响,继而影响对地表植被资源依赖性较大的陆生动物栖息地,应在下一阶段开展深入研究。工程所在区域生物多样性丰富,分布有多种国家重点保护动植物。

该方案可能对大熊猫、岷江柏木等为代表的保护动植物造成一定影响。根据初步识别,下线调水线路不涉及大熊猫国家公园与大熊猫世界自然遗产地,仅穿越大熊猫现存的部分其他栖息地,工程的穿越形式以地下深埋隧洞为主,工程运行期对其影响主要为施工支洞人类检修等活动影响,初步分析在严格线路布置后可将对大熊猫栖息地的影响降至可接受水平。下线输水线路经过岷江柏木集中生长区域,在采取移栽和异地补栽等措施后,可以减轻工程建设对岷江柏木的不利影响。

2)水源水库

该线路调水方案的水源水库为大渡河双江口、雅砻江两河口水库,均为在建工程。西线工程仅利用其调水,不新增淹没占地影响,不会对区域整个植被生态系统的完整性造成威胁。

总体来看,该方案充分利用在建水利枢纽不再新建坝址,其影响集中在引调水对下游河谷影响及线路区域。两河口、双江口以下均有干旱河谷分布,引调水可能进一步增加干温和干旱河谷的分布,进一步加剧河段内干旱化,对现有稀疏植被生态系统造成不利影响。同时,下线方案马尔康以下线路穿越岷江流域、白龙江和洮河流域自然保护区集中分布带,可能会对保护区内森林水源涵养功能造成影响。

5.3.8 投资匡算

建筑安装工程按设计工程量乘工程单价计算,限于设计深度无法提供设计工程量的,采用扩大单位指标进行编制。设备运杂费按设备费的 9.21%计算。独立费用根据水总〔2014〕429 号文规定以及有关文件的规定计算或估列。基本预备费费率取 17%。暂不计建设期融资利息。建设征地移民补偿投资、环境保护投资、水土保持投资按相应专业匡算投资计列。

双江口水电站为正在建设工程，初步设计工程总投资 369 亿元，两河口水电站目前已开工建设，初步设计工程总投资 664.57 亿元，其两项投资暂不计入调水工程投资中。

经匡算，双江口 40 亿 m^3＋两河口 40 亿 m^3 总调水 80 亿 m^3 的方案，工程静态总投资 3049.60 亿元（不含双江口、两河口水电站投资），其中工程部分投资 2914.99 亿元，移民和环境部分投资 134.61 亿元。单方水工程投资 38.11 元。

其中，双江口 40 亿 m^3 线路工程静态总投资 1343.1 亿元（不含双江口水电站投资），其中工程部分投资 1284.09 亿元，移民和环境部分投资 59.01 亿元。单方水工程投资33.58 元。工程匡算汇总见表 5.3.8-1。

表 5.3.8-1　　双江口水库调水 40 亿 m^3 方案工程匡算总表

序号	工程或费用名称	建安工程费（万元）	设备购置费（万元）	独立费用（万元）	合计（万元）
Ⅰ	工程部分投资				12840896.02
	第一部分　建筑工程	7581484.29			7581484.30
①	输水隧洞工程	6184150.00			6184150.00
②	交通工程	470250.00			470250.00
③	房屋建筑工程	85925.82			85925.82
④	外部供电线路工程	447228.55			447228.55
⑤	其他建筑工程	393929.93			393929.93
	第二部分　机电设备安装工程				114042.81
	第三部分　金属结构设备及安装工程				38541.28
	第四部分　施工临时工程				1867504.61
	第五部分　独立费用				1373551.80
	一至五部分投资合计				10975124.80
	基本预备费				1865771.22
	静态投资				12840896.02
	总投资				12840896.02
Ⅱ	建设征地移民补偿投资				50000.00
Ⅲ	环境保护工程投资				299423.28
Ⅳ	水土保持工程投资				240686.96
Ⅴ	工程投资总计（Ⅰ～Ⅳ合计）				13431006.26
	静态总投资				13431006.26
	建设期融资利息				
	总投资				13431006.26

两河口调水 40 亿 m^3 线路工程静态总投资 1706.50 亿元（不含两河口水电站投资），其中工程部分投资 1630.90 亿元，移民和环境部分投资 75.60 亿元。单方水工程投资42.66 元。工程匡算汇总见表 5.3.8-2。

表 5.3.8-2　　两河口水库调水 40 亿 m³ 方案工程匡算总表

序号	工程或费用名称	建安工程费	设备购置费	独立费用	合计
Ⅰ	工程部分投资				16308987.56
	第一部分　建筑工程	9833418.68			9833418.68
①	输水隧洞工程	7976455.00			7976455.00
②	交通工程	658350.00			658350.00
③	房屋建筑工程	110829.04			110829.04
④	外部供电线路工程	576845.39			576845.39
⑤	其他建筑工程	510939.25			510939.25
	第二部分　机电设备安装工程				147917.04
	第三部分　金属结构设备及安装工程				49989.22
	第四部分　施工临时工程				2163457.61
	第五部分　独立费用				1744523.06
	一至五部分投资合计				13939305.61
	基本预备费				2369681.95
	静态投资				16308987.56
	总投资				16308987.56
Ⅱ	建设征地移民补偿投资				70000.00
Ⅲ	环境保护工程投资				380292.04
Ⅳ	水土保持工程投资				305692.12
Ⅴ	工程投资总计(Ⅰ～Ⅳ合计)				17064971.72
	静态总投资				17064971.72
	建设期融资利息				
	总投资				17064971.72

5.4　双江口与两河口调水方案

选择双江口调水 50 亿 m³ 与两河口调水 30 亿 m³(下线方案)作为方案 4 进行调度线路方案研究。

5.4.1　工程总体布局

下线方案总体布局由两条相对独立的线路组成，即双江口水库调水 50 亿 m³ 线路和两河口水库调水 30 亿 m³ 线路。

以上双江口水库调水 50 亿 m³线路与双江口调水 45 亿 m³ 水、40 亿 m³ 线路仅调水量不同，总体布置相同。两河口水库调水 30 亿 m³线路与两河口水库调水 40 亿 m³线路同样仅为调水量的区别。工程布局见图 5.4.1-1。

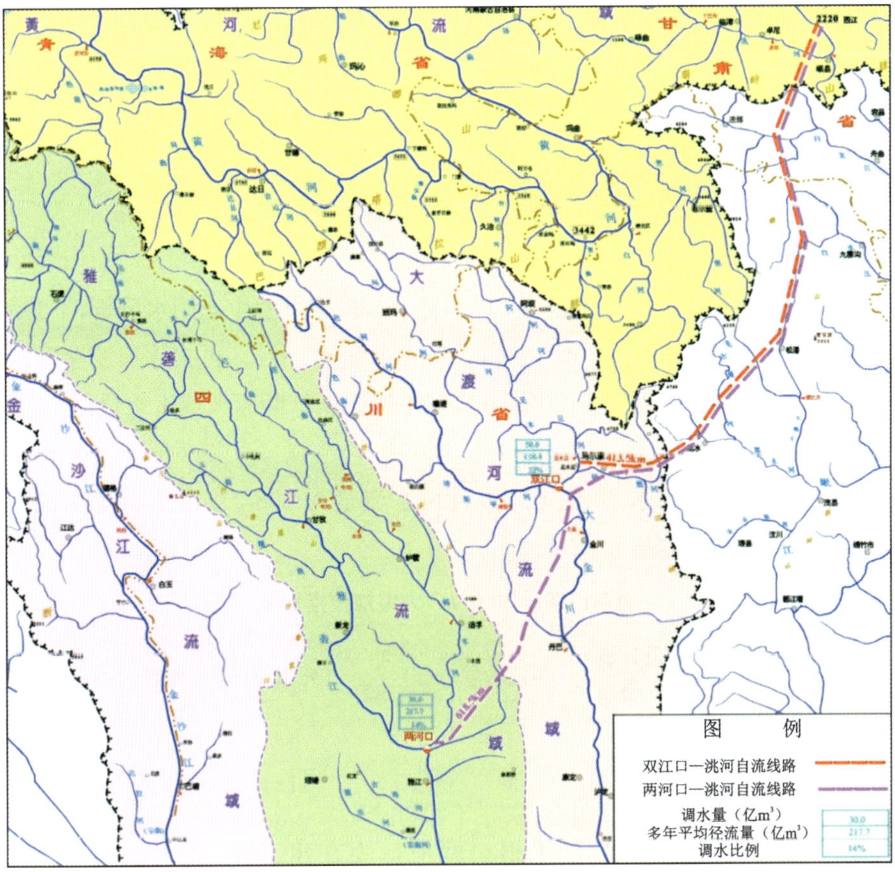

图 5.4.1-1 双江口 50 亿 m³＋两河口 30 亿 m³ 方案布局示意图

5.4.2 工程规模

(1)双江口水库

双江口水库坝址多年平均径流量为 158.4 亿 m³，根据下游生态用水分析，下游河道生态基流要求年均下泄生态基流 84 亿 m³，约占天然来水量的 53%。再扣除蒸发渗漏、上游用水等，双江口断面理论可调水量约为 70 亿 m³，如果按照坝址断面天然来水量的 40%控制，可调水量约为 63 亿 m³。

双江口水电站多年平均调水 50 亿 m³，设计调水流量为 197.18m³/s，调水保证率为 82%，调水比例为 32%，见表 5.4.2-1。

表 5.4.2-1　　双江口调水 50 亿 m^3 方案规模指标表

坝址	天然水量（亿 m^3）	设计水量（亿 m^3）	设计调水流量（m^3/s）	年调水量（亿 m^3）	所需调节库容（亿 m^3）	死水位（m）	死库容（m）	保证率（%）	调水比例（%）
双江口	158.4	57	197.18	50	19.19	2420	8.15	82	32

双江口调水 50 亿 m^3 方案，调水枢纽双江口为在建工程，最大坝高 314m，总库容 29.42 亿 m^3，调节库容 19.17 亿 m^3；线路长度为 413.5km，其中隧洞段长 410.3km，最长隧洞段长 131.3km，单洞输水，设计流量为 197.18m^3/s，隧洞洞径为 9.9～10.6m。

（2）两河口水库

两河口水库坝址多年平均径流量为 217.7 亿 m^3，根据下游生态用水分析，下游河道生态基流要求年均下泄生态基流 85 亿 m^3，约占天然来水量的 39%。再扣除蒸发渗漏、上游用水等，两河口断面理论可调水量约为 130 亿 m^3，如果按照坝址断面天然来水量的 40%控制，可调水量约为 87 亿 m^3。

两河口水库多年平均调水 30 亿 m^3，设计调水流量为 108.21m^3/s，调水保证率达 90%以上，调水比例为 14%。见表 5.4.2-2。

表 5.4.2-2　　两河口调水 30 亿 m^3 方案规模指标表

坝址	天然水量（亿 m^3）	设计水量（亿 m^3）	设计调水流量（m^3/s）	年调水量（亿 m^3）	所需调节库容（亿 m^3）	死水位（m）	死库容（m）	保证率（%）	调水比例（%）
两河口	217.7	31.28	108.21	30	3.47	2785	35.94	90	14

两河口调水 30 亿 m^3 方案，调水枢纽两河口为在建工程，最大坝高 295m，总库容 107.67 亿 m^3，调节库容 65.6 亿 m^3；线路长度为 618.5km，其中隧洞段长 614.4km，最长隧洞段长 195.1km；采用单洞输水，设计流量为 108.21m^3/s，隧洞洞径为 6.45～8.5m。

此外，工程地质条件可参见 5.3.3 节。

5.4.3 工程布置

5.4.3.1 水源工程

双江口调水 50 亿 m^3＋两河口调水 30 亿 m^3方案，同样涉及 2 座水库，分别为大渡河干流的双江口水库、雅砻江干流的两河口水库。

双江口水库正常蓄水位 2500m，死水位 2420m；两河口水库正常蓄水位 2865m，死水位 2785m。水库其他情况详见 5.2.4.1 节和 5.3.4.1 节的内容。

5.4.3.2 隧洞进、出口选择

隧洞进、出口选择及布置可参见 5.3.4.2 节的内容。引水口设在大坝上游，采用库内直

接引水，采用明流洞输水方式。明流洞引水口处于水库死水位以下，通过电站或设消力池消除水头后引水到输水隧洞。考虑不发电也能正常引水，消力池和引水发电系统平行，集中布置。隧洞出口选择在洮河中寨镇附近，该处洮河河道高程约为 2220m。

5.4.4.3　输水线路

本工程等别为Ⅰ等，输水隧洞级别为 1 级，洪水标准为 100 年一遇设计、300 年一遇校核。该方案由两条相独立的线路组成，即双江口调水 50 亿 m^3 入洮河线路和两河口水库自流调水 30 亿 m^3 入洮河线路。

(1)双江口调水 50 亿 m^3 入洮河线路

双江口调水 50 亿 m^3 入洮河线路与方案 2 中双江口水库调水 45 亿 m^3 入洮河线路仅调水量不同，总体布置基本相同。

双江口水库调水 50 亿 m^3 入洮河线路，输水线路总长 413.5km。采用单洞输水，输水隧洞总长 410.3km，设计调水流量为 197.18m^3/s，设计洞径为 9.9～10.6m，隧洞纵坡为 1/2100～1/3000。隧洞沿线最大埋深 2200m，平均埋深约 1100m，隧洞最长自然分段长 131.3km。沿线修建有黑水河渡槽、毛尔盖渡槽、白水江老塔藏渡槽和白龙江旺藏桥式倒虹吸等 4 座交叉建筑物，总长 3.2km。

(2)两河口调水 30 亿 m^3 入洮河线路

两河口调水 30 亿 m^3 入洮河线路与方案 3 中两河口水库调水 40 亿 m^3 入洮河线路，仅调水量不同，总体布置基本相同。

两河口水库调水 30 亿 m^3 入洮河线路，输水线路总长 618.5km。采用单洞输水，输水隧洞总长 614.4km，设计调水流量为 108.21m^3/s，设计洞径为 6.45～8.5m，隧洞纵坡为1/700～1/3000。隧洞沿线最大埋深 2200m，平均埋深约 1500m，隧洞最长自然分段长 195.1km。沿线修建有双江口桥式倒虹吸、黑水河谷汝渡槽、毛尔盖支沟渡槽、毛尔盖知尔渡槽、白水江老塔藏渡槽和白龙江旺藏桥式倒虹吸等 6 座交叉建筑物，总长 4.1km。

5.4.4　工程施工

下线方案双江口调水 50 亿 m^3＋两河口调水 30 亿 m^3线路工程施工与下线方案(方案 3)中双江口调水 40 亿 m^3＋两河口调水 40 亿 m^3工程施工基本相同，工程共需布置 TBM 隧洞掘进机 61 台，施工控制性总工期 120 个月。

5.4.5　水库淹没

(1)双江口调水 50 亿 m^3 方案

双江口调水 50 亿 m^3 方案建设征地影响、移民投资估算、民族宗教影响与 5.2.6 节的内容一致。

(2)两河口调水 30 亿 m^3 方案

两河口调水 30 亿 m^3 方案建设征地影响、移民投资估算、民族宗教影响与 5.3.6 节的内容一致。

5.4.6 调水线路环境影响

(1)对生态保护红线影响分析

方案 4 共穿越生态保护红线的类型有 3 种，穿越距离为 190.2km，其中穿越四川省大雪山生物多样性维护—水土保持生态保护红线距离 49.9km，穿越形式为隧洞；穿越四川省大渡河源水源涵养生态保护红线距离 41.6km，穿越形式为隧洞；穿越四川省岷山生物多样性维护—水源涵养生态保护红线距离 98.7km，穿越形式为隧洞。详见表 5.4.6-1 和图 5.4.6-1。

(2)对自然保护区影响关系

方案 4 共穿越自然保护区 6 个，其中国家自然保护区 1 个，为多儿国家级自然保护区；省级自然保护区 5 个，分别为黄龙省级自然保护区、贡杠岭省级自然保护区、亿比措湿地省级自然保护区、白龙江阿夏省级自然保护区、岷县双燕省级自然保护区。6 个自然保护区中有 4 个穿越了核心区或缓冲区。方案 4 共穿越自然保护区长度为 82.4km，其中核心区 20.2km，缓冲区 20.9km，实验区 41.3km。详见表 5.4.6-2 和图 5.4.6-2。

(3)陆生生态影响

双江口 50 亿 m^3＋两河口 30 亿 m^3 方案水源水库为大渡河双江口水库和雅砻江两河口水库，两水库均为在建工程。西线工程仅利用其调水，不再考虑新增淹没占地影响。该方案陆生生态影响以输水线路穿越影响为主。

表 5.4.6-1　　方案 4 与四川省和青海省生态保护红线关系

方案	红线名称	主要生态功能	保护重点	穿越长度(km)	穿越方式
方案 4	大渡河源水源涵养生态保护红线	水源涵养	天然草地和沼泽湿地	41.6	隧洞
	岷山生物多样性维护—水源涵养生态保护红线	生物多样性维护、水源涵养	自然生态系统和大熊猫、川金丝猴等重要物种及其栖息地	98.7	隧洞
	大雪山生物多样性维护—水土保持生态保护红线	生物多样性维护、水土保持	保护湿地和珍稀野生动植物及其生境	49.9	隧洞
	合计			190.2	

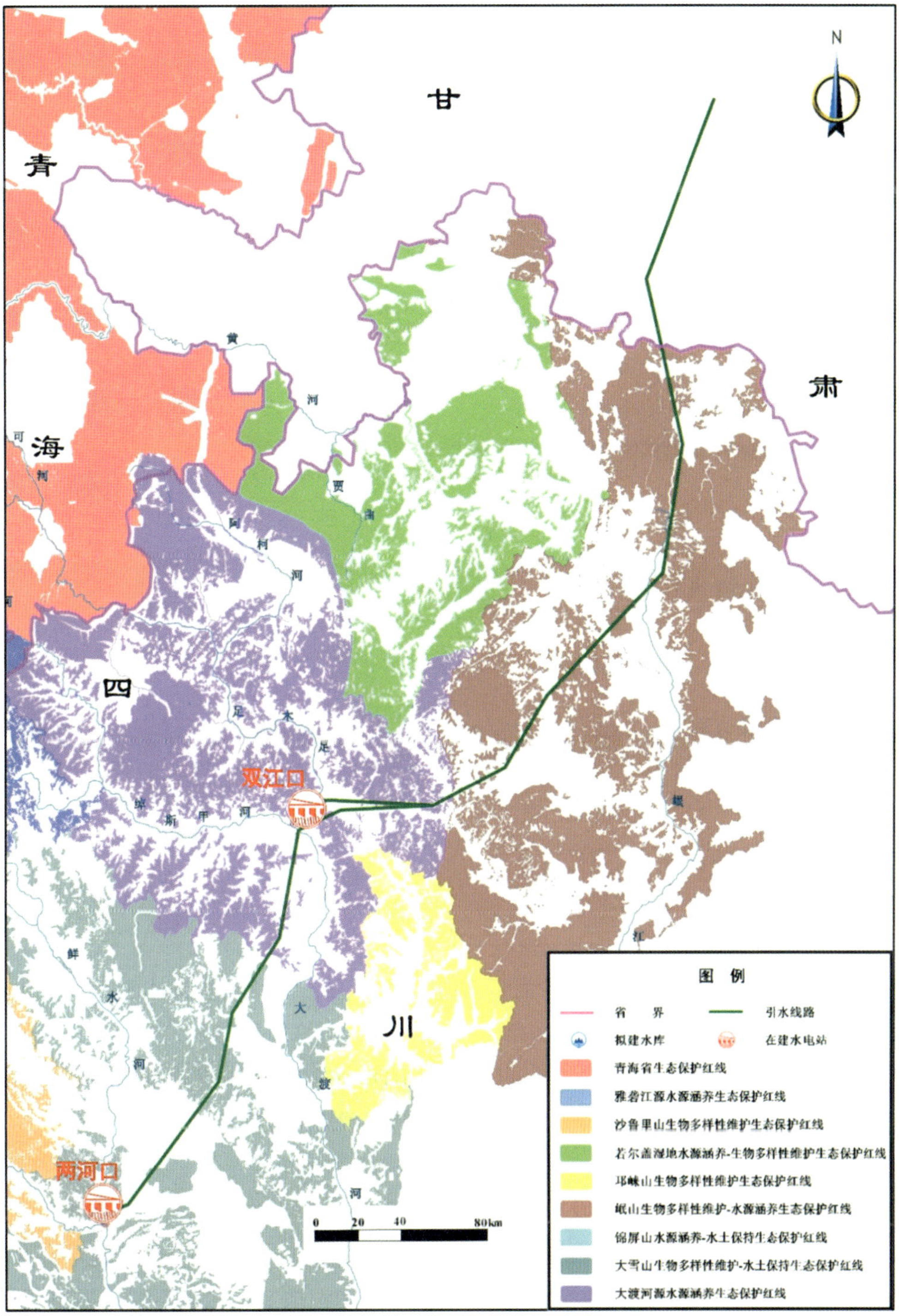

图 5.4.6-1 方案 4 与四川省和青海省生态保护红线关系示意图

表 5.4.6-2　　方案 4 与自然保护区关系

方案	自然保护区	主要保护对象	穿越方式	穿越功能区长度(km)	
方案 4	多儿国家级自然保护区	大熊猫、扭角羚、梅花鹿等珍稀濒危野生动物及其栖息地	隧洞穿越	核心区	0
				缓冲区	4.9
				实验区	0
	黄龙省级自然保护区	大熊猫及森林生态系统	隧洞穿越	核心区	0
				缓冲区	0
				实验区	3.1
	贡杠岭省级自然保护区	大熊猫及其栖息地	隧洞穿越	核心区	0
				缓冲区	0
				实验区	30.4
	亿比措湿地省级自然保护区	高寒湿地生态系统	隧洞穿越	核心区	0
				缓冲区	3.4
				实验区	2.4
	白龙江阿夏省级自然保护区	大熊猫及其生境	隧洞穿越	核心区	14.8
				缓冲区	2.5
				实验区	5.4
	岷县双燕省级自然保护区	森林生态系统	隧洞穿越	核心区	5.4
				缓冲区	10.1
				实验区	0

1)输水线路双江口 50 亿 m^3＋两河口 30 亿 m^3 方案工程沿线涉及林地 758.74km^2，占总面积的 59.34%，以常绿针叶林为主；草地 437.09km^2，占总面积的 34.18%，以高寒草原为主；农田 39.22km^2，占总面积的 3.07%，以旱地为主；湿地 3.45km^2，占总面积的0.27%，以河流湿地为主；城镇交通及建设用地 1.56km^2；裸土裸岩、冰川等其他用地38.6km^2，其中以裸土地居多，为 19.17km^2。

该线路工程形式主要为隧洞及跨沟建筑物，双江口、两河口水库联合调水输水线路穿越地区可能扰动的森林、草地、湿地占区域总面积的比例均较小，调水方案的实施不会对区域具有涵养水源、保持生物多样性生态功能的森林、草地和湿地造成明显不利的影响，不会对区域生态功能的发挥造成明显不利的影响。

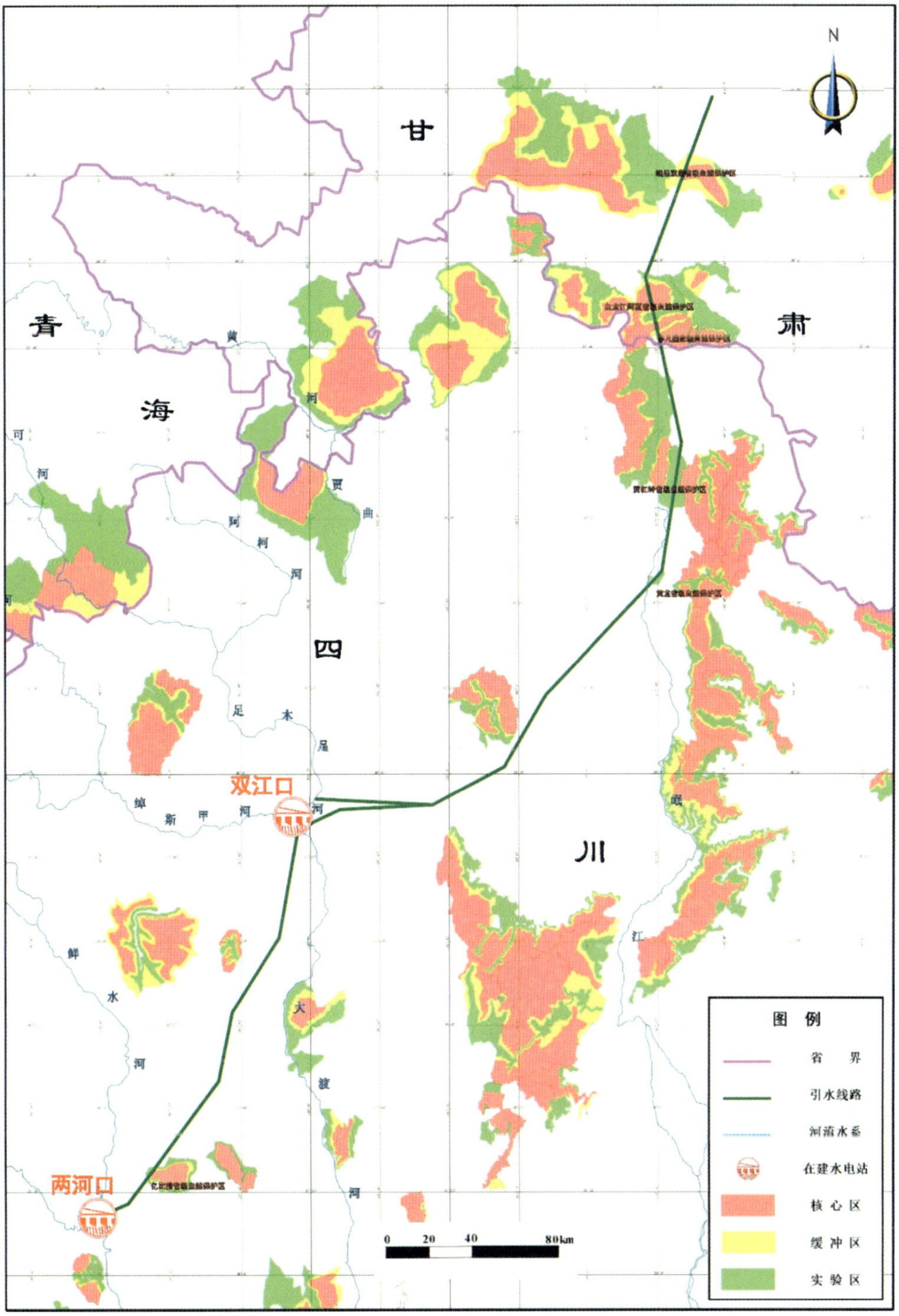

图 5.4.6-2　方案 4 与相关自然保护区关系示意图

该线路方案的输水线路均采用以地下深埋长隧洞为主的方式，线路整体基本不出露于地表，对陆生动物无明显影响，但地下隧洞可能造成局部地下水补给关系改变，对地表植被可能有一定影响，继而影响对地表植被资源依赖性较大的陆生动物栖息地，应在下一阶段开展深入研究。工程所在区域生物多样性丰富，分布有多种国家重点保护动植物。

该方案可能对大熊猫、岷江柏木等为代表的保护动植物造成一定影响。根据初步识别，下线调水线路不涉及大熊猫国家公园与大熊猫世界自然遗产地，仅穿越大熊猫现存的部分其他栖息地，工程的穿越形式以地下深埋隧洞为主，工程运行期对其影响主要为施工支洞人类检修等活动影响。初步分析，在严格线路布置后可将对大熊猫栖息地的影响降至可接受水平。下线输水线路经过岷江柏木集中生长区域，在采取移栽和异地补栽等措施后，可以减轻工程建设对岷江柏木的不利影响。

2)水源水库

该线路调水方案的水源水库为大渡河双江口水库和雅砻江两河口水库，它们均为在建工程。西线工程仅利用其调水，不新增淹没占地影响，不会对区域整个植被生态系统的完整性造成威胁。

总体来看，该方案充分利用在建水利枢纽，没有再新建坝址，其影响集中在引调水对下游河谷影响及线路区域。两河口、双江口以下均有干旱河谷分布，引调水可能进一步增加干温和干旱河谷的分布，进一步加剧河段内干旱化，对现有稀疏植被生态系统造成不利影响。同时，下线方案马尔康以下线路穿越岷江流域、白龙江和洮河流域自然保护区集中分布带，可能会对保护区内森林水源涵养功能造成某些影响。

5.4.7 投资匡算

建筑安装工程按设计工程量乘工程单价计算。限于设计深度无法提供设计工程量的，采用扩大单位指标进行编制。设备运杂费按设备费的 9.21%计算。独立费用根据水总〔2014〕429 号文规定以及有关文件的规定计算或估列。基本预备费费率取 17%。暂不计建设期融资利息。建设征地移民补偿投资、环境保护投资、水土保持投资按相应专业匡算投资计列。双江口水电站为正在建设工程，初步设计工程总投资 369 亿元，两河口水电站目前已开工建设，初步设计工程总投资 664.57 亿元，其两项投资暂不计入调水工程投资中。

经匡算，双江口 50 亿 m^3＋两河口 30 亿 m^3 总调水 80 亿 m^3 的方案，工程静态总投资 3035.01 亿元(不含双江口、两河口水电站投资)，其中工程部分投资 2900.99 亿元，移民和环境部分投资 134.02 亿元。单方水工程投资 37.94 元。

其中，双江口 50 亿 m^3 线路工程静态总投资 1526.95 亿元(不含双江口水电站投资)，其中工程部分投资 1460.52 亿元，移民和环境部分投资 66.43 亿元。单方水工程投资30.54 元。工程匡算汇总见表 5.4.7-1。

两河口调水 30 亿 m^3 线路工程静态总投资 1508.06 亿元(不含两河口水电站投资)，其中工程部分投资 1440.47 亿元，移民和环境部分投资 67.59 亿元。单方水工程投资50.27 元。

工程匡算汇总见表5.4.7-2。

表5.4.7-1　　双江口水库调水50亿 m³方案工程匡算总表

序号	工程或费用名称	建安工程费（万元）	设备购置费（万元）	独立费用（万元）	合计（万元）
Ⅰ	工程部分投资				14605195.81
	第一部分　建筑工程	8623157.02			8623157.02
①	输水隧洞工程	7093316.00			7093316.00
②	交通工程	470250.00			470250.00
③	房屋建筑工程	98558.25			98558.25
④	外部供电线路工程	512978.08			512978.08
⑤	其他建筑工程	448054.69			448054.69
	第二部分　机电设备安装工程				129711.95
	第三部分　金属结构设备及安装工程				43836.73
	第四部分　施工临时工程				2124094.03
	第五部分　独立费用				1562273.61
	一至五部分投资合计				12483073.34
	基本预备费				2122122.47
	静态投资				14605195.81
	总投资				14605195.81
Ⅱ	建设征地移民补偿投资				50000.00
Ⅲ	环境保护工程投资				340563.12
Ⅳ	水土保持工程投资				273756.62
Ⅴ	工程投资总计（Ⅰ～Ⅳ合计）				15269515.55
	静态总投资				15269515.55
	建设期融资利息				
	总投资				15269515.55

表 5.4.7-2　两河口水库调水 30 亿 m^3 方案工程匡算总表

序号	工程或费用名称	建安工程费（万元）	设备购置费（万元）	独立费用（万元）	合计（万元）
Ⅰ	工程部分投资				14404700.25
	第一部分　建筑工程	8685238.60			8685238.60
①	输水隧洞工程	6974330.00			6974330.00
②	交通工程	658350.00			658350.00
③	房屋建筑工程	96904.99			96904.99
④	外部供电线路工程	504373.19			504373.19
⑤	其他建筑工程	451280.42			451280.42
	第二部分　机电设备安装工程				130645.80
	第三部分　金属结构设备及安装工程				44152.33
	第四部分　施工临时工程				1910845.68
	第五部分　独立费用				1540827.21
	一至五部分投资合计				12311709.62
	基本预备费				2092990.63
	静态投资				14404700.25
	总投资				14404700.25
Ⅱ	建设征地移民补偿投资				70000.00
Ⅲ	环境保护工程投资				335887.97
Ⅳ	水土保持工程投资				269998.57
Ⅴ	工程投资总计（Ⅰ～Ⅳ合计）				15080586.79
	静态总投资				15080586.79
	建设期融资利息				
	总投资				15080586.79

第6章 近期开发方案比选

6.1 调水量及调水比例比对

方案1:上线方案(雅—大35亿m^3+岗托抽水45亿m^3),调水河流及引水坝址分别为雅砻江干流热巴、雅砻江支流达曲阿安、雅砻江支流泥曲仁达、大渡河支流阿柯河克柯和金沙江干流岗托,调水断面多年平均径流总量为253.2亿m^3,年调水量为80亿m^3,各调水断面调水比例为28%~39%,总体调水比例为32%。

方案2:上下线组合方案(雅—大35亿m^3+双江口45亿m^3),调水河流及引水坝址分别为雅砻江干流热巴、雅砻江支流达曲阿安、雅砻江支流泥曲仁达、大渡河支流阿柯河克柯和大渡河干流双江口,调水断面多年平均径流总量为248.4亿m^3,年调水量为80亿m^3,各调水断面调水比例为28%~39%,总体调水比例为32%。

方案3:下线方案(双江口40亿m^3+两河口40亿m^3),调水河流及引水坝址分别为大渡河干流双江口和雅砻江干流两河口,调水断面多年平均径流总量为376.1亿m^3,年调水量为80亿m^3,各调水断面调水比例为18%~25%,总体调水比例为21%。

方案4:下线方案(双江口50亿m^3+两河口30亿m^3),调水河流、引水坝址、调水断面多年平均径流总量、年调水量与方案3相同,各调水断面调水比例为14%~32%,总体调水比例为21%。

四个调水方案相比,年调水量均为80亿m^3,上线方案与上下线组合方案调水比例均为32%,下线两个方案调水比例均为21%,下线调水方案调水比例较小。因此,从调水量及调水比例方面考虑,下线方案较优。

6.2 工程规模比对

方案1:上线方案(雅—大35亿m^3+岗托抽水45亿m^3),新建引水枢纽5座,分别为雅砻江干流热巴、支流达曲阿安、支流泥曲仁达、大渡河支流阿柯河克柯、金沙江干流岗托,最大坝高分别为168.9m、98.6m、96.1m、85.7m、223m;雅—大调水35亿m^3引水线路长

325.7km，其中隧洞长 321.1；岗托抽水 45 亿 m^3，引水线路长 420km。其中隧洞段长 411.9km；交叉建筑物 17 座；泵站 1 座，扬程 554m。

方案 2：上下线组合方案（雅—大 35 亿 m^3＋双江口 45 亿 m^3），新建引水枢纽 5 座，分别为雅砻江干流热巴、支流达曲阿安、支流泥曲仁达、大渡河支流阿柯河克柯，利用在建水库 1 座，为双江口水库，热巴、阿安、仁达、克柯座最大坝高同方案 1，双江口最大坝高 314m；雅—大调水 35 亿 m^3 引水线路长度同方案 1；双江口调水 45 亿 m^3，引水线路长 413.5km。其中隧洞段长 410.3km；交叉建筑物 12 座。

方案 3：下线方案（双江口 40 亿 m^3＋两河口 40 亿 m^3），利用在建水库 2 座，分别为双江口和两河口，最大坝高分别为 314m、295m；双江口调水 40 亿 m^3，引水线路长度同方案 2；两河口调水 40 亿 m^3，引水线路长 618.5km。其中隧洞段长 614.4km；交叉建筑物 10 座。

方案 4：下线方案（双江口 50 亿 m^3＋两河口 30 亿 m^3），引水水库、引水线路长度、交叉建筑物数量同方案 3。

四个调水方案相比，下线方案引水枢纽虽然利用在建水库，不再考虑新建，但在建水库规模较大，且下线方案投资需考虑水库的投资分摊；下线方案引水线路及隧洞较长，规模较大；上线方案交叉建筑物数量较多，规模较大；自流引水，不需建设抽水泵站。因此，总的来讲，下线方案工程规模相对较大。

6.3 工程地质条件比对

根据规划及工程布置，上线方案调水 80 亿 m^3，岗托抽水方案包括泵站及 411.9km 隧洞；雅砻江、大渡河联合调水方案包括 4 座大坝、渡槽/倒虹吸 8 个，隧洞长 321.1km。上线方案线路全长 745.6km，其中隧洞长 733km。下移方案第一期工程主要工程由深埋长隧洞及跨沟建筑物组成，最长洞段约 195.1km，隧洞最大埋深约 2200m，平均埋深约 1500m。上下线组合方案包括上线方案的雅砻江、大渡河以及下移方案的双江口调水方案。本次从地形地貌、构造发育情况以及隧洞主要存在问题进行三种方案的初步比选。

三种方案所在调水区域地处青藏高原，地形地貌多变，河流切割较深，地层岩性相对均一，构造变形、地震活动水平不均一，地质、地震条件复杂。三方案调水隧洞属于深埋长隧洞，存在活动性断层对洞室稳定的影响、高地应力下围岩变形与岩爆、洞室涌水与突泥、高地温问题、有毒有害气体、岩体中放射性危害、冻土边坡的冻融变形与稳定性等工程地质问题。这些问题在西线第一期工程项建阶段均进行了研究，为比选方案地质条件的论证提供了基础地质资料。

上线方案属丘状高原区和平坦高原区,海拔高程一般为3000～5000m,相对高差500～1000m,属中等切割高山区。下线方案第一期工程两河口—双江口坝址属于横断山脉段,相对高差大,切割较深,属中等—深切割高山区。上下线组合方案属丘状高原区和平坦高原区,海拔高程为3000～5000m,相对高差500～1000m,属中等切割高山区。上线方案、上下线组合方案埋深为300～1500m,最大埋深1500m,下线方案调水隧洞埋深为800～2000m,最大埋深2200m。下线方案调水隧洞工程埋深较大。

三个方案穿越的地层岩性基本相同,均以三叠系砂、板岩、变质砂岩夹板岩等为主,间杂少量印支—燕山期花岗岩、闪长岩等。

三个方案的地质构造背景相似,上线方案仅岗托—热巴段涉及玉树—甘孜断裂,下线方案涉及的区域断裂主要有甘孜—理塘断裂、鲜水河断层、岷江断裂、东昆仑断裂的东段、迭部—白龙江断裂等均为区域性性大断裂。上下线组合方案主要涉及岷江断裂、东昆仑断裂的东段、迭部—白龙江断裂等均为区域性性大断裂。下线方案第一期工程穿越大断裂较多,断层的活动性对隧洞稳定的影响较大。

上线方案主体位于巴颜喀拉山地震带,总体地震活动性较弱,基本地震动峰值加速度为$0.10g$～$0.20g$,对应地震烈度Ⅶ～Ⅷ。下线方案涉及鲜水河—滇东地震带、巴颜喀拉山地震带、龙门山地震带三个地震带,线路区地震活动水平不均一,尤其是鲜水河断裂带、迭部—出口区域地震活动较强,基本地震动峰值加速度为$0.10g$～$0.30g$,对应地震烈度Ⅶ～Ⅷ。上下线组合方案主要是双江口调水方案的出口段的问题。由于调水方案主要为深埋隧洞,除直接穿越的活断裂外,外围地震对深埋隧洞影响有限。

三个方案隧洞围岩均以Ⅲ类为主,局部稳定性差,大部分洞段适合TBM施工。上线方案主要问题是涌突水问题、板岩的塑性变形问题。下移方案第一期工程地应力高,穿越区域性大断裂较多,存在的问题有断裂的活动性问题,高地应力引起的岩爆、围岩劈裂、软岩变形问题,局部存在高地温问题,高压涌突水问题。

综上,三个方案的地质背景相似,地层岩性基本一样,但在地形地貌、地质构造与地震等方面略有区别:下线方案地质条件更复杂,上线方案及上下线组合方案还涉及4座调水枢纽工程的修筑及枢纽工程的边坡稳定、渗漏等问题,值得注意。

综上所述,西线工程深埋长隧洞存在大断裂、岩爆、塑性变形、涌水等重大地质问题。黄河设计院联合国内多家科研院所对西线一期工程深埋长隧洞进行了长期的研究,认为西线工程深埋长隧洞虽然存在大断裂、大变形、涌水等重大地质问题,但可以通过相关的勘察技术手段予以识别,地质风险总的可控。随着国内外深埋长隧洞的不断建设,在地质勘测手段、岩石和岩体力学理论等方面也形成了一些新理论、新方法和新技术,可为南水北调西线工程顺利实施提供丰富的、可借鉴的经验和技术支撑。

6.4 工程布置比对

上线方案与下线方案工程主要技术指标见表 6.4-1。从该表可以看出，两方案工程布置方面具有以下特点：

(1)上线方案需要新建 5 座水源水库和 1 座抽水泵站，需自流和抽水结合，工程布置也相对复杂，抽水后期运行费用高。

(2)下线方案均从已有水库(在建)调水，可以全部实现自流引水，工程布置相对简单。

(3)上、下线组合方案，施工工作面大，对环境影响相对较大，施工布置相对复杂。

(4)上线方案中规划的岗托混凝土面板堆石坝坝高 223m，或者热巴混凝土面板堆石坝坝高 169m，均有可能控制总工期；而下线方案均为从现有水库取水，不存在大坝施工控制总工期问题。

(5)上线方案输水线路长度为 420km，隧洞最大埋深 1200m，平均埋深约 500m；而下线方案隧洞最大埋深 2200m，平均埋深 1100～1500m。

6.5 工程施工比对

西线调水 80 亿 m^3 的四个方案中，上线方案由于线路较短，洞线高程较高，因此埋深较浅，在施工支洞和施工竖井的布置方面具有一定的优势，且施工期施工难度较小。下线方案线路布置区高程降低，距离成都平原经济中心更近，施工交通及供电等条件相对优越，且不存在枢纽工程的施工，高寒地区的施工影响相对上线方案要小得多。上下线组合方案则介于两者之间，由于施工涉及两条线路，范围更大，上、下线方案存在的缺点均存在本方案中，因此施工难度相对更大。

对于隧洞施工，各方案均主要采用隧洞掘进机 TBM 施工，施工难度基本相当，均不存在制约工程实施的技术因素。上线方案由于线路较短，TBM 使用数量较小。下线两种方案中，方案 3 的两条隧洞洞径基本相同，施工支洞的通用性较强，TBM 采购的规格较为统一，因此相对方案 4 具有一定的优势。

各方案施工工期均受控制段 TBM 隧洞掘进长度控制，各方案控制洞段 TBM 隧洞掘进长度均在 23km 左右，因此施工工期基本相同，均为 120 个月。

表 6.4-1 西线调水向黄河供水线路方案各方案工程主要技术参数对比

方案布局		水源水库			线路长度(km)	隧洞					交叉建筑物	
		座数	大坝			总长度(km)	条数	最长自然分段(km)	最大(平均)埋深(m)	洞泾(m)	座	总长(km)
			坝型	坝高(m)								
方案1 上线方案	雅—大联合调水 35 亿 m^3	4(新建)	土石坝	86~169	325.7	321.1	9	72.4	1150 (500)	7.6~7.9	8	4.6
	岗托抽水 45 亿 m^3	1(利用规划)	土石坝	223	420.0	411.9	11	91.6	1200(500)	8.50~9.65	9	5.4
	统计	5	—	—	420.0	733.0	20	91.6	1200	7.6~9.65	17	10.0
方案2 上下线组合方案	雅—大联合调水 35 亿 m^3	4(新建)	土石坝	86~169	325.7	321.1	9	72.4	1150 (500)	7.6~7.9	8	4.6
	双江口 45 亿 m^3	1(利用在建)	土石坝	314	413.5	410.3	5	131.3	2200 (1100)	9.3~9.9	4	3.2
	统计	5	—	—	413.5	731.4	14	131.3	2200	7.6~9.9	12	7.8
方案3 下线方案	双江口 40 亿 m^3	1(利用在建)	土石坝	314	413.5	410.3	5	131.3	2200 (1100)	8.9~9.5	4	3.2
	两河口 40 亿 m^3	1(利用在建)	土石坝	295	618.5	614.4	7	195.1	2200 (1500)	7.2~9.5	6	4.1
	统计	2	—	—	618.5	1024.7	12	195.1	2200	6.45~10.6	10	7.3
方案4 下线方案	双江口 50 亿 m^3	1(利用在建)	土石坝	314	413.5	410.3	5	131.3	2200 (1100)	9.9~10.6	4	3.2
	两河口 30 亿 m^3	1(利用在建)	土石坝	295	618.5	614.4	7	195.1	2200 (1500)	6.45~8.5	6	4.1
	统计	2	—	—	618.5	1024.7	12	195.1	2200	6.45~10.6	10	7.3

6.6 水库建设征地影响比对

(1)方案 1:上线方案(雅—大 35 亿 m^3+岗托抽水 45 亿 m^3)

该方案建设征地影响涉及 5 省 5 州 12 县,影响土地总面积为 30.22 万亩,影响总人口 1.5349 万,影响房屋总面积 130.11 万 m^2,影响等级公路 229.9km;影响寺庙 17 座,该方案建设征地移民安置补偿总投资为 204.2 亿元。

(2)方案 2:上下线组合方案(雅—大 35 亿 m^3+双江口 45 亿 m^3)

该方案建设征地影响涉及 4 省 4 州 8 县,影响土地总面积为 26.14 万亩,影响总人口 1.402 万,影响房屋总面积 140.48 万 m^2,影响等级公路 142.97km;影响寺庙 18 座,该方案建设征地移民安置补偿总投资为 93.5 亿元(双江口水库按在建水库进行比较,没有计列建设征地移民安置补偿投资)。

(3)方案 3:下线方案(双江口 40 亿 m^3+两河口 40 亿 m^3)

根据有关资料,双江口和两河口水库淹没影响人口 1.1224 万,征占土地面积 263619.17 亩,淹没影响寺庙 11 座,影响等级公路 307.14km、输电线路 564.61km、通信线路 550.16km,影响小水电站 10 处。双江口水库和两河口水库为在建的梯级电站,水库移民占地及影响的宗教设施已经通过采取各种措施进行了处理。

双江口水库移民安置是利用电站发电效益逐年补偿为主的安置方案。双江口水库作为调水工程调水水源,调水后,发电效益会因调水而减少,从而影响逐年发放移民群众货币补偿的资金,库区移民存在一定的社会稳定风险。下一阶段将与地方政府移民主管部门以及水电站产权单位等进行沟通、协商,对确实因调水工程致使水库移民生活水平降低的,根据其影响程度制订合理的补偿方案,确保水源水库移民的生活不因调水工程而降低,从而消除因调水引起的社会稳定风险。

双江口、两河口两水库淹没影响寺庙 11 座,还有各种大小规格不同、零散分布的佛塔、塔子、转经轮、经堂等民间宗教设施和群众念经活动场所,水库淹没宗教设施均分布在村民居住区内,与当地村民关系紧密,水库淹没和移民搬迁给当地移民群众和宗教人士的宗教生活会带来一定的影响,是工程建设较为敏感和可能存在的制约因素。两水库为在建工程,对影响的宗教设施已通过迁建等方式进行了处理,因此对搬迁后移民的宗教活动不会产生较大影响。下一步将针对调水工程对两水库移民宗教文化的影响进行调查研究。

建设征地移民安置补偿总投资暂不考虑。

(4)方案 4:下线方案(双江口 50 亿 m^3+两河口 30 亿 m^3)

该方案与上述方案 3 的建设征地影响及建设征地移民安置补偿总投资计列方式一样。

通过以上对比可以得出方案 3 和方案 4 涉及的双江口和两河口水库为在建工程,对影响的移民征地及宗教设施已经进行了处理。下阶段就调水后对双江口水库移民收益的影响进行调查研究并制定合理的补偿方案。

6.7 工程投资及成本比对

西线调水向黄河供水线路各方案工程投资及成本分析见表 6.7-1。

表 6.7-1 西线调水向黄河供水线路方案各方案工程投资及成本分析

方案布局		线路长度(km)	隧洞总长度(km)	投资(亿元)			单方水投资(元)
				主体工程	移民和环境	总投资	
方案 1 上线方案	雅—大联合调水 35 亿 m^3	325.7	321.1	971.23	170.92	1142.14	32.63
	岗托抽水 40 亿 m^3	420.0	411.9	1193.98	78.50	1272.48	28.28
	统计	420.0	733.0	2165.21	249.42	2414.62	30.18
方案 2 上下线组合方案	雅—大联合调水 35 亿 m^3	325.7	321.1	971.23	170.92	1142.14	32.63
	双江口 45 亿 m^3	413.5	410.3	1354.74	61.98	1416.72	31.48
	统计	413.5	731.4	2325.97	232.90	2558.86	31.99
方案 3 下线方案	双江口 40 亿 m^3	413.5	410.3	1284.09	59.01	1343.10	33.58
	两河口 40 亿 m^3	618.5	614.4	1630.90	75.60	1706.50	42.66
	统计	618.5	1024.7	2914.99	134.61	3049.60	38.11
方案 4 下线方案	双江口 50 亿 m^3	413.5	410.3	1460.52	66.43	1526.95	30.54
	两河口 30 亿 m^3	618.5	614.4	1440.47	67.59	1508.06	50.27
	统计	618.5	1024.7	2900.99	134.02	3035.01	37.94

6.8 环境影响比对

南水北调西线工程调水 80 亿 m^3 规模方案中，方案 1 穿越 4 个生态保护红线区，穿越长度 263km，占线路长度的 63%；方案 2 穿越 5 个生态保护红线区，穿越红线距离 433km，占线路长度的 59%；方案 3 和方案 4 均穿越 3 个生态保护红线区，穿越红线距离 190.2km，占线路长度的 31%。

同时，方案 1 穿越 3 个省级以上自然保护区，穿越长度 85km，占调水线路总长度的 20%，其中核心区 48.8km，缓冲区 3km；方案 2 穿越 7 个省级以上自然保护区，穿越长度 153km，占调水线路总长度的 21%，其中核心区 63.3km、缓冲区 19.9km；方案 3 和方案 4 均穿越 6 个省级以上自然保护区，穿越长度 82.4km，占调水线路总长度的 13%，其中核心区 20.2km，缓冲区 20.9km。

各工程方案调水规模占坝址多年平均径流量的 24%～39%。工程建成后，各水源水库以上河段水资源开发利用率满足国际上公认的40%的要求。根据雅砻江、岷江流域水资源配置及开发利用规划，各方案均能符合长江流域综合规划提出的雅砻江、岷江流域水资源开发利用率控制指标要求。在以生态优先原则确定调水河段生态水量需求后，调水后坝址断面全年生态水量基本能够得到满足，但对年内生态水量过程的影响还需下一步加强研究。

方案1和方案2末端均涉及若尔盖高原沼泽国际重要湿地，穿越长度均为约9km，工程线路不直接占压若尔盖沼泽湿地地表面积，工程影响主要表现在隧洞施工排水可能降低地下水位导致区域湿地面积萎缩，以及可能破坏山体内部地下水径流流场，对湿地造成影响。由于工程穿越湿地线路较短，工程对若尔盖重要湿地的影响是有限的、局部的。

方案3和方案4穿越大熊猫现存的部分其他栖息地，工程的穿越形式以地下深埋隧洞为主，工程运行期对其影响主要为施工支洞人类检修等活动的影响。初步分析，在严格线路布置后可将对大熊猫栖息地的影响降至可接受水平。同时，均经过岷江柏木集中生长区域，占压一定的岷江柏木立地生境，在采取移栽和异地补栽等措施后，可以减轻工程建设对岷江柏木的不利影响。

在上线线路优化调整取消珠安达和霍纳水库后，各工程方案均不会对川陕哲罗鲑栖息生境造成直接影响，方案1和方案2克柯坝址引水会导致下游水量减少，对阿坷河下游、足木足河川陕哲罗鲑栖息生境产生一定减水效应，由于引水量相对较小，其影响范围和程度有限。各方案引水坝址下游鱼类以裂腹鱼类、鳅科和鮡科鱼类为主，上述鱼类在调水区内广泛分布。但由于方案1和方案2多位于调水河流源区，工程引水后减少坝址下游水量，使鱼类栖息生境缩小，区间内大型个体鱼类可能因此减少，导致鱼类个体小型化。

6.9 发电影响比对

方案1调水后干流和支流规划梯级电站多年平均发电量分别减少367亿kW·h和6.4亿kW·h；方案2调水后干流和支流规划梯级电站多年平均发电量分别减少368亿kW·h和6.4亿kW·h；方案3调水后干流规划梯级电站多年平均发电量减少343亿kW·h；方案4调水后干流规划梯级电站多年平均发电量减少334亿kW·h。

6.10 推荐方案及其工程布局

西线调水向黄河供水方案中，下线方案与上线方案相比：工程规模及投资较大；均涉及生态红线及多个环境敏感因素；地质背景相似、地层岩性基本一样，地形地貌、地质构造与地震等略有区别，地质条件较复杂；但调水比例较小；工程由2座建水库和2条引水线路组成，工程布置比较简单；线路布置区高程降低，施工交通及供电等条件相对优越，且不存在枢纽工程的施工，高寒地区的施工影响相对较小；建设征地影响实物量较小，且建设征地移民补偿投资也较小；调水对水力发电影响比较小；无须提水，运行费用低。因此，下线方案较优。

下线 2 个方案中，方案 3（双江口 40 亿 m^3＋两河口 40 亿 m^3）虽然比方案 4（双江口 50 亿 m^3＋两河口 30 亿 m^3）总投资小 14.69 亿元（0.5％），但相差不大；根据在建电站双江口的库容条件，考虑生态环境需水等指标，当保证率为 82％时，双江口最大可调水量为 50 亿 m^3，当保证率为 90％时，最大可调水量为 45 亿 m^3。为给双江口水库留有余地，结合国务院批复的《南水北调总体规划》，认为下线双江口 40 亿 m^3＋两河口 40 亿 m^3 比双江口 50 亿 m^3＋两河口 30 亿 m^3 具有优势。

因此，方案 3 下线方案（双江口 40 亿 m^3＋两河口 40 亿 m^3）为西线调水向黄河供水的建议方案。该方案从双江口、两河口均调水 40 亿 m^3，共计调水 80 亿 m^3，入洮河中寨镇，线路长度 618.5km，其中隧洞段长 614.4km，最长隧洞段 195.1 长，隧洞最大埋深 2200m，平均埋深 1500m。双江口和两河口水库淹没影响人口 1.1224 万，征占土地面积 263619.17 亩，淹没影响寺庙 11 座，涉及等级公路 307.14km、输电线路 564.61km、通信线路 550.16km，影响小水电站 10 处。方案静态总投资 3050 亿元（不含双江口、两河口水电站投资），其中主体工程投资 2915 亿元，移民和环境部分投资 135 亿元，单方水投资 38.1 元。

第 7 章　调入水量配置研究

根据研究可知，2035 年水平黄河流域上中游地区生活工业刚性缺水量61 亿～82 亿 m^3，2050 年水平生活工业刚性缺水量 68 亿～104 亿 m^3。可以看出，未来黄河流域缺水形势日益严峻，将成为黄河流域高质量发展与生态保护的主要限制因素。南水北调西线工程调水主要为解决黄河流域上中游地区的生活工业刚性缺水，为缓解黄河流域日益尖锐的水资源供需矛盾，研究确定南水北调西线工程调水规模为 80 亿 m^3。因此，选择黄河流域作为南水北调西线工程受水区，对其调水水量进行配置研究。

7.1　配置原则

黄河流域属资源性缺水地区，在强化节约用水模式下，各水平年水资源的供需缺口仍很大，而南水北调西线一期工程调水规模有限，为充分发挥调水的作用和效益，调入水量配置按照黄河流域水资源统一调配和统一管理的原则，针对黄河流域及邻近地区可持续发展中面临的紧迫问题，分轻重缓急，突出重点，尽可能解决或较大程度地缓解受水区的水资源短缺形势。调入水量配置主要遵循以下原则：

(1)调入水量配置。在黄河流域水资源配置的基础上，统筹考虑黄河水资源和调入水量进行统一配置。

(2)统筹考虑河道外生活、生产、生态用水和河道内生态环境用水，保证河流生态环境低限用水要求，兼顾经济效益、社会效益和生态效益。

(3)统筹考虑不同河段、不同省(区)、不同部门的用水要求，综合平衡，既要考虑各地区各部门的缺水程度，又要考虑各地区供水的特殊性(改善石羊河特殊的生态环境)、供水效率和效益。优先保证重要城市和工业园区用水，弥补国民经济用水挤占的河道内生态水量，兼顾石羊河流域、黑山峡生态灌区和“三滩”生态治理区用水。

(4)统筹配置干流和支流水资源，体现高水高用、低水低用的原则，在考虑河道内生态环境用水的前提下，水量有富余的支流可优先利用当地水，西线增供水量补充干流减少的水量。

7.2 配置方案研究

根据西线一期工程受水区缺水情况及开发任务，调入水量既要考虑向重点城市、重要工业园区、石羊河流域、黑山峡生态灌区和“三滩”生态治理区供水，也要弥补国民经济用水挤占的河道内生态环境用水。涉及河道内和河道外水量配置问题，以及河道外不同部门和省(区)的配置问题，须统筹考虑科学配置，本次按调入 80 亿 m^3，提出多个配置方案并进行比较。

根据现状情况下国民经济用水挤占河道内生态环境水量分析结果，目前黄河上游地区国民经济用水挤占河道内生态水量 21.5 亿 m^3。另外根据 2030 年水平黄河水资源供需平衡分析成果，多年平均入海水量仅为 176.32 亿 m^3，较利津断面生态环境需水量 200 亿 m^3 缺水 23.68 亿 m^3，不能满足河道内生态环境用水需求。考虑引乾济石、引红济石和引汉济渭等跨流域调水工程补充渭河和黄河下游河道内生态环境水量情况，在黄河流域水资源综合规划提出的河道外配置 55 亿 m^3 的基础上，本专题主要针对河道外配置 60 亿 m^3(方案一)、70 亿 m^3(方案二)和 80 亿 m^3(方案三)三个方案进行细化配置研究，相应的河道内分别配置水量 20 亿 m^3、10 亿 m^3 和 0 亿 m^3。

河道外水量配置，首先将水量配置在用水需求增加较快的重要城市，基本满足 2030 年水平重要城市的用水需求；其次将水量配置在发展迅速的工业园区；再向水资源短缺、生态环境恶化的石羊河流域补水，为改善当地生态环境和居民生存环境增补水源；在此基础上综合平衡各省(区)用水需求，兼顾黑山峡生态灌区和“三滩”生态治理区供水。

方案一：基本满足重点城市的用水需求，在黄河流域水资源综合规划的基础上，考虑新形势下黄河流域的供需形势和黑山峡生态灌区的用水要求，配置重点城市和工业园区水量 52.2 亿 m^3，与水资源综合规划相比，增加重点城市和工业园区水量 3 亿 m^3；配置黑山峡生态灌区 3.8 亿 m^3，与水资源综合规划相比增加黑山峡生态灌区水量 2 亿 m^3，主要用于黑山峡生态灌区内高程较低且易于开发的灌区面积供水。

方案二：在方案一的基础上，考虑配置河道外的水量增加 10 亿 m^3，该部分水量主要用于增加重点工业园区的用水 6.94 亿 m^3，减小工业园区用水缺口；增加黑山峡生态灌区水量 1.72 亿 m^3，向“三滩”生态治理区供水量 1.34 亿 m^3。

方案三：在方案一的基础上，考虑配置河道外的水量增加 20 亿 m^3，该部分水量主要用于增加重点工业园区的用水 12.52 亿 m^3，减少重点工业园区用水缺口问题，用于增加黑山峡生态灌区水量 5.77 亿 m^3，增加“三滩”生态治理区水量 1.71 亿 m^3。

不同方案水量配置结果详见表 7.2-1 和表 7.2-2，黄河上中游各省(区)调入水量配置细化方案见表 7.2-3 至表 7.2-8。

表 7.2-1　　调入水量配置表

河道内外	部门和省区		调水需求(亿 m^3)	调入水量配置方案(亿 m^3)			
				水资源规划方案	方案一	方案二	方案三
河道外	部门	重点城市	28.86	49.20	28.86	28.86	28.86
		工业园区	39.01		23.34	30.28	35.86
		黑山峡生态灌区	12.01	1.80	3.80	5.52	9.57
		石羊河	4.37	4.00	4.00	4.00	4.00
		"三滩"生态治理区	1.71		0.00	1.34	1.71
		小计	85.96	55.00	60.00	70.00	80.00
	省区	青海	8.21	5.00	5.50	7.00	8.00
		甘肃	17.41	12.00	12.51	15.50	16.70
		宁夏	20.78	15.30	15.30	15.80	17.80
		内蒙古	21.69	15.20	15.20	17.70	20.70
		陕西	11.52	5.50	6.50	8.50	10.80
		山西	6.36	2.00	5.00	5.50	6.00
		小计	85.97	55.00	60.00	70.00	80.00
河道内			21.5	25.00	20.00	10.00	0.0
合计			107.47	80.00	80.00	80.00	80.0

表 7.2-2　　调入水量各省区分部门河道外配置方案表

省区	受水地区	调水需求(亿 m^3)	河道外水量配置方案(亿 m^3)		
			方案一	方案二	方案三
青海	西宁市、乐都等小城镇	3.53	3.53	3.53	3.53
	工业园区	2.97	1.97	2.13	2.76
	"三滩"生态治理区	1.71	0.00	1.34	1.71
	小计	8.21	5.50	7.00	8.00
甘肃	兰州、白银等城市	6.18	6.18	6.18	6.18
	工业园区	6.86	2.33	5.32	6.51
	石羊河	4.37	4.00	4.00	4.00
	小计	17.41	12.50	15.50	16.69
宁夏	银川、石嘴山等城市	6.59	6.59	6.59	6.59
	工业园区	7.26	4.92	5.41	6.72
	黑山峡生态灌区	6.94	3.80	3.80	4.50
	小计	20.79	15.31	15.80	17.81
内蒙古	呼市、包头等城市	8.00	8.00	8.00	8.00
	工业园区	10.73	7.20	8.86	9.74
	黑山峡生态灌区	2.96	0.00	0.84	2.96
	小计	21.69	15.20	17.70	20.70
陕西	延安、榆林	2.13	2.13	2.13	2.13
	工业园区	7.28	4.37	5.49	6.56
	黑山峡灌区	2.11	0.00	0.88	2.11
	小计	11.52	6.50	8.50	10.80

续表

省区	受水地区	调水需求（亿 m^3）	河道外水量配置方案（亿 m^3）		
			方案一	方案二	方案三
山西	太原、临汾等城市	2.45	2.45	2.45	2.45
	工业园区	3.91	2.55	3.05	3.55
	小计	6.36	5.00	5.50	6.00
合计	城市	28.86	28.86	28.86	28.86
	工业园区	39.01	23.34	30.28	35.86
	黑山峡生态灌区	12.01	3.80	5.52	9.57
	石羊河	4.37	4.00	4.00	4.00
	“三滩”生态治理区	1.71	0	1.34	1.71
	合计	85.96	60.00	70.00	80.00

表 7.2-3 青海省调入水量配置细化方案

受水对象	受水地区	调水需求（亿 m^3）	调入水量配置细化方案（亿 m^3）		
			方案一	方案二	方案三
城市	西宁市	1.38	1.38	1.38	1.38
	乐都等小城镇	2.15	2.15	2.15	2.15
	小计	3.53	3.53	3.53	3.53
工业园区	西宁经济技术开发区	1.89	1.25	1.36	1.76
	海东工业园区	1.08	0.72	0.77	1.00
	小计	2.97	1.97	2.13	2.76
生态	“三滩”生态治理区	1.71	0.00	1.34	1.71
合计		8.21	5.50	7.00	8.00

表 7.2-4 甘肃省调入水量配置细化方案

受水对象	受水地区	调水需求（亿 m^3）	调入水量配置细化方案（亿 m^3）		
			方案一	方案二	方案三
城市	兰州	4.10	4.10	4.10	4.10
	白银	0.34	0.34	0.34	0.34
	天水	0.87	0.87	0.87	0.87
	平凉	0.55	0.55	0.55	0.55
	庆阳	0.11	0.11	0.11	0.11
	定西	0.14	0.14	0.14	0.14
	临夏	0.04	0.04	0.04	0.04
	合作	0.03	0.03	0.03	0.03
	小计	6.18	6.18	6.18	6.18

续表

受水对象	受水地区	调水需求（亿 m^3）	调入水量配置细化方案（亿 m^3）		
			方案一	方案二	方案三
工业园区	兰州新区	1.88	1.55	1.55	1.79
	白银工业集中区	0.94	0.78	0.78	0.90
	平凉工业园区	0.62		0.46	0.59
	华亭工业园区	0.52		0.38	0.49
	泾川工业集中区、崇信工业集中区、灵台工业集中区	0.98		0.73	0.93
	长庆桥工业集中区	1.00		0.74	0.95
	西峰工业园区	0.28		0.21	0.26
	庆城西川工业园区、环县工业集中区、正宁工业集中区、华池工业集中区、合水工业集中区	0.64		0.47	0.60
	小计	6.86	2.33	5.32	6.51
生态	石羊河流域	4.37	4.0	4.0	4.0
合计		17.41	12.51	15.50	16.69

表 7.2-5　宁夏回族自治区调入水量配置细化方案

受水对象	受水地区	调水需求（亿 m^3）	调入水量配置细化方案（亿 m^3）		
			方案一	方案二	方案三
城市	银川	2.20	2.20	2.20	2.20
	石嘴山	2.22	2.22	2.22	2.22
	吴忠市	0.39	0.39	0.39	0.39
	青铜峡	0.62	0.62	0.62	0.62
	固原市	0.21	0.21	0.21	0.21
	灵武市	0.20	0.20	0.20	0.20
	中卫市	0.75	0.75	0.75	0.75
	小计	6.59	6.59	6.59	6.59
工业园区	宁东能源化工基地	6.01	4.07	4.49	5.56
	石嘴山高新技术产业园区、国家级石嘴山经济技术开发区	0.73	0.49	0.18	0.23
	永宁望远工业园区	0.25	0.17	0.54	0.68
	金积工业园区	0.27	0.19	0.20	0.25
	小计	7.26	4.92	5.41	6.72
农业	黑山峡生态灌区	6.94	3.80	3.80	4.50
合计		20.79	15.31	15.80	17.81

表 7.2-6 内蒙古自治区调入水量配置细化方案

受水对象	受水地区	调水需求（亿 m^3）	调入水量配置细化方案（亿 m^3）		
			方案一	方案二	方案三
城市	呼和浩特市	1.61	1.61	1.61	1.61
	包头市	4.06	4.06	4.06	4.06
	乌海市	0.70	0.70	0.70	0.70
	鄂尔多斯市	1.35	1.35	1.35	1.35
	巴彦淖尔市	0.28	0.28	0.28	0.28
	小计	8.00	8.00	8.00	8.00
工业园区	托克托工业园区	0.33	0.22	0.27	0.30
	包钢—包头特钢产业园、包头国家生态工业(铝业)示范园区、包头稀土高新技术产业开发区	1.71	1.15	1.41	1.56
	包头九原工业园区	0.23	0.15	0.19	0.21
	包头土右新型工业园区	0.47	0.31	0.38	0.42
	上海庙工业园区	1.07	0.72	0.88	0.97
	鄂托克经济开发区	0.58	0.39	0.48	0.53
	蒙西高新技术工业园区	0.59	0.40	0.49	0.54
	大路工业园区	0.94	0.63	0.77	0.85
	苏里格经济开发区	0.53	0.36	0.44	0.48
	独贵塔拉工业园区	0.80	0.53	0.66	0.72
	达拉特经济开发区	0.70	0.47	0.58	0.64
	圣圆煤化工基地	0.58	0.39	0.48	0.52
	乌达经济开发区、千里山工业园区、海南经济开发区	0.38	0.26	0.31	0.35
	阿拉善经济开发区	0.70	0.47	0.58	0.64
	巴彦淖尔经济技术开发区	0.31	0.21	0.25	0.28
	甘其毛都口岸加工园区、乌拉特前旗工业园区、乌拉特后旗工业园区	0.82	0.55	0.67	0.74
	小计	10.74	7.21	8.84	9.75
农业	黑山峡生态灌区	2.96	0.00	0.84	2.96
合计		21.70	15.21	17.68	20.71

表 7.2-7　陕西省调入水量配置细化方案

受水对象	受水地区	调水需求（亿 m^3）	调入水量配置细化方案（亿 m^3）		
			方案一	方案二	方案三
城市	延安	0.59	0.59	0.59	0.59
	榆林	1.53	1.53	1.53	1.53
	小计	2.12	2.12	2.12	2.12
工业园区	榆神工业园区	2.53	1.52	1.91	2.28
	榆横工业区	1.40	0.84	1.06	1.26
	靖边能源综合利用园区	0.58	0.35	0.43	0.52
	吴堡煤焦化工业区	0.36	0.22	0.27	0.32
	府谷煤电载能工业区	0.78	0.47	0.59	0.70
	延安煤油气综合利用园区、黄陵循环经济资源综合利用园区、延川县工业园区、子长县工业园区	1.06	0.64	0.80	0.95
	渭南煤化工区	0.57	0.35	0.43	0.52
	小计	7.28	4.39	5.49	6.55
农业	黑山峡生态灌区	2.11		0.88	2.11
	合计	11.51	6.51	8.49	10.78

表 7.2-8　山西省调入水量配置细化方案

受水对象	受水地区	调水需求（亿 m^3）	调入水量配置细化方案（亿 m^3）		
			方案一	方案二	方案三
城市	太原市	1.99	1.99	1.99	1.99
	吕梁市	0.08	0.08	0.08	0.08
	晋中市	0.14	0.14	0.14	0.14
	临汾市	0.14	0.14	0.14	0.14
	运城市	0.08	0.08	0.08	0.08
	小计	2.43	2.43	2.43	2.43
工业园区	太原经济技术开发区、太原不锈钢园区	0.95	0.67	0.80	0.93
	洪洞煤焦化深加工园区、曲沃生态工业园区、侯马创新工业园区	0.60	0.38	0.45	0.53
	孝义经济开发区、吕梁临县三泉焦化工业园区、柳林煤矸石综合利用产业示范园区	1.03	0.65	0.78	0.91
	临猗县工业园区、稷山县西社新型煤焦化循环经济示范园区、新绛县煤化产业循环经济示范园、河津王家岭循环经济工业园区	1.08	0.69	0.82	0.96
	灵石县中煤循环经济园区	0.26	0.17	0.20	0.23
	小计	3.92	2.56	3.05	3.56
	合计	6.35	4.99	5.48	5.99

7.2.1 河道外配置60亿m^3方案

(1)河道外水量配置

河道外配置60亿m^3,首先保证2030年水平重点城市的用水需求,再考虑向重要工业园区、河西石羊河流域和黑山峡生态灌区供水。

从部门水量配置看,向重点城市供水28.86亿m^3;向宁夏宁东、内蒙古鄂尔多斯及神东、陕西陕北及神东、山西晋中等能源化工基地内的工业园区及各省区能源化工基地之外的工业园区供水23.34亿m^3;向河西内陆河的石羊河供水4.0亿m^3;向黑山峡生态灌区供水3.8亿m^3。

从省区水量配置看,青海省配置5.5亿m^3,甘肃省配置12.5亿m^3,宁夏配置15.3亿m^3,内蒙古配置15.2亿m^3,陕西省配置6.5亿m^3,山西省配置5.0亿m^3。

青海省配置5.5亿m^3,主要为西宁市、乐都等小城镇供水3.53亿m^3,满足西宁市、乐都等小城镇2030年用水需求;向西宁经济技术开发区和海东工业园区供水1.97亿m^3,部分满足西宁经济技术开发区和海东工业园区2030年用水需求。

甘肃省配置12.5亿m^3,主要为重点城市、兰州新区、白银工业集中区等重要园区、河西内陆河的石羊河流域供水。向兰州、白银、天水、平凉、庆阳、定西、临夏和合作等8座城市供水6.18亿m^3,基本保证8座城市2030年用水需求;向兰州新区、白银工业集中区供水2.32亿m^3,部分满足两工业园区的用水需求;向河西石羊河流域供水4.0亿m^3,2030年水平石羊河流域缺水4.37亿m^3,由南水北调西线一期工程向其补水4.0亿m^3,可基本缓解石羊河流域2030年水平严峻的缺水形势。对于陇东能源基地的平凉市和庆阳市工业园区,由于本方案总体配置河道外的水量不大,并且陇东能源基地距离黄河较远,供水较困难,因此本方案不考虑向陇东能源基地的工业园区供水。

宁夏回族自治区配置15.3亿m^3,主要配置在重点城市、宁东能源基地等重要园区和黑山峡生态灌区。银川、石嘴山、吴忠、青铜峡、固原、灵武和中卫等7座城市配置6.58亿m^3,基本满足2030年水平该部分城市的用水需求;向宁东能源化工基地、石嘴山高新技术产业园区、国家级石嘴山经济技术开发区、永宁望远工业园区、金积工业园区等工业园区供水4.92亿m^3,部分满足2030年工业园区用水需求;向黑山峡生态灌区供水3.8亿m^3,主要用于向黑山峡生态灌区高程较低且易于开发的灌区面积供水。

内蒙古自治区配置15.2亿m^3,主要配置在沿黄城市和重要工业园区。向呼和浩特、包头、巴彦淖尔、鄂尔多斯、乌海5座城市供水8.0亿m^3,基本解决这部分城市2030年水平供水紧张局面;向呼和浩特市的托克托工业园区,包头市的包钢—特钢产业园、包头国家生态工业(铝业)示范园区、包头稀土高新技术开发区、九原工业园区、土右旗新型工业园,鄂尔多斯市的上海庙工业园区、鄂托克经济开发区、蒙西高新技术工业园区、大路工业园区、苏里格经济开发区、独贵塔拉工业园区、达拉特经济开发区、圣圆煤化工基地，阿拉善盟的阿拉善经济开发区，乌海市的乌达经济开发区、千里山工业园区、海南经济开发区，巴彦淖尔市的巴彦淖尔经济技术开发区、甘其毛都口岸加工园区、乌拉特前旗工业园区、乌拉特后旗工业园区等工业园区供水 7.2 亿 m^3，可部分满足各工业园区 2030 年水平用水需求。

陕西省配置 6.5 亿 m^3，在引汉济渭工程基本解决渭河流域关中地区缺水的基础上，主要配置在延安和榆林 2 座城市以及重要工业园区。向延安、榆林 2 座城市供水 2.13 亿 m^3，基本解决 2 座城市 2030 年供水紧张局面。向榆林市的榆神工业园区、榆横工业区、靖边能源综合利用园区、吴堡煤焦化工业区、府谷煤电载能工业区，延安市的延安煤油气综合利用园区、黄陵循环经济资源综合利用园区、延川县工业园区、子长县工业园区，渭南市的渭南煤化工区等工业园区供水 4.37 亿 m^3，可部分满足工业园区 2030 年水平用水需求。

山西省配置 5.0 亿 m^3，主要配置在重点城市和山西能源基地内的工业园区。向太原市、吕梁市、晋中市、临汾市、运城市等城市供水 2.45 亿 m^3，基本解决该部分城市 2030 年供水紧张局面。向太原市的太原经济技术开发区、太原不锈钢园区，临汾市的洪洞煤焦化深加工园区、曲沃生态工业园区、侯马创新工业园区，吕梁市的孝义经济开发区、柳林煤矸石综合利用产业示范园区、吕梁临县三泉焦化工业园区，运城市的临猗县工业园区、稷山县西社新型煤焦化循环经济示范园区、新绛县煤化产业循环经济示范园、河津王家岭循环经济工业园区，晋中市的灵石县中煤循环经济园区等工业园区供水 2.55 亿 m^3，可部分解决煤炭基地内的工业园区 2030 年水平的用水问题。

(2)河道内水量配置

向河道内配置生态水量 20 亿 m^3，用于弥补国民经济用水挤占的河道内生态水量。现状国民经济用水挤占河道内生态水量 21.5 亿 m^3，河道内配置水量 20 亿 m^3 可以基本弥补国民经济用水挤占的河道内生态水量。

另外，根据 2030 年水平的供需分析结果，多年平均情况下利津断面下泄水量 176.32 亿 m^3，河道内配置生态水量 20 亿 m^3 后，利津断面下泄水量 196.32 亿 m^3，可以基本满足利津断面 200 亿 m^3 入海水量的要求。

7.2.2 河道外配置 70 亿 m^3 方案

(1)河道外水量配置

与方案一相比，方案二河道外配置水量增加了 10.0 亿 m^3，减少了河道内配置水量10.0 亿 m^3。

从部门水量配置看，向重点城市供水 28.86 亿 m^3，与方案一相同，基本解决重要城市

2030 年供水紧张局面；向黄河上中游 6 省（区）的重要工业园区供水 30.28 亿 m^3，部分解决重要工业园区 2030 年用水需求；向河西内陆河的石羊河供水 4.0 亿 m^3；向黑山峡生态灌区供水 5.52 亿 m^3；向“三滩”生态治理区供水 1.34 亿 m^3。

从省区水量配置看，青海省配置 7.0 亿 m^3，甘肃省配置 15.5 亿 m^3，宁夏回族自治区配置15.8 亿 m^3，内蒙古自治区配置 17.7 亿 m^3，陕西省配置 8.5 亿 m^3，山西省配置 5.5 亿 m^3。

与方案一相比，河道外配置水量主要增加在工业园区、黑山峡生态灌区和“三滩”生态治理区。工业园区增加水量 6.94 亿 m^3，其中青海省的工业园区增加 0.16 亿 m^3，甘肃省增加 3.0 亿 m^3，宁夏回族自治区增加 0.5 亿 m^3，内蒙古自治区增加 1.66 亿 m^3，陕西省增加 1.12 亿 m^3，山西省增加 0.5 亿 m^3；黑山峡生态灌区增加 1.72 亿 m^3，其中内蒙古自治区增加 0.84 亿 m^3，陕西省增加 0.88 亿 m^3；青海省的“三滩”生态治理区增加水量 1.34 亿 m^3。

（2）河道内水量配置

河道内配置生态水量 10 亿 m^3，部分减少河道外国民经济用水挤占的河道内生态水量。由于河道内配置水量减少，多年平均情况下，2030 年水平黄河下游利津断面下泄水量基本为 186.32 亿 m^3，比利津断面要求的生态水量 200 亿 m^3 少 13.68 亿 m^3。

7.2.3　河道外配置 80 亿 m^3 方案

与方案一相比，方案三河道外配置水量增加了 20.0 亿 m^3，河道内不再配置水量。

从部门水量配置看，向重点城市供水 28.86 亿 m^3，基本解决重要城市 2030 年供水紧张局面；向黄河上中游 6 省（区）的重要工业园区供水 35.86 亿 m^3，重要工业园区 2030 年用水缺口进一步减少，缺水率在 10％以内；向河西内陆河的石羊河供水 4.0 亿 m^3；向黑山峡生态灌区供水 9.57 亿 m^3，黑山峡生态灌区的总缺水量在 20％左右；向青海省的“三滩”生态治理区供水 1.71 亿 m^3，基本满足“三滩”生态治理区的用水需求。

从省区水量配置看，青海省配置 8.0 亿 m^3，甘肃省配置 16.7 亿 m^3，宁夏回族自治区配置17.8 亿 m^3，内蒙古自治区配置 20.7 亿 m^3，陕西省配置 10.8 亿 m^3，山西省配置 6.0 亿 m^3。

与方案一相比，河道外配置水量主要增加在工业园区、黑山峡生态灌区和“三滩”生态治理区，工业园区增加水量 12.52 亿 m^3，其中青海省工业园区增加 0.79 亿 m^3，甘肃省增加 4.2 亿 m^3，宁夏回族自治区增加 1.8 亿 m^3，内蒙古自治区增加 2.54 亿 m^3，陕西省增加 2.19 亿 m^3，山西省增加 1.0 亿 m^3；黑山峡生态灌区增加 5.77 亿 m^3，其中宁夏回族自治区增加 0.7 亿 m^3，内蒙古自治区增加 2.96 亿 m^3，陕西省增加 2.11 亿 m^3；向青海省的“三滩”生态治理区供水 1.71 亿 m^3。

河道内不配置水量，多年平均情况下，2030 年水平黄河下游利津断面下泄水量基本为 176.32 亿 m^3，比利津断面要求的入海水量 200 亿 m^3 少 23.68 亿 m^3。

7.3 配置方案优选

由于南水北调西线一期工程调入黄河水量有限，难以满足黄河流域河道内外、不同受水对象的供水需求，只能在平衡诸方面要求的同时，优先保证重点受水对象的供水需求，考虑受水对象的低限要求，统筹考虑其他解决方式，对比分析各配置方案的作用和效果，从而确定推荐方案。方案比选主要考虑以下三方面因素：①西线调水对于保障黄河流域及相关地区供水安全的作用；②西线调水对于弥补国民经济用水挤占黄河河道内生态水量，保证黄河河道内生态良性维持的作用；③西线调水对黄河流域及相关地区生态建设及生态移民扶贫搬迁的作用。

从缓解河道缺水程度和对经济社会发展的作用分析，2030 年在无西线有引汉方案下，黄河流域河道外缺水 132.53 亿 m^3，缺水率为 23.5%。在南水北调西线一期工程生效后，河道外配置 60 亿 m^3、70 亿 m^3 和 80 亿 m^3 方案情况下，河道外缺水量逐渐减少。河道外配置水量越多，河道外缺水缓解程度越高，越有利于保障流域经济社会可持续发展，流域经济发展的供水安全越有保证。随着向黑山峡生态灌区和“三滩”生态治理区的配置水量的增加，可以发展的生态灌区面积和可支持的生态移民数量也相应增加，对支持黑山峡河段地区和“三滩”生态治理区的生态移民和粮食安全作用更加显著，但由于总的调入水量有限，黑山峡生态灌区的缺水率依然在 20%。

由于水少沙多的特点，使黄河的水资源问题变得异常复杂，不仅有河道外的问题，而且有河道内的问题。随着经济社会的快速发展以及国家能源安全、粮食安全等战略的实施，国民经济用水量的持续增加，现状黄河上中游地区国民经济用水挤占河道内生态环境水量约 21.5 亿 m^3。随着流域经济社会的发展，如果不补充黄河可用水资源，则水资源短缺、水污染状况日趋严峻，将严重制约流域经济社会可持续发展。同时，由于输沙等河道内生态水量严重不足，河道淤积、二级悬河加剧、水环境恶化等问题也将更加突出。在 2030 年无西线有引汉方案下，利津断面下泄水量 176.32 亿 m^3，不能满足入海水量 200 亿 m^3 的要求，由方案一至方案三，西线一期工程河道内分别配置水量 20 亿 m^3、10 亿 m^3 和 0 亿 m^3，利津断面下泄水量分别为 196.32 亿 m^3、186.32 亿 m^3 和 176.32 亿 m^3，利津断面入海水量随着河道内配置水量的增加而增加。方案一可弥补现状国民用水挤占的河道内生态水量，基本满足利津断面入海水量要求，方案二和方案三河道内生态分别缺水约 10 亿 m^3 和 20 亿 m^3。

从宁蒙河段、小北干流河段和下游河段的冲淤量和减淤效果分析，对河道内配置水量 20 亿～0 亿 m^3 三个方案，宁蒙河段年平均冲淤量为 0.05 亿～0.175 亿 t，小北干流河段年平均冲淤量为 0.237 亿～0.441 亿 t，下游河段年平均冲淤量为 1.4 亿～1.669 亿 t。当河道内配置 20 亿 m^3 时，黄河宁蒙河段、小北干流河段和下游河段的总减淤量为 0.68 亿 t，其中宁蒙河段和小北干流河段减淤量分别为 0.207 亿 t 和 0.204 亿 t，下游河段减淤量为 0.269 亿 t；当河道内配置 10 亿 m^3 时，黄河宁蒙河段、小北干流河段和下游河段的总减淤量为0.394 亿 t，其中宁蒙河段和小北干流河段减淤量分别为 0.147 亿 t 和 0.112 亿 t，下游河段减淤量为0.135 亿 t。

在西线一期工程调入水量有限的条件下，西线调入水量配置方案应该兼顾河道内生态用水与国民经济发展用水，弥补国民经济用水挤占的河道内生态水量，同时为黄河流域及相关地区配置生态水量。方案一首先考虑到目前黄河上中游省区河道外用水挤占河道内生态水量的实际情况，向河道内配置 20 亿 m^3，基本弥补了挤占的河道内生态水量，基本满足黄河入黄水量要求，同时可以实现黄河宁蒙河段、小北干流和下游河段总减淤量 0.681 亿 t；向西宁、兰州、包头、呼和浩特、太原等重点城市配置 28.86 亿 m^3 水量，基本满足重点城市用水需求，为重点城市的发展提供了水源支撑；考虑到黄河流域为能源流域，重要工业园区的发展对流域国民经济发展的带动作用，向工业园区配置 23.34 亿 m^3 水量，将极大缓解黄河流域工业发展的缺水问题；向黑山峡生态灌区和石羊河流域分别配置 3.8 亿 m^3 和 4.0 亿 m^3 水量，将对黄河流域及西北内陆河地区的生态环境建设、生态移民扶贫搬迁发挥积极作用。因此，在现阶段建议方案一作为西线一期工程调入水量配置方案。推荐水量配置方案见表 7.3-1。

表 7.3-1　　南水北调西线一期工程推荐调入水量配置方案

河道内外	部门或省区		调入水量配置（亿 m^3）
河道外	部门	重点城市	28.86
		工业园区	23.34
		黑山峡生态灌区	3.80
		石羊河流域	4.00
		小计	60.00
	省区	青海	5.50
		甘肃	12.50
		宁夏	15.30
		内蒙古	15.20
		陕西	6.50
		山西	5.00
		小计	60.00
河道内			20.00
合计			80.00

7.4 受水区配套工程研究

西线调水一期配套工程总体布局按照本次西线调入水量推荐配置方案成果确定，工程布置范围为南水北调西线一期工程向黄河河道外供水推荐方案的供水地点和供水对象所涉及的范围。石羊河和黑山峡生态灌区供水工程布置范围，考虑由取水口到引水干渠（分干渠）；对城市及工业园区的供水工程范围，包括由取水口到供水工程（水厂）。本次西线调入水量配置推荐方案一，即西线工程调入水量向黄河河道外供水 60 亿 m^3 方案，以下就推荐的配水方案进行工程初步规划。

南水北调西线配套工程措施及规模以现有研究成果为基础，进行初步工程规划，遵循以水权为基础优化水资源配置为原则，合理布置间接供水工程与直接供水工程。

对于一些利用西线直接供水较为困难的地区和城市，通过实施水量置换，在可能的情况下，优先利用当地水或邻近水源，通过西线对黄河进行水量补充，实现间接供水，充分发挥水网的互补效用。

由于黄河流域干旱缺水，存在较多"有工程，无指标"的情况，在布置配水工程时要尽可能利用已建工程，充分发挥和盘活已建工程的供水能力，这样既提高了工程利用效率，也减少了工程配套投资。

7.4.1 青海省主要配套工程

根据本次西线水量配置推荐的配置方案，西线分配给青海省总的配置水量为 5.49 亿 m^3，供水对象主要为西宁市、乐都等小城镇、西宁经济技术开发区、海东工业园区等用户，其中向西宁市每年供水 1.38 亿 m^3，向西宁经济技术开发区每年供水 1.25 亿 m^3，向海东工业园区每年供水 0.71 亿 m^3，向乐都等小城镇每年供水量为 2.15 亿 m^3。

西线调水青海省供水对象为西宁市、乐都等小城镇及西宁、海东等工业区，供水对象位于黄河支流，区位距离黄河较远，且受水城镇和工业区高程较高，与邻近黄河取水点高程相差较大，因此直接由黄河供水较为困难，投资也较大，由黄河直接供水增加了供水成本，因此供水方式采取间接供水的方式布置供水工程。供水工程采用当地水源，直接由湟水、大通河等黄河支流取水，工程实施后支流减少的入黄水量由西线调入水量进行补充，通过西线水与当地水的水量置换实现西线向受水区的间接供水。

供水工程以黄河支流湟水和已建的引大济湟工程为水源，建设分散引提水供水工程，各单项工程包括引提水水源工程和输水工程等，工程规模相对不大，建设方式以及资金筹措以地方政府为主体，中央适当补助。

7.4.2 甘肃省主要配套工程

根据本次西线水量配置推荐的配置方案，分配给甘肃省总的水量为12.51亿m^3，其中向城市供水6.18亿m^3，向能源基地之外重要园区兰州新区供水1.55亿m^3，向白银工业集中区供水0.78亿m^3，向石羊河流域供水4.0亿m^3。

西线向甘肃城市供水总水量6.18亿m^3，城镇供水对象主要包括兰州市、白银市、天水市、平凉市、庆阳市、定西、临夏、合作等市。其中兰州市、白银市由于邻近黄河河道，采用直接由黄河干流供水，向兰州市供水4.1亿m^3，向白银市供水0.34亿m^3。

天水市、平凉市、庆阳市、定西、临夏、合作等城市，位于海拔相对较高的黄河支流流域内，距离黄河干流较远，采用支流水量与黄河河道内西线调水水量置换的方式，部分结合引洮调水工程。

(1)兰州市

兰州市水源地建设工程以刘家峡水库为水源地，取水口布置在刘家峡水库大坝上游约4km处右岸，压力输水主隧洞长31.57km，隧洞直径为4.6m，送至兰州市西固区寺儿沟内的分水井，井深115m，圆筒形断面，直径为15m。然后通过芦家坪输水支线(长9.74km)和彭家坪输水支线(长1.25km)，将水分别输送至兰州市西固区芦家坪和七里河区彭家坪两个新建水厂，然后经水厂处理后接入城市管网。

兰州市水源地工程是兰州市乃至甘肃省重大的民生工程，根据需水预测，考虑输水管的漏损水量和净水厂自用水量后，2040年兰州市中心城区需水源供水6.12亿m^3，日均供水量167.7万m^3，考虑日变化系数1.2，则最高日需供水量为201.2万m^3。本水源工程还是兰州新区综合生活用水应急备用水源，取水规模按日平均考虑。根据需水预测，2040年兰州新区综合生活需水0.96亿m^3，日均需水26.3万m^3。兰州市水源地工程设计年引水能力8.3亿m^3。

取水口采用竖井式，取水口高55m，底板高程1686.00m，顶高程1739.00m，最低取水高程1694.00m。向芦家坪水厂输水的输水支线设计流量为10.8m^3/s，向彭家坪水厂输水的输水支线设计流量为15.5m^3/s。根据水厂所处高程，初步确定芦家坪水厂出口水位为1676m，彭家坪水厂出水口水位为1613m。

2015年9月，兰州市发展与改革委员会对兰州市水源地建设工程初步设计报告进行了批复。根据该批复文件，兰州市水源地建设工程输水工程部分的投资为29.22亿元。

兰州市水源地工程引黄设计规模达到每年8.3亿m^3，目前兰州黄河分水指标缺乏，该工程虽然已开始建设但尚未解决水指标，考虑由西线调水解决。根据本次西线调水分水方案，西线调水分配兰州市4.10亿m^3西线水指标，每年分配水指标仍小于新建的兰州水源地工程的供水能力，因此，即使考虑了西线调水后仍不足以解决该工程的水指标问题，因此兰州供水不存在配套工程问题，兰州市的引黄能力远大于可供水指标，因此不需要另外再建设西线配套工程。

(2)白银市

根据本次研究并结合甘肃省的以往意见，白银市供水工程由黄河提水，西线分配水量 0.34 亿 m^3，配套工程分为两部分：

1)白银区供水工程。白银区供水工程分银新区上水工程和工业区供水工程改造，均考虑从黄河干流水川乡河段左岸提水，总扬程 300m，两条管道总长 120km。

2)平川区供水工程。规划供水工程 1 处，取水工程布置在黄河干流右岸，布置泵站 1 座，输水管道长 15km。

(3)天水市

根据本次研究并结合甘肃省的以往意见，天水市西线配套供水水源工程以渭河支流榜沙河下游的鸳鸯水库为水源，由该库直接供水。西线分配水量 0.87 亿 m^3，由于引水减少的渭河入黄水量由西线调入水量补水，通过水量置换实现西线供水。

鸳鸯水库工程属大(2)型水库，枢纽工程坝型为混凝土重力坝，最大坝高 72m，坝顶长 360m，总库容为 3.43 亿 m^3，兴利库容为 1.66 亿 m^3。输水管线路全长 120km，其中河谷川地埋管长 118km，穿越隧洞管线长 2km。

(4)平凉、庆阳、定西、临夏、合作等市

根据本次西线水量配置方案，平凉市分配水量 0.55 亿 m^3，由于平凉市海拔相对较高，距离黄河干流较远，考虑采用结合引洮入渭二期调水工程供水解决，与黄河河道内西线调入水量置换。

庆阳、定西、临夏、合作等市，各市分配水量分别为 0.11 亿 m^3、0.14 亿 m^3、0.04 亿 m^3、0.03 亿 m^3，西线水量配置水量不大且距离黄河干流较远，不宜直接从黄河干流引水，考虑采取本地支流水量和西线水量置换的方式，建设当地邻近黄河支流马莲河、祖厉河、洮河等支流供水工程。

(5)石羊河流域配套工程

根据本次研究推荐的西线水量配置方案，向河西石羊河流域分配水量 4.00 亿 m^3。

根据现有的规划成果，石羊河流域配套工程初步布置在景泰县五佛寺附近设一级泵站从黄河取水，一级泵站东北面有大沟咀子山，地势陡峻，山脊高程在 1800m，西南面为刀棱山，山脊高程 1550m 左右，中间为东南至西北向的石门岭中低山区，三条山脉之间为三井沟和石门大沙沟，渠线通过三井沟设二级泵站到六级泵站，泵站布置在砂砾岩和灰岩上，基础均无突出问题，将水提至高程 1555m，通过隧洞、渡槽、明渠将渠线转入干涝坝沙沟附近设置的七级泵站，将水提至高程1600m。之后，线路沿白墩子滩东缘由南向北行进，在白墩子火车站附近穿越包兰铁路和包兰公路，在郭家窑火车站附近穿越甘(塘)武(威)铁路，在内蒙古阿拉善左旗詹家房子附近经过腾格里沙漠，将水送至红崖山水库。具体线路布置如下：

泵站共布置7级，各级泵站净扬程35.5～45.8m，总净扬程为300.4m，总扬程为345m。

渠道线路总长212.0km，其中隧洞10.0km，暗渠128.1km，明渠69.8km，泵站等建筑物4.1km。隧洞均坐落在砂砾岩和灰岩上，暗渠为穿越腾格里沙漠的活动沙丘设置，明渠中有12.9km为岩石渠道，其余56.9km为土渠。

7.4.3 宁夏回族自治区主要配套工程

根据本次西线水量配置推荐的配置方案，宁夏回族自治区分配水量15.3亿m^3，其中向银川市、石嘴山市、吴忠市、青铜峡市、固原市、灵武市、中卫市等城镇供水6.58亿m^3，向宁东能源化工基地供水4.07亿m^3，向永宁望远工业园区、石嘴山高新技术产业园区、国家级石嘴山经济技术开发区以及金积工业园区供水等其他重要园区供水0.85亿m^3，向黑山峡生态建设区供水3.8亿m^3。

(1)银川市

规划在黄河左岸建水厂取水，取水泵站为岸边式泵站布置形式，设计水位采用黄河500m^3/s时的相应水位1105.00m，泵站设计流量5.4m^3/s，净扬程30m，总扬程39m，总装机6台，装机容量4800kW，水泵型号为SLOW600－72(I)A，压力管道采用2排预压力混凝土管，总长4.6km。

(2)石嘴山市

规划在石嘴山市黄河左岸布置取水泵站，通过压力管道输水至水厂。泵站净扬程25m，压力管道总长5.0km。

(3)吴忠市

取水泵站为岸边式临河泵站布置形式，布置在黄河右岸，泵站设计流量2.0m^3/s，净扬程28m，总扬程38m，总装机3台，装机容量2800kW，水泵型号为SLOW600－72(I)A，压力管道采用预压力混凝土管，总长5.0km。

(4)青铜峡市

供水工程充分利用现有工程，供水能力不足部分采取适度扩建，满足西线配置水量供水的需求。

(5)中卫市

规划在黄河左岸建泵站两座，分别送水至城区水厂与美利工业区。

1)由黄河取水后，供水至美利工业区，供水工程由取水泵站、输水管线、配套建筑物组成。取水泵站为岸边式临河泵站布置形式，泵站净扬程 30m。输水管线总长 12km。沿线设穿渠沟涵洞 8 座，穿道路涵洞 2 座，穿铁路涵洞 1 座。

2)由黄河取水后，供水至城区水厂，供水工程由取水泵站、输水管线、配套建筑物组成。取水泵站为岸边式临河泵站布置形式，泵站净扬程 10m。输水管线总长 10km。沿线设穿渠沟涵洞 3 座，穿公路涵洞 1 座。

(6)宁东能源基地

宁东能源化工基地位于宁夏北部灵武市水洞沟与宁夏南部红寺堡苦水河之间，南北长约 110km，自治区根据基地的工业布局和需水规模提出了 3 处供水工程，即北部宁东供水、中部刘家沟供水和南部红寺堡供水。西线配套工程规划，仅扩建基地北部宁东供水工程。

宁东能源基地供水一期工程已于 2006 年 11 月完工，该工程设 2 级泵站(净扬程 146m，总扬程 197m)、1 座调蓄水库。一级泵站建在银川黄河大桥下游约 1000m 处的黄河右岸，经二级泵站扬水，通过输水管线送水至灵武磁窑堡挂井子沟鸭子荡调蓄水库。该工程为宁东能源重化工基地一期规划建设的电厂、煤化工项目和煤矿，提供工业用水和生活用水。

宁东能源基地配套工程规划在上述基地供水一期工程的基础上，扩建改造泵站、水库，增设输水管道，扩大向能源基地供水。建设内容：一、二泵站增加机组，配套相应的水机辅助设备、电气设备和金属构件。

主坝加高，增加调节库容。安装 1 排 PCCP 压力管道，配置相应的辅助设施；改扩建跨沟和交叉建筑物。

(7)黑山峡生态灌区

根据推荐的水量配置方案，黑山峡生态区配置西线水量 3.8 亿 m^3。黑山峡生态区目前水土流失问题严重，且呈增长趋势；土地沙质荒漠化问题突出，是我国土地沙漠化最严重的地区之一；天然草场退化，属于荒漠草原草场，其特点为生产能力低，稳定性差，极易产生退化现象。

由于该区面积广大，配水水量有限，采取分散扬水布置形式。分散扬水从黄河或边缘自流干渠取水，兴建若干个独立的扬水工程，来满足黑山峡生态建设区的用水要求。工程布置分河东灌区与河西灌区工程，各提灌工程包括泵站与输水渠道等。

7.4.4 内蒙古自治区主要配套工程

根据本次西线水量配置推荐的配置方案，内蒙古分配水量共 15.2 亿 m^3，其中向呼和浩特市、包头市、乌海市、鄂尔多斯市、巴彦淖尔市等城市供水 8.0 亿 m^3；向鄂尔多斯能源与重化工基地的上海庙工业园区、鄂托克经济开发区、蒙西高新技术工业园区、大路工业园区、苏里格经济开发区、独贵塔拉工业园区、达拉特经济开发区、圣圆煤化工区以及阿拉善经济开发区、乌达经济开发区、千里山工业园区、海南经济开发区、巴彦淖尔经济技术开发区、甘其毛都口岸加工园区、乌拉特前旗、乌拉特后旗、包钢—包头特钢产业园、包头铝业产业园区、包头稀土高新技术产业开发区、包头九原工业园区、包头土右新型工业园区、托克托工业园区等工业园区供水 7.2 亿 m^3。

(1)呼和浩特市

呼和浩特市配水工程水源选择在黄河左岸已建呼市"引黄入呼"取水口蒲滩拐，属扩建工程，规划提水泵站 1 处，中途加压泵站 2 处，输水管线长 120km。

(2)包头市

包头市城市生活配水工程，根据需水位置及已有取水工程，包头市城市生活用水水源地选择在黄河左岸已建包钢水源地，属扩建工程，规划提水泵站 1 处，中途加压泵站 1 处，输水管线长 46km。

包头工业、电力、生态供水工程水源地有两处。一处选择在黄河左岸已建磴口净水厂，属扩建工程，规划提水泵站 1 处，中途加压泵站 1 处，输水管线长 38km。另一处水源地选择在黄河左岸已建画匠营子水源地，属扩建工程，规划提水泵站 1 处，中途加压泵站 1 处，输水管线长 75km。

(3)乌海市

乌海市工业园区、电力新建取水工程布置在黄河右岸，规划提水泵站 1 处，加压泵站 1 处，输水管线长 18km。

(4)巴彦淖尔市临河区

巴彦淖尔市工业、电力及生态取水水源选择黄河总干渠，供水距离 50km。

(5)鄂尔多斯市及能源与重化工基地

鄂尔多斯市城市工业及生活用水及所属鄂尔多斯市能源与重化工基地用水，在鄂尔多斯市水资源利用规划中已经考虑，各供水工程依据区位不同，工程水源分别利用黄河干流和当地水源，根据规划各项供水工程将在南水北调西线生效前全部建成。本地区供水工程面临的主要问题是，工程的供水能力已经能够满足需求，但是缺乏水指标，因此供水工程很难发挥作用。西线一期建成后，将主要解决工程水指标问题，仅对于个别工程进行续扩建，不再安排《鄂尔多斯市水资源利用规划》之外的新建供水工程。

根据本次研究推荐的西线一期配置方案，向鄂尔多斯能源与重化工基地供水工程配置西线水量 5.18 亿 m^3，主要通过上海庙引黄工程解决上海庙工业园区用水，通过蒙西碱柜供水工程解决鄂托克经济开发区、蒙西高新技术工业园区用水，通过大路柳林滩供水工程解决大路工业园区用水，通过乌审旗工业供水工程解决苏里格经济开发区用水，通过小南河引黄工程解决独贵塔拉工业园区用水，通过画匠营子引黄工程解决达拉特经济开发区、圣圆煤化工区等工业园区用水。

(6)其他工业园区

阿拉善经济开发区、乌达经济开发区、千里山工业园区、海南经济开发区、巴彦淖尔经济技术开发区、甘其毛都口岸加工园区、乌拉特前旗、乌拉特后旗、包钢—包头特钢产业园、包头铝业产业园区、包头稀土高新技术产业开发区、包头九原工业园区、包头土右新型工业园区、托克托工业园区等其他工业园区，主要以黄河干流为水源，建设引黄工程，利用西线一期解决其水指标。

7.4.5 陕西省主要配套工程

根据本次西线水量配置推荐的配置方案，陕西分配水量共6.5亿m^3，其中向城镇供水2.13亿m^3，分别向延安市、榆林市供水0.6亿m^3、1.53亿m^3；向陕北能源化工基地内的榆神工业园区、榆横工业园区等园区以及渭南市的渭南煤化工区供水4.37亿m^3。

(1)延安市及周边工业园区

现状延安市工程采取黄河支流水源以及干流引黄等多种方式，尤其是近期开工建设的延安市引黄供水工程，以及即将开工建设的大泉引黄工程将缓解延安市及周边供水问题。

西线一期配套工程可在已有供水工程的基础上，通过解决现有工程供水能力对水指标的需求，在现有工程的基础上适当扩建，解决延安市以及延安煤油气综合利用园区、黄陵循环经济资源综合利用园区、延川县工业园区、子长县工业园区等工业园区的用水问题。

(2)榆林市以及陕北能源化工基地、神东煤炭基地

采用天桥供水工程一并解决。根据陕西省水利厅2004年8月《南水北调西线一期工程——陕西省受水区规划报告》，陕西西线一期配套工程从天桥电站取水。天桥电站距府谷县城约10km，是一座低水头日调节的径流电站，1978年建成投产。

供水工程由上游的万家寨水库调节水量，自天桥坝后取水，一级泵站进水池水位按坝下最高尾水位确定为825m，输水管自水源泵站起沿黄河右岸下行至府谷县城后沿孤山川上行，经石嘴山、孤山镇、油坊塔、地界、打井塔等地至瓦窑坡到最高点(高程1190m)，然后以无压隧洞穿至窟野河左岸店塔附近，出洞后以渡槽跨越窟野河，从窟野河右岸输水线路以隧洞形式继续向西南方向途经李家村、芦草沟等地穿至秃尾河左岸，引水至瑶镇水库(正常高水位1160.5m，死水位1150m)库区，再从瑶镇水库1150m高程引水，以隧洞向南偏西经过黑龙沟至白瑶则沟水库，再拐向西南方向穿越分水岭引水至榆溪河红石峡水库，隧洞出口高程1118.5m。

输水线路自取水点(天桥电站坝后)到线路末端(红石峡水库)全长167.1km，其中有加压站5座，总装机15.12万kW，布置双排输水钢管长2×49.1km；隧洞8条，总长115km，最

长为34km；布置渡槽6座，长3km。

从起点至瓦窑坡线路全长49.1km，该段连同水源泵站共布置5级加压，累计净扬程370m；从瓦窑坡至窟野河，线路全长22km，布置渡槽3座，长2.2km，最大为窟野河渡槽，长2km；从窟野河到末端红石峡水库全长96km，其中布置隧洞5条，总长95.2km，最长34km（秃尾河到红石峡之间），隧洞为圆形断面，洞径4.9m，布置渡槽3座，长800m。

天桥供水工程解决榆林市需水的同时，解决榆神工业园区、榆横工业区、靖边能源综合利用园区、府谷煤电载能工业区等工业园区的用水问题。吴堡煤焦化工业区距离黄河较近，可以直接由黄河取水。

陕西省近期还开展了大泉引黄工程的前期工作。大泉引水工程从黄河干流龙口水库以下约46km的大泉断面天然河道取水，干线水位从845m经逐级加压，至线路末端头道河水位达到1240m，全线共布置加压站七级，设计净扬程494.2m，引水干线全长158.1km，主要采用隧洞及压力管道输水，其中隧洞总长124.57km，输水管道线路长24.43km。

榆林市以及陕北能源化工基地、神东煤炭基地的供水工程，将在西线生效前建成，西线调水实施后可解决工程水指标问题，不足部分适当扩建。

（3）渭南煤化工区

渭南煤化工区位于渭河下游干流北岸，现有引黄供水工程供水能力已经满足供水需求，但水指标不能满足供水需求，西线一期建成后利用西线调入水量指标配置解决供水工程水指标问题，不需要额外安排新建供水工程。

7.4.6 山西省主要配套工程

根据本次西线水量配置推荐的配置方案，山西省分配水量共5.0亿m^3，其中向太原市、吕梁市、晋中市、临汾市、运城市等城镇供水2.45亿m^3，每年向晋北、晋中、晋东能源基地内的太原经济技术开发区等各工业园区供水2.55亿m^3。西线一期山西配套供水工程从黄河干流引水，结合受水区位置，以万家寨引黄、碛口引黄、古贤枢纽引黄为水源。

（1）万家寨引黄工程

利用万家寨引黄工程，配置西线一期水量于太原市、晋中市及周边的太原经济技术开发区、太原不锈钢园区等工业园区的用水。骨干供水工程为万家寨引黄南干线、汾河水库、汾河二库等。

引黄南干线是万家寨引黄入晋工程的一部分，设计扬程636m。万家寨引黄工程从黄河万家寨水利枢纽取水，由取水首部总干线、南干线、北干线和连接段四部分组成。总干线西起黄河万家寨水库，沿偏关县北部东行44km至下土寨附近设分水闸，以下分成南干线和北干线；南干线由分水闸向南经偏关、神池，在宁武县马头营入汾河，长102km；连接段北起南干线 7#隧洞头马营出口，南至太原市呼延水厂，线路长 139km。引黄南干线于 2003 年 10 月 26 日起正式向太原市供水。

汾河水库位于汾河干流上游，坝址在太原市娄烦县下石家庄，1960 年投入运行，控制流域面积 5268km^2，拦河大坝为水中填土均质坝，总库容 7.21 亿 m^3，兴利库容 2.52 亿 m^3。

汾河二库位于太原市阳曲县玄泉寺、汾河水库下游 80km 处，控制汾河水库以下区间流域面积 2348km^2，总库容 1.33 亿 m^3，兴利库容 0.48 亿 m^3。

利用已建的万家寨引黄南干线、汾河水库、汾河二库等工程，汾河水与引黄水的优化配置，挖掘汾河水资源，由西线一期水量配置解决水指标。

(2)古贤引黄工程、碛口引黄工程等引黄工程

古贤引黄工程从古贤枢纽引水，输水方式主要采取自流输水，供水临汾盆地等地区。

碛口引黄工程从规划的碛口水利枢纽建提水泵站，经过多级扬水，输水线路由隧洞、渡槽输水至三川河，采用管道向受水区供水。

利用古贤引黄工程、碛口引黄工程、禹门口提黄工程、小浪底引黄工程等供水工程并结合已建水库工程，运用山西已建的水网网络，解决吕梁市、临汾市、运城市的城市用水需求；解决临汾市的洪洞煤焦化深加工园区、曲沃生态工业园区、侯马创新工业园区，吕梁市的孝义经济开发区、柳林煤矸石综合利用产业示范园区、吕梁临县三泉焦化工业园区，运城市的临猗县工业园区、稷山县西社新型煤焦化循环经济示范园区、新绛县煤化产业循环经济示范园、河津王家岭循环经济工业园区，以及晋中市的晋灵石县中煤循环经济园区的用水需求。

西线一期水量配置充分利用山西已建水网的优势，合理配置当地水与引黄水的利用水平，通过当地水和黄河水的合理配置与置换，并充分发挥已有水库等供水工程的作用，解决受水区的用水需求。

第 8 章　结论与展望

8.1　主要结论及建议

(1)黄河上中游地区的矿产资源尤其是能源资源十分丰富,开发潜力巨大,在全国的能源和原材料供应方面占有十分重要的战略地位。黄河流域的资源禀赋条件,决定了流域工业发展的重点仍将是能源、冶金、化工等传统工业,能源化工行业也将是用水需求增长较快的领域。预测 2035 年黄河上中游地区能源化工行业用水量为 34.48 亿 m^3,占黄河上中游地区中方案工业需水的 51.5%;展望 2050 年,黄河上中游地区能源化工行业用水量为 42.06 亿 m^3,占黄河上中游地区中方案工业需水的 52.4%。

(2)黄河流域大部分位于我国中西部地区,中西部地区城市群是国家推动区域协调发展的新的重要增长极,随着西部大开发、中部崛起、"一带一路"等战略深入推进及部分行业由东部向西部转移,黄河流域城镇化进程将加快,2035 年黄河流域 59 个建制市 2035 年水平人口将达到 4979 万,新增城市人口 1436 万,同时建筑业与第三产业得到进一步聚集与发展,59 个建制市总需水量达到 46.49 亿 m^3;展望 2050 年,黄河流域 59 个建制市人口将达到 5482 万,新增城市人口 1939 万,总需水量达到 55.51 亿 m^3。

(3)引黄灌溉不仅可保证农作物生长需要,还可补充地下水以满足沿黄自然植被与湖泊湿地用水需要,即使通过强化节水,农业及生态用水基本需求不会大幅减少,预测 2035 年农业灌溉与河道外生态需水达 375.71 亿 m^3,占中方案河道外总需水的 68.5%;展望 2050 年,农业灌溉与河道外生态需水达 363.01 亿 m^3,占中方案河道外总需水的 63.9%。

2016 年黄河流域农田灌溉需水量为 333.14 亿 m^3,需水定额为 398m^3/亩。随着节水工程与非工程措施的加强,在灌溉面积适当发展的基础上,2035 年黄河流域农田灌溉多年平均需水定额为 343m^3/亩,多年平均需水量为 312.35 亿 m^3,农田灌溉水利用系数由 2016 年的 0.54 提高到 2035 年的 0.61;展望 2050 年,农田灌溉多年平均需水定额为 327m^3/亩,多年平均需水量为 297.24 亿 m^3,农田灌溉水利用系数提高到 0.65。2016 年黄河流域林牧需水量为 29.05 亿 m^3,需水定额为 297m^3/亩,预测到 2035 年水平需水定额为 254m^3/亩,需水量为 37.15 亿 m^3,展望 2050 年需水定额为 238m^3/亩,需水量为 35.97 亿 m^3。

黄河上游河道外湖泊湿地多属人工和半人工湿地,依靠农灌退水或引黄河水补给水量,湿地对黄河依赖程度较高；中游湿地主要分布在小北干流、三门峡库区等河段；黄河下游受多沙特点的影响，河道淤积摆动变化大，形成了沿河呈带状分布的河漫滩湿地。2016 年、2035 年、2050 年黄河流域河道外生态环境需水量分别为 14.55 亿 m^3、26.21 亿 m^3 和 29.80 亿 m^3，其中城镇生态环境需水分别为 11.00 亿 m^3、18.68 亿 m^3 和 22.08 亿 m^3，农村生态环境需水分别为 3.55 亿 m^3、7.53 亿 m^3 和 7.72 亿 m^3。

(4)黄河干流河道是连接流域各支流及主要生态板块的纽带，是维系沿河生态功能的重要生态廊道。结合黄河流域生态特征、主要生态功能以及保护目标分布等，识别黄河干流宁蒙河段和黄河下游河段生态功能性需水包括湿地需水、输沙用水、鱼类需水以及河道基流等。

综合确定黄河口镇断面汛期生态需水量为 115 亿 m^3，并在汛期需要一定量级的洪水过程，中水河槽规模需求应不小于 2000m^3/s；在满足防洪要求和生态环境要求的情况下，河口镇断面非汛期 11 月至次年 6 月生态需水量仍维持 77 亿 m^3。

综合河流生态廊道功能维持需水、湿地生态需水、水生生物需水、近海生态需水、输沙用水等成果，为维持黄河下游三角洲湿地，满足黄河河口近海水域生态保护需求，并维持 4000m^3/s 的中水河槽要求，提出利津断面汛期生态水量应不小于 150 亿 m^3；非汛期考虑维持河道不断流、保护河口三角洲湿地、保护水质等，非汛期河道内需水量为 50 亿 m^3。

(5)随着工业化和城镇化进程的加快，尤其是黄河流域能源化工基地的快速发展，即使采用强化节水措施，2035 年缺水总量仍达 164.60 亿 m^3，其中河道外国民经济缺水 133.10 亿 m^3。枯水年份缺口更大，缺水形势十分严峻。展望 2050 年，黄河流域多年平均缺水总量高达 168.03 亿 m^3，其中河道外国民经济缺水 137.03 亿 m^3。

2016 年，黄河流域内河道外需水量为 492.91 亿 m^3。流域内供水量为 406.41 亿 m^3，其中，地表水供水量为 273.05 亿 m^3，地下水供水量为 121.87 亿 m^3，其他水源供水量为 11.49 亿 m^3，流域内缺水量为 86.48 亿 m^3，流域外供水量为 89.11 亿 m^3，入海水量为175.60 亿 m^3。

2035 年，中方案黄河流域内河道外需水量为 548.22 亿 m^3。考虑引汉济渭等调水工程，流域内河道外供水量增加至 415.12 亿 m^3，其中，地表水供水量为 274.30 亿 m^3，地下水供水量为 119.85 亿 m^3，其他水源供水量为 20.97 亿 m^3。缺水量为 133.10 亿 m^3。流域外供水量为83.26 亿 m^3，入海水量为 168.49 亿 m^3。

2050 年，中方案黄河流域内河道外需水量为 567.70 亿 m^3。流域内河道外供水量为 430.64 亿 m^3，其中，地表水供水量为 279.77 亿 m^3，地下水供水量为 119.85 亿 m^3，其他水源供水量为 31.02 亿 m^3。缺水量为 137.06 亿 m^3。流域外供水量为 83.26 亿 m^3，入海水量为 168.99 亿 m^3。

(6)西线工程向黄河流域调水规模宜为 80 亿 m^3。根据黄河流域水资源供需形势分析，2035 年水平黄河流域上中游地区生活、工业刚性缺水量 61 亿～82 亿 m^3，2050 年水平生活、工业刚性缺水量 68 亿～104 亿 m^3。推荐中方案下，2035 年水平黄河流域上中游地区生活、工业刚性缺水量 69 亿 m^3，2050 年水平生活、工业刚性缺水量 83 亿 m^3。南水北调西线工程调水主要为解决黄河流域上中游地区的生活、工业刚性缺水。为缓解黄河流域日益尖锐的水资源供需矛盾，初步确定南水北调西线工程调水规模为80 亿 m^3。

(7)关于西线调水线路方案。

1)西线调水不宜采用抽水方案

西线调水工程的水源点大部分位于人烟稀少、自然条件相对较差、经济发展相对落后的地区，抽水方案虽然具有施工布置灵活等优点，但需要可靠的电源保障，并修建大型专用泵站，运行成本费用高，工程运行管理问题比较复杂。如岗托抽水 45 亿 m^3 方案仅抽水电费每年就高达 90 亿元。故在目前阶段不推荐上线组合雅砻江、大渡河联合调水 35 亿 m^3＋岗托抽水方案。

2)上下线组合方案与下线组合方案相比具有水库淹没移民、宗教影响等问题

上线雅砻江、大渡河联合调水＋下线双江口组合虽然线路长度比下线双江口＋两河口组合的相同点都有双江口调水到洮河段，主要区别在于雅砻江、大渡河联合调水与两河口到双江口这段的勘测工作量。

上下线组合虽然线路长度比下线组合少 292.8km，但上线雅砻江、大渡河联合调水涉及四座水库，将增加淹没影响 9856 人，淹没影响寺庙 11 座。从社会风险角度而言，本阶段不推荐上下线组合方案。

3)下线组合方案中双江口 40 亿 m^3＋两河口 40 亿 m^3 总调水量 80 亿 m^3 作为下阶段的主要研究方案

从经济指标而言，双江口 50 亿 m^3＋两河口 30 亿 m^3 虽然比双江口 40 亿 m^3＋两河口 40 亿 m^3 总投资少 14.69 亿元(0.5%)，但相差不大。2001 国务院批复的《南水北调西线工程规划纲要及第一期工程规划》中总调水 170 亿 m^3，其中从雅砻江干支流调水 65 亿 m^3，从大渡河支流调水 25 亿 m^3，雅砻江给西线的供水指标是大渡河的 2.6 倍。

根据在建电站双江口的库容条件，考虑生态环境需水等指标。当保证率为 82%时，双江口最大可调水量为 50 亿 m^3；当保证率为 90%时，最大可调水量为 45 亿 m^3。为给双江口水库留有余地，结合国务院批复的《南水北调总体规划》，认为下线双江口 40 亿 m^3＋两河口 40 亿 m^3 比双江口 50 亿 m^3＋两河口 30 亿 m^3 具有优势。

综上所述，统筹考虑调水河流可调水量、黄河流域缺水形势以及输水工程本身的技术经济条件等，建议将下线方案组合的方案 3 即双江口调水 40 亿 m^3＋两河口调水 40 亿 m^3，总调水量 80 亿 m^3 作为下阶段的主要研究方案。

(8)通过研究，南水北调西线调水 80 亿 m^3 在受水区优选的水资源配置方案为：黄河流域河道内水量 20 亿 m^3，河道外水量 60 亿 m^3。其中，配置重点城市和工业园区水量

52.2 亿 m^3，与水资源综合规划相比，增加重点城市和工业园区水量 3 亿 m^3；配置黑山峡生态灌区 3.8 亿 m^3，与水资源综合规划相比，增加黑山峡生态灌区水量 2 亿 m^3，主要用于黑山峡生态灌区内高程较低且易于开发的灌区面积供水。

(9)南水北调西线工程是缓解黄河流域水资源严重短缺问题的根本途径，对支撑国家经济社会发展战略具有重要意义。

黄河是一条资源性缺水河流，有限的水资源支撑了流域及流域外广大地区经济社会的发展。现状黄河水资源已过度开发，上游省区用水已经达到或超过黄河可供水量分配指标。随着国家西部大开发等一系列重大规划的实施和推进，黄河流域新增水资源需求将持续刚性增长，供需矛盾将更加尖锐。据预测，在充分节水条件下，黄河水资源供需矛盾仍然十分突出，实施跨流域调水成为缓解黄河水资源严重不足的根本途径，南水北调西线工程是向黄河上游补水的唯一外来水源，对缓解黄河流域缺水问题具有无可替代的作用和极为重大的意义。

8.2 展望

未来可基于研究所提出的南水北调西线工程调水方案，针对方案涉及的工程长隧洞施工技术、水量调度及水资源优化配置问题、工程引水与水库多目标联合调度技术、工程对调水河流生物多样性影响分析、工程水质分析及预测研究、多水源调水定价问题、水权管理模式、调水补偿制度等方面开展研究，为工程建成后的运行提供理论与技术支撑。

图书在版编目(CIP)数据

南水北调西线工程调水方案研究 / 张金良等著.
—武汉：长江出版社，2019.10
(三江源科学研究丛书)
ISBN 978-7-5492-6737-8

Ⅰ.①南… Ⅱ.①张… ②景… Ⅲ.①南水北调－调水工程－研究 Ⅳ.①TV68

中国版本图书馆 CIP 数据核字(2019)第 233900 号

南水北调西线工程调水方案研究　　张金良 等著

责任编辑：蔡梦轩
装帧设计：刘斯佳
出版发行：长江出版社
地　　址：武汉市解放大道 1863 号　　**邮　　编**：430010
网　　址：http://www.cjpress.com.cn
电　　话：(027)82926557(总编室)
(027)82926806(市场营销部)
经　　销：各地新华书店
印　　刷：武汉精一佳印刷有限公司
规　　格：787mm×1092mm　1/16　19.25 印张 8 页彩页　420 千字
版　　次：2019 年 10 月第 1 版　2019 年 11 月第 1 次印刷
ISBN 978-7-5492-6737-8
定　　价：92.00 元